Adobe

Adobe® 创意大学指定教材

1DVD大型多媒体教学系统

Adobe® 创意大学 动漫特效合成 标准教材

王一夫　张　炜　编著

印刷工业出版社

北京希望电子出版社
Beijing Hope Electronic Press
www.bhp.com.cn

内容提要

本书首先介绍了传统的合成环节的制作技术，重点讲解了合成这一制作环节所涉及到的基本概念和制作理念，以制作流程为主线，分析合成的每一个步骤，讲解透彻。另一方面，本书通过大量实例的分析和讲解，一步一步地介绍动画合成区别于广告、栏目包装和传统影视特效制作的独有的技术特点及其针对性的技术，以期望能够将动画合成这一环节的技术共性和特性完全的展现出来，最终培养制定渲染方案以及指导渲染的合成师。

本书非常适合从事影视后期、特效合成、电视包装制作的专业人员使用。读者通过学习，能在极短的时间内掌握影视特效制作人员所必须掌握的相关技术，并加深特效合成技术功底，达到从入门到精通的专业水平。另外。本书也可以作为各类影视动画学院、培训机构的教学方面的相关专业用书，其中大量的实例能够方便教师授课，丰富的知识点总结能够清晰明白地阐述原本晦涩的影视制作概念。

随书光盘为本书案例的视频教程及配套素材文件，其中的视频教程需要用到Adobe公司的免费软件Adobe AIR，读者可自行从Adobe公司的网站上下载，并参照光盘中的"光盘使用说明"使用光盘中的相关素材。

需要本书或技术支持的读者，请与北京清河6号信箱（邮编：100085）销售部联系，电话：010-62978181（总机）、010-82702665，传真：010-82702698，E-mail：bhpjc@bhp.com.cn。

图书在版编目（CIP）数据

Adobe®创意大学动漫特效合成标准教材/王一夫，张炜编写．-北京：印刷工业出版社，2012.2
（Adobe®创意大学指定教材）
ISBN 978-7-5142-0393-6
Ⅰ．①A… Ⅱ．①王… ②张… Ⅲ．①图形软件，Photoshop CS5 －教材 Ⅳ．①TP391.41
中国版本图书馆CIP数据核字(2011)第274124号

Adobe®创意大学动漫特效合成标准教材

编　　著：王一夫　张　炜

责任编辑：岳智勇　石文涛　　　　责任校对：方加青
责任印制：瑞富峪　　　　　　　　责任设计：谷　岳
出版发行：印刷工业出版社（北京市翠微路2号　邮编：100036）
　　　　　北京希望电子出版社（北京市海淀区上地三街9号嘉华大厦C座610　邮编：100085）
网　　址：www.bhp.com.cn
经　　销：各地新华书店
印　　刷：北京市瑞富峪印务有限公司

开　　本：787mm×1092mm　1/16
字　　数：420千字
印　　张：17.5
印　　数：1～3000
印　　次：2012年2月第1版　2012年2月第1次印刷
定　　价：69.00 元（配1张DVD光盘）
I S B N：978-7-5142-0393-6

Adobe®创意大学动漫系列丛书编委会

许世虎　重庆大学艺术学院院长

杨开富　重庆工商大学设计艺术学院副院长

杨　飞　重庆正大软件职业技术学院影视动画系

杨尚鸿　重庆大学美视电影学院副院长

张　恒　广东原创动力文化传播有限公司动画部动画导演

赵　前　中国人民大学艺术学院副教授

本书编委会

编　著：王一夫　张　炜

参　编：靳鹤琳　张　锰　章旭明　姜　夏　甘　霖

主　审：李　坚　吴　悦

Preface

Preface

序

Adobe 是全球最大、最多元化的软件公司之一，以其卓越的品质享誉世界，旗下拥有众多深受广大客户信赖和认可的软件品牌。Adobe 彻底改变了世人展示创意、处理信息的方式。从印刷品、视频和电影中的丰富图像到各种媒体的动态数字内容，Adobe 解决方案的影响力在创意产业中是毋庸置疑的。任何创作、观看以及与这些信息进行交互的人，对这一点更是有切身体会。

中国创意产业已经成为一个重要的支柱产业，将在中国经济结构的升级过程中发挥非常重要的作用。2009 年，中国创意产业的总产值占国民生产总值的 3%，但在欧洲国家这个比例已经占到 10% ～ 15%，这说明在中国创意产业还有着巨大的市场机会，同时，这个行业也将需要大量的与市场需求所匹配的高素质人才。

从目前的诸多报道中可以看到，许多拥有丰富传统知识的毕业生，一出校门很难找到理想的工作，这是因为他们的知识与技能达不到市场的期望和行业的要求。出现这种情况的主要原因在很大程度上在于教育行业缺乏与产业需求匹配的专业课程以及能教授学生专业技能的教师。这些技能是至关重要的，尤其是中国正处在计划将自己的经济模式与国际角色从“Made in China/ 中国制造”提升为具备更多附加值的“Designed & Made in China/ 中国设计与制造”的过程中。

Adobe® 创意大学（Adobe® Creative University）计划是 Adobe 公司联合行业专家、行业协会、教育专家、一线教师、Adobe 技术专家，面向国内动漫、平面设计、出版印刷、eLearning、网站制作、影视后期、RIA 开发及其相关行业，针对专业院校、培训机构和创意产业园区创意类人才的培养，以及中小学、网络学院、师范类院校师资力量的建设，基于 Adobe 核心技术，为中国创意产业生态全面升级和教育行业师资水平和技术水平的全面强化而联合打造的全新教育计划。

Adobe® 创意大学计划旨在与国内专业院校、培训机构、创意产业园区以及国家教育主管部门联合，为中国创意行业和教育行业培养更多专业型、实用型、技术型的高端人才，并帮助学生和从业人员快速完成职业和专业能力塑造，迅速提高岗位技能和职业水平，强化个人的市场竞争力，高质、高效地步入工作岗位。

为贯彻 Adobe® 创意大学的教育理念，Adobe 公司联合多方面、多行业的人才组成教育专家组负责新模式教材的开发工作，把最新 Adobe 技术、企业岗位技能需求、院校教学特点、教材编写特点有机结合，以保证课程技能传递职业岗位必备的核心技术与专业需求，又便于实现院校教师易教、学生易学的双重要求。

我们相信 Adobe® 创意大学计划必将为中国的创意产业的发展以及相关专业院校的教学改革提供良好的支持。

Adobe 将与中国一起发展与进步！

Adobe 大中华区董事总经理　黄耀辉

Preface

前言

Adobe于2010年8月正式推出的全新“Adobe® 创意大学”计划引起了教育行业强大关注。“Adobe® 创意大学”计划集结了强大的教学、师资和培训力量，由活跃在行业内的行业专家、教育专家、一线教师、Adobe技术专家以及行业协会共同制作并隆重推出了“Adobe® 创意大学”计划的全部教学内容及其人才培养计划。

Adobe® 创意大学计划概述

Adobe® 创意大学（Adobe® Creative University）计划是Adobe公司联合行业专家、行业协会、教育专家、一线教师、Adobe技术专家，面向国内动漫、平面设计、出版印刷、eLearning、网站制作、影视后期、RIA开发及其相关行业，针对专业院校、培训机构和创意产业园区创意类人才的培养，以及中小学、网络学院、师范类院校师资力量的建设，基于Adobe核心技术，为中国创意产业生态全面升级和教育行业师资水平和技术水平的全面强化而联合打造的全新教育计划。

Adobe® 创意大学计划旨在与国内专业院校、培训机构、创意产业园区以及国家教育主管部门联合，为中国创意行业和教育行业培养更多专业型、实用型、技术性的高端人才，并帮助学生和从业人员快速完成职业和专业能力塑造，迅速提高岗位技能和职业水平，强化个人的市场竞争力，高质、高效地步入工作岗位。

专业院校、培训机构、创意产业园区人才培养平台均可加入Adobe® 创意大学计划，并获得Adobe的最新技术支持和人才培养方案，通过对相关专业技术和专业知识、行业技能的严格考核，完成创意人才、教育人才和开发人才的培养。

加入“Adobe® 创意大学”的理由

Adobe将通过区域合作伙伴和行业合作伙伴对Adobe® 创意大学合作机构提供持续不断的技术、课程、市场活动服务。

“Adobe创意大学”的合作机构将获得以下权益。

1．荣誉及宣传

（1）获得“Adobe 创意大学”的正式授权，机构名称将刊登在 Adobe 教育网站 (www.adobecu.com) 上，Adobe 进行统一宣传，提高授权机构的知名度。

（2）获得“Adobe 创意大学”授权牌。

（3）可以在宣传中使用“Adobe 创意大学”授权机构的称号。

（4）免费获得 Adobe 最新的宣传资料支持。

2．技术支持

（1）第一时间获得 Adobe 最新的教育产品信息、技术支持。

（2）可优惠采购相关教育软件。

（3）有机会参加“Adobe 技术讲座”和“Adobe 技术研讨会”。

（4）有机会参加 Adobe 新版产品发布前的预先体验计划。

3．教学支持

（1）获得相关专业课程的全套教学方案（课程体系、指定教材、教学资源）。

（2）获得深入的师资培训，包括专业技术培训、来自一线的实践经验分享、全新的实训教学模式分享。

4．市场支持

（1）优先组织学生参加 Adobe 创意大赛，获奖学生和合作机构将会被 Adobe 教育网站重点宣传，并享有优先人才推荐服务。

（2）有资格参加评选和被评选为 Adobe 创意大学优秀合作机构。

（3）教师有资格参加 Adobe 优秀教师评选；特别优秀的教师有机会成为 Adobe 教育专家委员会成员。

（4）作为 Adobe 创意大学计划考试认证中心，可以组织学生参加 Adobe 创意大学计划的认证考试。考试合格的学生获得相应的 Adobe 认证证书。

（5）参加 Adobe 认证教师培训，持续提高师资力量，考试合格的教师将获得 Adobe 颁发的“Adobe 认证教师”证书。

Adobe® 创意大学计划认证体系和认证证书

（1）Adobe 产品技术认证：基于 Adobe 核心技术，并涵盖各个创意设计领域，为各行业培养专业技术人才而定制。

（2）Adobe 动漫技能认证：联合国内知名动漫企业，基于动漫行业的需求，为培养动漫创作和技术人才而定制。

（3）Adobe 平面视觉设计师认证：基于 Adobe 软件技术的综合运用，满足平面设计和包装印刷等行业的岗位需求，培养了解平面设计、印刷典型流程与关键要求的人才而制定。

（4）Adobe eLearning 技术认证：针对教育和培训行业制定的数字化学习和远程教育技术的认证方案，以培养具有专业数字化教学资源制作能力、教学设计能力的教师 / 讲师等为主要目的，构建基于 Adobe 软件技术教育应用能力的考核体系。

（5）Adobe RIA 开发技术认证：通过 Adobe Flash 平台的主要开发工具实现基本的 RIA 项目开发，为培养 RIA 开发人才而全力打造的专业教育解决方案。

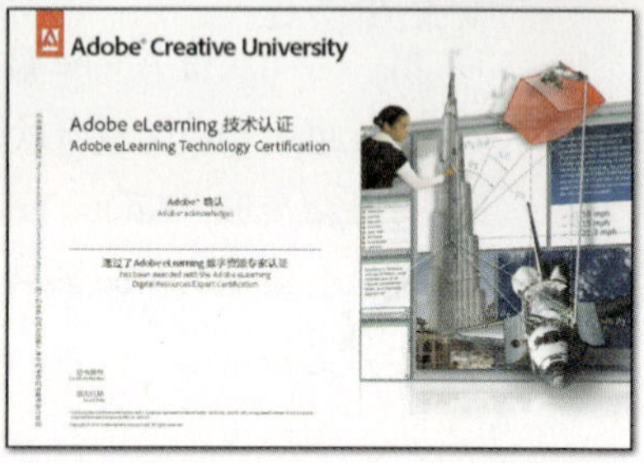

Adobe® 创意大学计划标准教材

—《Adobe 创意大学原创概念角色设计标准教材》

—《Adobe 创意大学三维纹理设计标准教材》

—《Adobe 创意大学动漫特效合成标准教材》

—《Adobe 创意大学动态分镜剪辑标准教材》

—《Adobe 创意大学 Flash 动画全接触标准教材》

“Adobe® 创意大学”计划所做出的贡献，将提升创意人才在市场上驰骋的能力，推动中国创意产业生态全面升级和教育行业师资水平和技术水平的全面强化。

教材服务邮箱：bhpjc@bhp.com.cn

项目服务邮箱：adobecu@hope.com.cn

编著者

2011 年 6 月

Contents

Contents

Adobe

目录

第4章
基本元素控制

第5章
特效综述

第6章
构建画面

第7章

多通道合成案例分析

第8章

扭曲及键控效果案例分析

第9章

合成的基本方法

第10章

文字效果案例分析

第11章

综合特效分析

第1章

数字视频的基本概念

本章导读

数字视频是计算机介入到视听艺术中之后才被广泛传播并认可的一个概念。广义上的数字视频涵盖范围很广，只要是通过“0”和“1”表示的视频信息都可以视为数字视频。计算机是数字视频的主要载体，所以数字视频在狭义上也可以理解为计算机视频。

对于动画制作的合成环节来说，数字视频是我们需要处理的对象，了解数字视频的相关知识，尤其是描述数字视频的相关参数，可以很好地帮助我们判断和处理这些对象。

在本章中，我们将学习动漫合成所需掌握的一些基本知识和概念，并对数字视频有一个较为深入的了解。

1.1 数字图像

所有的数字视频都是利用人眼的视觉残留将大量、连贯的图像在人眼前快速闪现而产生动态的效果。这是人眼的重要功能，它从根本上决定了数字视频是由大量的数字图像构成的。要了解数字视频首先要了解数字图像，而这部分研究是包含在计算机图形学中的。

计算机图形学（Computer Graphics，简称CG）是一种使用数学算法将二维或三维图形转化为计算机显示器栅格形式的科学。简单地说，计算机图形学的主要研究内容就是研究如何在计算机中表示图形，并利用计算机进行图形的计算、处理和显示的相关原理与算法。

关于计算机图形学，我们在此不作更深入地探讨，但是作为数字图像的基础学科，对计算机图形学的研究将帮助我们从根本上了解数字图像的概念，从事这方面研究的工程师实际上是在制定数字图像的基础规则。

我们现在所需要了解的是计算机图形的外在表现，即在计算机中看到的图像。

计算机中显示的图形一般可以分为两大类——矢量图和位图。

1.1.1 矢量图

矢量图使用直线和曲线来描述图形，这些图形的元素是点、线、矩形、多边形、圆和弧线等，它们都是通过数学公式计算获得的。例如，一幅矢量图（如图1-1-1所示）实际上是由许多条线段形成的外框轮廓，并由外框颜色和外框所封闭的颜色来决定所显示出的颜色。

图1-1-1

在动画制作过程中，矢量图一般具有以下特点。

- 因为矢量图是通过公式计算来获得的，所以矢量图的文件一般都比较小。
- 矢量图无论放大、缩小或旋转均不会失真。
- 矢量图难以表现色彩层次丰富的逼真图像效果。
- 需要人力来完成矢量图的制作。

1.1.2 位图

位图又称为光栅图，是用每一个栅格内不同颜色的点来描述图像属性的，这些点就是常说的像素。

相对于矢量图，位图有以下特点。

- 位图的文件大小会根据其存储画面的精细程度而有相当大的差别，但普遍来说要比矢量图大。
- 编辑位图会改变它的显示质量，尤其是放大图像，因为这会造成图像在栅格内的重新分配从而导致图像的边缘变粗糙，如图1-1-2所示。
- 在比位图本身分辨率低的输出设备上输出图像时，也会降低图像的显示质量。
- 位图的获得渠道相当广泛，所以它普遍应用于数字图像的各个领域。

图1-1-2

我们通常看到的数字视频主要是由位图构成，所以首先了解一下如何描述位图。鉴于位图的特点，可以使用相对直观的参数来描述一张位图图像。

- 分辨率：一张图像是有大小的，计算机图像的形状通常是矩形的，可以用宽和高这两个属性来表示其大小，我们称其为图像的分辨率。宽和高的单位通常是像素，通常说的计算机显示分辨率1280×1024即是以像素为单位。当然，也有用真实长度为单位，这时就会涉及到另一个分辨率的概念，即单位长度内的像素数。在扫描和印刷时常用到的术语“线”就是指的这个分辨率，其单位是像素/英寸。在后期合成时，由于最终是以视频播出为目标，分辨率会固定设为72线。
- 宽高比：宽高比在这里也有两种不同的概念。图像宽高比是指图像宽和高的比值，常说的标清4：3和高清16：9就是指的这个概念。另外，还有一种像素宽高比，即构成图像的像素的宽和高的比。由于图像在不同的介质上，其像素的宽高是变化的，甚至不同的制式宽高比也不尽相同（比如计算机接近正方形，而电视机是长方形的）。为了避免在播放时出现不必要的变形从而影响显示效果，就需要采用这种宽高比的概念。
- 位深：也称色深，也称之为图像的位分辨率。它是指图像的每个像素所能表达的信息的多少。位（bit）指的是位数，8位即2^8。位深也有两种不同的表述，我们常说的24位真彩色是指每个像素可以表达2^{24}种颜色。而对于视频来说，位深则是指单个通道的位深，这时8位的位深就是24位真彩色。

上述参数仅是针对位图本身而言，而对于其携带的图像信息，还有更多的参考数据和控制手段。

1.1.3 图像压缩编码

计算机在存储图像时，需要将该图像的信息详细地记录下来，最直观的方法就是将位图图像的每一个像素的信息逐一进行记录。但是受存储空间的限制，我们需要尽可能地采取某种优化的方式来使得最终的图像文件尽可能的小，这样就产生了图像压缩编码。

图像压缩编码，即：在满足一定的保真度要求下，对图像数据进行变换、编码和压缩，去除多余数据，减少表示数字图像时所需要的数据量，以便图像的存储和传输。简单来说，它是一种以较少的数据量有损或无损地表示原来的像素矩阵的技术，也称图像编码。

图像压缩编码可分为两类：一类压缩是可逆的，即从压缩后的数据中可以完全恢复原来的图像，信息没有损失，称为无损压缩编码；另一类压缩是不可逆的，即从压缩后的数据中无法完全恢复原来的图像，信息有一定损失，称为有损压缩编码。

1. 有损压缩编码

有损压缩可以减少图像在内存和磁盘中占用的空间，在屏幕上观看图像时，不会发现它对图像的外观产生太大的不利影响。因为人眼对光线比较敏感，而光线对景物的作用比颜色的作用更为重要，这就是有损压缩技术的基本依据。

有损压缩的特点是保持颜色的逐渐变化，删除图像中颜色的突然变化。生物学中的大量实验证明，人类大脑会利用与附近最接近的颜色来填补所丢失的颜色。例如，对于蓝色天空背景上的一朵白云，有损压缩的方法就是删除图像中景物边缘的某些颜色部分。当在屏幕上看这幅图时，大脑会利用在景物上看到的颜色填补所丢失的颜色部分。利用有损压缩技术，某些数据被有意识的删除了，而被取消的数据也不能再恢复。

无可否认，利用有损压缩技术可以大大地压缩文件的数据，但是它会影响图像质量。如果使用了有损压缩的图像仅在屏幕上显示，可能对图像质量影响不太大，至少对于人眼的识别来说区别不大。但是，如果要把一幅经过有损压缩技术处理的图像用高分辨率打印机打印出来，那么图像质量就会有明显的受损痕迹了。

2. 无损压缩编码

无损压缩的基本原理是相同的颜色信息只需保存一次。压缩图像的软件首先会确定图像中哪些区域是相同的，哪些是不同的，包括了重复数据的图像就可以被压缩。比如蓝天，只有蓝天的起始点和终结点需要被记录下来。但是蓝色可能还会有不同的深浅，天空有时也可能被树木、山峰或其他的对象掩盖，这些就需要另外记录。从本质上看，无损压缩的方法可以删除一些重复数据，大大减少在磁盘上保存的图像尺寸。但是，无损压缩的方法并不能减少图像的内存占用量，这是因为，当从磁盘上读取图像时，软件又会把丢失的像素用适当的颜色信息填充进来。如果要减少图像占用内存的容量，就必须使用有损压缩方法。

无损压缩方法的优点是能够比较好地保存图像的质量，但是相对来说这种方法的压缩率比较低。如果需要把图像用高分辨率的打印机打印出来，最好还是使用无损压缩。

1.1.4 图像格式

从图像文件的扩展名可以判断这幅图像是以什么格式存储的、应该用什么样的软件去读/写等。

图像文件经过编码存放在硬盘等存储空间时，会根据其编码方式命名为不同的后缀名，常用的格式有BMP、TIFF、JPG、TGA、PSD、PNG、GIF等。这些格式各具特色，在动画制作中发挥着不同的作用。

- BMP格式：它是一种与硬件设备无关的图像文件格式，使用范围非常广，其文件扩展名为“.bmp”。它采用位映像存储格式，除了图像深度可选以外，不采用其他任何压缩，因此，BMP文件所占用的空间很大。BMP文件的图像深度有1 bit、4 bit、8 bit和24 bit四个选项。由于BMP文件格式是Windows环境中交换与图形有关的数据的一种标准，因此在Windows环境中运行的图形图像软件都支持BMP图像格式。
- TIFF格式：它是Tag Image File Format的缩写，由Aldus和 Microsoft公司为桌面版系统研制开发的一种通用的图像文件格式，其文件扩展名为“.tiff”或“.tif”。TIFF支持RGB压缩、RLE压缩及JPEG压缩等多种编码方法。TIFF是现存图像文件格式中最复杂的一种，它具有扩展性、方便性和可改性。
- JPEG格式：它是Joint Photographic Experts Group（联合图像专家组）的缩写，其文件扩展名为“.jpg”或“.jpeg”。JPEG是最常用的图像文件格式，是一种有损压缩格式，能够将图像压缩在很小的存储空间，图像中重复或不重要的资料会被丢弃，因此容易造成图像数据的损伤。尤其是使用过高的压缩比例，这将使最终解压缩后恢复的图像质量明显降低。如果追求高品质图像，不宜采用过高压缩比例。但是JPEG压缩技术十分先进，它用有损压缩方式去除冗余的图像数据，在获得极高的压缩率的同时仍能展现十分丰富生动的图像。换句话说，就是可以用最少的磁盘空间得到较好的图像品质，而且 JPEG是一种很灵活的格式，具有调节图像质量的功能，允许用不同的压缩比例对文件进行压缩。它支持多种压缩级别，压缩比率通常在10：1到40：1之间，压缩比越大，品质就越低，相反地，压缩比越小，品质就越好。例如，可以把1.37Mb的BMP文件压缩至20.3KB。当然也可以在图像质量和文件尺寸之间找到平衡点。JPEG格式压缩的主要是高频信息，对色彩的信息保留较好，适合应用于互联网，可减少图像的传输时间，可以支持24 bit真彩色，也普遍应用于需要连续色调的图像。
- TGA格式：它是Tagged Graphics的缩写，由美国Truevision公司为其显示卡开发的一种图像文件格式，其文件扩展名为“.tga”，它已被国际上的图形、图像工业所接受。TGA的结构比较简单，是一种图形、图像数据的通用格式，在多媒体领域有很大的影响力，是计算机生成图像向电视转换的一种首选格式，也是数字视频制作过程中传递画面信息的首选格式。
- PSD格式：它是Photoshop软件的专用文件格式，其文件扩展名是“.psd”，可以支持图层、通道、蒙板和不同色彩模式的各种图像特征，是一种非压缩的原始文件保存格式。PSD文件有时容量会很大，但由于可以保留所有原始信息，在图像处理中对于尚未制作完成的图像，选用 PSD格式保存是最佳的选择。
- PNG格式：它是Portable Network Graphics的缩写，原义为“可移植性网络图像”，其文件扩展名是“.png”。PNG能够提供比GIF小30% 的无损压缩图像文件。它同时提供

24位和48位真彩色图像支持以及其他诸多技术性支持。由于PNG非常新，所以目前并不是所有的程序都可以用它来存储图像文件，但Photoshop可以处理PNG图像文件，也可以用PNG图像文件格式存储。

- GIF格式：它是Graphics Interchange Format的缩写，原义为“图像互换格式”，是CompuServe公司在 1987年开发的图像文件格式，其文件扩展名是“.gif”。它的压缩率一般在50%左右，它不属于任何应用程序。目前几乎所有图像处理软件都支持它，公共领域有大量的软件在使用GIF图像文件。GIF图像文件的数据是经过压缩的，而且是采用了可变长度等压缩算法。GIF的图像深度为从1 bit到8 bit，即：GIF图像最多支持256种色彩。GIF格式的另一个特点是在一个GIF文件中可以存储多幅彩色图像。如果把存于一个文件中的多幅图像数据逐幅读出并显示到屏幕上，就可构成最简单的动画效果。

1.2 数字视频

在对数字图像有了一定的了解后，下面将介绍视频的一些基础知识。

1.2.1 描述一个视频文件

视频中的每一张图像称为一帧，同时也会以位图序列（即名称中末尾数字不同的多个相同格式的位图图像）来存储视频信息，因此单张的图片素材也可称之为单帧图。图像在人眼前闪现的速度可以用帧速率来表示，帧速率指的是每秒钟闪现的帧数。

视频分辨率和宽高比：视频的分辨率和宽高比指的是每一帧的分辨率和宽高比。

视频场信息：目前许多数字视频仍旧是建立在原来的模拟视频编码的基础上的，所以认识视频场信息就要从模拟黑白电视信号入手。

电视画面是二维的，扫描技术的应用实现了电视信号的传输。为了避免画面闪烁，PAL制规定每秒传输50场图像。但如果逐行传输这50场，视频带宽太大，于是引入了帧的概念，将两场图像交错间置，合并成一帧，这样一来虽然牺牲了垂直分辨率，但更符合人眼的视觉习惯。经过处理后的电视信号每秒只传输25帧画面，等效带宽减少了一半，同时也保证了每秒50场的画面不低于人眼的视觉惰性频率。这就是电视隔行扫描技术。

通常所说的“一帧画面包含两个场”的实际含义就是“两个场合并成一帧”，所以，理解了“先有场，后有帧”真正含义，对视频制作很有帮助。对于静止图像来说，每秒钟50个场的画面是一样的，每帧的画面也是一样的。而运动图像的视频帧就有些微妙了，首先，摄像机以每秒50场的速度记录下运动物体的50次位移，换句话说，物体在每一场的位置都有变化，那么在PAL制中，把两场不完全一样的图像合并成一帧的时候，如果该帧的奇数行反映的是第一场画面，偶数行记录的就是第二场的画面，但第二场的物体已经移动了，因此在PC观察当前帧的定格画面，物体边缘出现“毛刺”了，而如果在TV看的话，定格画面不清晰，甚至晃得很，但这是正常的现象。

1.2.2 视频文件的标准

目前世界上现行的彩色电视制式有三种：NTSC制、PAL制和SECAM制。这里不包括高清晰度彩色电视HDTV（High-Definition television）。

- NTSC（National Television Systems Committee）彩色电视制是1952年美国国家电视标准委员会定义的彩色电视广播标准，称为正交平衡调幅制。NTSC彩色电视制的主要特性有：
  - ◆ 525行/帧，30帧/秒（29.97 fps、33.37 ms/frame）。
  - ◆ 高宽比：电视画面的长宽比（电视为4∶3，电影为3∶2，高清晰度电视为16∶9）。
  - ◆ 隔行扫描，一帧分成2场（field），262.5线/场。
  - ◆ 在每场的开始部分保留20扫描线作为控制信息，因此只有485条线的可视数据。Laser disc为420线，S-VHS为320线。
  - ◆ 每行63.5微秒，水平回扫时间为10微秒（包含5微秒的水平同步脉冲），所以显示时间是53.5微秒。
  - ◆ 颜色模型：YIQ。
  - ◆ 一帧图像的总行数为525行，分两场扫描。
  - ◆ 行扫描频率为15 750 Hz， 周期为63.5 μs；场扫描频率是60 Hz，周期为16.67 ms；帧频是30 Hz，周期33.33 ms。
  - ◆ 每一场的扫描行数为525/2=262.5行。除了两场的场回扫外，实际传送图像的行数为480行。
- 由于NTSC制存在相位敏感造成彩色失真的缺点，因此德国（当时的西德）于1962年制定了PAL（Phase-Alternative Line）制彩色电视广播标准，称为逐行倒相正交平衡调幅制。PAL电视制的主要扫描特性有：
  - ◆ 625行（扫描线）/帧，25帧/秒（40 ms/帧）。
  - ◆ 长宽比（aspect ratio）：4∶3。
  - ◆ 隔行扫描，2场/帧，312.5行/场。
  - ◆ 颜色模型：YUV。
- 法国制定了SECAM （法文：Sequential Coleur Avec Memoire）彩色电视广播标准，称为顺序传送彩色与存储制。

  这种制式与PAL制类似，其差别是SECAM中的色度信号是频率调制（FM），而且它的两个色差信号：红色差（R\'-Y\'）和蓝色差（B\'-Y\'），色差信号是按行的顺序进行传输的。它的图像格式为4∶3、625线、50 Hz、6 MHz电视信号带宽，总带宽8 MHz。

1.2.3 视频格式

与图片文件类似，视频文件在保存时，也需要采用各种视频编码。

- AVI格式：它的英文全称为Audio Video Interleaved，即音频视频交错格式，它的文件扩展名为“.avi”。它于1992年被Microsoft公司推出，随Windows 3.1一起被人们所认识和熟知。这种视频格式的优点是图像质量好，可以跨多个平台使用，但是其缺点是体积过于庞大，而且更加糟糕的是压缩标准不统一，因此经常会遇到高版本Windows媒体播放器播放不了采用早期编码编辑的AVI格式视频，而低版本Windows媒体播放器又播放不了采用最新编码编辑的AVI格式视频的现象。
- DV-AVI格式：DV的英文全称是Digital Video Format，是由索尼、松下、JVC等多家厂商联合提出的一种家用数字视频格式。它可以通过电脑的IEEE 1394端口传输视频数据到电脑，也可以将电脑中编辑好的的视频数据回录到数码摄像机中。这种视频格式的文件扩展名也是“.avi”，我们习惯地叫它为DV-AVI格式。
- MPEG格式：它的英文全称为Moving Picture Expert Group，即运动图像专家组格式，VCD、SVCD、DVD等都是采用这种格式。MPEG文件格式是运动图像压缩算法的国际标准，它采用了有损压缩方法从而减少了运动图像中的冗余信息。目前MPEG格式有三个压缩标准，分别是MPEG-1、MPEG-2、和MPEG-4。
    - MPEG-1：制定于1992年，它是针对1.5 Mbps以下数据传输率的数字存储媒体运动图像及其伴音编码而设计的国际标准，也就是我们通常所见到的VCD制作格式。这种视频格式所使用的文件扩展名为“.mpg”、“.mlv”、“.mpe”、“.mpeg”及VCD光盘中的“.dat”文件等。
    - MPEG-2：制定于1994年，设计目标为高级工业标准的图像质量以及更高的传输率。这种格式主要应用在DVD/SVCD的制作（压缩）方面，同时在一些HDTV（高清晰电视广播）和一些高要求视频编辑、处理上面也有相当的应用。这种视频格式所使用的文件扩展名为“.mpg”、“.mpe”、“.mpeg”、“.m2v”及DVD光盘上的“.vob”文件等。
    - MPEG-4：制定于1998年，MPEG-4是为了播放流式媒体的高质量视频而专门设计的，它可利用很窄的带度，通过帧重建技术压缩和传输数据，以求使用最少的数据获得最佳的图像质量。MPEG-4最有吸引力的地方在于它能够保存接近于DVD画质的小体积视频文件。这种视频格式所使用的文件扩展名有“.asf ”、“.mov”和“.avi”等。
- DivX格式：这是由MPEG-4衍生出的一种视频编码（压缩）标准，也就是通常所说的DVDRip格式，它采用了MPEG-4的压缩算法同时又综合了MPEG-4与MP3的技术，即：使用DivX压缩技术对DVD盘片的视频图像进行高质量压缩，同时用MP3或AC3对音频进行压缩，然后再将视频与音频合成并加上相应的外挂字幕文件而形成的视频格式，其画质直逼DVD，而体积却只有DVD的数分之一。
- MOV格式：美国Apple公司开发的一种视频格式，默认的播放器是苹果的QuickTime Player。它具有较高的压缩比率和较完美的视频清晰度等特点，但是其最大特点还是跨平台性，即：不仅能支持Mac OS，同样也能支持Windows系列。

- ASF格式：它的英文全称为Advanced Streaming Format，它是Microsoft公司为了和Real Player竞争而推出的一种视频格式，用户可以直接使用Windows自带的Windows Media Player对其进行播放。由于它使用了MPEG-4的压缩算法，所以压缩率和图像的质量都很不错。
- WMF格式：它的英文全称为Windows Media Video，也是Microsoft公司推出的一种采用独立编码方式并且可以直接在网上实时观看视频节目的标准文档压缩格式。WMV格式的主要优点包括本地或网络回放、可扩充的媒体类型、可伸缩的媒体类型、多语言支持、环境独立性、丰富的流间关系以及扩展性等。
- RM格式：Networks公司所制定的音频视频压缩规范称之为Real Media，用户可以使用Real Player或Real One Player对符合Real Media技术规范的网络音频/视频资源进行实况转播，并且Real Media还可以根据不同的网络传输速率制定出不同的压缩比率，从而实现在低速率的网络上进行影像数据实时传送和播放。这种格式的另一个特点是用户使用Real Player或Real One Player播放器可以在无需提前下载音频/视频内容的条件下实现在线播放。
- RMVB格式：这是一种由RM视频格式升级延伸出的新视频格式，它的先进之处在于RMVB视频格式打破了原先RM格式那种平均压缩采样的方式，在保证平均压缩比的基础上合理利用比特率资源。也就是说，静止和动作场面少的画面场景采用较低的编码速率，这样可以留出更多的带宽空间，而这些带宽会在出现快速运动的画面场景时被利用。这样一来就在保证了静止画面质量的前提下，大幅地提高了运动图像的画面质量，从而使图像质量和文件大小之间就达到了微妙的平衡。

1.3 通道的概念

通道是一个相当宽泛的概念，我们首先通过颜色通道来了解它。

1.3.1 颜色通道

图像的数字化首先要考虑到如何用数字来描述颜色。国际照明委员会CIE（International Commission on Illumination）对颜色的描述作了一个通用的定义，用色调、饱和度和明度三个特性来区分颜色，它们是颜色所固有的，并且是截然不同的特性。

- 色调（Hue）：又称为色相，是指颜色的外观，用于区别颜色的名称或颜色的种类。色调用红、橙、黄、绿、青、蓝、靛、紫等术语来刻画。用于描述感知色调的一个术语是色彩（Colorfulness）。
- 饱和度（Saturation）：它是相对于明度的一个区域的色彩，是指颜色的纯洁性，它可用来区别颜色明暗的程度。完全饱和的颜色是指没有渗入白光所呈现的颜色，例如：仅由单一波长组成的光谱色就是完全饱和的颜色。

- 明度（Brightness）：它是视觉系统对可见物体辐射或者发光多少的感知属性。它和人的感知有关。由于明度很难度量，因此国际照明委员会定义了一个比较容易度量的物理量，称为亮度（Luminance），用来度量明度。亮度即辐射的能量。明度的一个极端是黑色（没有光），另一个极端是白色，在这两个极端之间是灰色。
- 光亮度（Lightness）：它是人的视觉系统对亮度的感知响应值，光亮度可用作颜色空间的一个维，而明度则仅限用于发光体，该术语用来描述反射表面或者透射表面。

对于图像来说，最简单的图像的色彩由黑和白两种颜色组成，也就是通常所说的黑白图。如果进一步把由黑到白之间的变化细分出来，就是通常所说的灰度图，通常是8位，即2^8（256）种颜色，灰度通道如图1-3-1所示。灰度图也是各种颜色通道的基础，如图1-3-2所示。

图1-3-1

图1-3-2

如果再进一步处理就是彩色了，可以这么说，黑白图的颜色像一个零维的空间，非黑即白，灰度图的颜色像一个一维空间，只需要一个数值即可表达出其颜色，而彩色则变成了三维的颜色空间，每一种颜色需要三个相对独立的属性来表示，因为这时我们需要来表现复杂的真实世界了。

颜色空间也被称为色彩模式。颜色空间按照基本结构可以分两大类：基色颜色空间和色、亮分离颜色空间。

1. 基色颜色空间

首先介绍一下最常见的两种基色颜色空间：RGB色彩模式和CMYK色彩模式。

- RGB色彩模式：它是最基础的色彩模式，RGB指的是红、绿、蓝三原光，即Red、Green、Blue的首字母。在自然界中，红绿蓝三原光可以模拟出所有的颜色，所以在最开始人们就想到了用三原光来表示自然界中多种多样的颜色。在这里，红绿蓝会根据其亮度从最暗到最亮而分成了很多颜色通道。RGB色彩模式是以红绿蓝为空间的三个坐标轴来构成色彩空间的，不同的色彩在这个空间里对应着不同的红绿蓝数值。颜色通道分得越细，表达的色彩越细腻。在电脑上看到的所有图像都使用的是这种色彩模式，显示器的物理结构即是采用的RGB色彩模式。

- CMYK色彩模式：它也称作印刷色彩模式，顾名思义就是用来印刷的。它和RGB相比有一个很大的不同。RGB模式是一种发光的色彩模式，你在一间黑暗的房间内仍然可以看见屏幕上的内容；CMYK是一种依靠反光的色彩模式，我们是怎样阅读报纸的内容呢？是由阳光或灯光照射到报纸上，再反射到我们的眼中才能看到内容。它需要有外界光源，在黑暗房间内是无法阅读报纸的。

前面说过，只要在屏幕上显示的图像，就是RGB模式表现的。现在加上一句：只要是在印刷品上看到的图像，就是CMYK模式表现的。比如期刊、杂志、报纸、宣传画等，都是印刷出来的，那么就是CMYK模式。和RGB类似，CMY是三种印刷油墨名称的首字母：青色Cyan、洋红色（品红）Magenta、黄色Yellow。而K取的是Black最后一个字母，之所以不取首字母，是为了避免与蓝色（Blue）混淆。从理论上来说，只需要CMY三种油墨就足够了，它们三个加在一起就应该得到黑色。但是由于目前制造工艺还不能造出高纯度的油墨，CMY相加的结果实际是一种暗红色。因此还需要加入一种专门的黑墨来中和。在Discreet Combustion软件中，图片是不能使用CMYK模式的，如果有一张素材图片Combustion不能用，首先就要看一看它的色彩模式是否正确，并且在这里青色、洋红色、黄色分别是红色、绿色、蓝色的补色。在RGB色彩模式下，绿+蓝=青、红+蓝=品、红+绿=黄，如图1-3-3所示。

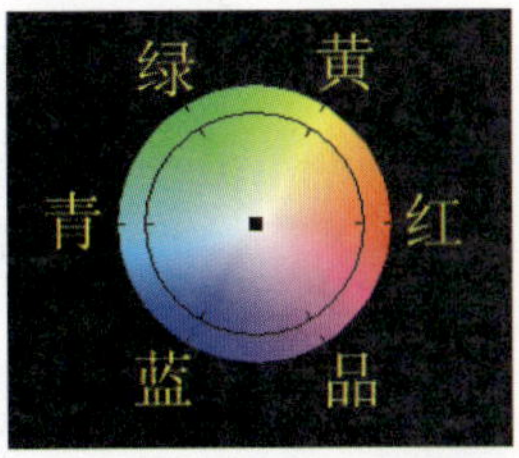

图1-3-3

2. 色、亮分离颜色空间

色、亮分离颜色空间是将颜色的亮度分离出来，再加上另外的两个属性来表达颜色。最常见的有HSV色彩模式、YUV色彩模式和Lab色彩模式三种模式。

- HSV色彩模式：它是通过H色相、S饱和度、V亮度三个属性来表述颜色。色相指的是色彩的相貌。在可见光谱上，人的视觉能感受到红、橙、黄、绿、青、蓝、紫这些不同特征的色彩。人们给这些可以相互区别的色定出名称，当称呼到其中某一色的名称时，就会有一个特定的色彩印象，这就是色相的概念。饱和度，指的是色彩的纯度，纯度越高，表现越鲜明，纯度较低，表现则较黯淡。亮度，指的是色彩的光亮程度，即其饱和度为零时的灰度值。
- YUV色彩模式和Lab色彩模式很相似，都是通过一个亮度（Y、L）信息和两个色彩信息来表达色彩，YUV色彩模式和Lab色彩模式各有其应用空间，在这里就不详细叙述了。

1.3.2 透明通道

透明通道主要是用来表述像素的透明程度，通常用灰度图表示，以由白到黑来表示由不透明到透明。简单的Alpha通道只有黑白两色。

如果说颜色通道是通过构建一个三维空间来描述色彩，那么透明通道则是给这个三维空间添加了新的维度，即每一个像素可以通过Alpha通道的信息来反映其透明程度，即R、G、B、A。

四个维度的空间已经超出直观认知之外了，但是由于透明通道的特殊性，因此在进行动画合成时，还是可以通过视觉有所把握，而多通道则更加复杂。

1.3.3 多通道

从零维的黑白空间，到一维的灰度空间，再到三维的RGB空间，再到四维的RGBA空间，看似复杂，其实仍旧在视觉可以认知的范围之内，而一张图像所包含的信息，则远远不止于此。

我们可以将RGBA空间看作是图像通过4张灰度图信息并利用不同的计算方式来获得最终看到的画面。那么，我们可以进一步扩展开来，将更多的信息加载到一张图像上，或者一个图像文件上，这就形成了最基本的多通道概念。

多通道的概念可以延伸到两个方向。

第一类多通道是指以RPF文件为代表的能够携带大量信息的文件类型，它是应用于动画制作软件尤其是三维动画制作软件的一种模式。在这一模式下，可以通过这一文件所携带的信息来完成对图像的更加复杂的效果。这一应用的主要特点是：

- 操作简单，无论是对于三维软件还是合成软件，主要依赖于软件本身的功能。
- 文件体积较大。
- 所能完成的效果主要依赖于软件功能。
- 不同软件对于RPF文件的支持能力不同，多软件协作困难。

第二类多通道指的是通过多组信息来描述一幅画面，即将本来可以整合在一个文件中的信息拆分到多个文件之中，甚至添加更多的参考文件。这些文件通过合成软件分别控制画面的不同部分，组合出最终的画面效果，可以说这种多通道概念更加符合合成的初衷。这一应用的主要特点有以下几点。

- 对于三维制作软件或二维制作软件来说，需要考虑更多的输出需求。
- 文件数量较大，管理困难。
- 所完成的效果需要在制作前构思好，并针对可能的变化选择不同的通道信息。
- 可以使用绝大部分的文件类型。

多通道在动画制作中的应用将越来越广泛，这也将是合成这一制作环节在动画制作中所能完成的主要工作。

1.4 小结

本章需要重点掌握描述数字视频的主要参数以及了解数字图像和数字视频的编码类型，并初步认识通道的概念，尤其是多通道的概念。

第2章 合成的基本方法

本章导读

在本章中，我们将学习合成所需掌握的一些基本理念，并对合成的一些基本元素进行了解，为后面的学习打好基础。

2.1 合成的概念

合成的概念是随着影视特效的发展而逐渐成型的，在计算机技术介入特效制作之前，合成并没有明确地从制作工序中独立出来。

就现在来说，合成指的是将利用不同手段获得的视觉元素在同一个画面中有机的结合，共同构成制作者所需要的一个个镜头的过程。从概念上说，合成一般要将不同的对象结合在一起，或者将某些元素添加到已有的图像之中。而从广义上讲，通过合成软件对单一图像进行处理来获得想要的镜头画面，也可以算作合成的范围。

在合成过程中所使用到的各个元素我们称之为素材（Footage）。

在合成软件中对已有素材进行加工所使用的工具称之为滤镜或者特效（Effects）。

经过合成软件处理而没有输出的素材构成了一个个图层（Layer），而一次合成工作我们称之为项目（Composite），图2-1-1所示为After Effects软件的操作界面。

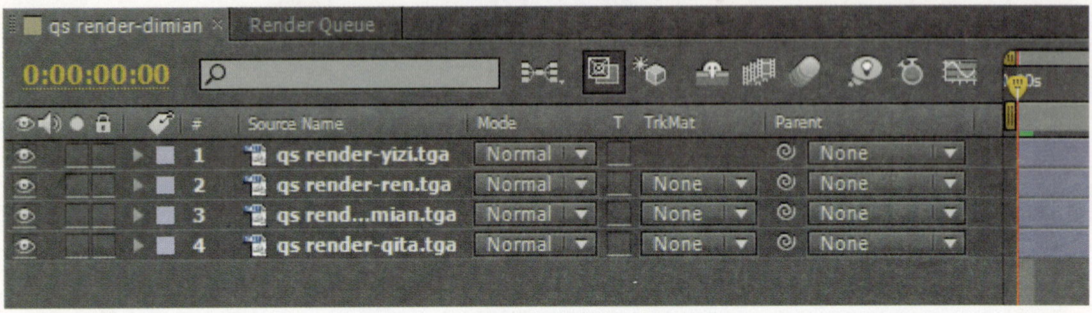

图2-1-1

合成并不是一个复杂的概念，但是每一次对它加深认识都会对合成的工作流程带来新的改进。

2.2 图层

2.2.1 图层的概念

合成所涉及到的概念很多，而图层的概念则是其中的重中之重。图层的概念可以说是伴随着合成的概念而形成的，其归根结底是要追溯到早期的电影特效制作手段之中。在最早的特效合成制作中，有两种非常常用且有效的手法，即：多次曝光和背景放映合成。

多次曝光是一种特技摄影方法。多次曝光技术是在一张页片或一幅胶片上拍摄几个影像。同一个物体可以拍摄几次，或者将几个不同的物体拍摄在一起。多次印放是用一张底片在同一张相纸上反复曝光多次，如图2-2-1 所示。

图2-2-1

背景放映合成是把作为背景用的幻灯片或影片从背面放映在银幕上，而演员是在银幕前表演，最后通过摄影机拍摄来得到完整的合成画面的一种工艺。

背景放映合成早在20世纪30年代已广泛应用于电影特技之中，尤其是较大场面的自然风景和背景不断变化的镜头中，例如，在汽车或火车行驶中窗外不断变化的场景、演员高空表演时的背景等。根据放映背景的不同，可以分为静止背景和动态背景两种。静止背景选用大尺寸幻灯片，动态背景则使用放映影片的方法。这两种方法都要求幻灯机或放映机定位准确、放映光源较强、放映镜头清晰度较高、幻灯片或影片颗粒细，从而保证在高亮度和高清晰度的环境下放映影像。拍摄时放映机与摄影机同步工作。放映机和摄影机装有间歇定位装置。背景放映合成用的银幕是半透明的，其尺寸大小根据背景内容而定。例如，表现汽车车窗外移动街景，只需要用较小的银幕；而表现较大的移动场景，则需要用到相当大的银幕。无论银幕大小，都必须保证足够的亮度，银幕中心和边缘的亮度不能有明显的差异。为了将幕前表演的演员和放映在幕上的背景都拍摄得清晰，二者必须处于一定的景深范围之内，因此要求演员尽可能地靠近银幕，但须避免照明光线投射到放映银幕上。

背景放映合成的优点是在拍摄时即可看到完整的合成画面，演员的表演可与背景密切配合，摄影机在银幕前的一定范围内可作移动拍摄，以获得较理想的艺术效果。

可以说，多次曝光和背景放映合成是合成的雏形，而两次曝光或者投放到银幕上的幻灯片则是图层的起源了。在这之后，为了表现不同层次和景深的变化，特效师们又开始在多个玻璃板上绘制图像来同时拍摄，这样一来，图层的概念就呼之欲出了。

图层的概念是随着Adobe Photoshop软件的出现而逐渐形成并推广开来的。打个比方说，在一张张透明的玻璃纸上作画，透过上面的玻璃纸可以看见下面纸上的内容，但是无论在上一层上如何涂画都不会影响到下面的玻璃纸，上面一层会遮挡住下面的图像。最后将玻璃纸叠加起来，通过移动各层玻璃纸之间的相对位置或者添加更多的玻璃纸来改变最后的合成效果。这就是对Photoshop中的“图层”概念的简单而形象的描述。Photoshop中的图层面板如图2-2-2所示。

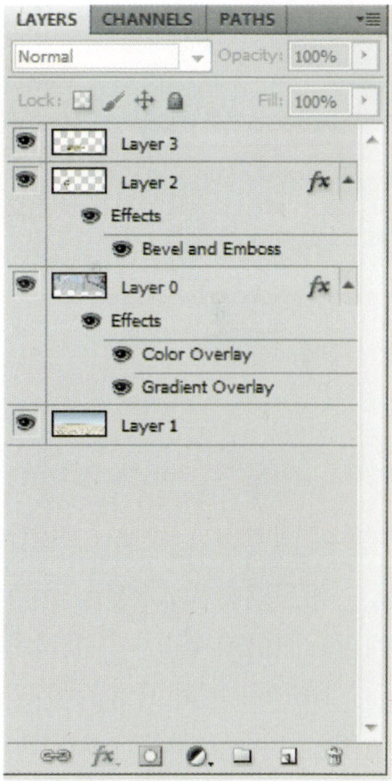

图2-2-2

我们今天还可以在Photoshop的“图层”中看到当年电影特效制作的影子，最初的各个工具都是由现实中的制作手段演化而来的。而随着计算机图形学的发展和版本的更新，更多的无法通过现实手段实现的功能和工具逐渐出现，这就使得我们获得了更强大的制作手段和更大的创作自由。

2.2.2 图层叠加的方式

将不同的图层合并在一起，最常规的做法就是采取图层叠加。所谓图层叠加，就是将A图层的信息与B图层的信息通过不同的计算公式进行计算（这里的B图层也可以代指多个图层合成后的结果），从而获得新的画面效果的合成方式。在所有的合成软件中，Adobe After Effects拥有最多且最全面的叠加模式，下面通过一个实例效果来简单讲述一下After Effects软件中常用的图层叠加模式。

实例说明：使用A、B、C、D四张图像（如图2-2-3所示）来进行对比，其中A图层为人物头像，B图层为由黑到白渐变，C图层为由红到白渐变，D图层为纯红色、由上到下逐渐透明。

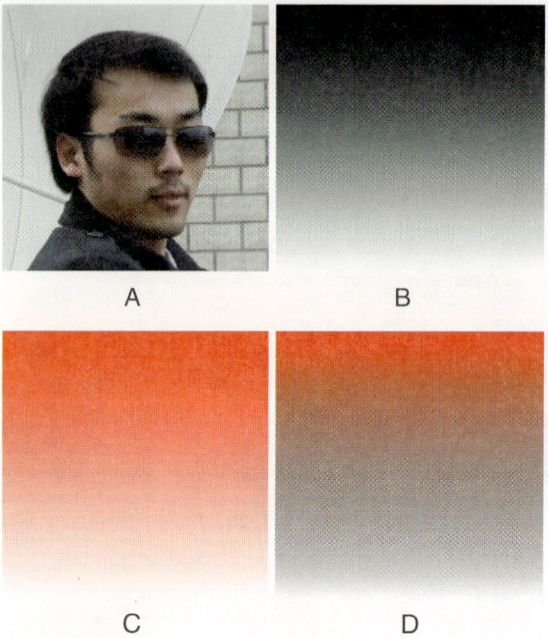

图2-2-3

1. Normal（正常模式）

使用这一模式进行“运算”或“应用图像”时，可以完全不加混合地将源图层或通道复制到目标图层或通道中，也就是用源完全替代目标。

Normal是最正常的模式，也是最常用的模式，经常利用其与遮罩、通道、滤镜等配合使用。

2. Dissolve（溶解模式）

使用这一模式进行“运算”或“应用图像”时，将会把溶解的不透明度作为来自混合色的像素百分比并按此比例把混合色放于基色之上。在这里说明一下，基色是指做合成前位于原位置的色彩或图像，而混合色是被溶解于基色或是图像之上的色彩或图像。

使用这种模式，像素仿佛是整个来自一张图像或是另一张图像，看不出有什么混合的迹象，如果你想在两张图像之间达到看不出混合迹象的效果，而又需要能比使用溶解模式拥有更多的对图案的控制时，可以在最上面的图层上建立一个图层蒙版并通过用纯白色填充来实现所需效果。

图2-2-4就是将B图层添加遮罩后叠加到A图层后的效果。

3．Dancing Dissolve（动态溶解模式）

该模式同Dissolve模式基本相同，只是它对融合区域进行了随机动画。

4．Darken（暗色模式）

使用这一模式进行“运算”或“应用图像”时，将会以层颜色为准，比层颜色亮的像素被替换，而比层颜色暗的像素不做处理。图2-2-5所示为使用这一模式将B图层叠加到A图层后的效果。

图2-2-4

图2-2-5

5．Multiply（正片叠底模式）

要理解这一模式，可以打一个比方：这一模式就像是将两幅透明的图像重叠夹在一起放在一张发光的桌子上。任何在原来每张图像上黑色的部分在结果中为黑，而任何在原来每张图像上白色的或是被清除的部分会让你透过它看到另一幅图像上相同位置的部分。Multiply模式是最佳的纹理效果添加方式，它也可以用来控制暗色调的变化，通常与Screen模式相对应。图2-2-6所示为使用这一模式将B图层叠加到A图层后的效果。

6．Screen（屏幕模式）

它是一个与正片叠底相反的操作过程。使用这一模式进行“运算”或“应用图像”时，它的效果是在图像中白色的部分在结果中也是白色，在图像中黑色的部分在结果中显示出另一幅图像相同位置的部分。

Screen模式和Multiply模式的区别是两幅图像在做Screen运算会加强亮的部分，而在做Multiply运算则会加强暗的部分。图2-2-7所示为使用这一模式将B图层叠加到A图层后的效果。

图2-2-6

图2-2-7

7. Color Burn（颜色加深模式）

使用这一模式进行“运算”或“应用图像”时，将会使层的亮度降低、色彩加深。使用白色作颜色加深处理时将没有任何效果。图2-2-8所示为使用这一模式将B图层叠加到A图层后的效果。

图2-2-8

8. Classic Color Burn （典型颜色加深模式）

兼容早期版本的Color Burn模式。图2-2-9所示为使用这一模式将B图层叠加到A图层后的效果。

9. Color Dodge（颜色减淡模式）

使用这一模式进行“运算”或“应用图像”时，将会查看每个通道的颜色信息，通过降低对比度来使底色变亮从而反映绘图色。使用黑色作颜色减淡处理时将没有任何效果。图2-2-10所示为使用这一模式将B图层叠加到A图层后的效果。

图2-2-9

图2-2-10

10. Classic Color Dodge（典型颜色减淡模式）

兼容早期版本的Color Dodge模式。图2-2-11所示为使用这一模式将B图层叠加到A图层后的效果。

11. Linear Burn（线性加深模式）

使用这一模式进行“运算”或“应用图像”时，将会查看每个通道的颜色信息，并通过降低亮度使底层颜色变暗来反映绘图色。使用白色作线性加深处理时将没有任何效果。图2-2-12所示为使用这一模式将B图层叠加到A图层后的效果。

图2-2-11

图2-2-12

12. Linear Dodge（线性减淡模式）

使用这一模式进行“运算”或“应用图像”时，将会通过增加亮度来使得底层颜色变亮，以此来获得混合颜色。使用黑色作线性减淡处理时将没有任何效果。图2-2-13所示为使用这一模式将B图层叠加到A图层后的效果。

图2-2-13

13. Add（添加模式）

使用这一模式进行“运算”或“应用图像”时，会将底色与层颜色相加，得到更为明亮的颜色。当层颜色为纯黑色或底色为纯白色作添加处理时没有任何效果。Add模式通常用来获得更加亮丽的效果，也是制作倒影、反射等效果的首选。图2-2-14所示为使用这一模式将B图层叠加到A图层后的效果。

14. Lighten（变亮模式）

使用这一模式进行“运算”或“应用图像”时，将会查看每个通道的颜色信息，并按照像素对比两个颜色，哪个更亮则把哪种颜色作为此像素最终的颜色，也就是取两个颜色中的亮色作为最终色。亮于底色的颜色被保留，暗于底色的颜色被替换。图2-2-15所示为使用这一模式将B图层叠加到A图层后的效果。

图2-2-14

图2-2-15

15. Lighter Color（亮色模式）

使用这一模式进行“运算”或“应用图像”时，将会根据绘图色通过增加或降低对比度，加深或减淡图像的颜色。如果绘图色比50%的灰亮，图像通过降低对比度来被照亮；如果绘图色比50%的灰暗，图像通过增加对比度来变暗。图2-2-16所示为使用这一模式将B图层叠加到A图层后的效果。

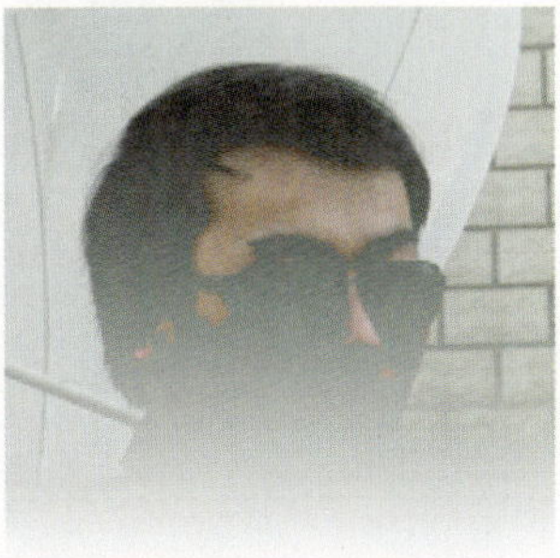
图2-2-16

16. Overlay（叠加模式）

它是Multiply和Screen模式运算功能的合并。使用这一模式进行“运算”或“应用图像”

时，在原始图像中黑暗的区域被叠底，而光亮的区域被屏幕化，最亮的部分和阴影部分则被一定程度地保存下来。Overlay模式会增强色彩对比效果，但同时也会损失一定的色彩细节。图2-2-17所示为使用这一模式将B图层叠加到A图层后的效果。

17. Soft Light（柔光模式）

使用这一模式进行“运算”或“应用图像”时，会将原始图像与混合色彩、图案或图像进行混合，并依据混合图像决定使原始图像变亮还是变暗，混合图像亮则更亮、暗则更暗。Soft Light模式效果逊于Overlay模式，但色彩损失较少，是非常常用的颜色控制模式。图2-2-18所示为使用这一模式将B图层叠加到A图层后的效果。

图2-2-17

图2-2-18

18. Hard Light（强光模式）

使用这一模式进行“运算”或“应用图像”时，将会使图像从混合色彩、图案或图像中取其亮度值来进行处理。图2-2-19所示为使用这一模式将B图层叠加到A图层后的效果。

19. Linear Light（线性光模式）

使用这一模式进行“运算”或“应用图像”时，将会根据绘图色通过增加或降低亮度来加深或减淡颜色。如果绘图色比50%的灰亮，图像通过增加亮度被照亮；如果绘图色比50%的灰暗，图像通过降低亮度变暗。图2-2-20所示为使用这一模式将B图层叠加到A图层后的效果。

图2-2-19

图2-2-20

20. Vivid Light（艳光模式）

使用这一模式进行“运算”或“应用图像”时，将会根据底色的加深或者减淡来增加或减退层颜色的对比度。如果底色比50%的灰亮，则层颜色降低，对比度变亮；如果底色比50%的灰暗，则层颜色提高，对比度变暗。图2-2-21所示为使用这一模式将B图层叠加到A图层后的效果。

21. Pin Light（固定光模式）

使用这一模式进行“运算”或“应用图像”时，将会根据底色来替换绘图色。如果底色比50%的灰亮，绘图色被替换，比绘图色亮的像素不变化；如果底色比50%的灰暗，则比绘图色亮的像素被替换，比绘图色暗的像素不变化。固定光模式对图像增加特殊效果非常有用。图2-2-22所示为使用这一模式将B图层叠加到A图层后的效果。

图2-2-21

图2-2-22

22. Hard Mix（强烈混合模式）

使用这一模式进行“运算”或“应用图像”时，会将绘图色与底色的色值相加，当相加的色值大于该颜色模式色值的最大值时，混合颜色为最大值；当相加的色值小于该颜色模式色值的最大值时，混合颜色为0；而当加的色值等于该颜色模式色值的最大值时，混合颜色由底图颜色决定，底图色值比绘图色的色值大，则混合颜色为最大值，相反则为0。这一模式能够产生颜色较少、边缘较硬的图像效果。图2-2-23所示为使用这一模式将B图层叠加到A图层后的效果。

图2-2-23

23. Difference（差值模式）

使用这一模式进行“运算”或“应用图像”时，将会比较两个图像，并给出一个蒙版，在两幅图像完全相同的区域为黑色，蒙版将随两幅图像相差变化，差值越大它将更趋向于白色。图2-2-24所示为使用这一模式将B图层叠加到A图层后的效果。

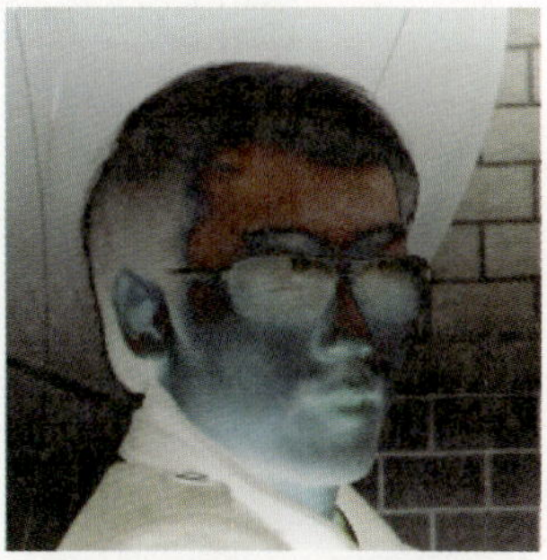

图2-2-24

24. Classic Difference（典型差值模式）

兼容早版本的Difference模式。图2-2-25所示为使用这一模式将B图层叠加到A图层后的效果。

25. Exclusion（排除模式）

排除模式与差值模式除了在强度上有所差别，其他都相似。使用黑色作排除处理时将没有任何效果。图2-2-26所示为使用这一模式将B图层叠加到A图层后的效果。

图2-2-25

图2-2-26

26. Subtract（减法模式）

使用这一模式进行“运算”或“应用图像”时，会将两个图像的像素数值相减取其绝对值。图2-2-27所示为使用这一模式将B图层叠加到A图层后的效果。

27. Divide（加法模式）

使用这一模式进行“运算”或“应用图像”时，将会取两个图像的像素绝对值相加的值。图2-2-28所示为使用这一模式将B图层叠加到A图层后的效果。

图2-2-27

图2-2-28

28. Hue（色相模式）

使用这一模式进行“运算”或“应用图像”时，将会用底色的光度、饱和度和层颜色的色相创建结果颜色。图2-2-29所示为使用这一模式将C图层叠加到A图层后的效果。

29. Saturation（饱和度模式）

使用这一模式进行“运算”或“应用图像”时，将会用底色的亮度、色相和层颜色的饱和度创建结果颜色。如果底色为灰度区域，不会引起任何变化。图2-2-30所示为使用这一模式将C图层叠加到A图层后的效果。

图2-2-29

图2-2-30

30．Color（颜色模式）

使用这一模式进行“运算”或“应用图像”时，将会用底色的亮度和层颜色的饱和度、色相来创建结果颜色。它可以保护图像中的灰色色阶。图2-2-31所示为使用这一模式将C图层叠加到A图层后的效果。

31．Luminosity（亮度模式）

使用这一模式进行“运算”或“应用图像”时，将会用底色的色相、饱和度和层颜色亮度来创建结果颜色。效果与Color模式相反。该模式是除了Normal模式外唯一能完全消除纹理背景干扰的模式。图2-2-32所示为使用这一模式将C图层叠加到A图层后的效果。

图2-2-31

图2-2-32

32．Stencil Alpha（模板Alpha模式）

使用这一模式进行“运算”或“应用图像”时，可以穿过Stencil层的Alpha通道显示多个层。图2-2-33所示为使用这一模式将D图层叠加到A图层后的效果。

33．Stencil Luma（模板亮度模式）

使用这一模式进行“运算”或“应用图像”时，可以穿过Stencil层的像素显示多个层。当使用此模式时，层中较暗的像素比较亮的像素更透明。图2-2-34所示为使用这一模式将B图层叠加到A图层后的效果。

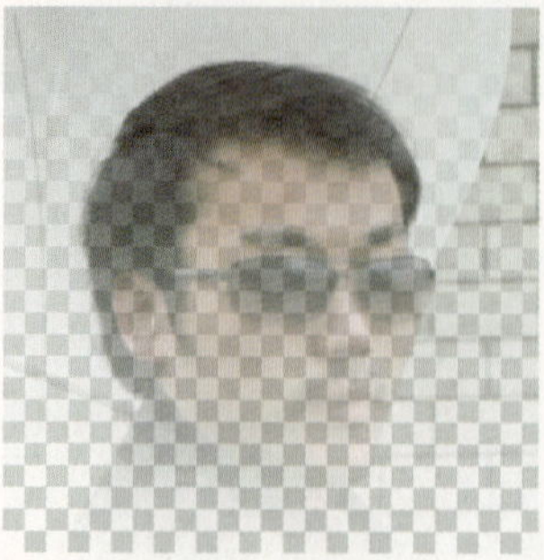

图2-2-33

图2-2-34

34. Silhouette Alpha（轮廓Alpha模式）

使用这一模式进行“运算”或“应用图像”时，可以通过Alpha通道在几个层间切出一个洞。图2-2-35所示为使用这一模式将D图层叠加到A图层后的效果。

35. Silhouette Luma（轮廓亮度模式）

使用这一模式进行“运算”或“应用图像”时，可以通过层上像素的亮度在几个层间切出一个洞。使用此模式，层中较亮的像素比较暗的像素透明。图2-2-36所示为使用这一模式将B图层叠加到A图层后的效果。

图2-2-35

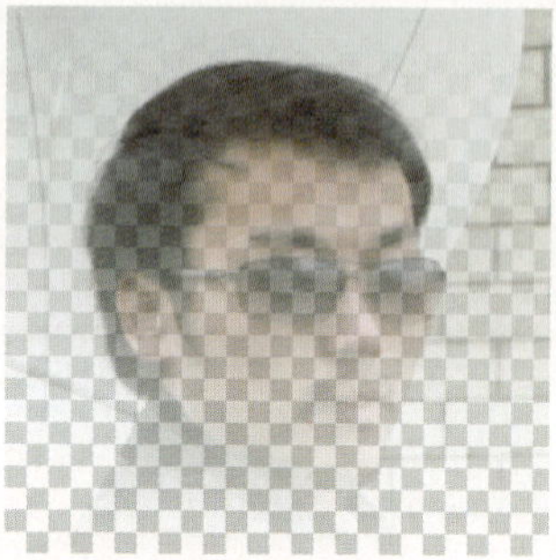

图2-2-36

36. Alpha Add（添加Alpha模式）

使用这一模式进行“运算”或“应用图像”时，会使底层与目标层的Alpha Channles共同建立一个无痕迹的透明区域。图2-2-37所示为使用这一模式将D图层叠加到C图层后的效果。

37. Luminescent Premul （冷光预乘）

使用这一模式进行“运算”或“应用图像”时，可以将层的透明区域像素和底层作用，赋予Alpha通道边缘透镜和光亮的效果。图2-2-38所示为使用这一模式将D图层叠加到A图层后的效果。

图层本身只是构建了一个个平面的片，它也是最传统的动画控制方式，但是如果想要更自由地操作这些图层，就需要引入空间的概念了。

图2-2-37

图2-2-38

2.3 空间的运用

计算机特效在研发之初就是参考早期的实物拍摄技巧，同理，计算机特效技术最终的走向也必然是模拟真实，这将对使用者的技术要求降到最低，甚至使用者仅仅只需要想象力。另一方面，只要还需要操作，就需要各种工具，因此我们仍然需要掌握手中的武器使得这个虚拟的世界能够以最快的速度反映创作者的意图。

合成这一环节在经历了一段时间的平面叠加过程之后，最终还是走向了空间合成。

如图2-3-1所示，空间合成的各个元素可以在一个三维空间中进行变化，这些变化会最大限度地趋近于真实，或者是通过能够真实体验到的参数来进行控制。

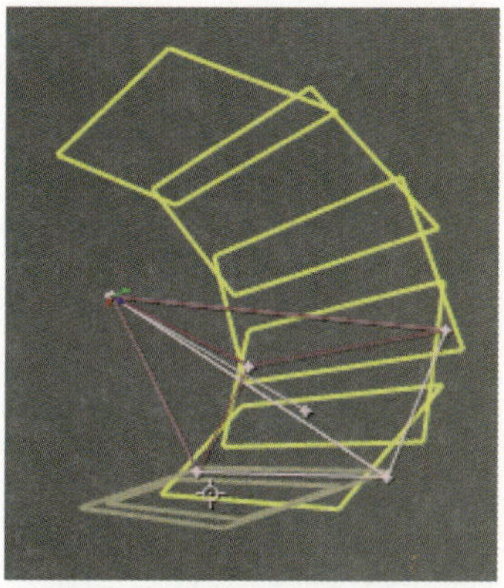
图2-3-1

在空间中可以添加摄像机、灯光等物体，通过摄像机拍摄来获得图像，通过灯光来控制明暗关系，就像在摆布一个真实的空间，而且在这个空间中的操作可以更加自由。

图层本身在这里也发生了一些变化，不再仅仅局限于一个平面的片，而是可以以一个空间的物体呈现出来。例如，RPF文件可以携带景深信息，图层中不同的点是有远近之分的，而且多个携带景深信息的素材可以按照其空间位置自动进行遮挡，这将极大地简便合成步骤，也带来了更多的合成手段。素材的景深效果如图2-3-2所示。

图2-3-2

在空间合成时，需要注意虚拟与真实的差异。

我们仅仅是在计算机中模拟出了一个空间，而没有必要将所有的元素还原成真实的状态（三维软件是这样处理的）。举个简单的例子，我们有夜空和月亮的图片，但绝不会将夜空的图片放大后放到几光年之外的位置，或者把月亮放在30万公里之外。所以说空间是虚拟的真实。但从另一个角度来看，空间是真实的虚拟，也就是说我们要尽可能地还原真实拍摄的效果。摄像机平移时，近处的长椅和远处的楼房乃至更远的白云，它们的位移变化是绝不相同的。长焦镜头拍摄的画面和广角镜头拍摄的画面也有很大的区别，在模拟这些效果时需要时时注意各个元素在摄像机前所应有的变化方式。

2.4 嵌套的运用

在合成过程中，不一定要在一个空间或者项目中制作所有的元素，而是可以通过多个项目来完成。另一方面，我们也不希望将这些元素一个个输出后再进行整合，这样既耗费时间又给修改带来了不便。我们需要把一个合成项目直接引用到另外一个合成项目中，这时就需要了解嵌套的运用。

严格来说，嵌套即是将Composite A看作一个整体，直接被应用到另一个Composite B中，并将A作为合成的一个元素出现，而在合成过程中，对A的修改会实时地反映到B的合成效果中。图2-4-1所示的是嵌套后的流程图。

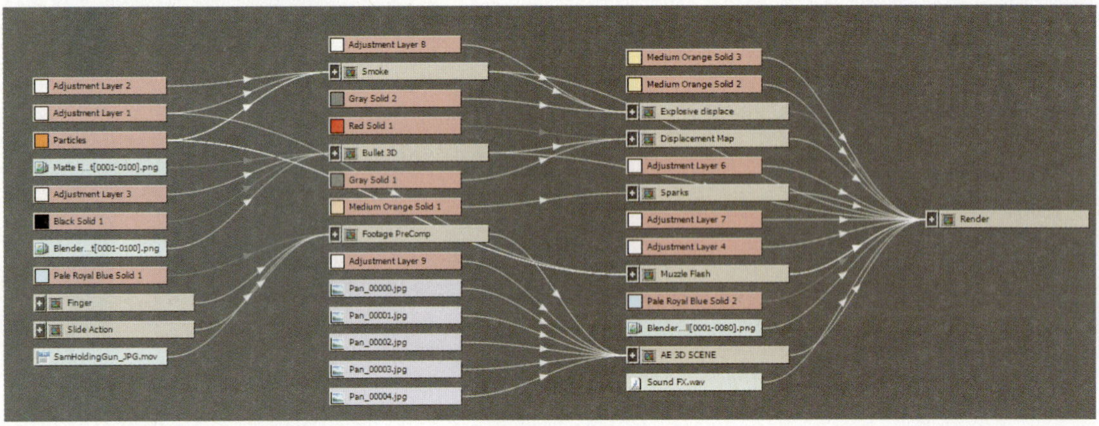

图2-4-1

嵌套看似是将合成复杂化了，其实不然，嵌套实际上让合成更加地有条理，我们可以在开始合成之前先对合成中的各个元素进行分析，先制作出一个个的Comp，再进行最终的合成。也可以在制作时即时打包，将各个元素的制作看做一个个的合成分支，这也是最常用的方式。

在进行嵌套时，需要注意以下几点。

- 嵌套应该注意逻辑关系，A嵌入B则B不能嵌入A。这在操作上是不允许的，而在构思时犯了这样的错误，也会对合成带来不利的影响。
- 嵌套进来的Comp是作为图层出现的，即作为一个平面出现，那么原Comp中图层的叠加模式将不再影响到新的Comp，整个嵌套进来的Comp将是作为一个图层来进行整体的叠加模式选择。
- 嵌套进来的Comp需要注意与新的三维空间的关系，我们可以选择将其视为一个平面，也可以选择将其视为一个小的空间，不同的选择对于合成来说，是有很大的影响的。

2.5 时间因素的运用

在构建好画面之后，还有最后一项需要注意，那就是动画本身，即时间因素。在合成环节中，时间的运用主要体现在两个问题上：帧速率和节奏。

2.5.1 帧速率

作为描述数字视频的主要参数，帧速率是数字视频本身携带的参数，不过在合成软件中，数字视频被还原成了位图序列，帧速率也就变成了可控的参数。根据来源的不同，比如Flash制作的、拍摄的、手绘的、中国的、日本的、电视、电影等等，需要选择不同的帧速率来还原其本来面目。

其中，最容易混淆的就是PAL制和NTSC制的素材，毕竟25帧/秒和30帧/秒对人眼来说差异不大，如果没有很熟悉的对象（如演员说话等）就很难发现问题。当然，从另一个角度来说，如果没有太影响视觉效果的元素，也可以完全不考虑帧速率的问题，而且还经常需要根据镜头的节奏进行变速（这一部分也可能在剪辑环节完成），这时就需要把一切交给个人的感觉了。

伴随着帧速率，还有一个概念需要注意，就是运动模糊。运动模糊是一个很容易被忽略，而且肉眼发觉之后也很难进行判断的参数。有很多动画由于其素材来源主要是计算机软件制作的，而没有考虑运动模糊的因素，在观看时会感到少许的违和感。非专业人士无法判断这种违和感来自哪里，而动画师在看过较多的视频之后，才能够及时地辨别出来。

违和感的产生有两个来源，首先是人眼的视觉残留功能，在生活中，这一现象随处可见。我们可以试着把手在眼前快速掠过，这时可以看到手的重影。另一个则是摄像机的快门，光在传播到胶片上时，无论多么短，必然是一个时间段，因此运动的物体就留下了运动的轨迹。同时由于运动的物体在胶片的不同位置感光时间不充分，就会留下半透明的拖尾，如图2-5-1所示。

图2-5-1

在动画制作过程中，素材的绝大部分来源于计算机软件制作，无法自然地生成运动模糊，所以如果通过制作软件进行模拟，就需要耗费相当多的计算资源。而在合成中，简单的运动模糊是很容易制作的。因此，在合成制作中，运动模糊不但是必然会出现的效果，更是必须出现的效果。

当然也并非全然如此简单，我们可以观察排风扇或者汽车车轮，它们在运动时所造成的运动模糊在慢速时并不是连成一片。25帧/秒和30帧/秒拍摄的画面运动模糊必然也不相同。圆周运动和平移也会产生不同的效果。当然这些都属于精益求精的范畴，在完成了主题的合成工作之后，可以再返回头来精雕细琢。

2.5.2 节奏控制

动画的节奏是在合成和剪辑两个环节中共同完成的，而合成环节主要是控制画面中各个元素的运动的节奏，剪辑则是控制镜头语言即动画整体的节奏。

合成环节的节奏控制相对简单，主要体现在两个方面。

一是对于素材本身的速度的控制。可以通过软件的变速等功能，对一些视频素材进行变速（如图2-5-2所示），调节播放速度，使其符合画面需求。

图2-5-2

二是对于画面元素在合成的空间中的运动的控制。合成画面的绝大部分因素都是运动的，并且会根据其位置、时机等因素而表现出不同的效果，如图2-5-3所示。

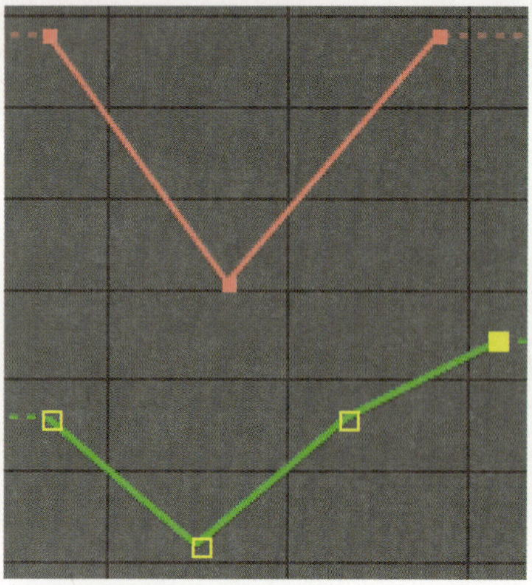

图2-5-3

节奏控制在操作上相对简单，而在实际制作中就不容易了，需要反复地预览动画效果，反复地修改，才能达到预期的目的。

2.6 小结

本章主要探讨的是对于合成本身的深入理解。在这章中，我们讲解了大量的关于合成的技巧之后，这些技巧都会自然而然地出现在制作中，而在学习合成之前能对其有一定的了解，对于学习乃至制作来说都是很有帮助的。

Adobe

第3章

Adobe After Effects简介

本章导读

在学习如何进行动画合成之前，我们先来了解一下动画合成的主流软件。Adobe公司为动画合成提供了一整套完善的解决方案，包括有After Effects、Photoshop、Premiere等软件。本章主要介绍Adobe After Effects的基本界面和布局，帮助初学者熟悉软件，了解其基本应用。同时，本章也会介绍业内其他的工具，让读者对其有大致的了解。

3.1 常见后期解决方案

随着计算机图形图像技术的发展，各个公司之间的技术壁垒逐渐被打破，几乎每个视频技术公司的技术突破都会及时地扩散到整个行业。在影视特效行业（动漫可以说是其中的分支或外延）的发展过程中，逐渐整合形成了以Adobe、Autodesk、AVID和Apple四大公司为主体、众多专业公司并存的格局。

目前市场上有多种数字合成软件，按照其面向对象，这些软件可以分为面向流程的合成软件和面向层的合成软件。

面向流程的合成软件把合成画面所需的一个个步骤作为单元（或称之为节点），每一个步骤都接受一个或几个输入画面，并对这些画面进行处理，产生一个输出画面，然后通过把若干个步骤连接起来，形成一个流程，从而使原始素材经过种种处理，最终得到合成结果。Nuke、Digital Fusion、Toxik等软件都属于这一类别。

面向层的软件把合成软件划分为若干层次，每个层次一般对应一段原始素材。通过对每一层进行操作，如增加滤镜、抠像、调整等，使得每一层画面都能满足合成的需要，最后把所有层按照一定的顺序叠合起来，从而得到最终的合成画面。After Effects、Combustion等软件都属于这一类别。

当然对于绝大部分软件来说，都在一定程度上涵盖了这两种模式，只是侧重不同。这只是笼统的划分。对于两种模式来说，前者更擅长制作精细的特技镜头，后者则具有较高的制作效益，可谓各有所长。前者由于流程的设计不受层的局限，因此可以设计出任意复杂的流程，有利于对画面进行非常精细的调整，比较适合于电影体及类的合成效果，而后者则比较直观，易于上手，制作速度快。

3.1.1 Adobe后期解决方案

Adobe公司可以称得上是业内最全面的后期解决方案供应者。从平面图像处理的Photoshop、Illustrator到动画制作的Flash，再到合成的After Effects到剪辑的Premiere，以及音频处理软件Audition、Soundbooth等，在后期的各个环节均有其相应的技术应用。Adobe系列软件如图3-1-1所示。

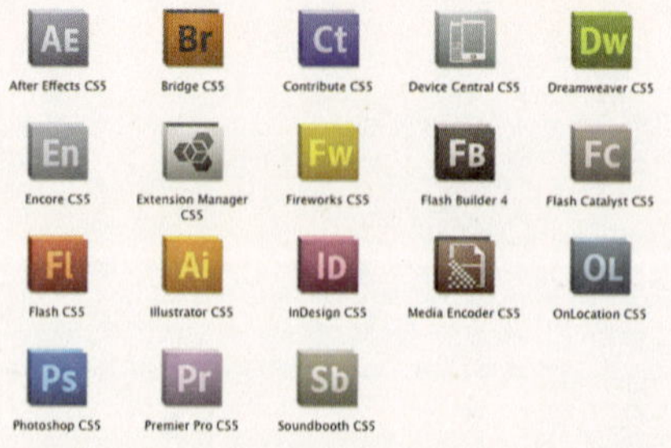

图3-1-1

Adobe公司的系列软件在保证功能性的同时，在界面布局和操作上拥有极大的相似性，支持多个软件的协同合作，可以说利用完全基于Adobe软件的后期解决方案就可以建立起一套完善、完备且高效的工作流程。

3.1.2 Autodesk后期解决方案

Autodesk公司是业内最强大的三维动画解决方案提供商和高端后期解决方案提供商之一。

该公司的发展是一种技术开发和兼并并行的模式，其旗下的子公司Discreet和三维软件Maya、Softimage均是通过收购来获得的。现在该公司已经占据了三维动画制作软件中的统治地位，并且延伸开发了相应的合成软件（Toxik等）。而Discreet公司的Flame、Smoke、Lustre等高端后期软件则是几乎所有的影视工作室所必备的。图3-1-2所示为Flame软件的操作界面。

现在，Autodesk公司在影视特效尤其是在三维动画制作领域拥有极大的统治力和话语权，其新技术的突破往往代表着整个制作流程的变化。

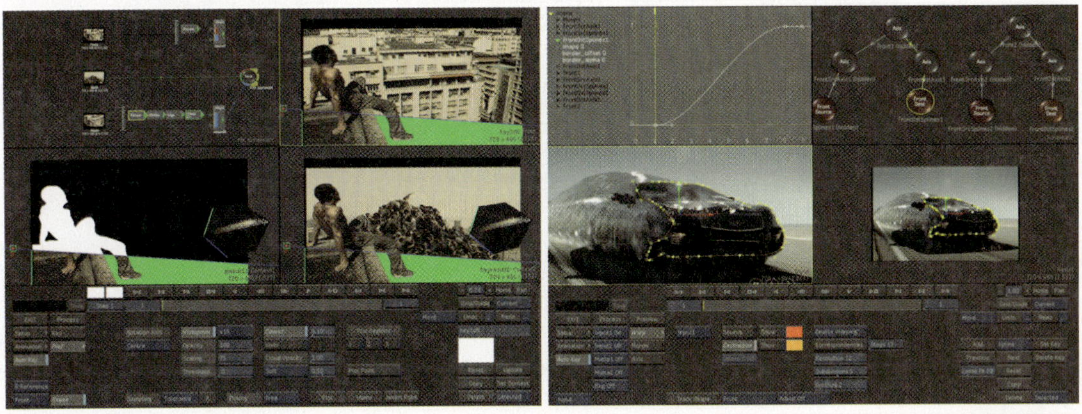

图3-1-2

3.1.3　AVID后期解决方案

AVID公司是目前业内在视频解决方案领域最具影响力的公司之一，其范围涵盖了包括电影、电视、新闻、广告等几乎所有的视频媒体范围。相比其他公司而言，AVID公司在业务上更加地纯粹和专注，几乎仅限于视频的采集、编辑、输出等环节，但其在技术上和理念上均处于相对领先的地位，也获得了广大业内人士的支持和拥护。图3-1-3所示为Avid Media Composer软件的示意图。

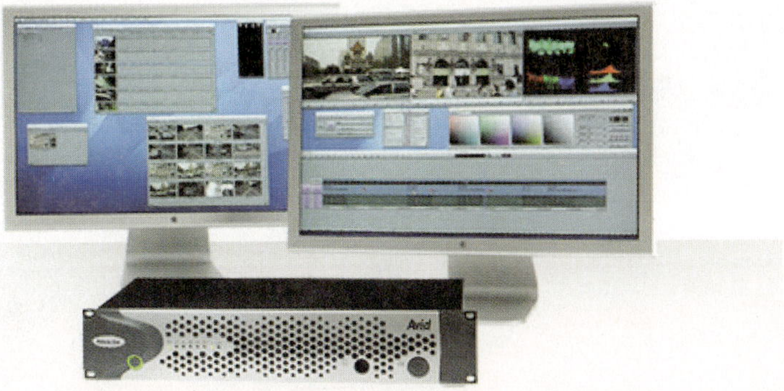

图3-1-3

3.1.4　Apple后期解决方案

Apple公司本身是一家综合性公司，其后期解决方案的优势在于其强大的Apple电脑平台以及相关的软硬件集合，这使得Apple公司的方案在硬件性能的发挥和软件协作方式上能够达到完美的融合。现在，Apple公司的Final Cut Studio后期解决方案在业内发挥着愈来愈大的作用，图3-1-4为该方案的示意图。

图3-1-4

3.2 Adobe After Effects简介

接下来重点介绍一下Adobe After Effects软件，使读者对它的基本情况有一个大致的了解。在本书后续的章节中，还会通过案例来详细介绍其强大的功能。

3.2.1 界面构成

首先双击桌面上的Adobe After Effects软件图标，或者通过“开始”菜单选择“Adobe After Effects”命令来启动程序，启动界面如图3-2-1所示。

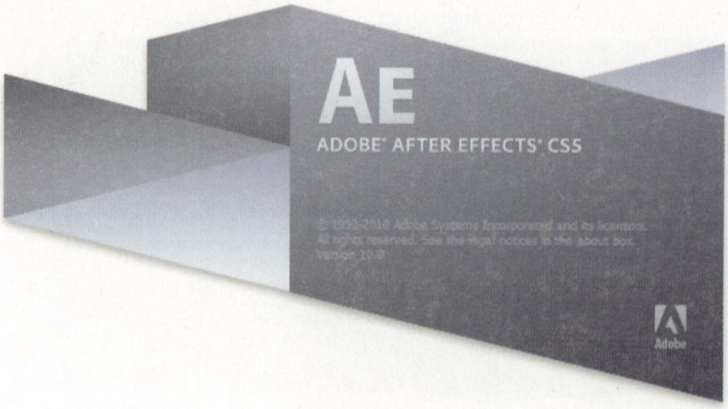

图3-2-1

如果是第一次进入After Effects，将会出现欢迎界面，如图3-2-2所示。在这个界面中，可以打开以前建立的工程文件，或者新建合成项目，而对于已经熟悉该软件的使用者，可以考虑关闭该界面，直接进入软件。

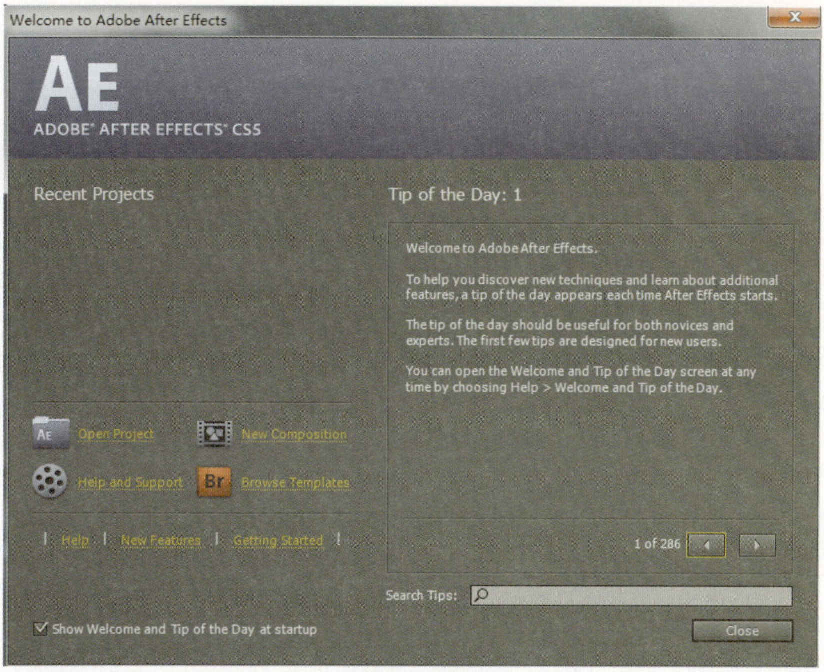

图3–2–2

单击“New Composition”，将弹出如图3-2-3所示的对话框，在这里创建一个名称为“Act 1”的合成项目，操作完成后点击“OK”按钮即可进入软件界面（如图3-2-4所示）。

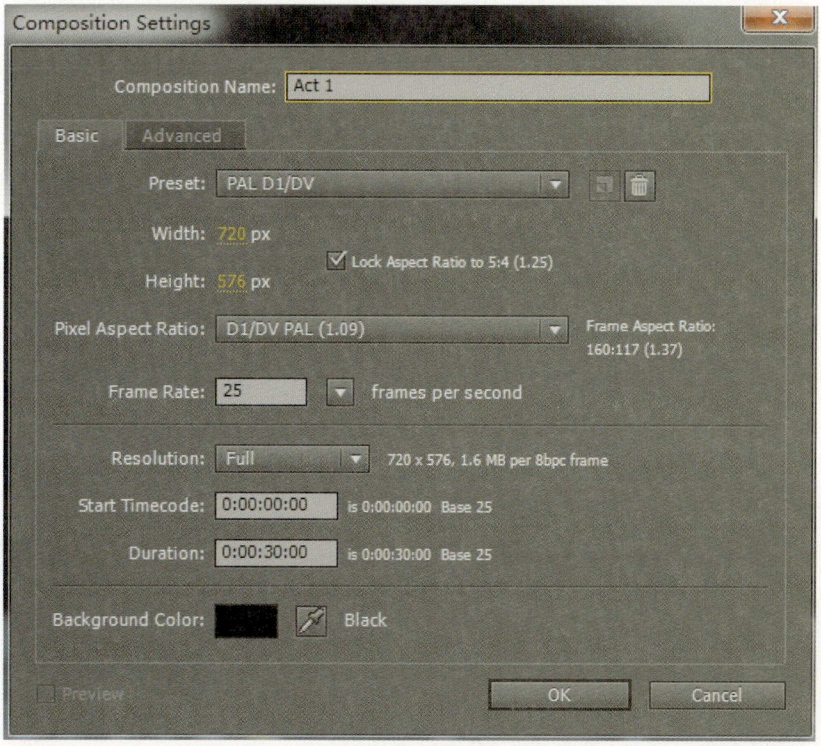

图3–2–3

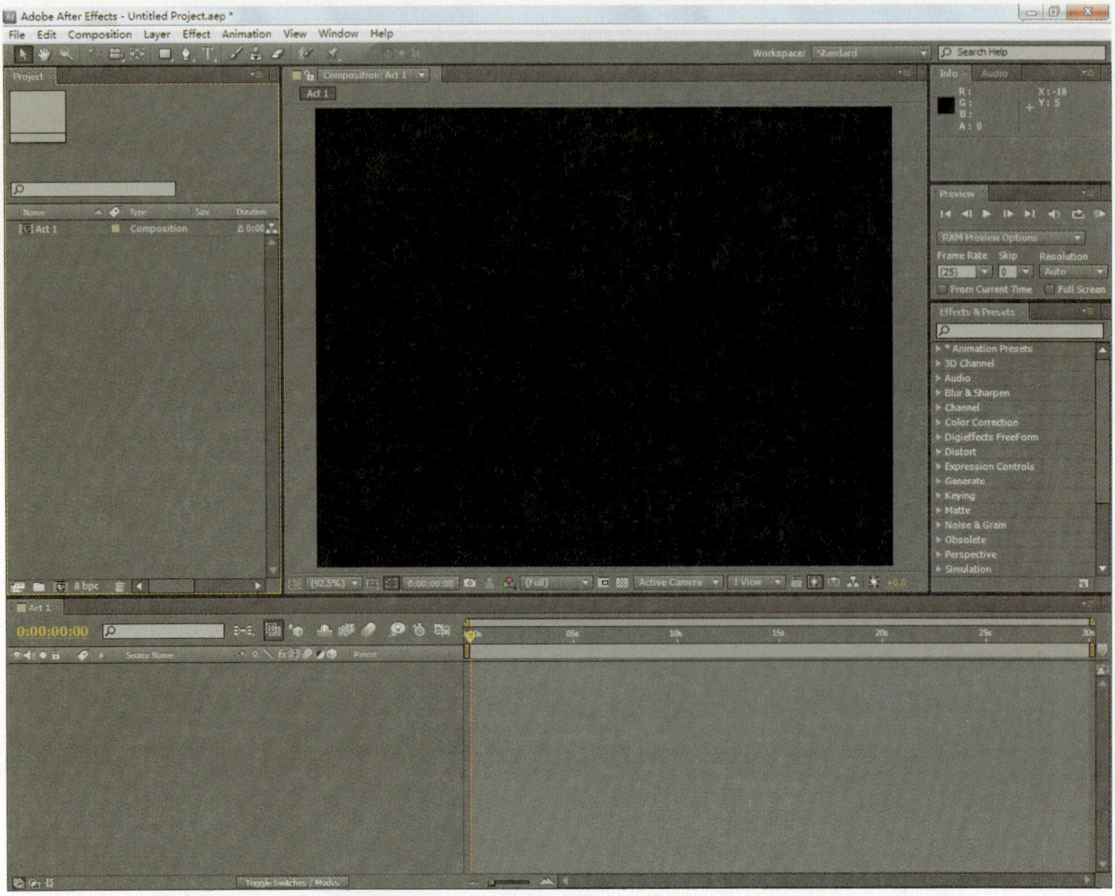

图3-2-4

在软件界面的左上方显示了软件名称和工程文件名称。未保存前的工程文件名称默认为“Untitled Project.aep”，通过保存操作可以将工程文件正式命名和保存。接下来我们分别介绍一下软件的各个界面的基本作用。

- 菜单栏：如图3-2-5所示，绝大部分指令性操作均可以在这里找到。在对软件的快捷键非常熟悉后，菜单栏可能会成为极少使用到的部分。

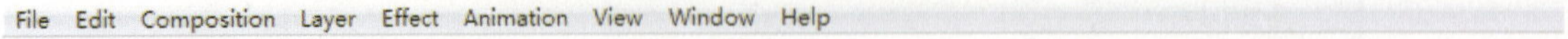

图3-2-5

- 工具栏：如图3-2-6所示，它是配合合成窗口来使用的，并且大部分应用工具栏的操作都属于非指令性操作，需要使用者手动控制。

图3-2-6

- Project（项目）窗口：如图3-2-7所示，该窗口主要是用于对合成项目的各个元素进行管理，越是复杂的项目越是需要规范项目窗口的内容。

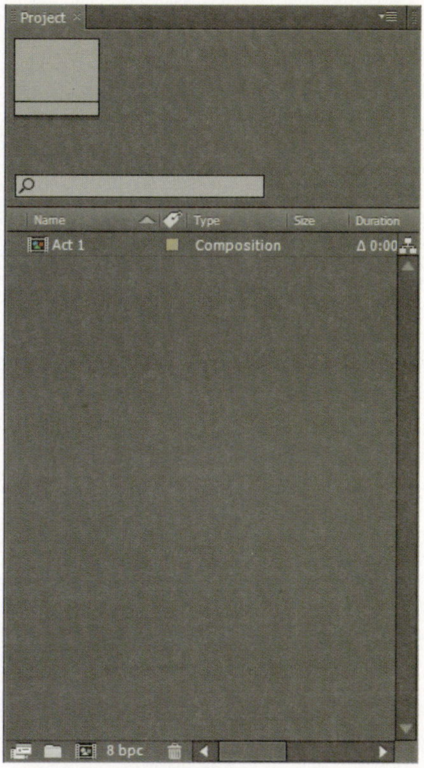

图3-2-7

- Composition（合成）窗口：如图3-2-8所示，该窗口用于显示素材以及处理后的合成效果，也可以配合工具栏和其他相关指令对画面进行手动控制。

图3-2-8

- Timeline（时间线）窗口：如图3-2-9所示，顾名思义，该窗口用于控制合成的各个元素在时间上的排布，同时也是对各元素加以控制、操作以及整合的主要控制区域。

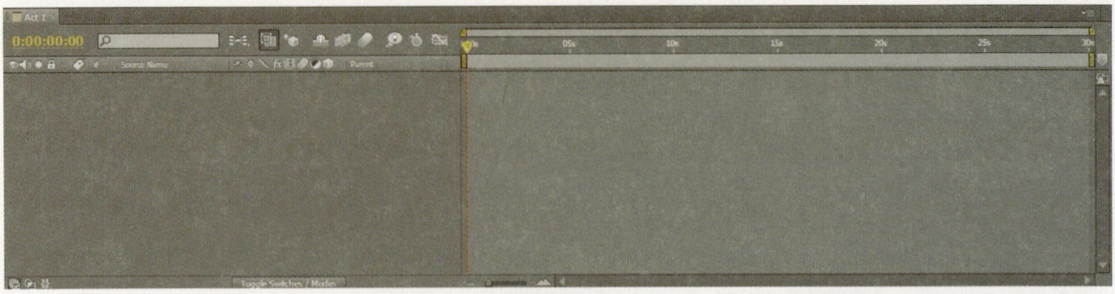

图3-2-9

- Workspace（界面布局）选择栏：在Composition窗口的上方，是Workspace（界面布局）选择栏，如图3-2-10所示。我们可以根据不同的操作意图，选择不同的界面布局，或者根据习惯自定义界面布局模式。

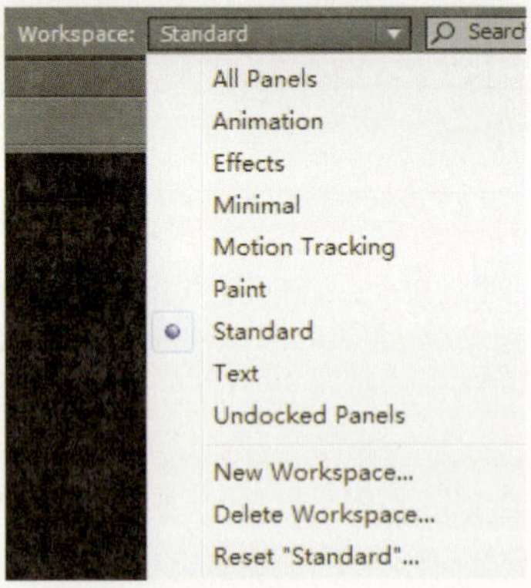

图3-2-10

在Workspace选择栏中选择“All Panels”，可以打开所有的窗口面板。

注意　窗口与面板概念是有所区别的，一般来说，窗口位于面板之上。

- Info/Audio（信息/音频）面板：Info面板如图3-2-11所示，它用于显示鼠标所在位置的颜色、透明度和坐标信息。当拖曳图层时，还会显示图层名称、轴心以及位移变化等信息。Audio面板如图3-2-12所示，它用于显示播放影片时的音量变化，并可以针对左右声道等选项进行调节。

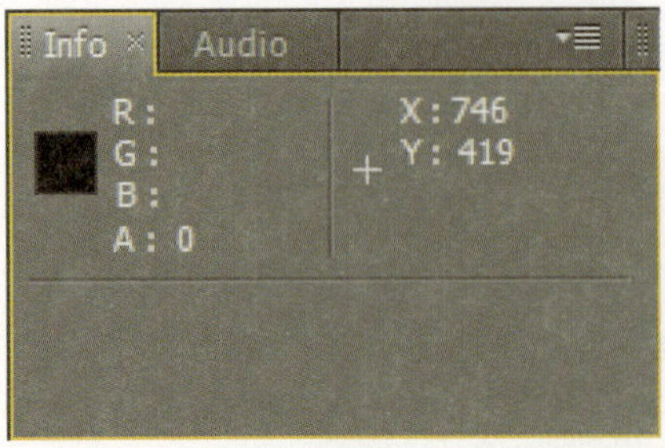

图3-2-11

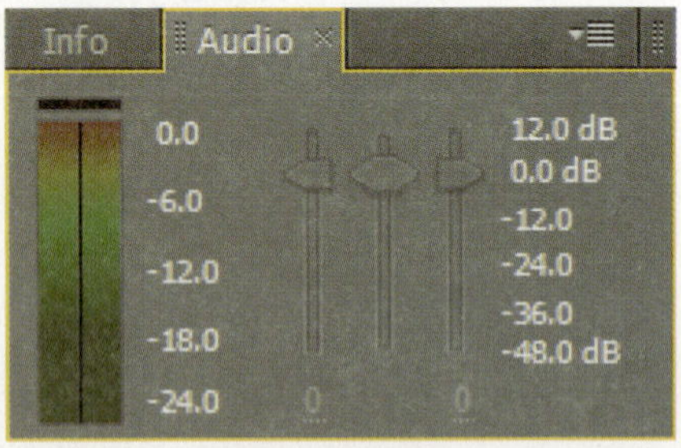

图3-2-12

- Preview（预览控制）面板：如图3-2-13所示，它主要是起到控制时间的作用，也针对不同的预览需求提供了多种选择。
- Effects & Presets（特效预置）面板：如图3-2-14所示，它预置了大量的特效和效果，并根据功能进行分类，这也是After Effects最重要的功能模块之一。在对软件熟悉后，后续的工作就是不断地发挥创造力以及充实Effects & Presets面板的内容了。

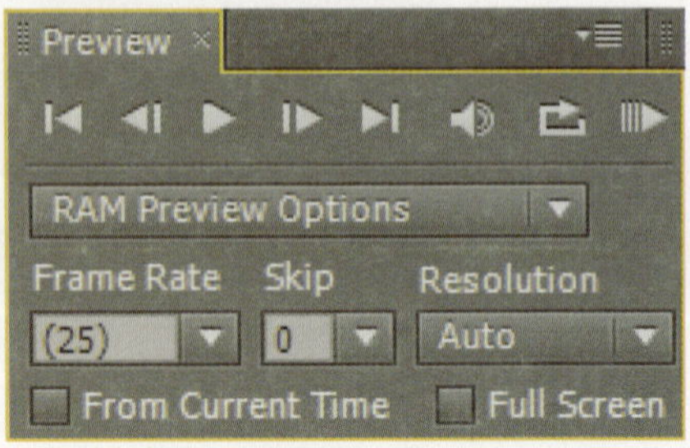

图3-2-13

- Tracker（跟踪）面板：如图3-2-15所示，它是在影视特效制作中最常用的功能之一，也是当前电影电视中最常见的特效之一。在动画制作中，跟踪功能也有其用武之地。
- Align（排列）面板：如图3-2-16所示，它类似于排版的功能，只是它所作用的对象是图层罢了。

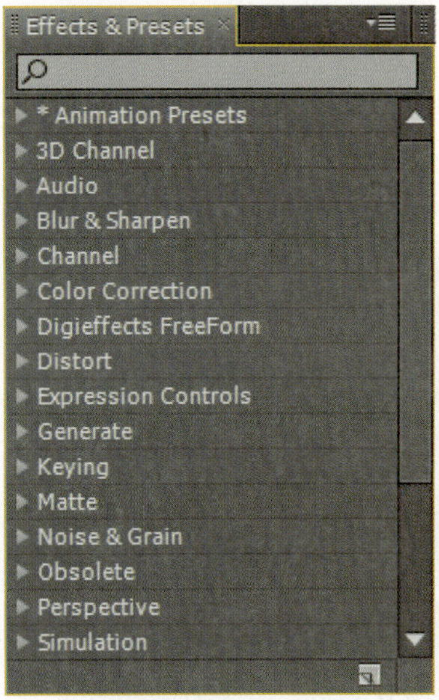

图3-2-14

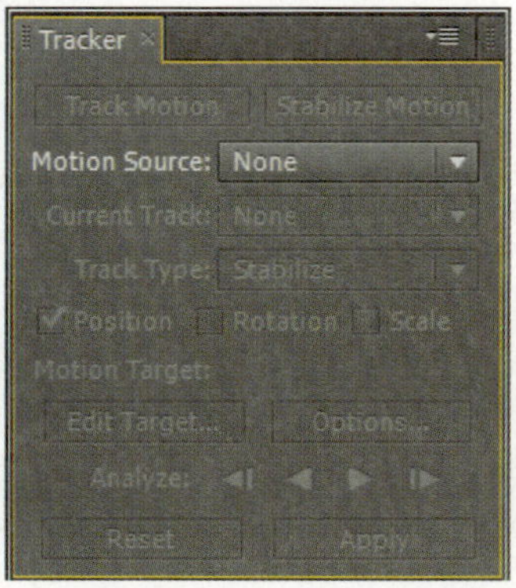

图3-2-15

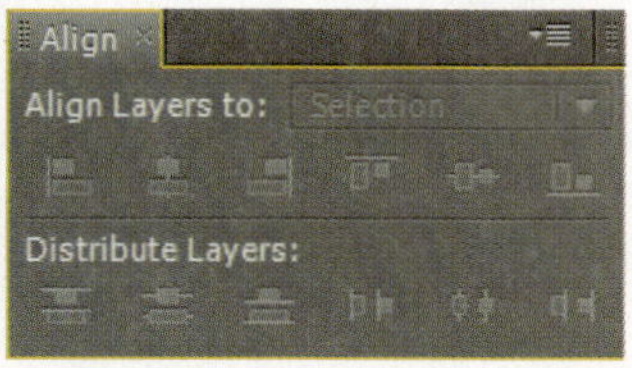

图3-2-16

- Smoother（平滑）面板：如图3-2-17所示，它主要用于修饰时间线上的关键帧动画。
- Wiggler（摇摆）面板：如图3-2-18所示，它用于产生随机变化的动画效果，针对所有的随时间变化的属性。
- Motion Sketch（运动模拟）面板：如图3-2-19所示，它可用于使用鼠标手动制作图层的位移动画，该功能帮助很多动画合成师摆脱了数字困扰。

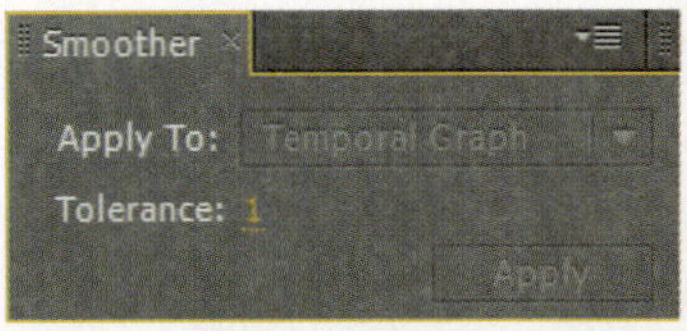

图3-2-17

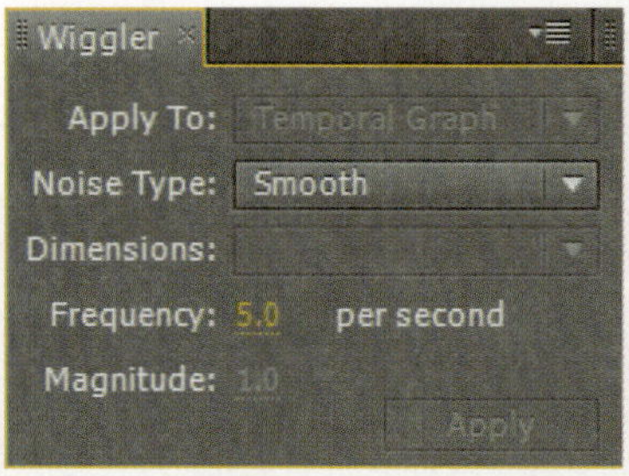

图3-2-18

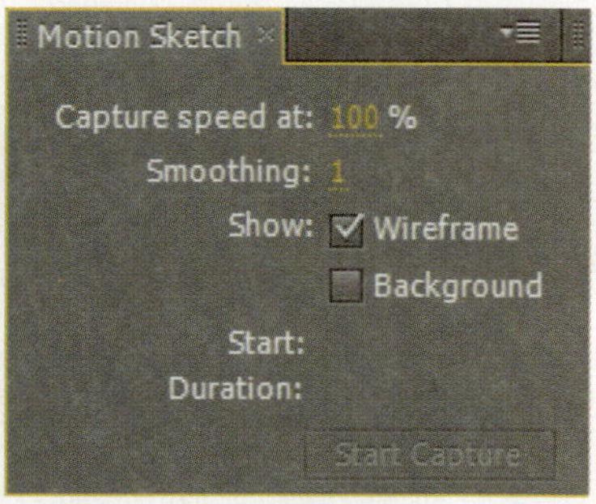

图3-2-19

- Paint（绘图）面板：如图3-2-20所示，它用于控制画笔的相关参数，从而帮助使用者进行简单的绘图操作。
- Brushes（笔刷）面板：如图3-2-21所示，它用于控制绘图时的笔刷的属性，也可以模拟多种不同的绘图笔的绘画效果。

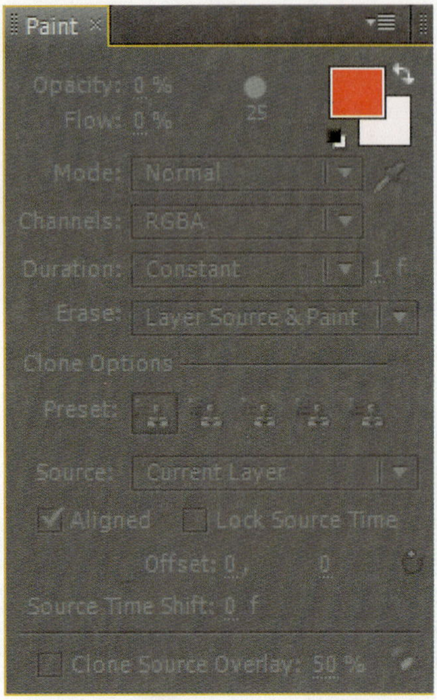

图3-2-20

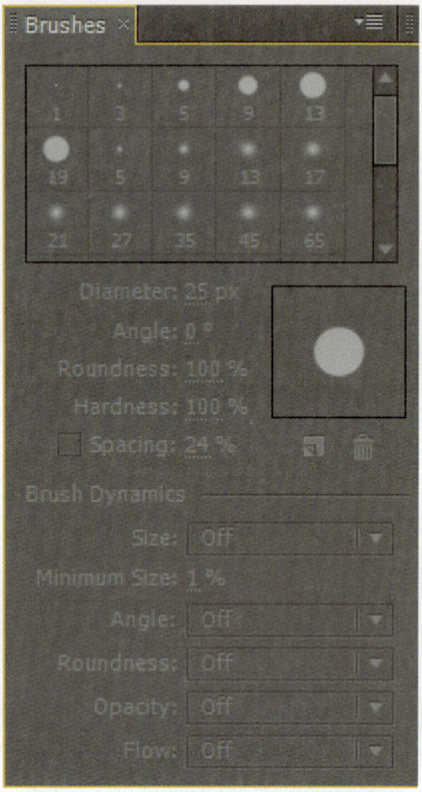

图3-2-21

- Mask Interpolation（蒙版插值）面板：如图3-2-22所示，它用于在两个Mask点之间进行自动计算和插值，使得Mask动画更加流畅。
- Paragraph（段落）面板：如图3-2-23所示，它是用于控制文本的段落排版。

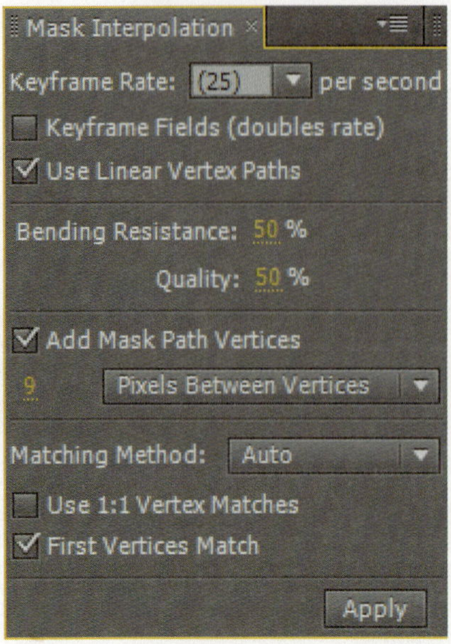

图3-2-22

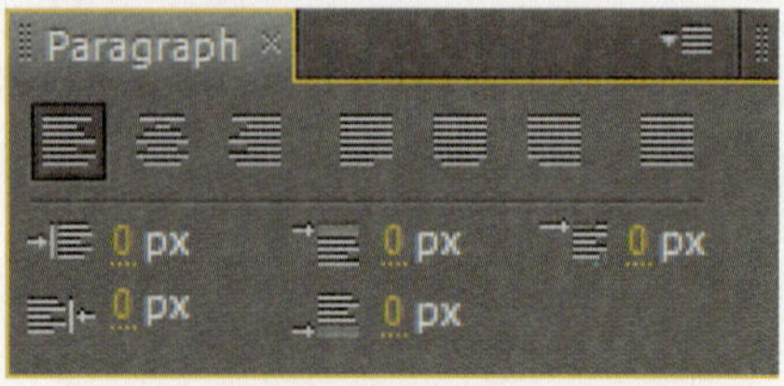

图3-2-23

● Character（字符）面板：如图3-2-24所示，它用于控制文本的文字效果。

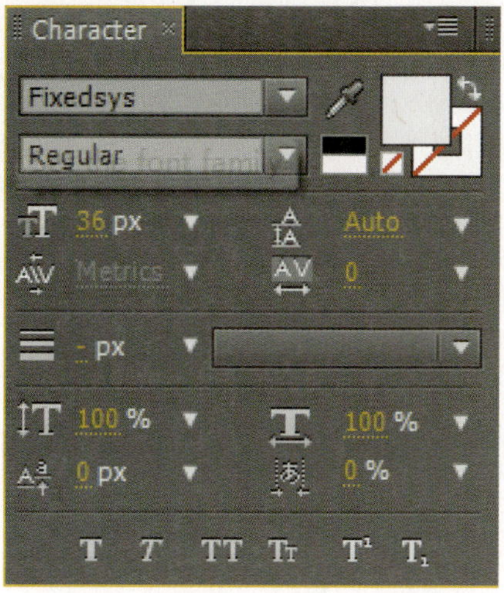

图3-2-24

3.2.2 基本操作

对于包括After Effects在内的动画软件，其基本操作大致可以可以分为四类：指令性操作、手控式操作、热键操作和脚本控制。下面我们对这四类操作逐一进行讲述。

1．指令性操作

它是各种软件最常用的操作，也是软件功能的主要实现方式，主要有以下四种指令操作方式。

● 选择菜单：如图3-2-25所示，在特定的对象处于被选中状态时，可以通过选择菜单栏命令对其加以操作。这种方式可以实现软件的绝大部分功能，但正是由于它的全面性，需要花一定的时间来寻找，所以说在熟悉软件的其他快捷操作方式后，菜单栏主要是用于使用一些全局性指令或者一些不常用的指令。

● 右键快捷指令：如图3-2-26所示，直接在特定的对象处单击鼠标右键，这时会出现软件预置的快捷指令，通过左键单击即可执行。这些指令均为软件的常用功能，它也是软件的一个主要操作方式，在一般情况下，通过右键快捷指令可以完成绝大部分合成工作。

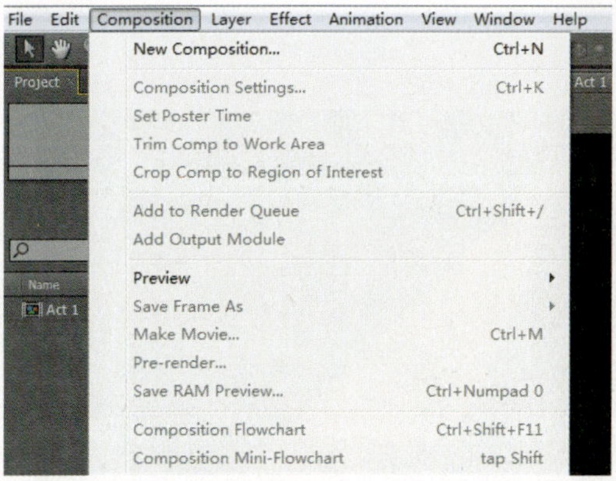

图3-2-25

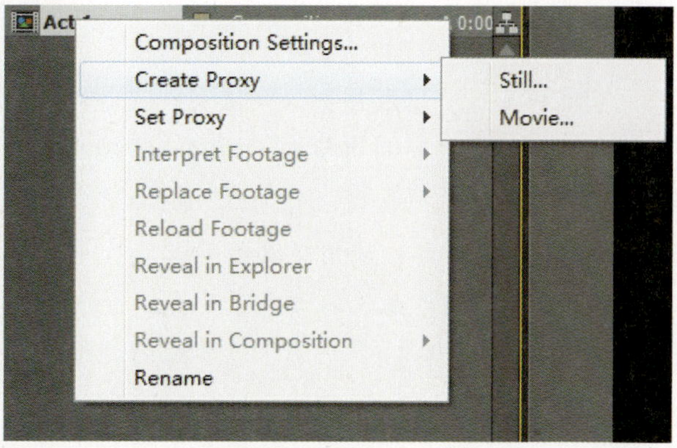

图3-2-26

● 下拉菜单：在软件所处理的各种属性中，很多并没有太强的可控性，只有几种状态的选择。软件本身的功能上也提前预置好了不同的组合或者模式，而这些都是通过不同的下拉菜单来完成的，如图3-2-27、3-2-28、3-2-29和3-2-30所示。

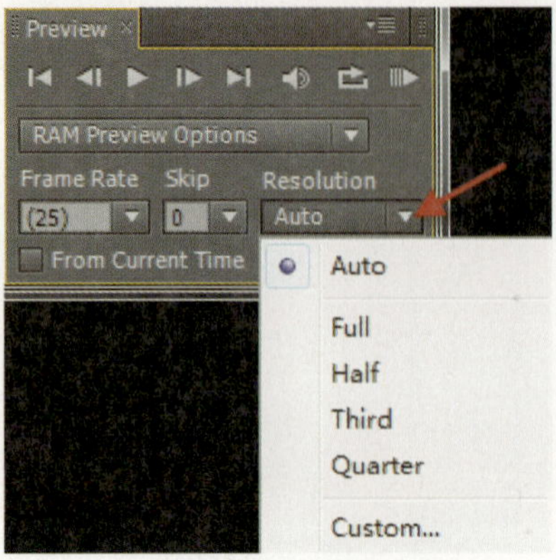

图3-2-27

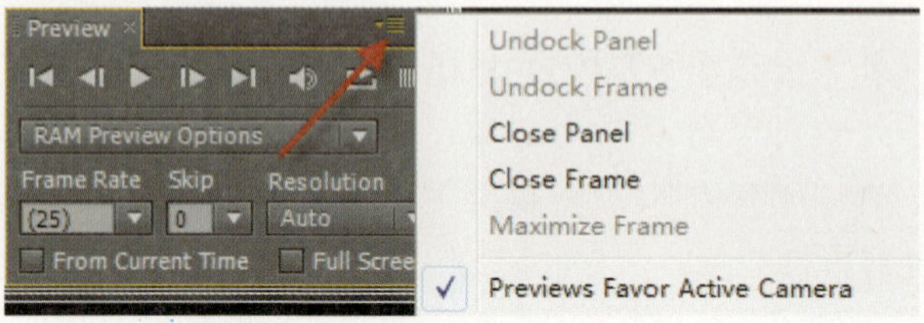

图3-2-28

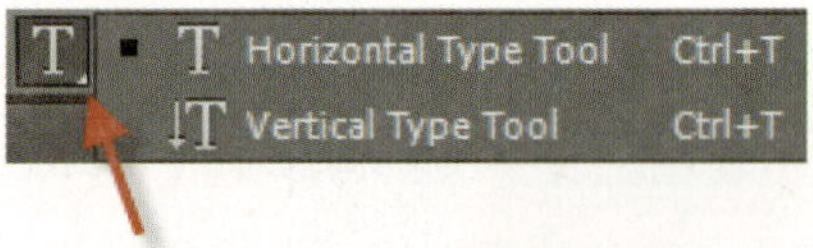

图3-2-29

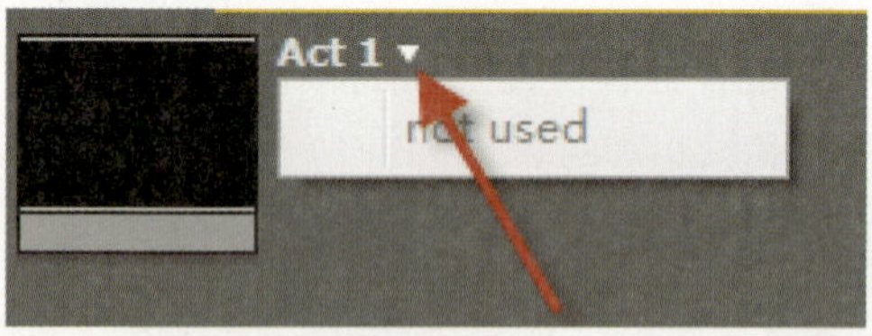

图3-2-30

- 数值输入框：对于绝大部分可控的属性来说，参数数值是其最直观的体现，修改其数值是控制各种属性的最直接办法。在该参数位置单击鼠标左键，即可出现数值输入框，如图3-2-31所示，或者在鼠标变化提示后，左键拖曳即可修正，如图3-2-32所示。

图3-2-31

图3-2-32

2. 手控式操作

它能够实现一些利用指令无法实现或者无法快速实现的效果，有时也是为了规避一些相对繁琐的操作。手控式操作可以分为以下三种。

- 工具栏工具：使用工具栏的工具，也是手控式操作最见的方式，毕竟人手去完成的操作有很多无法通过单纯的指令来实现，如图3-2-33所示。

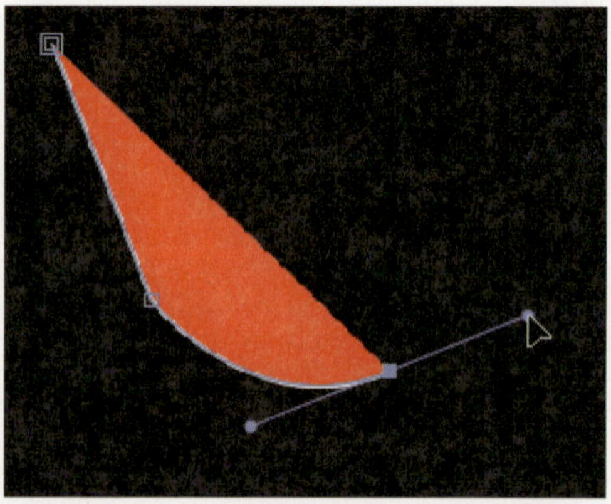

图3-2-33

- 拖曳式操作：这一操作实际上是指令性操作的一个重要补充。在操作过程中，我们经常会将素材拖曳到时间线，如图3-2-34所示，或者拖曳时间线上的图层等。另外，很多特效或者参数也可采用拖曳控制的选择，这相对于数值输入要快捷一些，如图3-2-35所示。

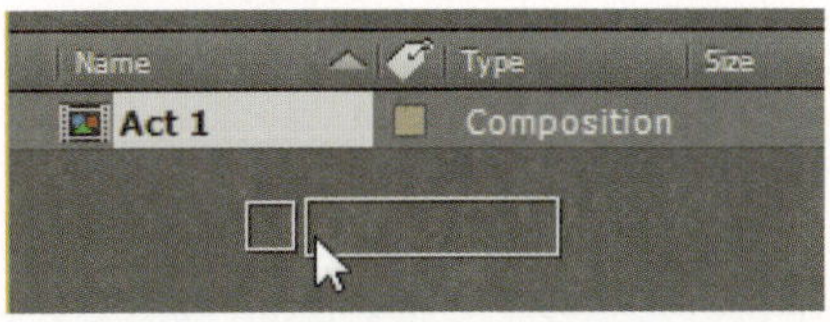

图3-2-34

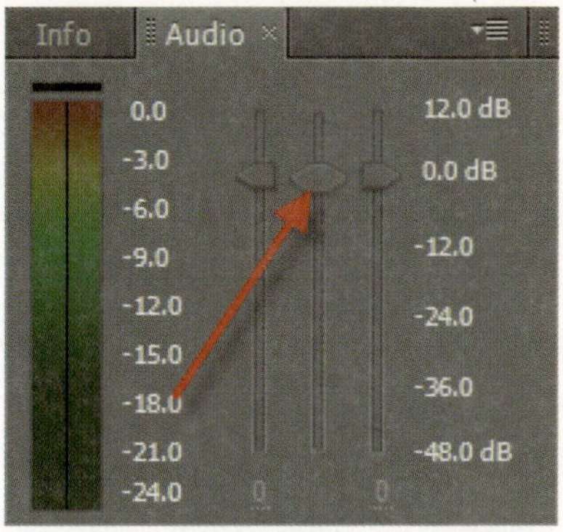

图3-2-35

- 选中按钮：在软件中有很多选中即可得的按钮，如播放条、锁定按钮等，如图3-2-36和图3-2-37所示，这些功能简单、快捷且必不可少。

图3-2-36

图3-2-37

3．热键操作

软件的绝大部分常用功能都有内置好的快捷键。使用快捷键可以极大地提高合成的效率。在菜单栏中，常用快捷键一般都会附在指令的右侧，如图3-2-38所示。

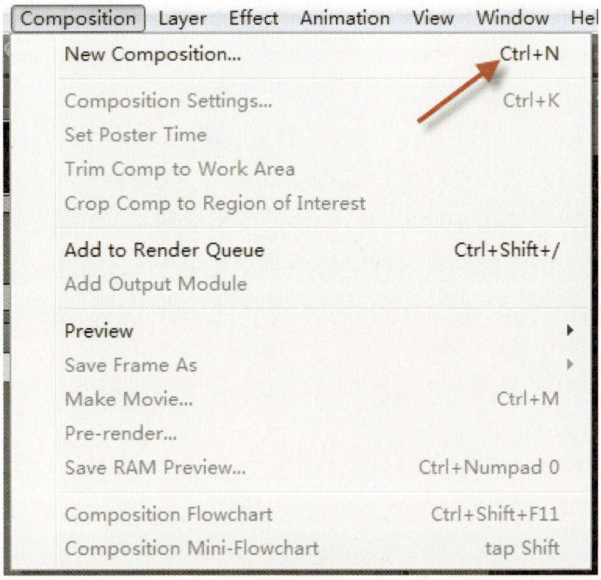

图3-2-38

4．脚本控制

对软件比较熟悉并且掌握基本的编程知识的使用者，可以使用脚本控制。这一功能是用来实现高级动画功能，制作一些较为复杂的动画效果的。

3.2.3 合成理念

After Effects作为一款基于层的合成软件，图层是其合成的最重要的概念。而这一点在Adobe的系列软件中，都有所体现。

软件遵循自下而上、由枝到干的模式，即：先计算底层图像，再逐层叠加；先计算底层效果，再计算之上的效果；先获得图层图像，再计算图层叠加的效果。在此计算过程中，传递并计算了合成项目的每一个像素的颜色信息，并且得到了最终的合成图像，如图3-2-39所示。

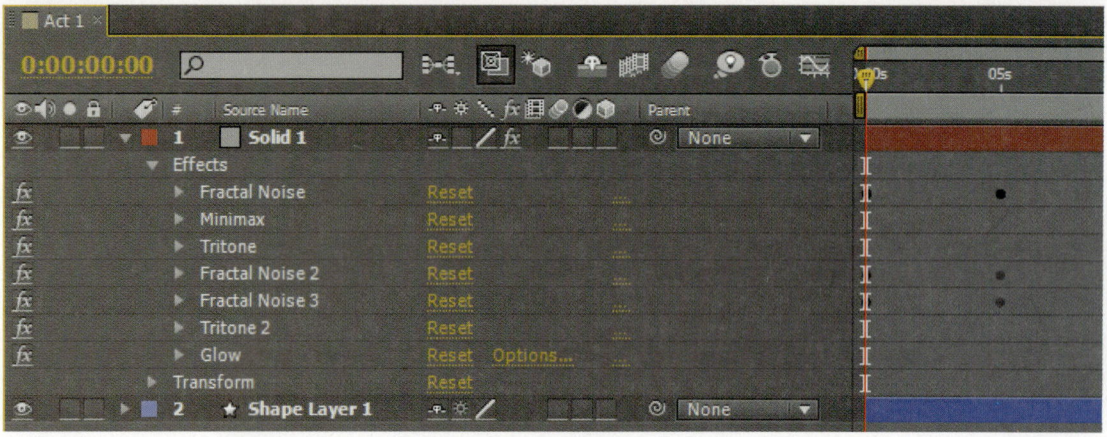

图3-2-39

图层之间通过空间位置和叠加模式两种方式相互作用。

每一个图层都相当于三维空间中的一个物体，尤其是以RPF文件为代表的素材构成的图层，乃至摄像机、灯光等元素，可以说合成的大环境已经无限接近于真实的空间。

图层的叠加模式是沿袭了传统的影视特效手段而衍生出来的功能，现在已经逐渐演变并且在颜色控制上发挥了较大的作用。有些特定的叠加模式在合成过程中应用极广。

部分图层实际上是作为信息层来使用的，对于以透明通道为代表的多通道合成来说，这些信息图层极其重要。

3.3 合成的基本流程

对软件有了一定的了解之后，我们需要掌握使用After Effects进行合成的基本流程，而今后的学习将是在此基础上进行技巧和功能上的提高。

3.3.1 建立并管理工程文件

进入软件之后，在左上角会看到当前默认的工程文件名称“Untitled Project.aep”（如图

3-3-1所示）。在合成工作中，及时保存是一个非常好的工作习惯。在开始一次新的任务时，第一步就是建立并保存能够反映出任务内容同时也能方便查询的工程文件。

使用菜单栏File→Save命令，如图3-3-2所示，或者File→Save As命令，此时会弹出Save As窗口（如图3-3-3所示）。

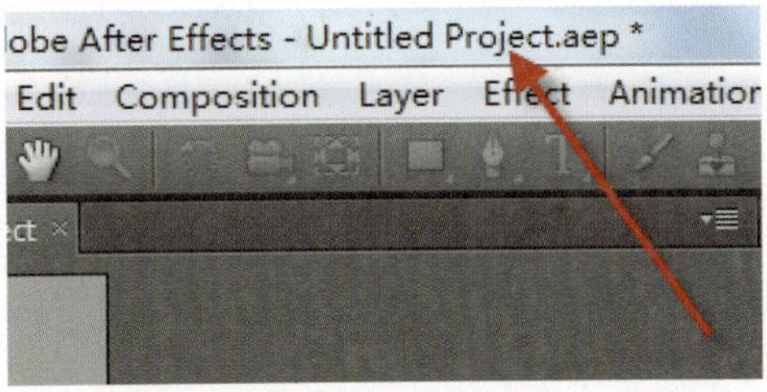

图3-3-1

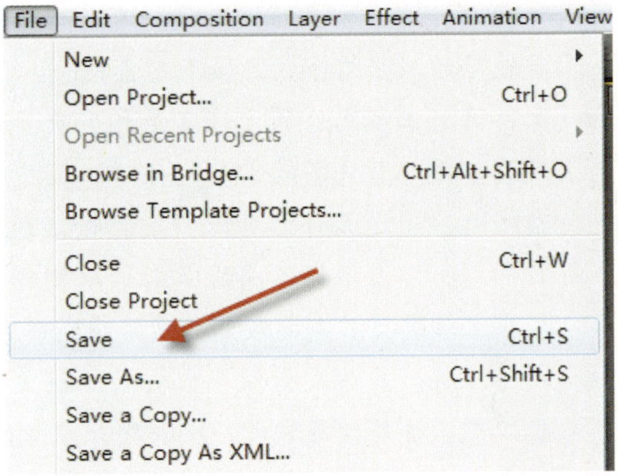

图3-3-2

在Save As窗口中选择合适的存储路径和合适的工程文件名称，然后单击“保存”按钮即可。

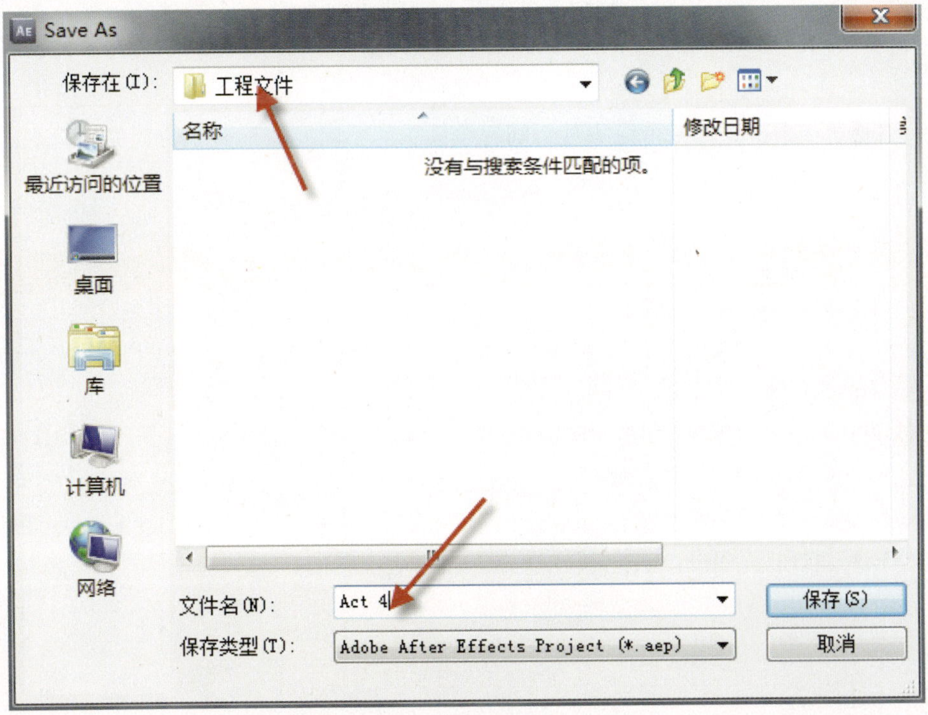

图3-3-3

关于工程文件的存储需要注意以下几点。

- 存储路径。一般来说，工程文件可以和素材文件放在一起，单独建立文件夹保存。这一方法的优点是所有和该项目相关的内容集中在一起，在项目中途交接或者项目完成之后的备份都相对简单，并且在相当长的一段时间之后，还可以迅速地找到制作该项目时的资料。另一个办法是将所有的工程文件统一管理，存放在计算机内的特定的文件夹内。这一方法的优点是所有的项目文件集中在一起，方便查询以前的操作，缺点是较早的工程文件会链接不到素材。
- 文件名。工程文件的文件名是相当重要的，无论是使用、管理还是备份、交流都会涉及到。同一个任务的工程文件可以集中在一个文件夹中，或者将所有的工程文件集中在一起，通过文件名加以归类。命名规则一般为“任务名+镜头号+内容描述+序号+日期”，可以根据不同的需求加以删减，但是无规律的命名是绝不可行的。一名好的后期工作者，首先要做到的就是规范手头的资源。
- 及时保存。应该及时保存当前的工程文件，对于一些复杂的操作，做一步存一步也未尝不可。另外，每完成一个阶段，应该使用File→Save As指令，另行存储一个新的工程文件，以防止断电等不可抗力造成现有工程文件的损坏。
- 尽量使用英文或者拼音。在官方推出中文版软件之前，尽量使用英文名称（拼音也可）乃至英文路径。相对英文来说，中文字符识别较为困难，类似的还有诸如“#、￥、%”等符号，这些符号或者有其特定的作用，或者是识别困难，极容易造成工程文件难以识别或者在另外一台机器上无法识别。同时，英文本身的大小写区分对于命名来说是也是很有帮助的。

对于动画制作来说，每一个镜头甚至同一个镜头的不同环节都需要合成完成，规范并且严格的工程文件管理体系是非常有帮助的。

3.3.2 管理合成

建立好工程文件之后，即可开始合成任务，合成的第一步是建立Composition（以下简称Comp）以及导入素材。

选择Composition→New Composition命令（如图3-3-4所示），或者使用【Ctrl+N】快捷键，或者在Project窗口中利用右键快捷命令New Composition，均可建立新的Comp，并出现Composition Settings窗口（如图3-3-5所示），在该窗口中可进行初步的设置。一次任务中的Comp可以不止一个。

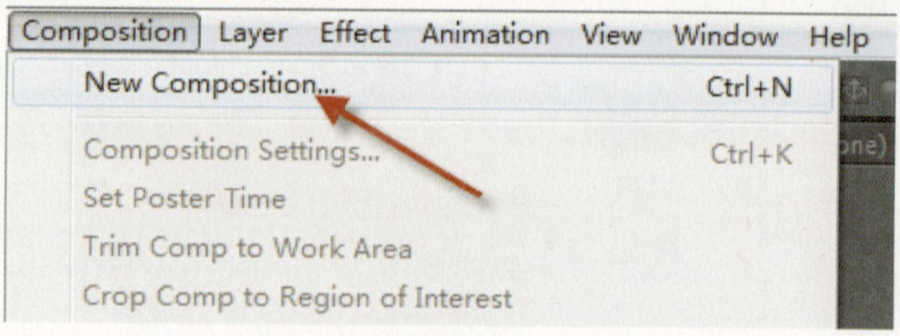

图3-3-4

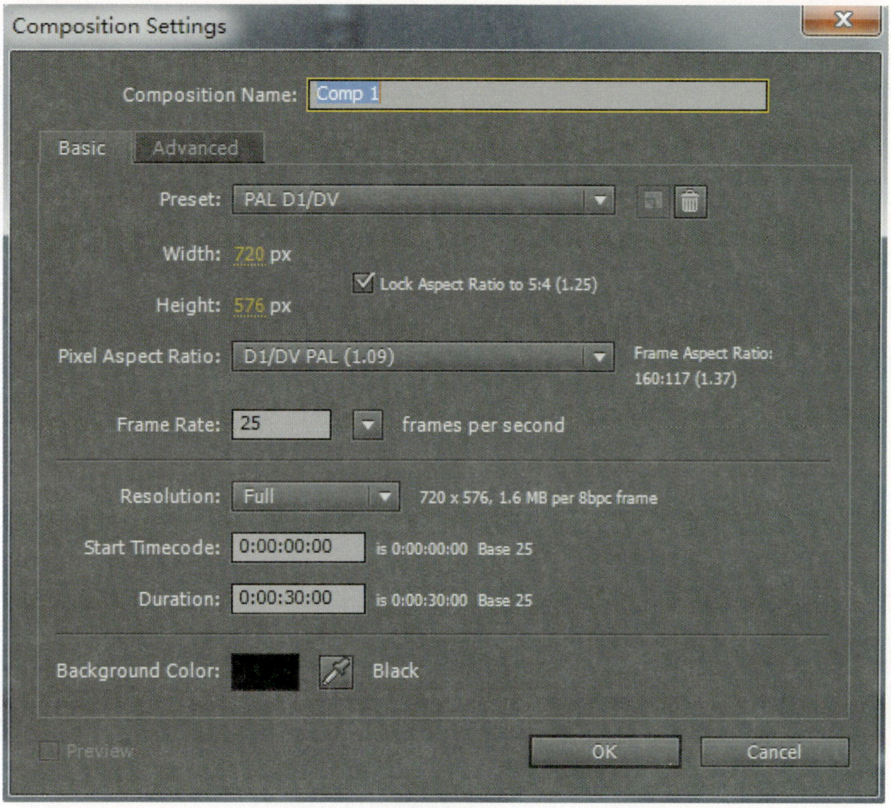

图3–3–5

新建的Comp将会出现在Project窗口，在该窗口中我们可以观察其相关的参数，如图3-3-6和图3-3-7所示。

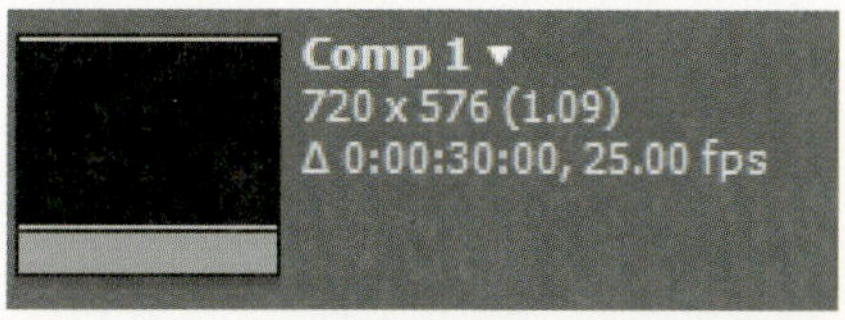

图3–3–6

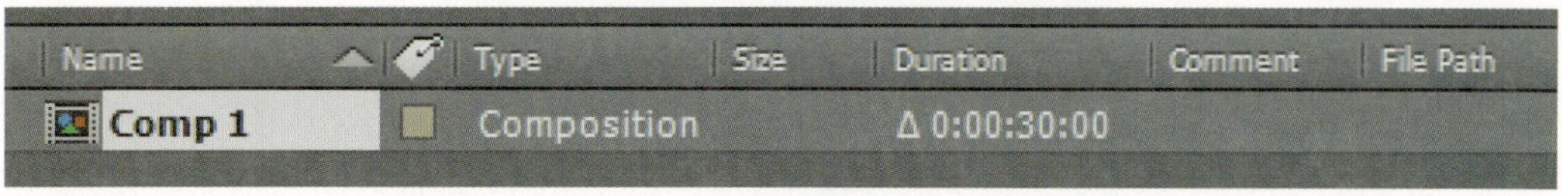

图3–3–7

选择File→Import→File命令（如图3-3-8所示），或者按【Ctrl+L】快捷键，或者在Project窗口双击鼠标左键，或者在Project窗口使用右键快捷命令Import→File，均可导入素材，并出现Import File窗口（如图3-3-9所示）。

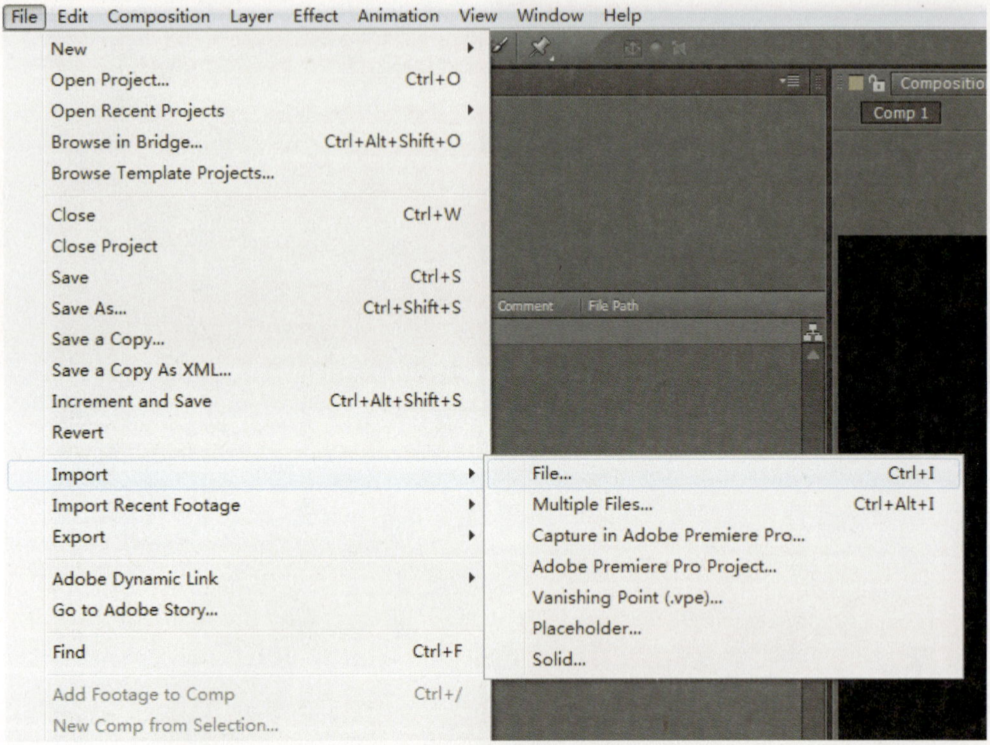
File
Edit
Composition
Layer
Effect
Animation
View
Window
Help
New
Open Project... Ctrl+O
Open Recent Projects
Browse in Bridge... Ctrl+Alt+Shift+O
Browse Template Projects...
Close Ctrl+W
Close Project
Save Ctrl+S
Save As... Ctrl+Shift+S
Save a Copy...
Save a Copy As XML...
Increment and Save Ctrl+Alt+Shift+S
Revert
Import
Import Recent Footage
Export
Adobe Dynamic Link
Go to Adobe Story...
Find Ctrl+F
Add Footage to Comp Ctrl+/
New Comp from Selection...
File... Ctrl+I
Multiple Files... Ctrl+Alt+I
Capture in Adobe Premiere Pro...
Adobe Premiere Pro Project...
Vanishing Point (.vpe)...
Placeholder...
Solid...
Comment
File Path
Comp 1

图3–3–8

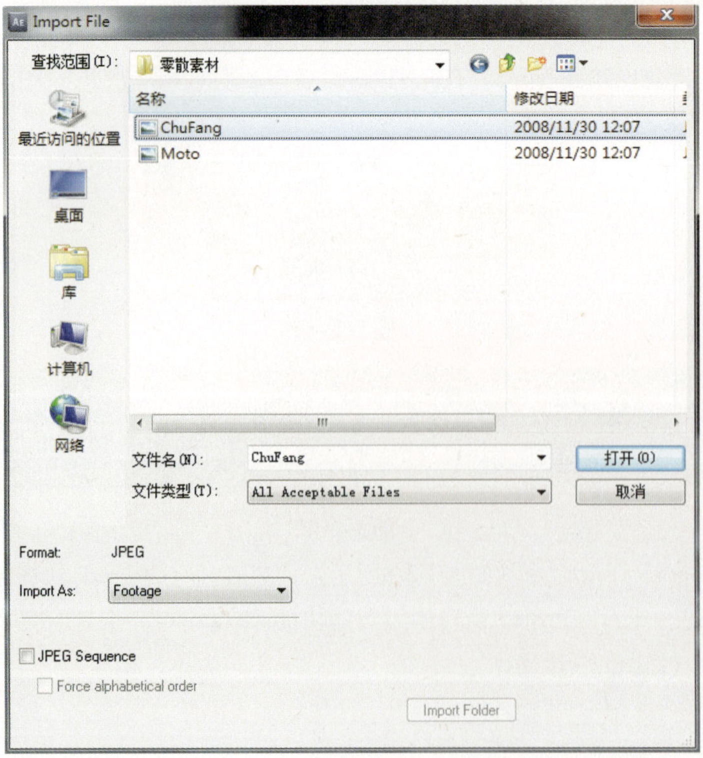
Import File
查找范围(I): 零散素材
名称
修改日期
ChuFang 2008/11/30 12:07
Moto 2008/11/30 12:07
最近访问的位置
桌面
库
计算机
网络
文件名(N): ChuFang
文件类型(T): All Acceptable Files
打开(O)
取消
Format: JPEG
Import As: Footage
JPEG Sequence
Force alphabetical order
Import Folder

图3–3–9

根据素材类型的不同，导入方式也有所区别，同时，软件本身也可以创建一些特殊的元素加入到Project窗口内。这一部分内容将在第五章中进行讲解。

根据Project窗口的复杂程度，我们需要对其进行一定的规范整理，即：选择File→New→New Folder命令（如图3-3-10所示），或者按【Ctrl+Alt+Shift+N】快捷键，或者在Project窗口使用快捷命令New Folder，均可建立文件夹并进行分类（同时键入名称）。一般来说，可以将素材归为Composition、Capture、Video、Audio、Photo、Text、Others等几类。如果素材更多，还可以再进一步细分。管理好Project窗口对于接下来的制作是非常有帮助的。

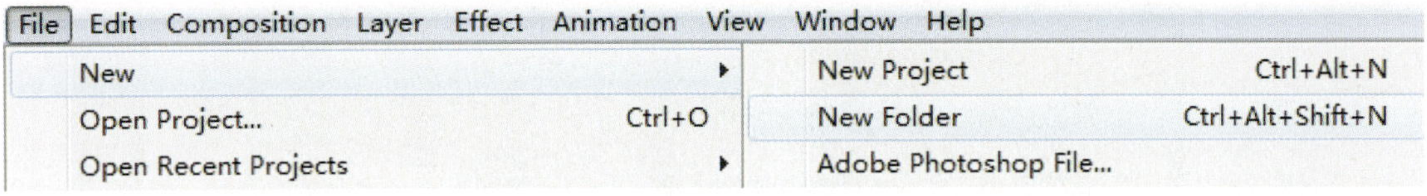

图3-3-10

3.3.3 创建并操作图层

Project窗口已经准备好了合成所需要的原件，同时我们也注意到Timeline窗口中每一个Comp都有一个对应的分栏。接下来的工作，就是将素材拖曳到Timeline窗口创建图层，并且进行一定的调整，操作界面如图3-3-11所示。

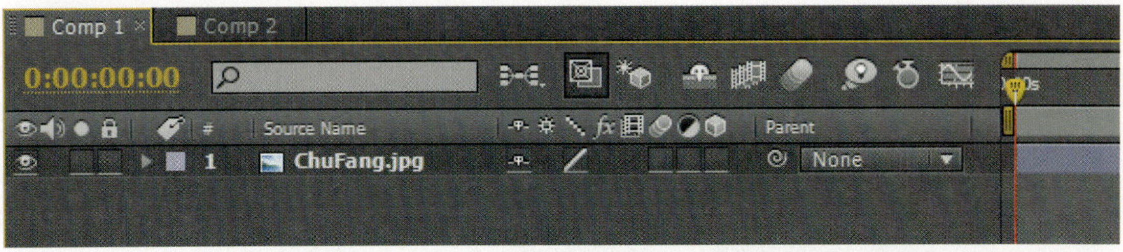

图3-3-11

在上一节中，我们对After Effects的合成概念已经有了一定的了解。下面我们就可以根据画面的远近来安排图层的顺序，也可以按照类别区分，再根据叠加模式或者景深信息合成，甚至其他Comp还可嵌套进其他Comp（注意不要出现逻辑问题）。

3.3.4 控制画面效果

通过控制图层的参数以及添加特效来制作出最终可视的画面效果（如图3-3-12所示），这也是合成中最重要的环节之一。After Effects除了软件自身携带的特效之外，还可以利用大量的第三方插件以及其他众多的辅助软件，可以说，这一环节需要持之以恒的学习和研究。

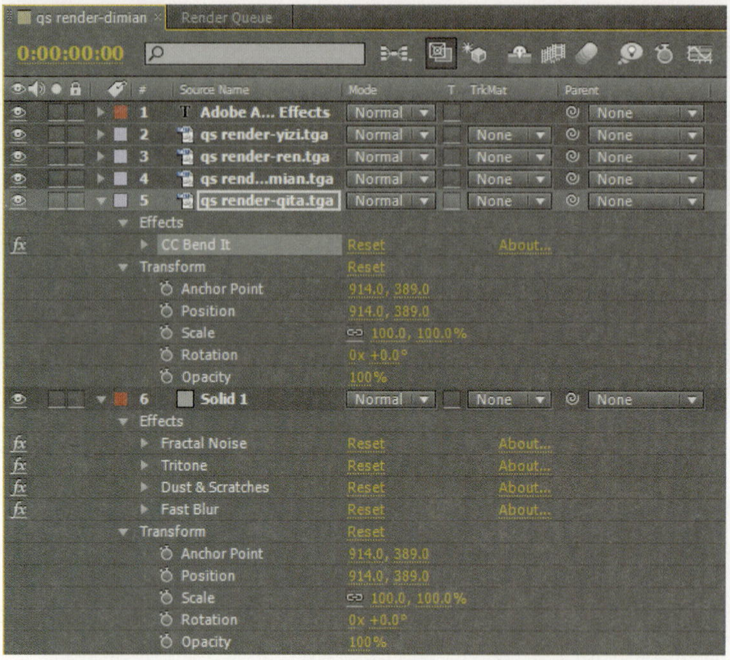

图3-3-12

3.3.5 控制动画效果

在调试好画面效果之后，还需要控制动画效果，当然，这两者之间是交错进行的。

在合成时，动画控制（如图3-3-13所示）是非常重要的。它和平面效果有相当大的区别，毕竟人眼在观察静止图像和动态视频时，侧重点乃至大脑对信息的处理方式都有所不同。这就需要我们对于视频本身有一定的认识。

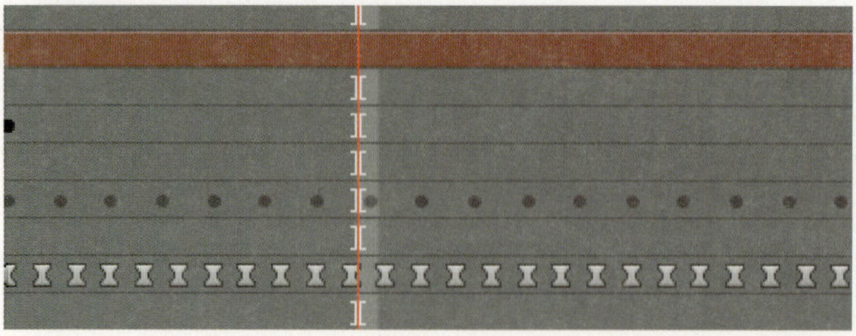

图3-3-13

3.3.6 渲染输出

输出是将创建的项目经过不同的处理与加工，转化为影片播放格式的过程。一个影片只有通过不同格式的输出，才能够被用到各种媒介设备上播放。用户可以依据要求输出不同的分辨率和规格的视频，也就是常说的Render（渲染）。

在确定影片制作完成后就可以渲染输出了，在菜单中选择Composition（合成）→Make

Movie（制作影片）命令，也可以使用【Ctrl+M】快捷键进行渲染输出操作。用户可以通过不同的设置将最终的影片进行存储，并以不同的名称和不同的类型来进行保存，操作界面如图3-3-14所示。

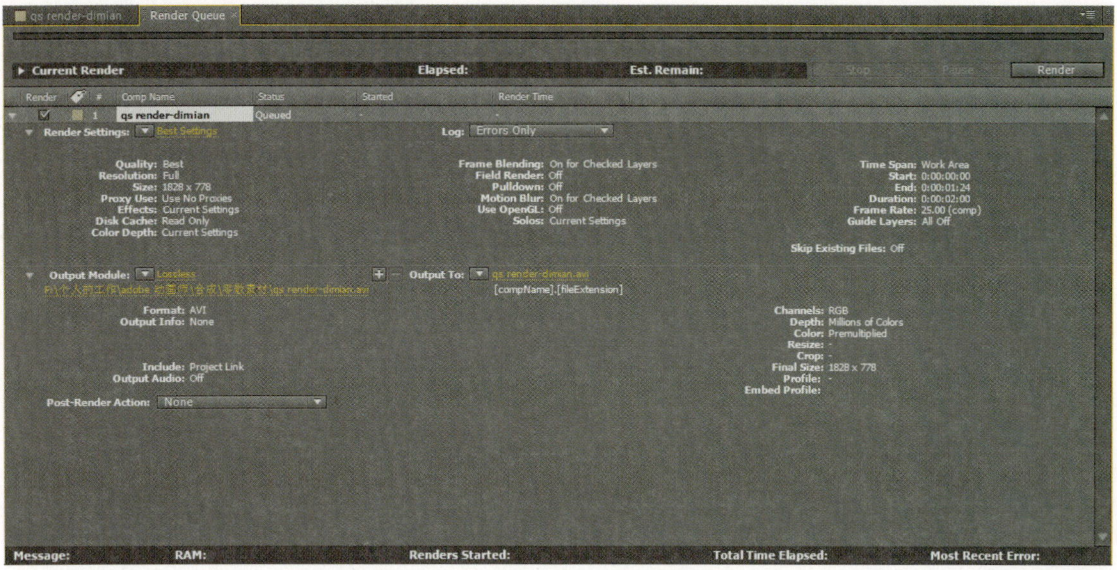

图3-3-14

在Render Queue（渲染队列）控制面板中可以看到Current Render（当前渲染），还可以设置Current Render details（渲染详细信息）。

单击“Render”（渲染）按钮后，该位置将切换为“Pause”（终止）和“Stop”（停止）按钮，此时单击“Continue”（继续）按钮可以继续渲染。在进行渲染时，可以从状态栏中查看到渲染的详细信息。

- Massage（信息）：显示当前渲染状态信息，显示当前有多少个合成项目需要渲染，以及当前渲染到第几个项目。
- RAM（内存）：显示内存的显示状态。
- Renders Started（渲染起始）：显示渲染开始的时间。
- Total Time Elapsed（渲染耗时）：显示渲染需要耗费的时间。
- Most Recent Error（当前主要错误）：显示渲染时报错的情况。

Current Render（当前渲染）窗口中将会显示当前正在渲染的合成场景进度、正在执行的操作、当前输出路径、文件的大小、预测的文件最终大小和剩余的磁盘空间等信息，如图3-3-15所示。单击Current Render左侧的按钮，可以展开详细信息。

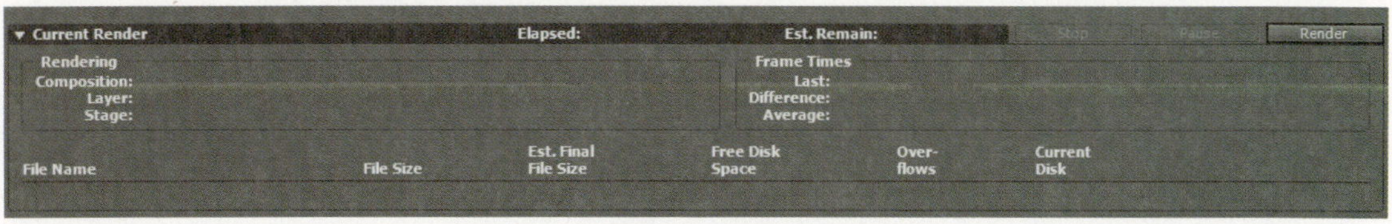

图3-3-15

在渲染控制面板中选择“Render Settings”（渲染设置）右侧的Current Settings（当前设置）命令（如图3-3-16所示），可以在弹出的渲染设置对话框中设置渲染的质量、分辨率等各种选项，下面逐一讲述。

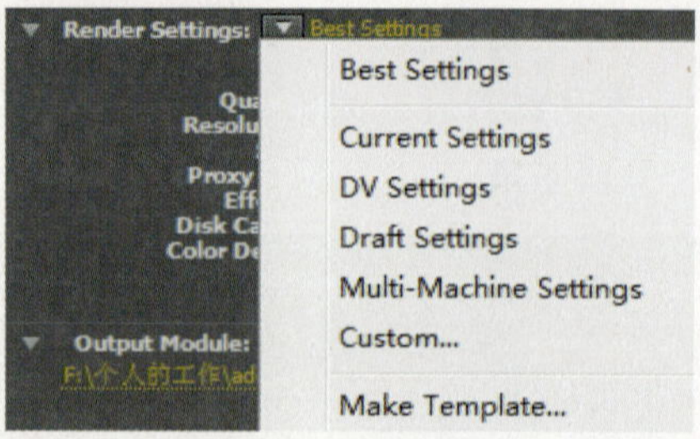

图3-3-16

- Quality（质量）：设置合成的渲染质量，包括Current Settings（当前设置）、Best（最佳）、Draft（草图）和Wire frame（线框）四种模式。
- Resolution（分辨率）：设置像素采样质量，包括Full（全质量）、Half（一般质量）、Third（1/3质量）和Quarter（1/4质量）四个选项。
- Size（尺寸）：设置渲染影片的尺寸。尺寸在创建合成项目时已设置完成。
- Disk Cache（磁盘缓存）：设置渲染缓存，也可以使用OpenGL渲染。
- Proxy Use（使用代理）：设置渲染时是否使用代理。
- Effects（特效）：设置渲染时是否渲染特效。
- Solo Switches（Solo开关）：设置渲染时是否渲染Solo层。
- Guide Layer（引导层）：设置渲染时是否渲染Guide层。
- Color Depth（颜色深度）：设置渲染项目的Color Bit Depth。
- Frame Blending（帧混合）：渲染项目中所有层的帧混合设置。
- Field Render（场渲染）：控制渲染时场的设置，包括Upper Field First（上场优先）和Lower Field First（下场优先）。
- Motion Blur（运动模糊）：控制渲染项目中所有层的运动模糊设置。
- Time Span（时间范围）：控制渲染项目的时间范围。
- Use Storage Overflow（使用存储溢出）：设置当硬盘空间不够时，是否继续渲染。
- Skip existing files（忽略现有文件）：当选择此项时，系统自动忽略已渲染过的序列帧图片，此功能主要在网络渲染时使用。

在渲染控制面板中选择Output Module（输出模块）右面的Lossless（无压缩）命令，会弹出Output Module Settings（输出模块设置）对话框（如图3-3-17所示），其中包括了视频和音频输出的各种格式和视频压缩等方式，下面逐一讲述。

- Format（格式）：设置输出文件的格式。选择不同的文件格式，系统会显示相应格式的设置。
- Post Render Action（发送渲染动作）：设置是否使用渲染完成的文件作为素材或者代理素材。
- Channels（通道）：设置输出的通道，其中包括RGB、Alpha和Alpha+RGB三种选项。
- Format Options（格式选项）：设置视频编码的方式。
- Depth（深度）：设置颜色深度。
- Starting（开始）：设置序列图片的文件名序列数。
- Stretch（拉伸）：设置画面是否进行拉伸处理。

- Crop（裁剪）：设置是否裁切画面。
- Format Options（格式选项）：设置音频的编码方式。
- kHz Bit Channel（kHz频道）：设置音频的质量，包括赫兹、比特、立体声或单声道等选项。

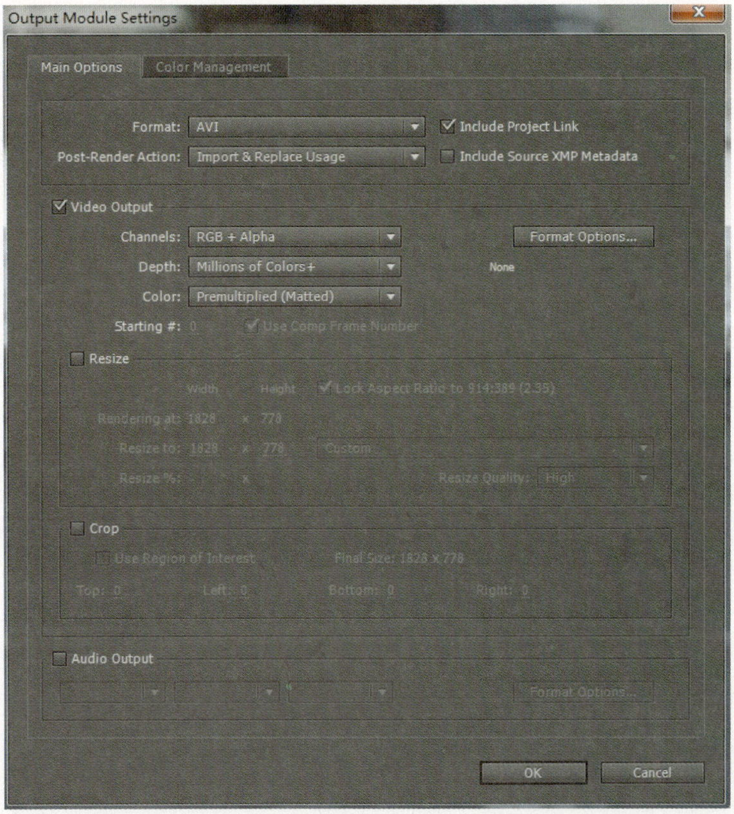

图3-3-17

在渲染队列控制面板中单击Output To（输出到）右侧的文字，会自动弹出Output Movie To（输出影片到）对话框（如图3-3-18所示），在对话框中可以定位文件输出的位置和名称。

After Effects渲染的顺序将影响到最终的输出效果，它具有非常大的作用。标准的渲染顺序如下所述。

（1）在渲染输出时，如果场景中都是二维图层合成，则After Effects 将根据图层在时间线窗口中排列的顺序进行处理，从最下面的图层开始向上运算渲染。

（2）在对各个图层进行渲染时，After Effects会先渲染蒙版，再渲染滤镜特效，然后渲染变换属

图3-3-18

性，最后才运算图层叠加模式及轨道遮罩。

（3）在二维图层和三维图层混合渲染时，首先从最下层开始，依次向最上层进行渲染。当遇到三维图层时，After Effects会将这些三维图层作为一个独立的组，按照由远及近的渲染顺序进行渲染，处理完这一组三维图层后，再继续向上渲染二维图层。

3.4 基本合成实例

3.4.1 任务简介

任务背景：结合实例熟练掌握After Effects的三维投影制作原理。

任务要求：根据实例要求讲解After Effects的文字三维投影的应用方法和技巧。

任务分析：通过对该视频的简单编辑，让使用者对After Effects的灯光和投影功能有较为全面的了解。

参考效果图：如图3-4-1所示。

图3-4-1

3.4.2 操作步骤

1. 导入文件素材

01 双击桌面上的After Effects CS5快捷方式启动程序，或选择Windows主菜单开始→所有程序→After Effects CS5文件夹→After Effects CS5命令打开程序。

02 新建项目。利用【Ctrl+N】快捷键创建合成，并命名为“3d shadow”，其主要参数设置如图3-4-2所示，单击“OK”按钮进入编辑界面。

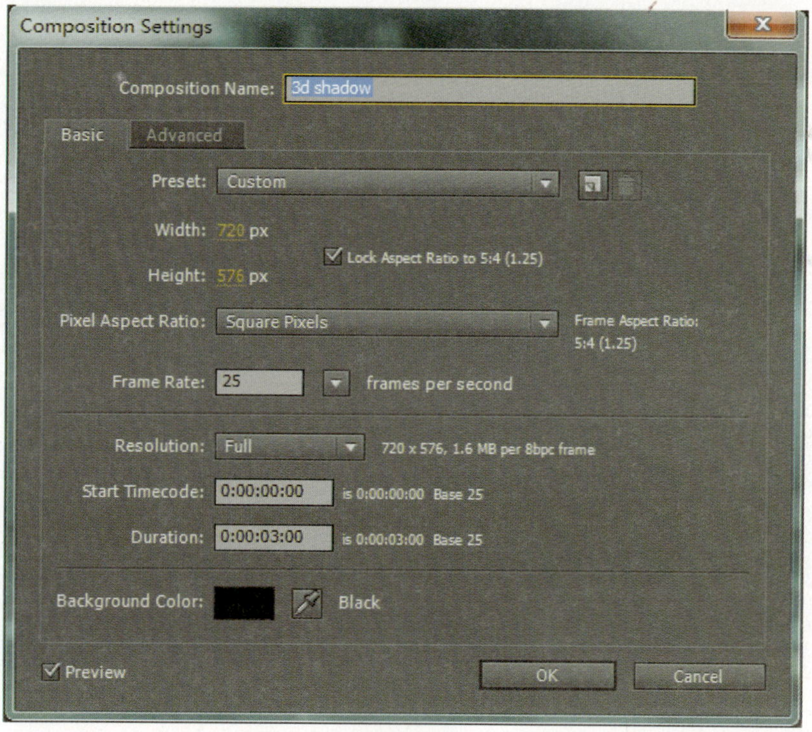

图3-4-2

03 在主菜单里选择File→Import命令，或者双击项目文件夹的空白处导入素材，打开素材文件“背景.jpg”（素材位置为“光盘：\本书素材\Unit3\背景.jpg”）。

2. 制作能够接受影子的地面

01 用【Ctrl+Y】快捷键或者选择菜单栏中的Layer→New→Solid命令，新建一个固态层，命名为“地面”，大小为600×600，单击“New”按钮。

02 按【F4】快捷键，或者单击屏幕左下方按钮，使得物体显示三维属性栏，给图层“地面”添加三维属性，如图3-4-3所示。

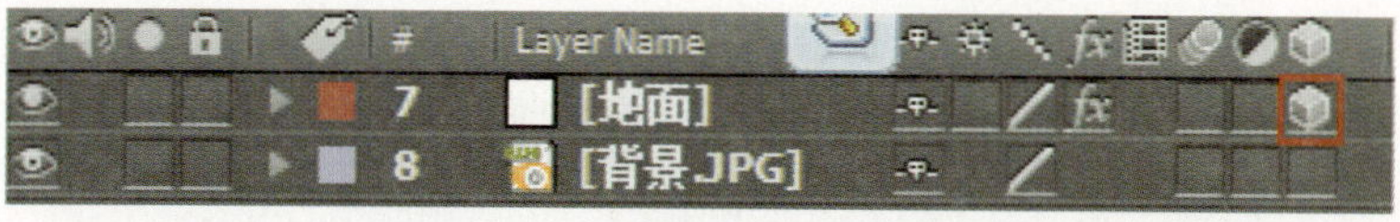

图3-4-3

03 选中“地面”这个固态层，利用旋转工具把“地面”转平，旋转时按住【Shift】键，这将能够方便地将地面旋转为平面状态，并利用移动工具把“地面”放在相应的位置。

04 为了更方便地调整平面，我们选择Layer→New→Camera命令创建摄像机。选择预设为24mm的摄像机，单击“确定”按钮，如图3-4-4所示。

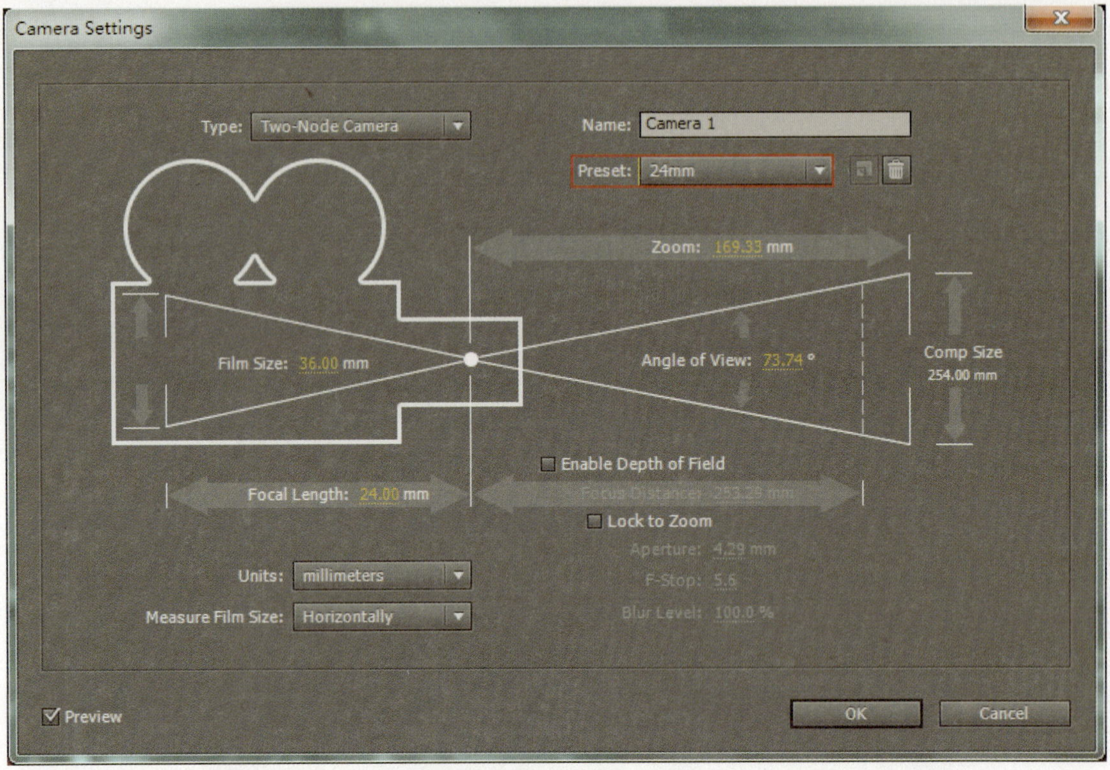

图3-4-4

05 选择摄像机工具，调整“地面”在视口内的透视。为了更加方便地观察，可以给“地面”添加一个网格的效果。通过Effect→Generate→Grid命令，可以选择默认的参数设置，也可以调整网格的密度Corner，参数设置窗口如图3-4-5所示。

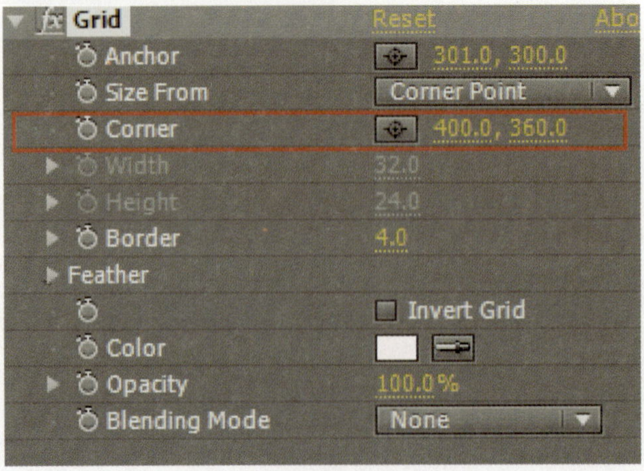

图3-4-5

添加Grid效果前后对比图如图3-4-6所示。在添加完网格后，就可以更加方便地观察场景与虚拟地面的透视是否一致了。最后，放大“地面”使平面有足够的面积来产生阴影。关闭Grid效果，“地面”调整完毕。

图3-4-6

3．制作文字及阴影

01 单击文字工具T按钮，在屏幕上写上需要的文字“After Effect CS5”，打开其三维属性。

02 切换到Left View左视口，确保文字是在所建立的紧挨图层“地面”的上方，如图3-4-7所示。

图3-4-7

03 回到摄像机视口，选择菜单栏Layer→New→Light命令，创建一盏灯光。灯光设置如图3-4-8所示，Light Type（灯光类型）为Point（点光源），Intensity（浓度）为75%，并勾选“Cast Shadows”选项以产生阴影。

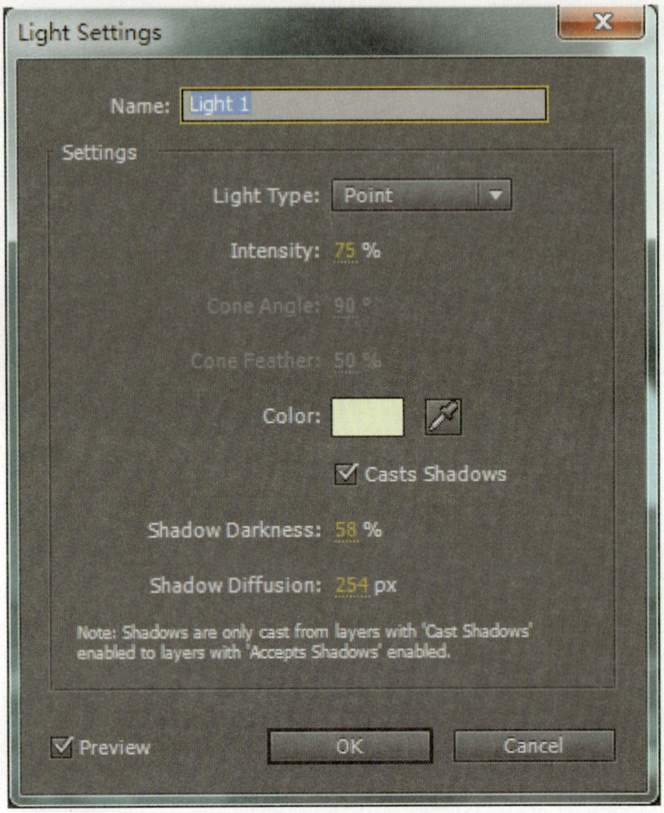

图3-4-8

知识点

照明系统

After Effects利用照明灯来模拟三维空间的真实光线效果。可以使用新建命令在三维场景中建立多盏照明灯，从而产生复杂的光影效果。如果要在Comp窗口中显示光影效果，必须保证合成在Timeline窗口开关面板中的3D草图开关没有被按下。

创建灯光时，在Light Type下拉列表中可以选择一种灯光照明类型。After Effects提供了下述4种照明灯。

- Parallel（平行光）：从一个点发射一束光线照向目标点。平行光提供一个无限远的光照范围，它可以照亮场景中处于目标点上的所有对象，光照不会因为距离而衰减。
- Spot（聚光）：从一个点向前方以光锥形发射光线。聚光灯会根据圆锥角度确定照射的面积，可以在Cone Angle（圆锥角度）栏中对聚光灯圆锥角度进行设置。
- Point（点光）：从一个点向四周发射光线。随着对象离光源的距离不同，受光程度也有所不同。距离越近，光照越强。距离越远，光照越弱，由近至远光照衰减。
- Ambient（环境光）：没有光线发射点。它可以照亮场景中的所有对象，但它无法产生投影。

系统会根据使用者的选择自动将建立的照明灯添加到Timeline窗口中，如需修改，可以在Timeline窗口中随时进行。选择灯光类型后，我们有必要对灯光的一些参数进行设置。根据选择灯光不同，可供设置的参数也有所不同。

- Intensity：设置灯光强度。强度越高，场景越亮。当灯光强度为0时，场景变黑。可以将灯光强度设为负值，负值强度具有吸光的作用。当场景中有其他灯光时，负值强度的灯光可以减弱场景中的光照强度。
- Cone Angle：选择Spot后，该参数被激活。设置聚光灯圆锥角度。角度越大，光照范围越广。
- Cone Feather：该选项同样仅对Spot有效。为聚光灯照射区域设置一个柔和边缘。默认数值为0，此时光圈边缘界线分明，比较僵硬。
- Color：设置灯光颜色。默认为白色。
- Casts Shadows：选择该选项，灯光会在场景中产生投影。需要注意的是，打开灯光的投影属性后，还需要在层的材质属性中对其投影参数进行设置。
- Shadow Darkness：该选项控制投影的颜色深度。当数值较小时，产生颜色较浅的投影。
- Shadow Diffusion：该选项可以根据层与层间的距离产生柔和的漫反射投影。较低的值产生的投影边缘较硬。

知识点

在合成中建立灯光后，可以改变其位置，对其进行旋转，并设置动画。操作方法同层和摄像机的方法相同。

04 选择文字，按键盘快捷键“aa”，显示文字的Material材质，图3-4-9所示为材质的具体参数。打开Casts Shadows可以产生阴影，打开Accepts Shadows可以接收阴影，关闭Accept Lights可以接收灯光。关闭接收灯光的好处在于可以调整物体的材质而不受灯光影响。

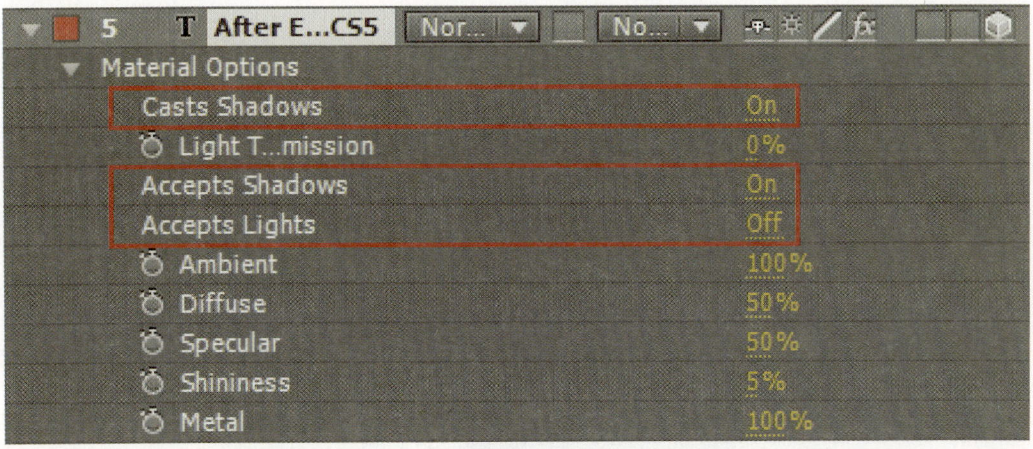

图3-4-9

知识点

材质系统

在场景中设置灯光后，场景中的层如何接受灯光照明、如何进行投影都将由层的材质属性来控制。合成中的每一个3D层都具有其材质属性。用户可以在时间线窗口中展开层的Material Options卷展栏，对层的材质属性进行设置。

- Cast Shadows：该选项决定了当前层是否产生投影。关闭该选项（Off），则当前层不产生投影。默认状态为关闭。
- Light Transmission：该选项产生一个类似于阳光照射到玻璃上的透明阴影。数值越高，效果越强烈。
- Accepts Shadows：该选项决定了当前层是否接受阴影。默认状态为开启。
- Accepts Lights：该选项决定了当前层是否受场景中的灯光影响。关闭该选项，当前层不受灯光影响。默认状态为开启。
- Ambient：该参数控制当前层受环境光的影响程度。
- Diffuse：该参数控制层接收灯光的发散级别，决定层的表面将有多少光覆盖。该参数数值越高，接收灯光的发散级别越高，对象显得越亮。
- Specular：该参数控制对象的镜面反射级别，当灯光照到镜子上时，镜子会产生一个高光点。镜子越光，高光点越明显。调整该参数，可以控制对象的镜面反射级别。数值越高，反射级别越高，则高光越集中。
- Shininess：该参数控制高光点的大小光泽度。该参数仅当Specular不为0时有效。数值越高，则高光越集中。
- Metal：该参数控制层的金属质光泽感。

知识点 根据层的材质属性不同，其对灯光的反射和吸收也大相径庭。读者可以尝试使用不同的材质属性来观察不同的照射效果。

05 选中地面层，按快捷键“aa”，打开“地面”层的材质，关闭Accept Lights。把地面的叠加方式改变为Multiply。这样，我们就看不到虚拟的“地面”了，设置后的效果如图3-4-10所示。

图3-4-10

06 现在来调整阴影，使它更加地柔和，与周围的环境更加一致。选中Light层，按快捷键“aa”，显示其灯光参数，并参照图3-4-11调整参数。

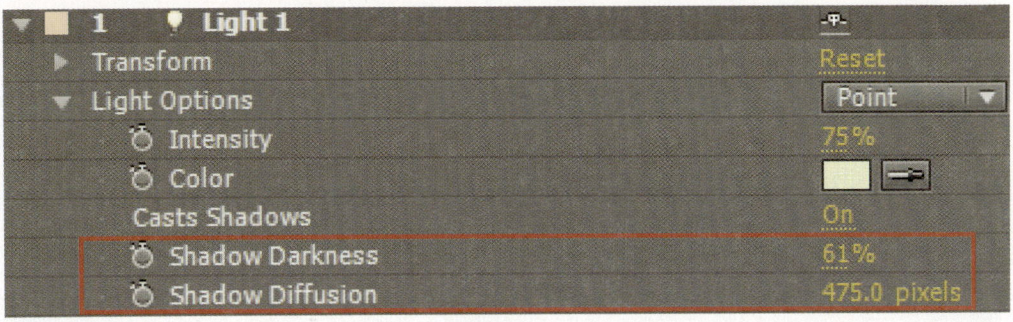

图3-4-11

其中，Shadow Darkness表示影子的黑度，可以通过它来降低例子中影子的黑色，而Shadow Diffusion表示影子的发散值，增加这个参数的大小，可以看到影子周围的轮廓明显模糊，达到了虚化的效果。调整后的效果如图3-4-12所示。

07 影子基本制作完成了，我们还可以根据个人的喜好改变灯光的位置，达到更好的效果。场景中的灯光位置如图3-4-13所示，利用移动工具，搭配顶视图，便可以做出相应的调整。

图3-4-12

图3-4-13

4．给文字添加渐变色

选择文字层，选择菜单栏中Effect→Generate→Ramp命令，给文字添加一个渐变效果，参数设置如图3-4-14所示。

其中，Start of Ramp表示渐变的起始颜色，而End of Ramp表示渐变的结尾颜色。在这里选择了Radial Ramp（径向渐变），也可以根据自己的喜好调整Ramp Shape。最终效果如图3-4-15所示。读者可以拓展想象力，用好这个3D 影子的功能，做出更加有趣的效果。

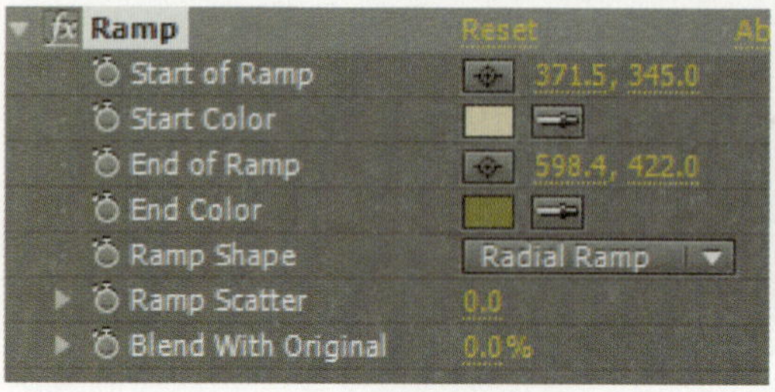

图3-4-14

图3-4-15

3.5 小结

通过本章的学习，初步讲解了业内相关软件的情况，同时也初步认识了Adobe After Effects这款软件，以及利用它进行合成的基本流程。至此，我们对于合成本身已经有了相当的认识。接下来，学习的侧重点将会转换到Adobe After Effects的相关技巧以及Adobe动画合成师的基本技能上。

Adobe

第4章 基本元素控制

本章导读

上一章介绍了合成的基本理论以及After Effects软件的基本用途，主要是针对该软件的基本功能和技巧进行铺陈式的讲述，对于广大的使用者来说，这一部分主要是提供了基本的功能索引，初学者可以获得比较全面的知识点，而熟练使用的用户也可以在我们的评论性讲述中获得一定启示。

在本章中，将主要介绍合成过程中基本环节里的基本元素的命令控制，这些命令和功能将是使用After Effects软件的基础。

4.1 Project窗口的操作

4.1.1 Project属性设置

首先要了解的是Project属性。通常来说，Project属性在设置好之后，就算是一劳永逸了，所以在这里仅仅是简单地阐述一下即可。

单击Project窗口的选项下拉菜单按钮（如图4-1-1所示），第一栏是几乎所有的窗口/面板都有的几个操作命令，第二栏为Project的参数设置。

- Undock Panel：浮动窗口。
- Undock Frame：浮动面板。
- Close Panel：关闭窗口。
- Close Frame：关闭面板。
- Maximize Frame：面板最大化。

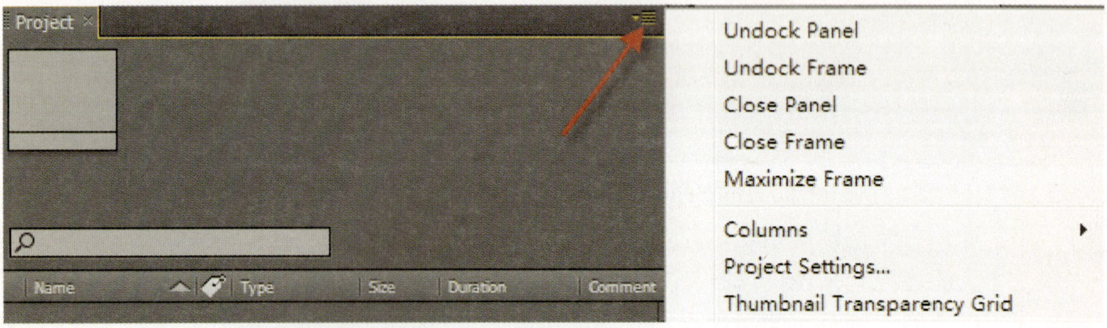

图4-1-1

- Columns：选择Project显示的信息类型（Name、Label、Type、Size、Duration、Comment、File Path、Date），如图4-1-2所示，可以根据需要来选择其显示或隐藏。

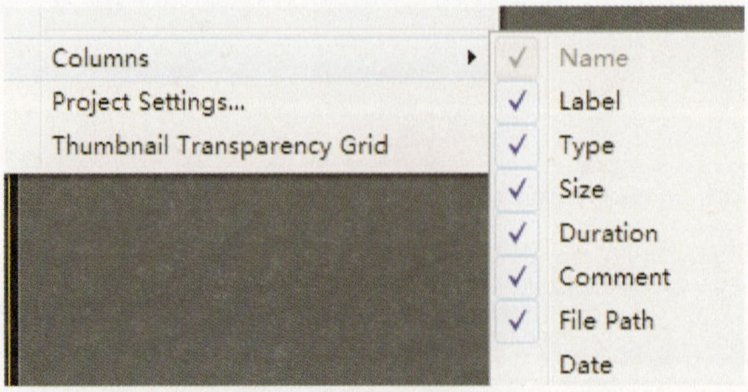

图4-1-2

- Project Settings：选择“Project Settings”选项，可以打开一个同名称的窗口（如图4-1-3所示），在其中可以设置项目的Display Style（显示类型）、Color Settings（颜色设置）和Audio Settings（音频设置）三部分属性。

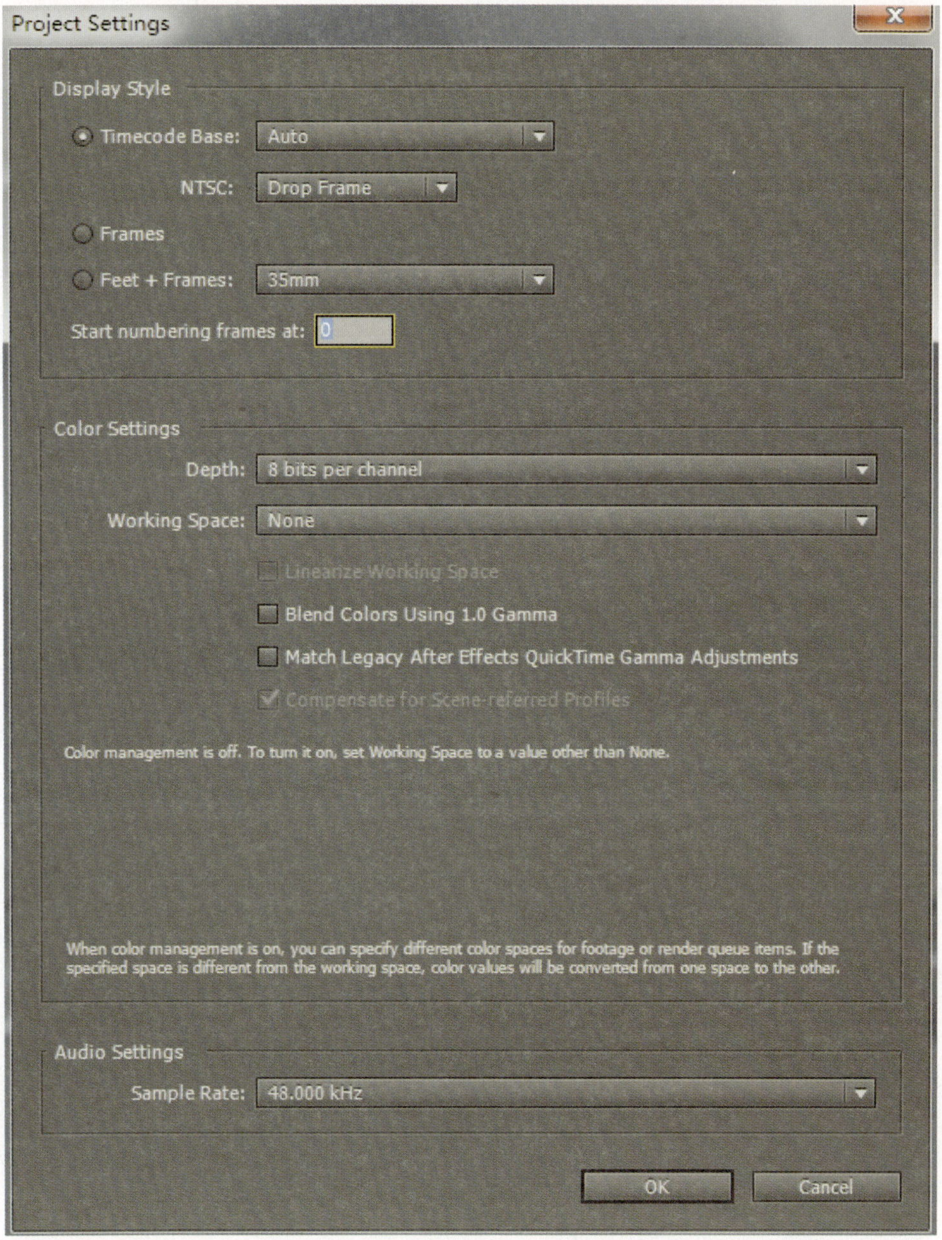

图4-1-3

- Display Style（显示类型）：用于设置时间显示模式。
  - Timecode为时间码，根据不同的帧速率，显示为“小时：分钟：秒：帧”，这一模式比较符合一般的认知习惯，也可以比较好地与剪辑师进行配合。
  - Frames为帧数，即：去掉其他参数，只显示帧数。这对于动画制作来说是比较常见的，尤其是和前期的制作相结合。
  - Feet+Frames为胶片长度+帧数，对于动画电影来说，有很高的参考价值。

- ◆ Color Settings（颜色设置）：选择色彩深度和颜色空间等参数，电视动画和电影动画还是有很大区别的，需要在此处加以选择。
- ◆ Audio Settings（音频设置）：音频选项。对于动画合成来说，音频多为辅助性的部分，真正的音频制作需要专门的软件并且在剪辑环节与画面相结合。
- Thumbnail Transparency Grid：缩略图透明部分显示为棋盘格。为方便观察，一些素材自带透明通道，如图4-1-4所示。

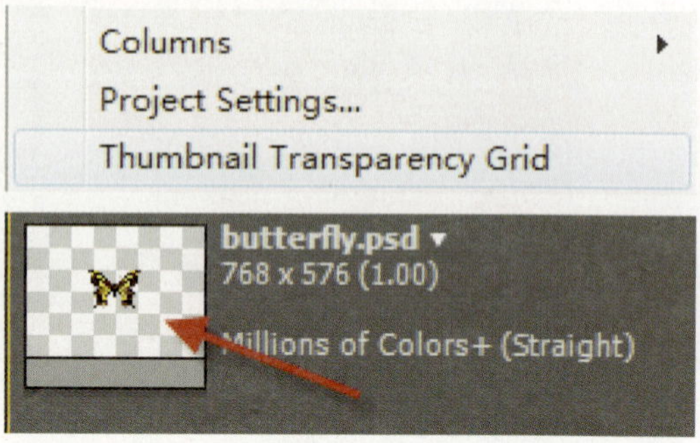

图4-1-4

4.1.2 Project其他指令

在File菜单中，还有一些对于Project有用的指令，如图4-1-5所示。

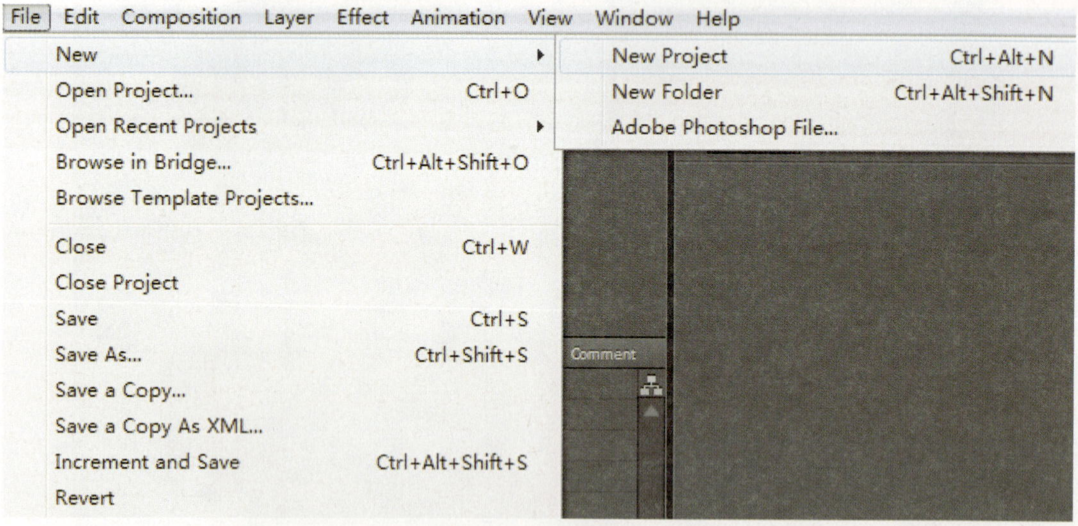

图4-1-5

- File→New→New Project：可以建立新的Project。
- Open Project：打开一个计算机磁盘中已有的Project文件。
- Open Recent Projects：打开以往在After Effects中编辑过的工程文件，默认为最近10个。
- Browse in Bridge：打开Adobe Bridge 软件，预览计算机中的素材文件，也可以通过该软件将素材添加到Project中。
- Browse Template Project：浏览模板项目，即查看扩展名为“.aet”的预置模板文件（如图4-1-6所示），这些模板可以在一定程度上缩短制作的时间。
- Close：关闭当前窗口。

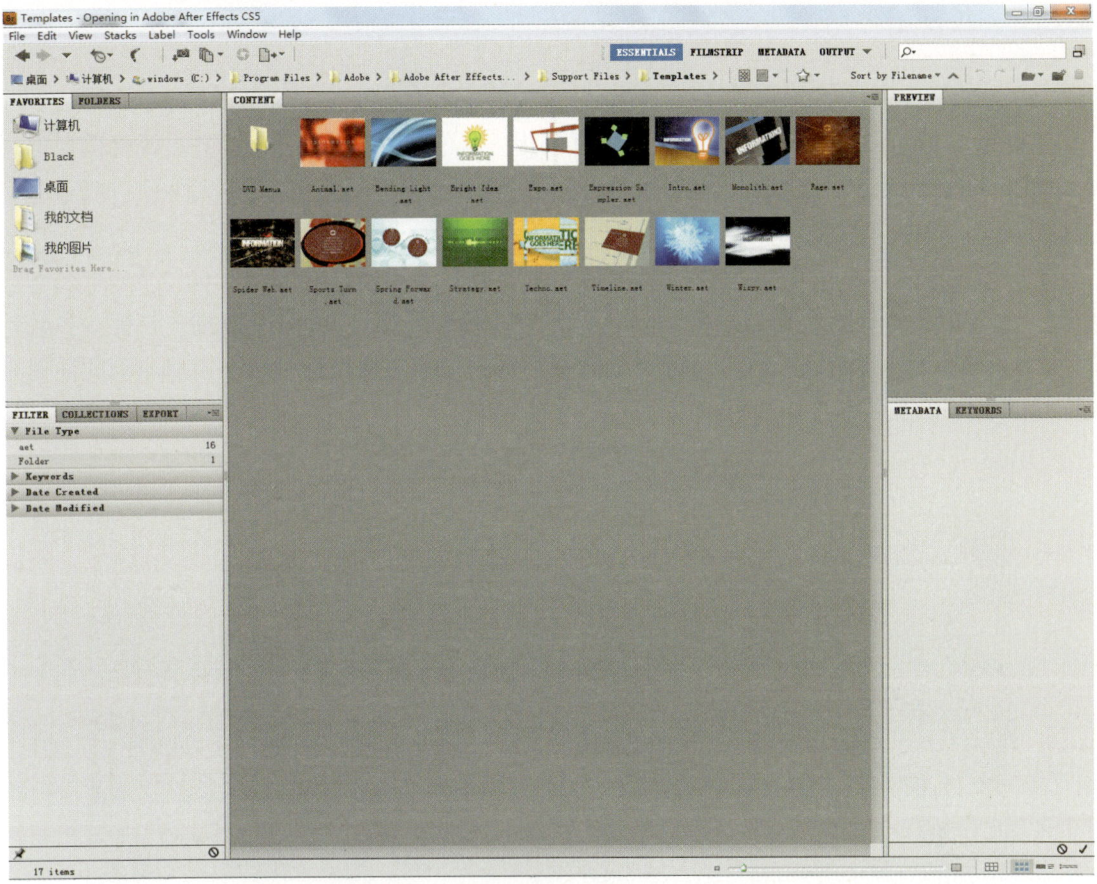

图4-1-6

- Close Project：关闭当前任务，但不关闭软件。
- Save：保存当前任务。
- Save As：将当前的任务另存为另一个文件。
- Save a Copy：将当前编辑的任务备份为另一个文件，但仍然在当前的工程文件下继续编辑。
- Increment and Save：可以将当前编辑的工程文件后面添加数字或者将文件名后的数字以增量1来递进进行保存，以便在任务的各个阶段保留制作结果备份。
- Revert：恢复到上次保存的工程文件的状态。在执行命令之前，软件会提醒用户该操作的破坏性，提示对话框如图4-1-7所示。

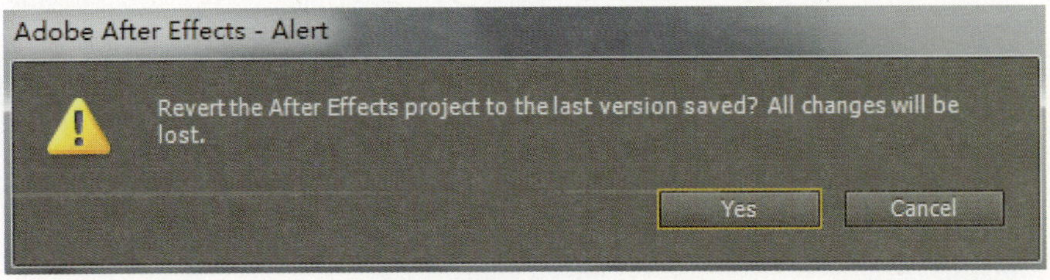

图4-1-7

4.2 控制Composition属性

Composition属性是和最终的合成成果直接相关联的，在建立Comp之初，就要选择好。After Effects会自动记录上一次设置好的选择（正常退出的情况下），对于大型项目或者客户类型稳定的使用者来说是很有帮助的。

Composition Settings界面（如图4-2-1所示）主要有三部分：Composition Name（名称设置），正规的操作需要严谨的命名；Basic选项卡，用于设置Composition的一些基本参数；Advanced选项卡，用于设置Composition的一些高级参数，主要是针对三维显示。下面简单介绍一下界面中的主要参数。

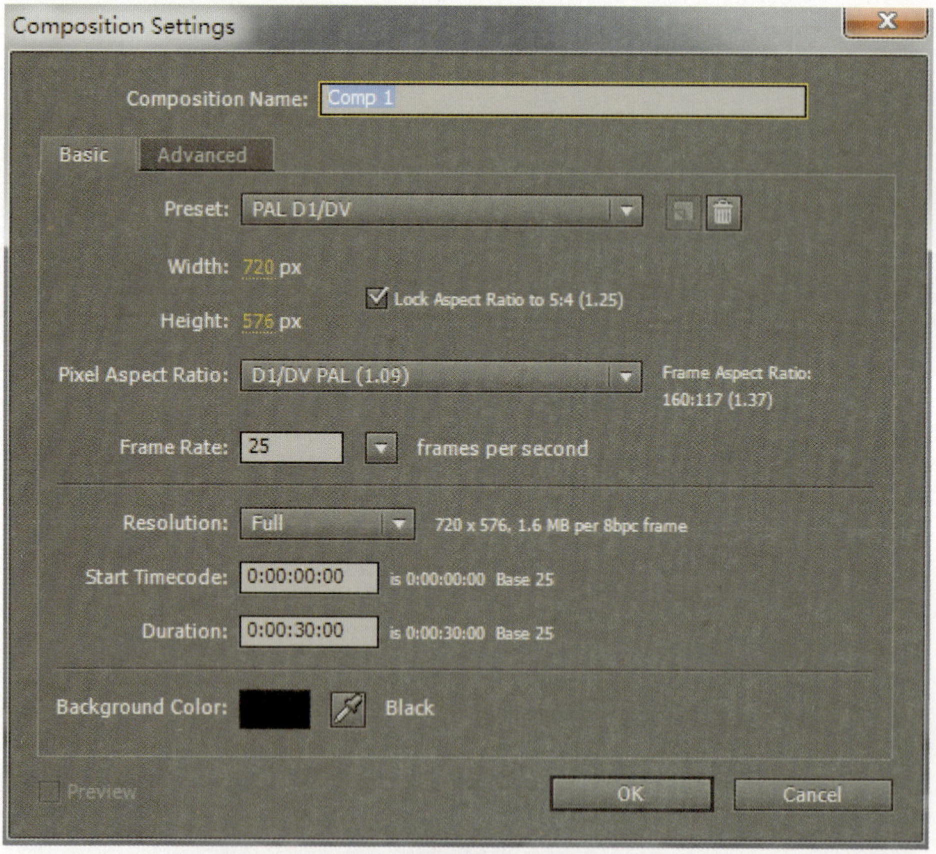

图4-2-1

- Preset：选择预置制式，提供了从PAL和NTSC的各种变种的电视、标清制式以及高清、胶片等影片格式，还可以选择Custom自定义。右侧两个按钮分别是将当前制式存储和删除的功能。
- Width/Height：分辨率，可支持范围为4–300,000像素。
- Pixel Aspect Ratio：像素比，通常与制式的选择相关联，有特殊要求可以修改。
- Frame Rate：帧速率。

- Resolution：决定影片像素清晰质量，右侧参数给出了画面大小和输出后的每一帧的文件大小，对于预览、交流等很有帮助。
- Start Timecode：起始时间码，即第一帧的时间，通常从0帧起，也可以根据镜头或分镜脚本另行设定。
- Duration：Comp时长。
- Background Color：背景颜色。合成时可起到参考作用，输出带透明通道的文件时不影响最终画面效果。

Advanced栏（如图4-2-2所示）内的参数主要是针对渲染插件Advanced 3D以及Motion Blur的控制。Advanced 3D主要是针对3D空间合成中的阴影等效果，而Motion Blur则是针对快门和采样参数。

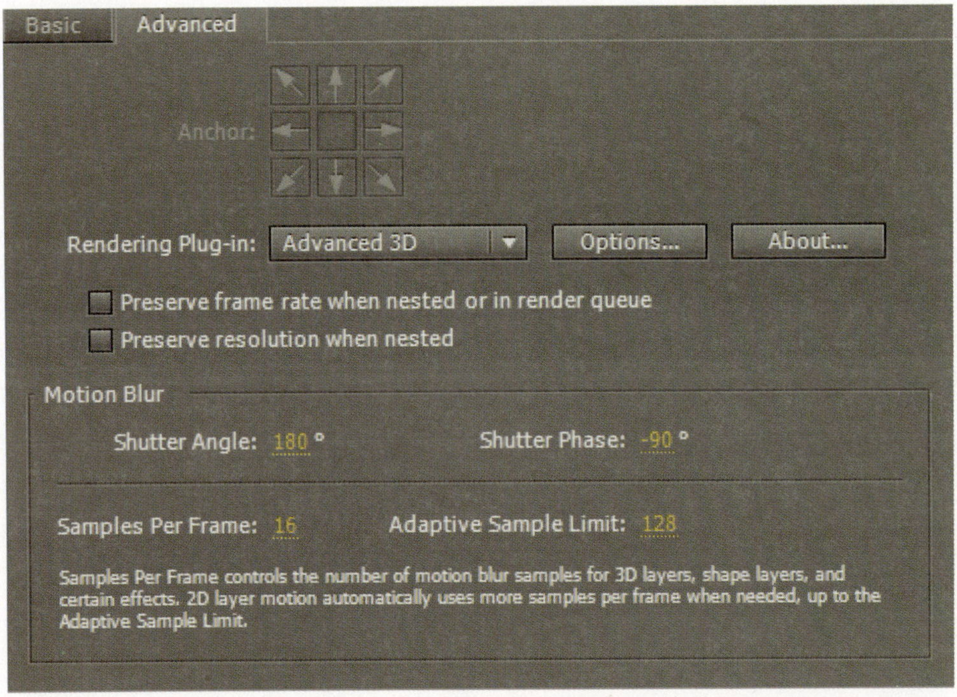

图4-2-2

- Shutter Angle：快门角度。
- Shutter Phase：快门位相。
- Samples Per Frame：采样范围。
- Adaptive Sample Limit：采样限制。

在建立Comp之后如有变动，可以在Comp处单击鼠标右键选择Composition Settings进行修正，如图4-2-3所示。

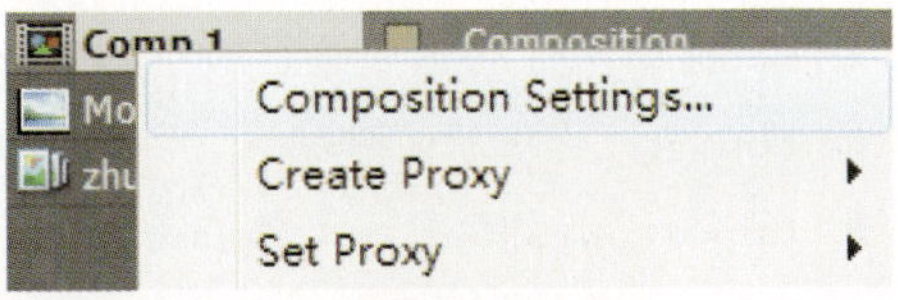

图4-2-3

4.3 控制素材属性

4.3.1 素材的导入

在建立了合适的Comp之后，还需要导入素材或者创建各类不同的元素以构成画面。导入素材的相关命令在File菜单中（如图4-3-1所示），也可以在Project窗口空白处单击鼠标右键，找到相应选项。

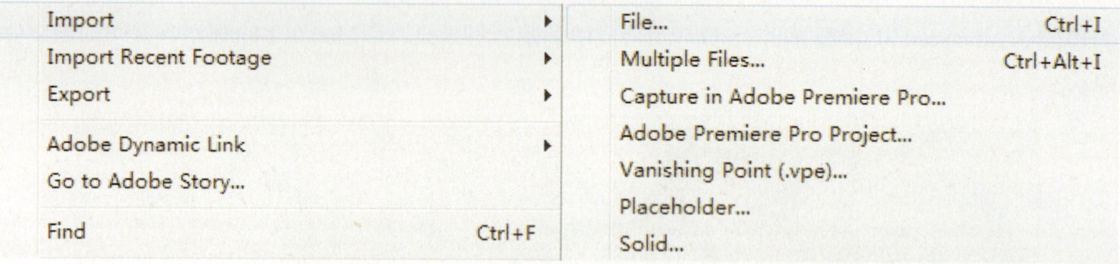

图4-3-1

- Import：导入。软件给出了七种选择：File，单次导入文件；Multiple Files，连续导入文件；Capture in Adobe Premiere Pro，采集到Adobe Premiere Pro中；Adobe Premiere Pro Project，Adobe Premiere Pro 的工程文件；Vanishing Point，投影点文件；Placeholder，占位符；Solid，固态层（实际上是创建固态层）。
- Import Recent Footage：导入最近使用过的素材。
- Export：导出文件。将当前正在编辑的对象输出，主要是针对软件之间的配合使用（如图4-3-2所示）：Adobe Flash Player，输出为扩展名为“.swf”的Flash视频文件；Adobe Flash Professional，输出为扩展名为“.xfl”的Adobe Flash工程文件；Adobe Premiere Pro Project，输出为Adobe Premiere Pro的工程文件。

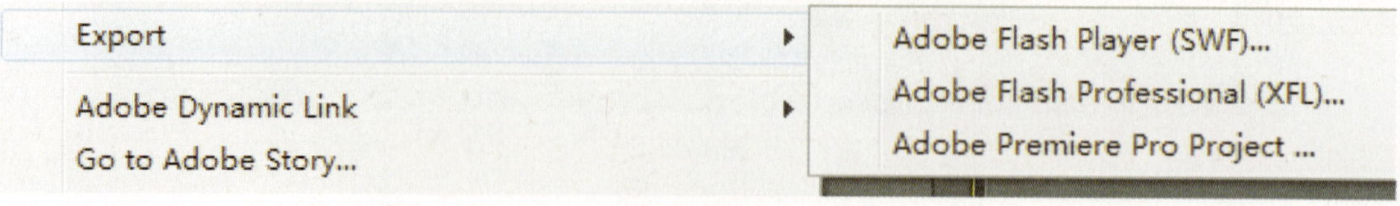

图4-3-2

选择导入素材命令后，会出现Import File窗口（如图4-3-3所示）。需要注意的是，选择不同的文件，窗口下方的选项会有所不同。

- Format：选中的文件格式。
- Import As：不同的文件在导入到Project窗口时可以选择的不同方式。即使此处不选择，而在后续的导入时，也还会有选项窗口。
- Import Folder：选中时可以选择导入整个文件夹。
- Photoshop Sequence：对于位图序列有勾选选项。
- Force alphabetical order：对于透明通道有勾选选项。

图4–3–3

在导入诸如扩展名为“.PSD”、“.RPF”、“.TIFF”等可能包含有多个通道或图层的文件时，还会出现选项窗口（如图4-3-4所示）。

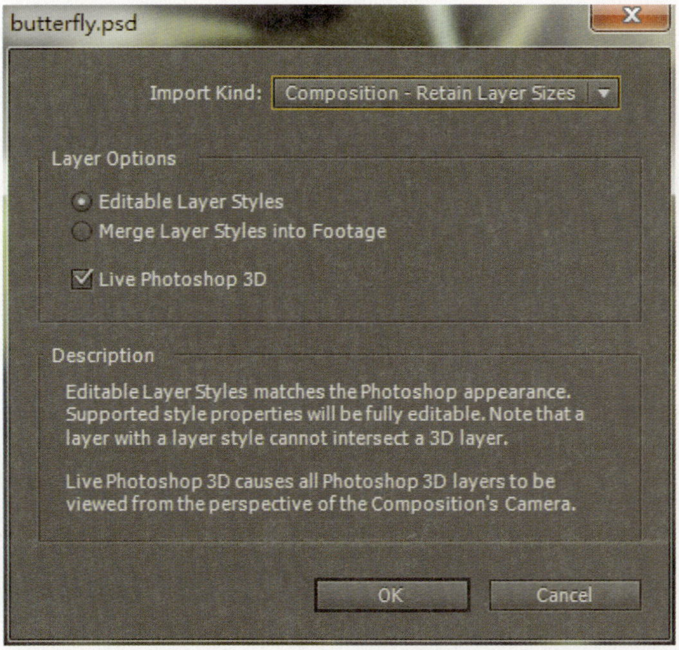

图4–3–4

- Import Kind：导入类型，即包含的这些图层采取何种形式导入，可以选择图层的形式，也可选择导入为Comp。
- Layer Options：图层选项，可以选择可编辑图层模式或者合并为一个图层。
- Live Photoshop 3D：效果可以选择打开或关闭。

4.3.2 素材属性的控制

不同类型的素材在Project窗口中显示为不同的图标（如图4-3-5所示），同时在这里也可以查看其文件类型、文件大小等参数，或者在选中素材后查看其简略信息（如图4-3-6所示）。

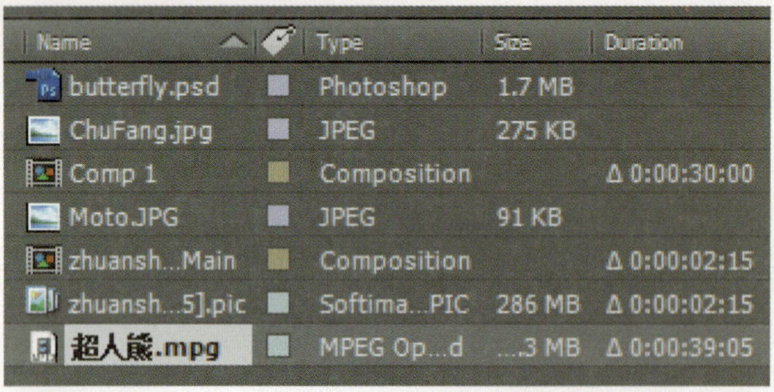

Name	Type	Size	Duration
butterfly.psd	Photoshop	1.7 MB	
ChuFang.jpg	JPEG	275 KB	
Comp 1	Composition		Δ 0:00:30:00
Moto.JPG	JPEG	91 KB	
zhuansh...Main	Composition		Δ 0:00:02:15
zhuansh...5].pic	Softima...PIC	286 MB	Δ 0:00:02:15
超人熊.mpg	MPEG Op...d	....3 MB	Δ 0:00:39:05

图4-3-5

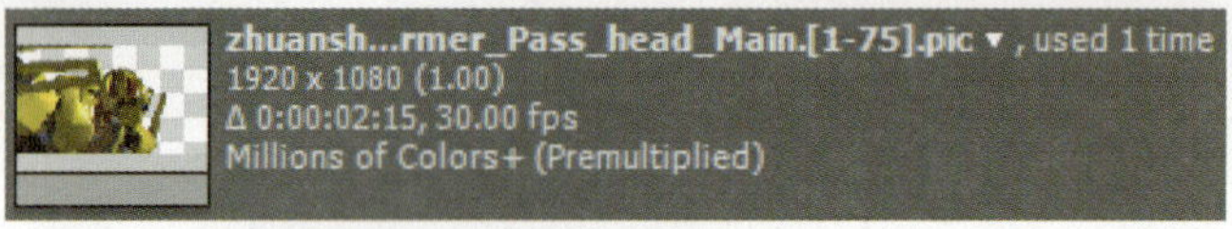

图4-3-6

选中素材后，可以利用File菜单中的相关命令（如图4-3-7所示）加以编辑，或者在素材位置单击鼠标右键，使用其常用的命令。这些命令被分为两组。

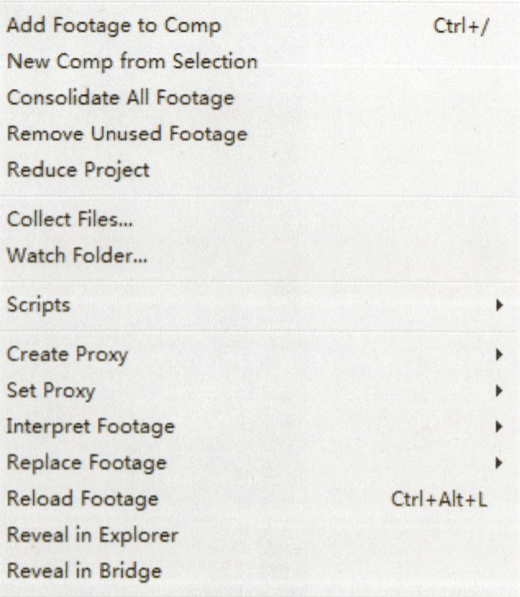

图4-3-7

一组为素材和Comp之间的操作。

- Add Footage to Comp：将Project窗口中的素材添加到Comp中。
- New Comp form Selection：根据所选对象属性创建新的Comp，并且将所选素材加入到Comp中。
- Consolidate All Footage：整理全部素材，可以将Project窗口中的素材合并整理，去除冗余。
- Remove Unused Footage：删除未被使用的素材。
- Reduce Project：简化Project窗口，去除未被编辑的Comp。

另一组为针对素材本身的操作。

- Create Proxy：制作代理（如图4–3–8所示）。可以为素材创建一个代理文件，有静帧和视频两种选择。主要是利用低分辨率素材代替高分辨率素材，提高编辑的效率，对于高清级编辑尤其有用。选择该命令后，会自动创建与素材同名的Comp（如图4–3–9所示）并且添加到Render Queue中，默认设置为低质量画面，单击“Render”按钮即可。

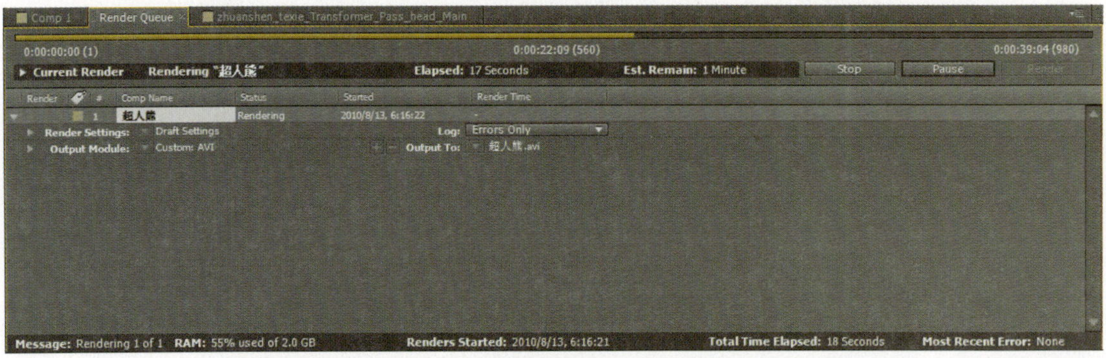

图4–3–8

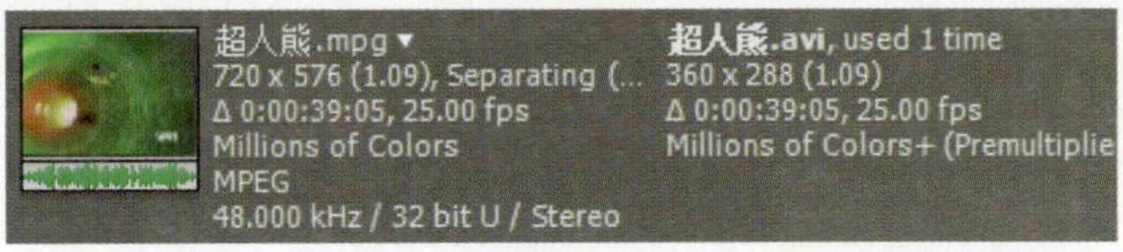

图4–3–9

- Set Proxy：设置代理。可以将当前的代理去除掉，或者重新选择计算机磁盘中的文件为代理。
- Interpret Footage：解析素材，尤其是Main命令（如图4–3–10所示），对于视频素材或者多层、多通道素材都需要该指令来对素材进行解析，以便使素材展现出所需的效果。Interpret Footage窗口（如图4–3–11所示）分为两部分，Main Options设置控制透明通道信息、帧速率、场信息、像素比以及视频文件的循环次数；Color Management控制色彩空间的转化。

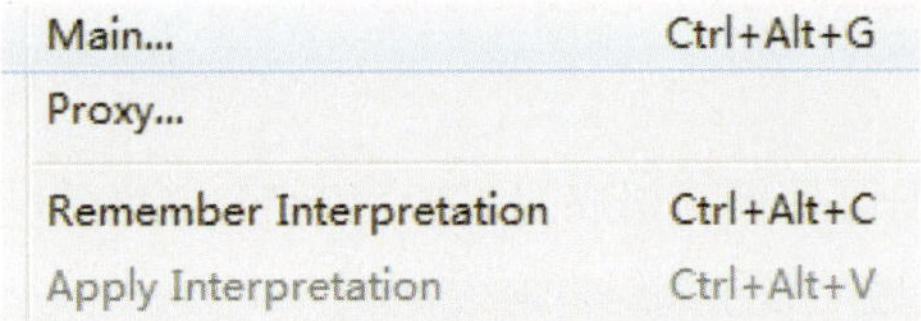

图4–3–10

- Replace Footage：替换素材。可以将素材指向计算机磁盘的另一个文件上，相当于完全替换了另一个素材，对于相似素材进行对比或者在编辑完成后修改某一素材来说都是很有用的操作。
- Reload Footage：重新载入素材。可将被替换掉的素材重新载入。
- Reveal in Explorer：显示文件所在文件夹。
- Reveal in Bridge：在Bridge中显示文件。

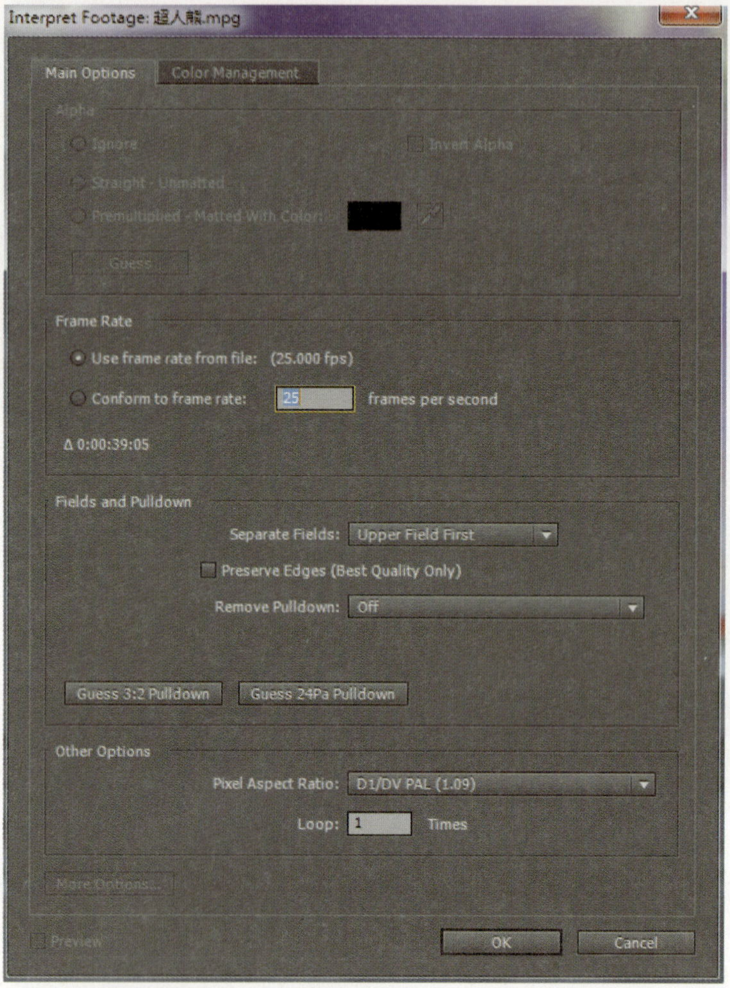

图4-3-11

4.4 控制Timeline图层属性

相对来说，Timeline与图层是相辅相成的，除了Render Queue之外，Timeline主要是针对图层的操作，而图层的指令中绝大部分都是针对时间线上的效果。

4.4.1 控制Timeline上的图层

时间线上的图层，也可以通过在图层位置单击鼠标右键来选择相关指令。这一部分指令也已经存在于Layer菜单栏之中，我们会在下一小节中讨论。通过Timeline窗口（如图4-4-1所示）自带的按钮也可以完成部分功能，并通过展开图层来控制其相关效果的参数。

当将素材从项目面板中拖曳至时间线面板中并确定位置后，位于时间线面板中的素材会以多个层的状态存在，各个层都拥有自身的时间控制和属性参数，而层的效果、运动及样式控制都可以在时间线面板中完成。

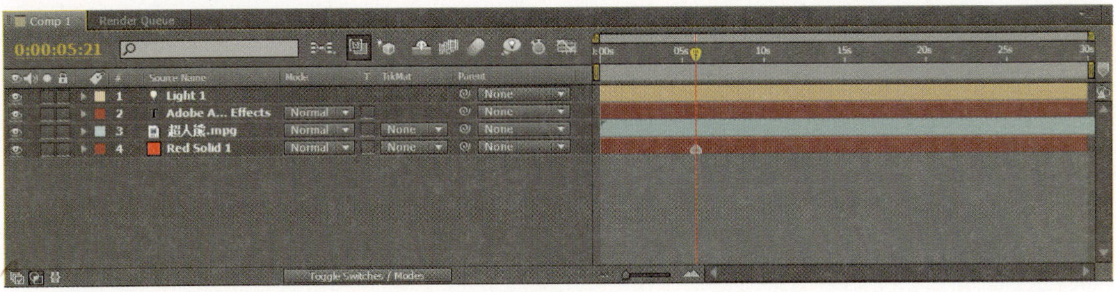

图4-4-1

在After Effects中，层的显示与Photoshop完全相同，位于最上面的图层会对下面层产生遮挡；层的使用方法也与Photoshop的操作方法基本相同，即：将层逐个罗列在时间线面板中，然后通过对属性参数的调整，制作丰富的视觉效果。

1．基本功能操作

时间线面板的基本功能操作包括项目名称、时间标签、层名称、层长度、时间段缩放和快速搜索等。

- 项目名称

项目名称标签可以显示当前合成项目的名称，Comp1是默认的项目名称。在创建合成项目时，可以为其设置项目名称。项目名称的设定需要特别注意。在制作影片时，应根据镜头数量、顺序、功能和时间长度等特点进行名称设置，这样可以使项目名称具有详细的功能说明能力，以便于影片合成。

- 时间标签

单击时间标签后，系统会激活数字，我们可以直接输入需要到达的时间位置，然后按【Enter】键或者点击其他任何位置完成操作。在移动时间标签时，会显示当前显示的时间段。也可以按住鼠标左键并拖曳鼠标，手动寻找需要到达的时间，在计算机性能许可的情况下，会根据鼠标的拖曳在Composite窗口显示相应的时间的画面。

- 层名称

在合成影片需要调整层名称时，可以在时间线面板中选择要更改名称的图层，然后按【Enter】键，这时时间线面板中的选定层就会显示为预输入状态，如图4-4-2所示。

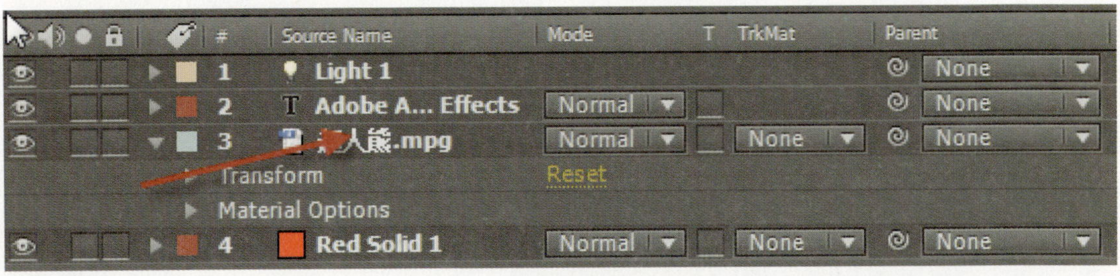

图4-4-2

当需要移动层在时间线面板中的排列位置时，可以使用鼠标左键单击层并拖曳至需要的位置，然后释放鼠标左键完成当前操作，如图4-4-3所示。

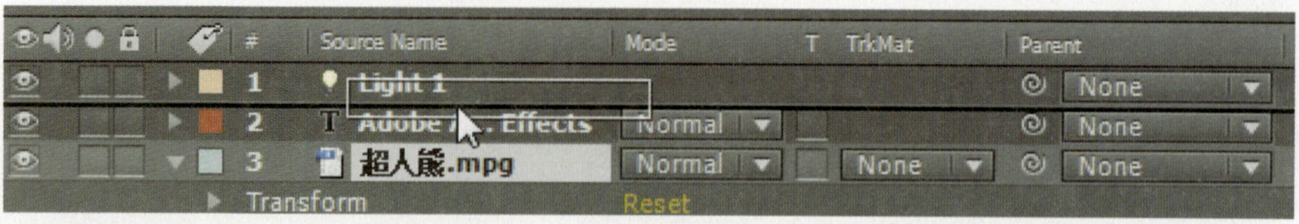

图4-4-3

● 层长度

在时间线面板中由于素材层种类不同，层栏的颜色也会有区别。在时间线面板中，使用鼠标来操作可以缩短或延长层的长度，如图4-4-4所示。

通过鼠标左键单击层栏中间的部分可以移动层，能够对层的起始显示部分进行调整，如需要将层向后摆放，则需要向右拖曳鼠标，反之亦然，如图4-4-5所示。

图4-4-4

图4-4-5

● 时间段缩放

使用鼠标左键单击时间段缩放滑块的后端按钮，可以将时间段向前放大，以便提高时间段的显示精度，如图4-4-6所示。

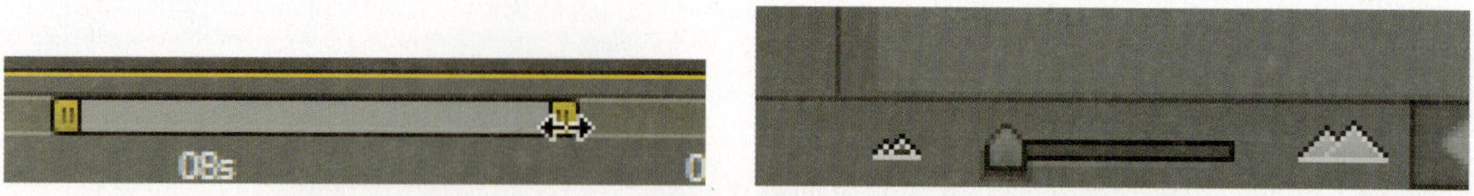

图4-4-6

时间段缩放与Composition窗口中预览时的缩放不同，时间段的缩放是对显示时间段精密程度的控制。

● 快速搜索

素材与特效的搜索功能为用户工作效率的提高作出了很大的贡献，用户可以在搜索输入栏（如图4-4-7所示）输入需要查找的素材名称或特效名称，计算机会快速地将其查找定位并单独显示在时间线面板中。

图4-4-7

通过这样的功能设置，可以方便地解决在后期影片合成时产生的由于层过多而导致的编辑困难、无法查找特效及层位置不明确等影响工作效率的问题。

2. 时间线面板功能区

根据时间线面板中的各项功能，可以将时间线面板分为6个功能区，分别是显示/锁定、层、板块开关、叠加模式/父级链接、时间设置和时间图表区。

- 显示/锁定区域

显示/锁定区内的功能命令主要是设置Video（视频）和Audio（音频）层的显示及层的锁定操作，其界面如图4-4-8所示。

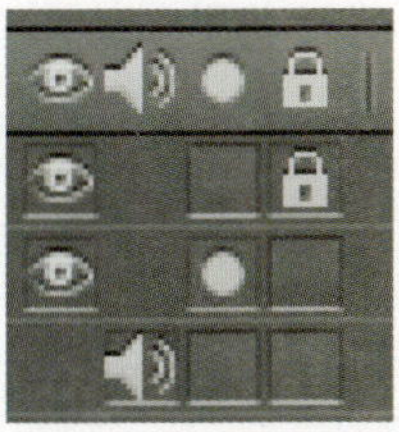

图4-4-8

- ◆ 视频图标：开启或关闭视频图标可以在合成窗口中显示或隐藏素材层内容。当视频图标开启时，层内容会显示在合成窗口中。当视频图标关闭时，层内容隐藏在合成窗口中。
- ◆ 音频图标：在时间线面板中添加音频层后，层上会显示音频图标。使用鼠标左键单击音频图标，图标将会消失，在预览合成项目时将听不到声音。
- ◆ 单独显示图标：选择层并开启单独显示图标后，其他层的视频图标就会变为灰色，在合成窗口中只显示开启单独显示图标的层，其他层处于隐藏状态。
- ◆ 锁定图标：开启锁定图标可以将当前选择层设置为锁定状态。把一个层锁定后，将不能选择、编辑及调整被锁定层。通常会将已完成全部制作的层设置为锁定状态。

- 层区域

层区域的功能命令主要是设置Label（标签）、Source Name（来源名称）及层序号的操作，其界面如图4-4-9所示。

- ◆ 卷展图标：使用鼠标左键单击卷展图标后，卷展图标指向下方显示的属性。
- ◆ 标签图标：单击标签图标后，在弹出的下拉菜单中会显示16种颜色（如图4-4-10所示），根据需要从中选择需要的颜色。选择“Select Label Group”（选择标签组）命令可以将所有相同颜色的层同时选中。

图4-4-9

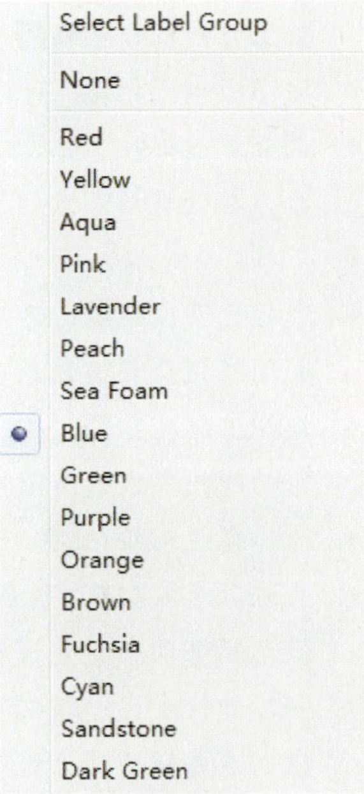

图4-4-10

◆ 来源名称图标Source Name：使用鼠标左键单击来源名称图标将会改变层名称Layer Name。当素材名称不可以更改时，层名称可以选择并单击或按【Enter】键进行更改。

● 板块开关区域

板块开关区域的图标本身的功能不能单独使用，需要与面板上方的连动开关按钮连动使用，其界面如图4-4-11所示。

图4-4-11

◆ 收缩图标：单击收缩图标可以将选择层隐藏，而图标样式会变为扁平，但时间线面板中的层不产生任何变化，这时要在时间线面板上方单击收缩按钮，用于开启收缩功能操作。

◆ 栅格化图标：单击栅格化图标后，嵌套层的质量会提高，渲染时间减少。

◆ 质量图标：可以设置合成窗口中素材的显示质量，使用鼠标左键单击图标可以切换高质量与低质量两种显示方式。

◆ 特效图标：在层上增加滤镜特效命令后，当前层将显示特效图标，使用鼠标左键单击特效图标后，当前层就取消了特效命令的应用。

◆ 帧融合图标：可以在渲染时对影片进行柔和处理，通常在调整素材播放后单击应用。首先在时间线面板中选择动态素材层，然后单击帧融合图标，最后在时间线面板上方帧融合按钮。

◆ 运动模糊图标：可以记录层位移动画时产生的模糊效果。

◆ 调节层图标：可以将原层制作成透明层。在开启Adjustment Layer（调节层）图标后，在调整层下方的这个层上可以同时应用其他效果。

◆ 三维图层图标：可以将2D转换为3D操作。开启三维图标后，层将具有Z轴属性等功能。

◆ 线框交互按钮：开启后在使用鼠标左键选择并拖曳图像时将不会出现线框，而在关闭线框交互按钮后，在合成窗口中拖曳图像时将以线框模式移动。

◆ 模拟三维按钮：在三维环境中进行制作时，可以将环境中的阴影、摄影机和模糊等功能状态进行屏蔽。

◆ 迷你合成树按钮：开启后会显示当前的合成树，为当前合成思路提供参考。

◆ 头脑风暴按钮：选择某个参数或关键帧动画，点击该工具可以进行创新。它会提供九幅全动态变更预览影像可供选择，也可以取消某些影像，根据保留的影像可进一步进行变化。我们可以应用某一方案并在此基础上进行完善，也可以由此获得灵感创造更好的动画效果。

◆ 自动记录关键帧按钮：点击开启此功能，将会针对任何改变创建关键帧，并记录成关键帧动画，是快速创建动画的一个主要手段。

◆ 曲线编辑按钮：点击可打开曲线编辑器，用以查看动画曲线，对动画进行更加精细的控制。

● 叠加模式/父级链接区域

叠加模式/父级链接区域内的功能命令主要是设置层的Mode（叠加模式）、Track Matte（轨道蒙版）和Parent（父级链接）的操作。

◆ Mode（叠加模式）：该面板在标准界面下并不会显示，可以在时间线面板下方单击按钮显示Mode（叠加模式）面板。在Mode（叠加模式）面板中可以设置层的混合模式。层与层之间的混合可以生成特殊的效果，在时间线面板中选择上层素材，单击层混合模式按钮，可以选择不同的叠加模式来进行图层混合。

◆ Track Matte（轨道蒙版）：在After Effects中，当时间线面板中存在两个以上的图层时，就会显示出可以应用Track Matte（轨道蒙版）的部分。Modes（模式）面板右侧有一个显示为T的选框，单击该选框可以选定Preserve Transparency（保持透明），完成保持透明度操作。

In	Out	Duration	Stretch
0:00:03:20	0:00:12:16	0:00:08:22	100.0%
0:00:00:00	0:00:29:24	0:00:30:00	100.0%
0:00:00:00	0:00:14:14	0:00:14:15	100.0%
0:00:00:00	0:00:29:24	0:00:30:00	100.0%
0:00:00:00	0:00:29:24	0:00:30:00	100.0%

图4-4-12

◆ Parent（父级链接）：设置层与层之间的关联。它是通过链接方式在不同层上实现同样的操作。实现链接的方法有两种，一种是在时间线面板中选择子级层，然后使用鼠标单击子级层右方Parent（父子关系链接）面板下的螺旋线按钮并拖曳至要进行链接的父级层上。另一种是在时间线面板中选择子级层，然后在螺旋线按钮右侧的菜单中进行选择，使用鼠标左键单击按钮，在弹出的下拉菜单中设置父级层。

● 时间设置区域

时间设置区域包括的面板在标准界面下并不会显示，可以在时间线面板下方单击按钮显示时间设置区，时间设置区中包括In（输入）、Out（输出）、Duration（持续时间）和Stretch（延伸）的参数。

◆ In（输入）：可以显示起始时间。单击In的时间码，系统会弹出起点时间对话框，输入需要设定的起始时间，然后单击“OK”按钮，完成操作。

◆ Out（输出）：显示层的结束时间。更改结束时间后，层栏的整体长度依然保持原状，单击输出的时间码，系统会弹出结束时间对话框，输入需要设定的结束时间，然后单击“OK”按钮完成操作。

◆ Duration（持续时间）：可以显示图层的起始和结束，也就是素材的长度。

◆ Stretch（延伸）：一般用于设置动态素材。设置延伸参数可以改变动态素材的长度，使其加快或减慢。在时间线面板中选择层，然后单击延伸时间码，系统会弹出设置对话框，在伸展因素参数栏中输入参数即可设置动态素材速度。

● 时间图表区域

时间图表区域可以直观地表示图层的入点和出点，面板的数值可以显示关键帧的位置和时间关系，还可以调整显示时间范围以及指定创建、预览影片时渲染的时间范围。

4.4.2 通过Layer指令控制图层

双击任意一个Comp即可将其在时间线上展开，观察其图层操作。Project中的任意一个素材（包括不关联的Comp）都可以拖曳到时间线上来构成图层，如图4-4-13所示。

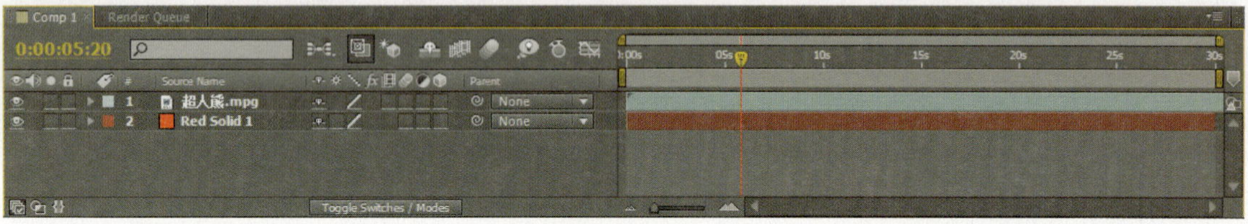

图4-4-13

对于图层的操作，很多都可以通过Layer菜单来实现（如图4-4-14所示），也可以在Timeline面板中直接操作或者使用右键快捷命令。

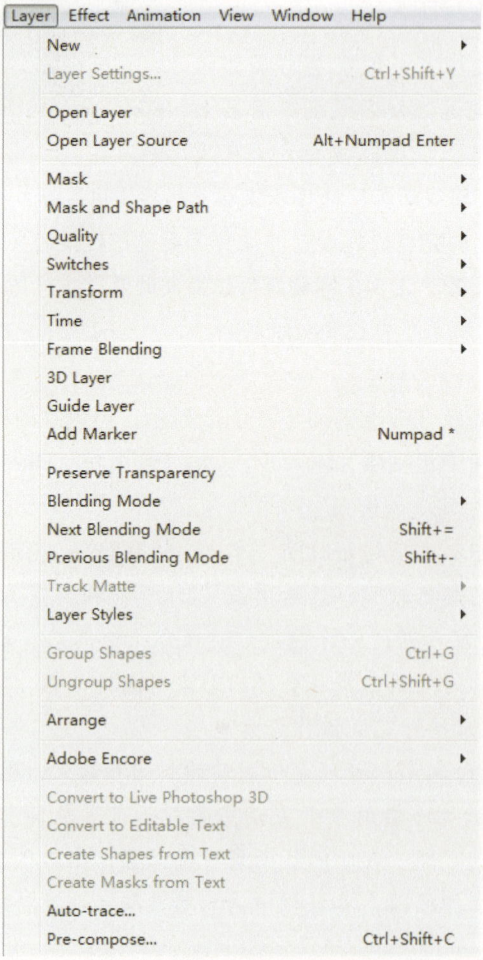

图4-4-14

Layer（图层）菜单中的命令与层有相关联系，主要用于创建和编辑图层及设置自身属性，软件给这些命令进行了简单的分组。

1. 新建组

图层菜单中的新建组（如图4-4-15所示）提供了New（新建）和Layer Settings（层设置）功能。

- New（新建）：用于创建固态层、灯光、摄影机、字幕、调整层和形状图层等。

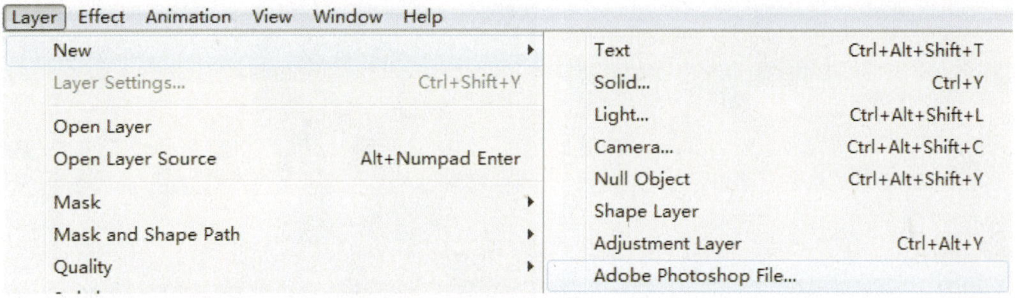

图4-4-15

◆ Text：文本层，主要是添加一些文字效果，在动画合成工序中多用于配合制作多种特效画面效果（如图4-4-16所示）。

◆ Solid：固态层，它是合成过程中极其重要的过渡用图层，其本身为软件自动生成的单色素材，通常可以用来添加文字、粒子、噪点等效果。创建固态层会出现设置选项，主要是用来控制其颜色，也可以根据需求修正其大小，如图4-4-17所示。

图4-4-16

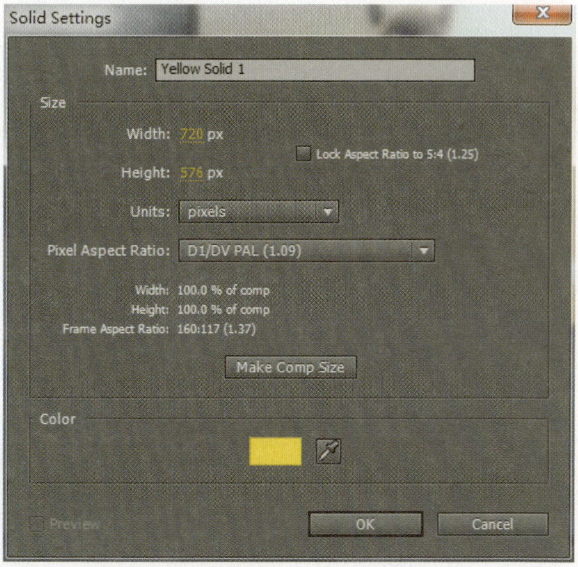

图4-4-17

◆ Light：灯光层（如图4-4-18所示），它是After Effects 3D合成模式的一个重要工具，用于模拟灯光照射效果（如图4-4-19所示），可以选择点光源、面光源、锥形光源三种，并且选择其颜色、照度乃至投影灯参数。需要注意的是，After Effects

的灯光并非三维软件中的灯光，很难模拟真实的效果，数量过多会使软件计算量过大，在使用时仅仅起到辅助、补充的作用。

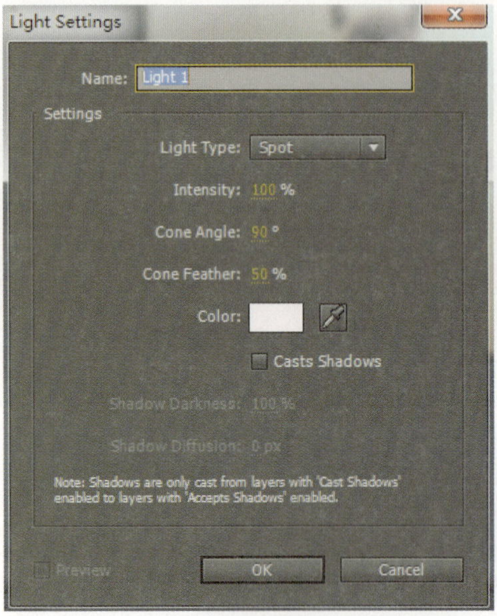

图4-4-18

图4-4-19

◆ Camera：摄像机层（如图4-4-20所示），用于添加并模拟摄像机拍摄的效果，尤其是在三维空间中进行合成，使用摄像机拍摄更加地直观也更接近于真实。

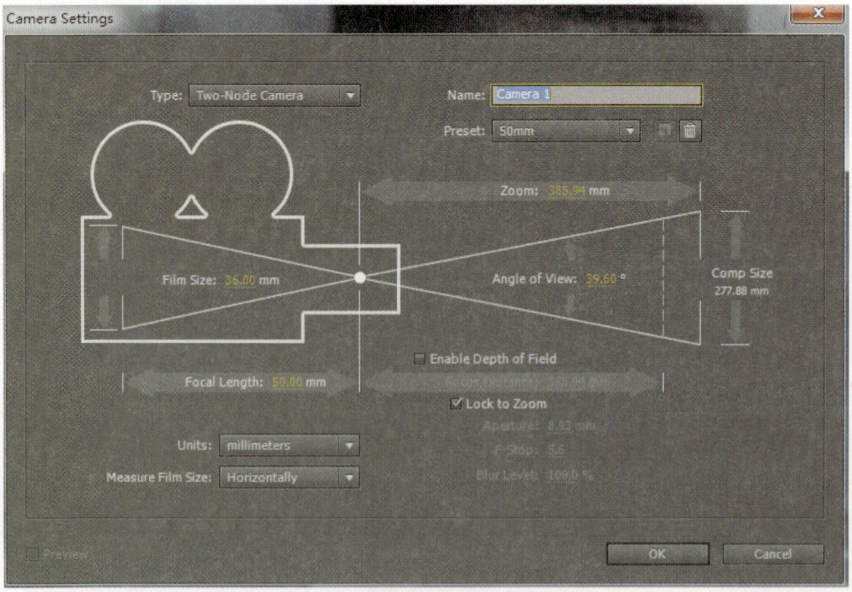

图4-4-20

注意Comp窗口左上方的Active Camera所提示的当前3D场景的观察视角，它可以通过单击鼠标右键在Switch 3D View命令（如图4-4-21所示）中选择。摄像机在动画合成中也有较为广泛的应用，而且Camera图层使得合成和前期的3D制作之间的空隙更少，连接更紧密。

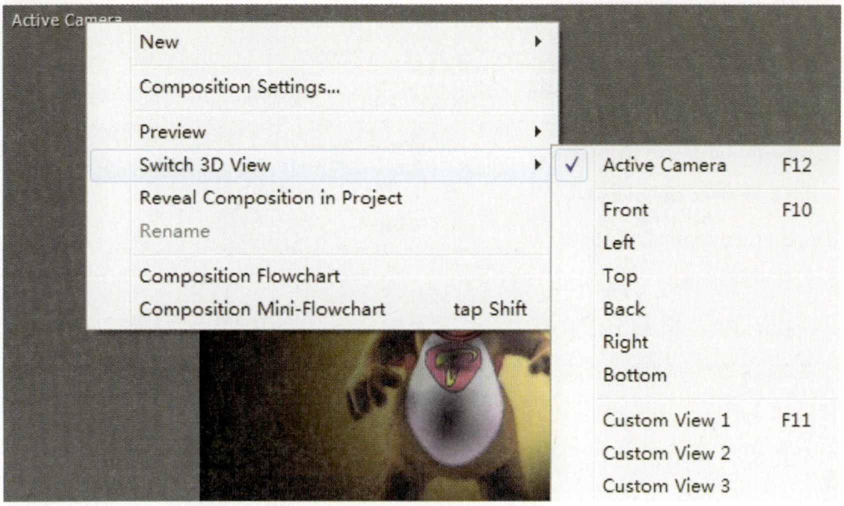

图4-4-21

- ◆ Null Object：不存在的物体，可以理解为物理学上的点，不影响画面，是合成过程中的重要参考元素，在动画控制中具有极高的实际应用价值。

- Layer Settings（层设置）：可以设置当前选择的图层，不同类型的图层对话框中的参数也有所不同。

2. 打开组

图层菜单中的打开组提供了Open Layer（打开图层）和Open Layer Source（打开素材窗口）功能，如图4-4-22所示。

图4-4-22

- Open Layer（打开图层）：可以在打开图层的预览窗口中对图层的入点和出点进行编辑。
- Open Layer Source（打开素材窗口）：可以查到没有对层进行任何操作之前的原始效果，如图4-4-23所示。

图4-4-23

3. 操作组

图层菜单中的操作组（如图4-4-24所示）提供了Mask（遮罩）、Mask and Shape Path（遮罩和路径形状）、Quality（质量）、Switches（转换）、Transform（变换）、Time（时间）、Frame Blending（帧混合）、3D Layer（三维图层）、Guide Layer（引导层）和Add Marker（添加标记）等功能。

● Mask（遮罩）：可以对遮罩进行操作及基本设置，在命令子菜单（如图4-4-25所示）中可以设置Mask Shape（遮罩形状）、Mask Feather（遮罩羽化）、Mask Opacity（遮罩不透明度）、Mask Expansion（遮罩扩展）、Reset Mask（复位遮罩）和Locked（锁定）等属性。遮罩作为合成过程中最常用的工具之一，其功能相对并不复杂，但应用广泛。

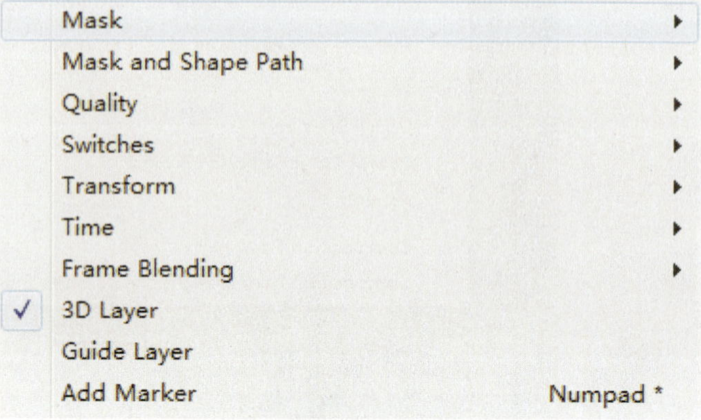

图4-4-24

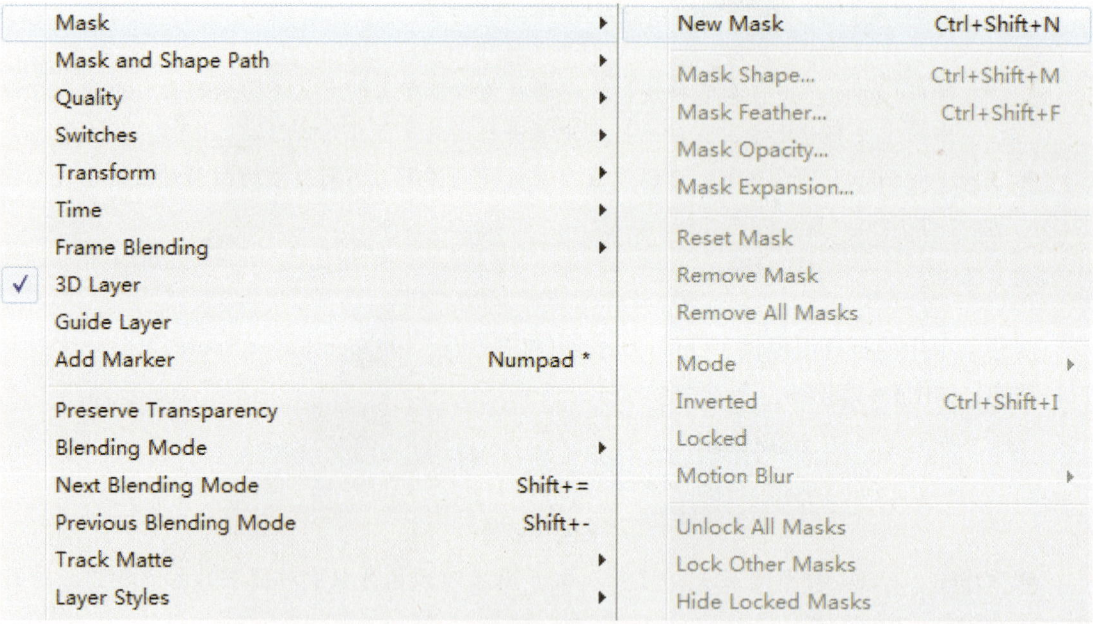

图4-4-25

● Mask and Shape Path（遮罩和路径形状）：可以设置遮罩路径的形状，控制是否闭合路径和设置路径的起始点，操作菜单如图4-4-26所示。

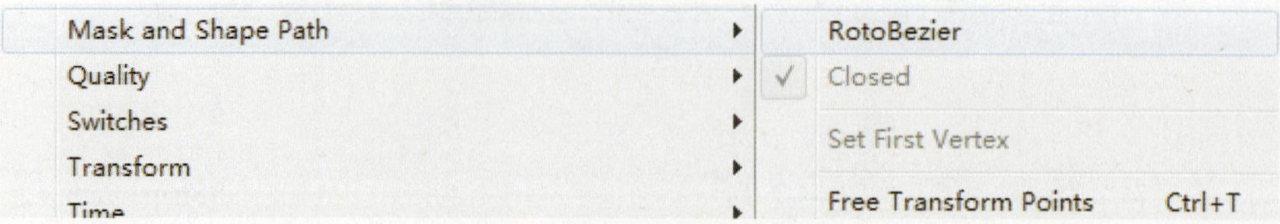

图4-4-26

● Quality（质量）：可以设置图层在画面中的显示质量，其中包括Best（最佳）、Draft（草稿）和Wireframe（线框）3种方式，操作菜单如图4-4-27所示。

图4–4–27

- Switches（转换）：可以切换图层的属性，在命令子菜单（如图4–4–28所示）中可以设置Hide Other Video（隐藏其他视频图层）、Unlock All Layers（解除所有锁定的图层）、Solo（单独显示图层）、Effect（开启或关闭素材中使用的滤镜特效命令）和Adjustment Layer（开启或关闭调整层）等属性。

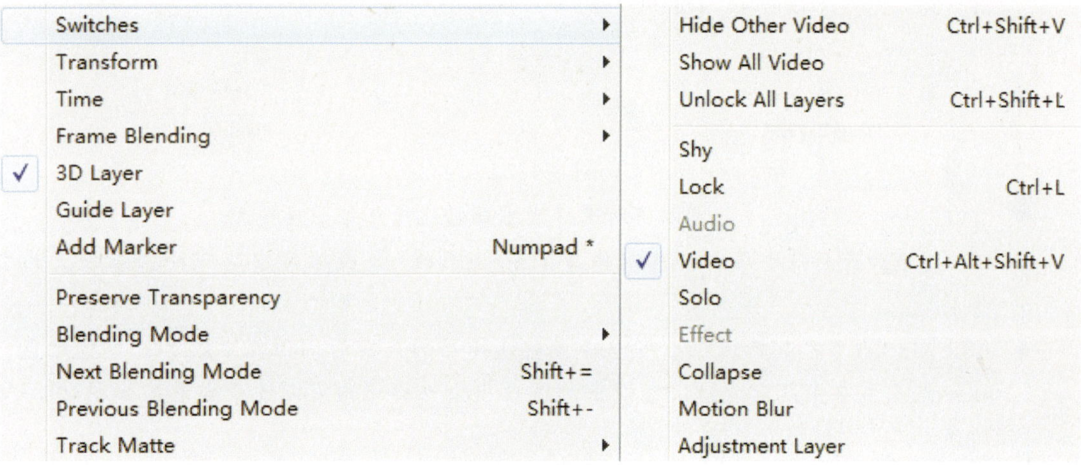

图4–4–28

- Transform（变换）：可以设置图层的变换属性，在子菜单（如图4–4–29所示）中可以设置Anchor Point（中心点）、Position（位置）、Scale（缩放）和Opacity（不透明度）等属性。

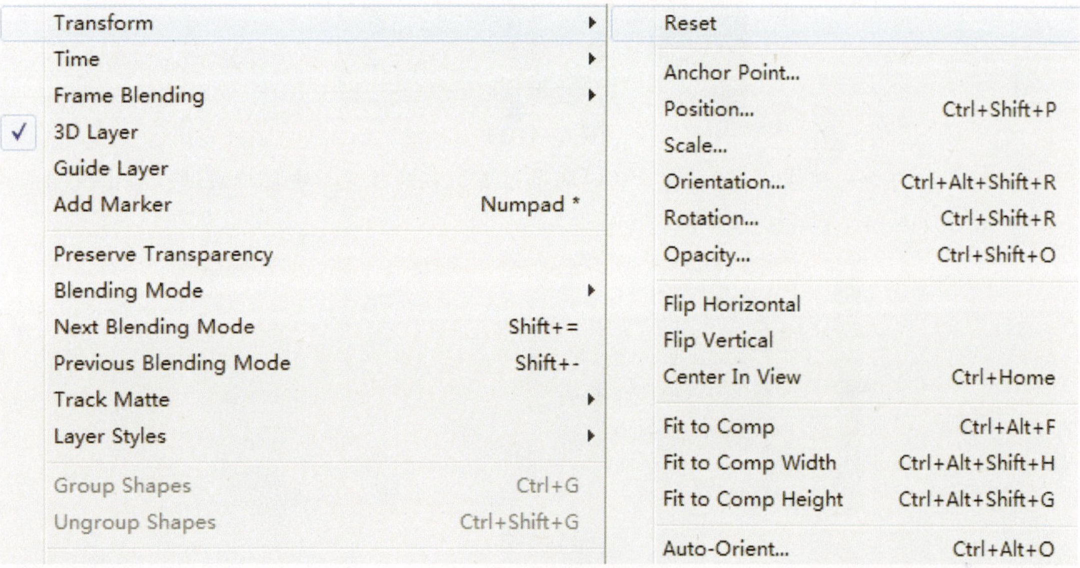

图4–4–29

- Time（时间）：可以设置图层是否重新映射时间、反射时间、拉伸时间或冻结时间，操作菜单如图4–4–30所示。

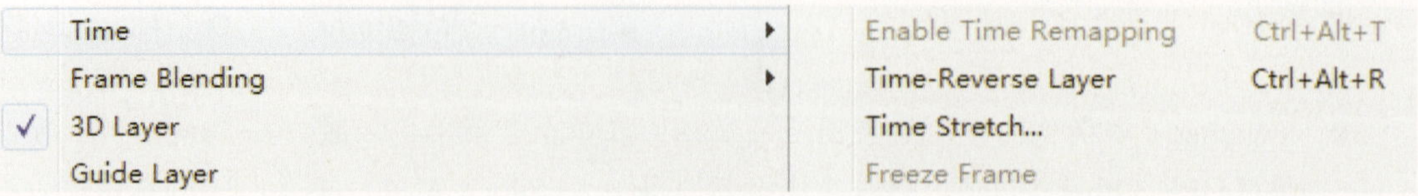

图4–4–30

- Frame Blending（帧混合）：可以混合帧与帧之间的画面，使画面之间的过渡更加平滑，操作菜单如图4–4–31所示。

图4–4–31

- 3D Layer（三维图层）：可以将所选择的图层转化为三维图层模式。
- Guide Layer（引导层）：可以将在After Effects 合成项目中选择的图层设置为引导层。
- Add Marker（添加标记）：可以在当前选择层的当前时间位置上添加一个标记点，在标记点上双击鼠标左键，在弹出的窗口中输入标记内容以便于查看，如图4–4–32所示。

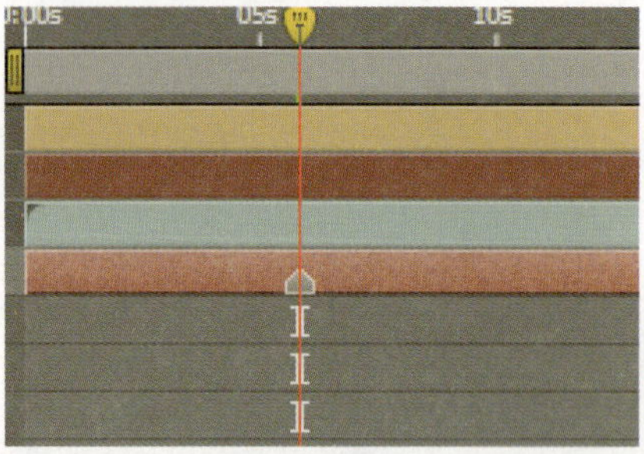

图4–4–32

标记会出现在Timeline窗口的时间条位置。在此位置单击鼠标右键，会出现相应的指令（如图4–4–33所示）。

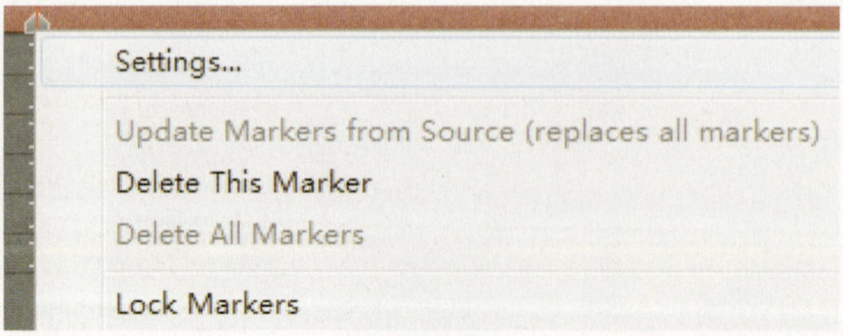

图4–4–33

选择Settings，会出现Layer Marker窗口（如图4–4–34所示），可以对标记进行编辑。

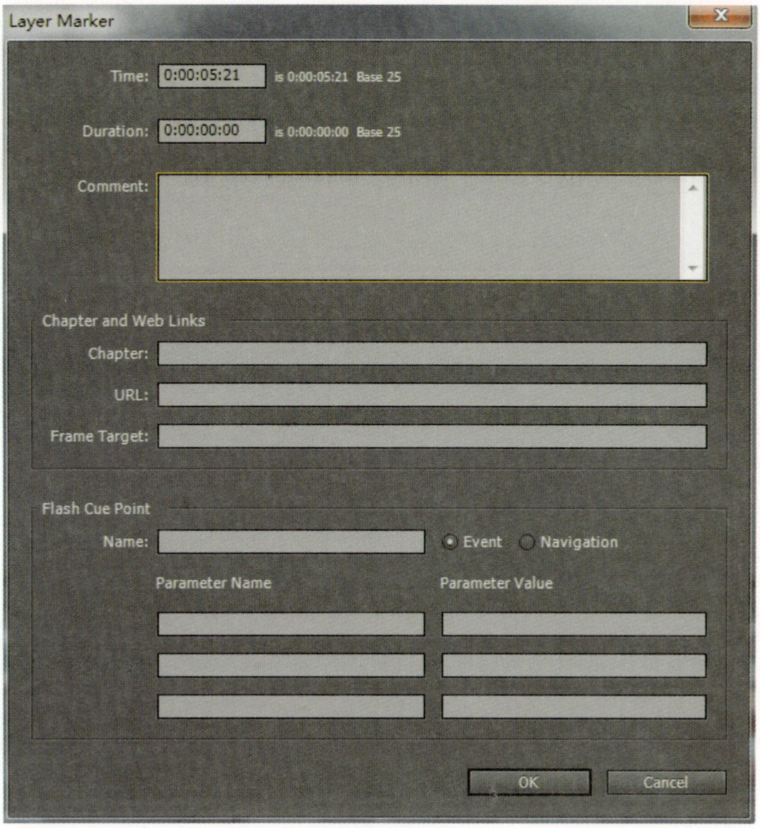

图4-4-34

4．设置组

图层菜单中的设置组（如图4-4-35所示）提供了Preserved Transparency（保持透明）、Blending Mode（混合模式）、Next Blending Mode（下一个混合模式）、Previous Blending Mode（上一个混合模式）、Track Matte（轨道遮罩）和Layer Styles（图层样式）等功能。

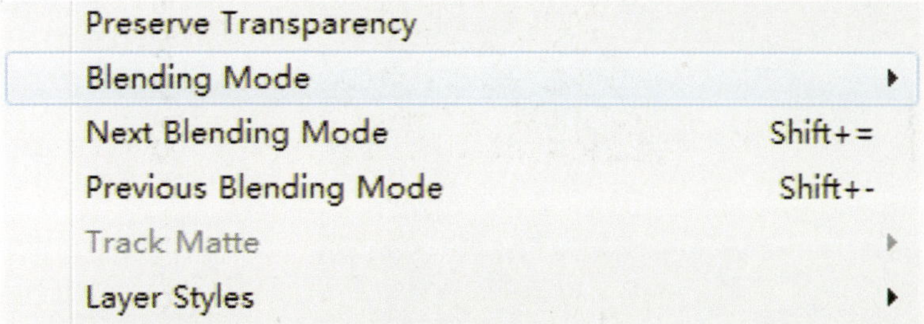

图4-4-35

- Preserve Transparency（保持透明）：可以在合成影片过程中保持画面在背景透明区的透明度，如果背景不是透明的，画面则还是保持原来的颜色。
- Blending Mode（混合模式）：可以设置上下图层的混合模式，功能与时间线面板中的混合模式按钮相同，操作菜单如图4-4-36所示。

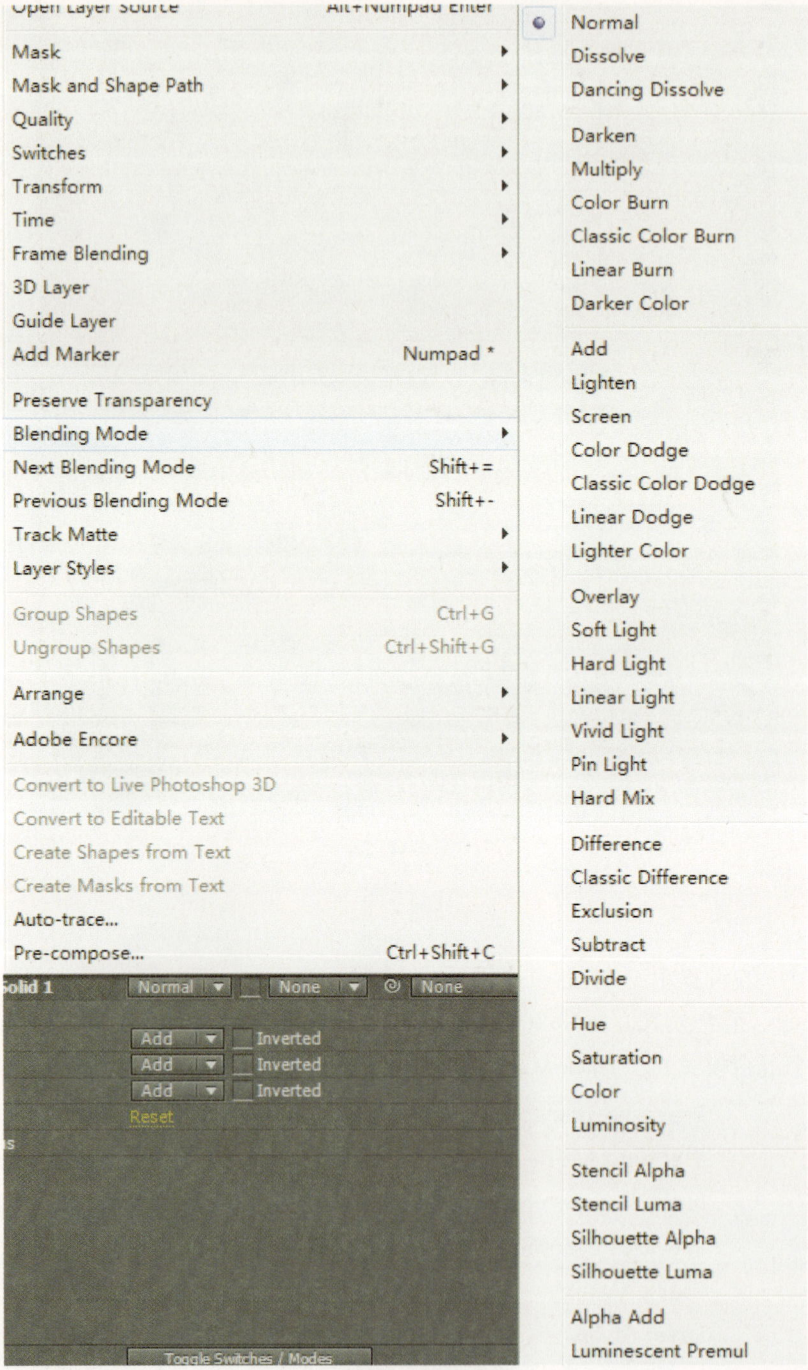

图4-4-36

- Next Blending Mode（下一个混合模式）：按菜单顺序选择下一个混合模式。
- Previous Blending Mode（上一个混合模式）：按菜单顺序选择上一个混合模式。
- Track Matte（轨道遮罩）：在层与层之间添加遮罩效果，可以将合成中的一个素材层前面的层设置为透明的轨道遮罩层，操作菜单如图4-4-37所示。

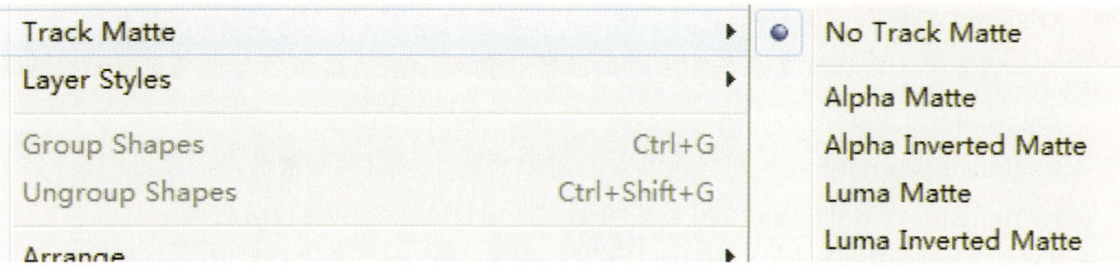

图4–4–37

- Layer Styles（图层样式）：可以为图层设置类似Photoshop中的图层样式，这样操作就可以直接导入Photoshop中图层样式数据了，操作菜单如图4–4–38所示。

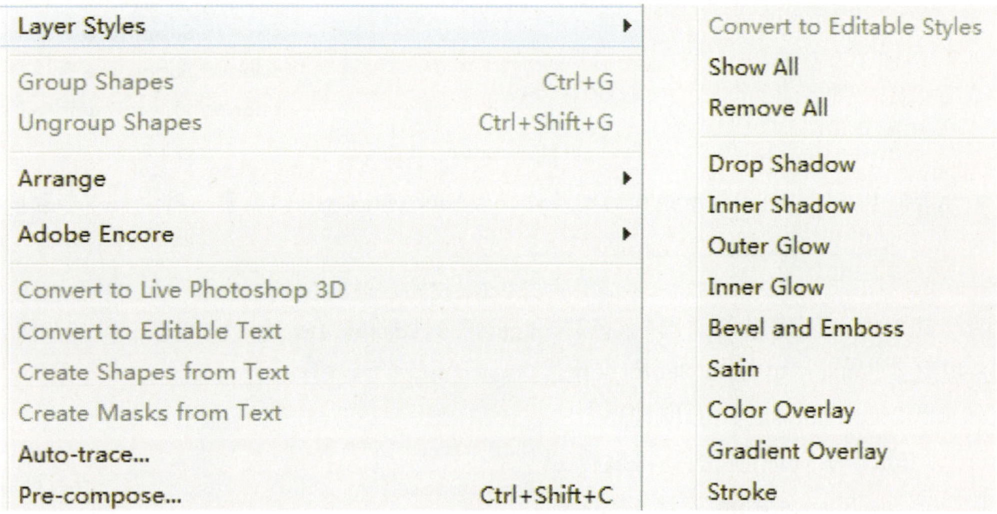

图4–4–38

5．其他组

图层菜单中的其他组（如图4-4-39所示）提供了Group Shapes（成组形状）和了Ungroup Shapes（解组形状）功能。

图4–4–39

- Group shapes（成组形状）：可以成组矢量图形，成组的图形可以拥有同一个变换属性。
- Ungroup Shapes（解组形状）：可以将矢量图形解组，解组的图形不能拥有同一个变换的属性。

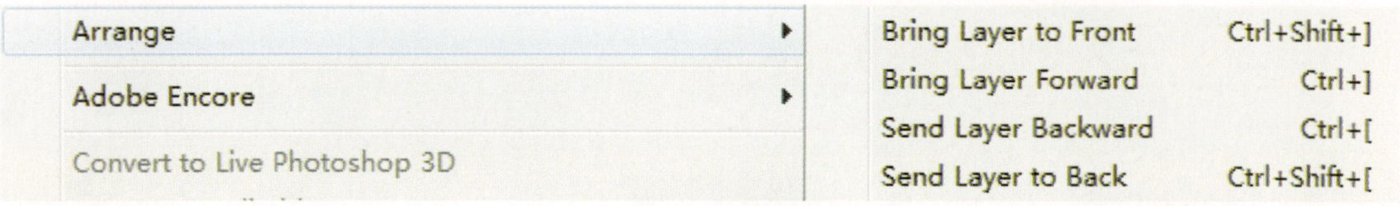

图4–4–40

- Arrange（排列）：用于控制图层的在Comp里的位置，通常是通过快捷键来运用，虽然我们会通过鼠标拖曳来控制图层的位置，但对于较为复杂的合成项目来说，Arrange指令是有一定的帮助的。
    - ◆ Bring Layer to Front（前移图层）：可以将选中的图层向前移动一层。
    - ◆ Bring Layer to Forward（图层置顶）：可以将选中的图层移动到第一层。
    - ◆ Send Layer Backward（后移图层）：可以将选中的图层再向后移动一层。
    - ◆ Send Layer to Back（图层置底）：可以将选中图层的位置移动到最底层。

图4-4-41

- Adobe Encore：可以将所选择的图层设置为Adobe Encore里的元素，用于制作光盘目录。

6．创建组

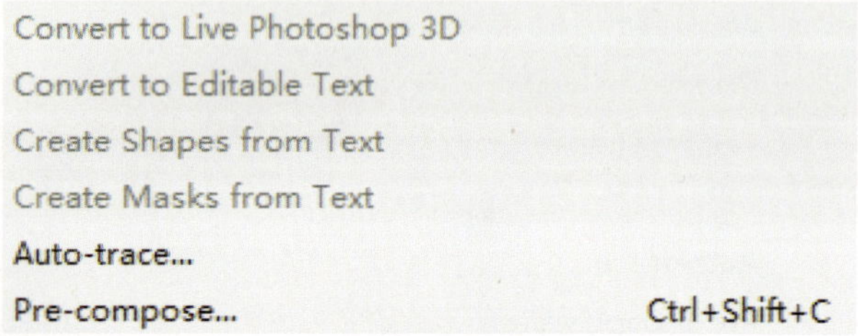

图4-4-42

图层菜单中的创建组（如图4-4-42所示）提供了Convert to Live Photoshop 3D（转换为Live Photoshop 3D模式）、Convert to Editable Text（转换为可编辑文本）、Create Shapes from Text（根据文本创建形状）、Create Masks from Text（根据文本创建蒙版）、Auto-trace（自动追踪）和Pre-compose（预合成）功能。

- Convert to Live Photoshop 3D（转换为Live Photoshop 3D模式）：可以将Comp转换为Live Photoshop 3D模式。
- Convert to Editable Text（转换为可编辑文本）：可以将外部文本转换为可编辑的文本。
- Create Shapes from Text（根据文本创建形状）：可以根据文本创建形状。
- Create Masks from Text（根据文本创建蒙版）：可以根据文本创建蒙版。
- Auto-trace（自动追踪）：在对话框中输入设置将层的Alpha通道转化为一个或多个遮罩，也可以使用层的R、G、B通道来创建遮罩。
- Pre-compose（预合成）：可以将选择合成项目中的层再创建一个嵌套图层，以便于管理。

4.5 视图区域的相关控制

4.5.1 视图面板

首先，视图面板是一个非常灵活又非常自由的控制区域。在面板中，可以控制Comp中当前可以看到的元素，通过视图菜单的指令以及工具区的工具进行相对复杂的操作。在选择不同的对象的时候，也可以右键选择相应的指令，这些命令之前大部分都介绍过了。

视图区主要有三个显示对象：Composition、Footage和Layer。

- Composition窗口：显示窗口如图4-5-1所示。下面简单说明一下各按钮的功能。

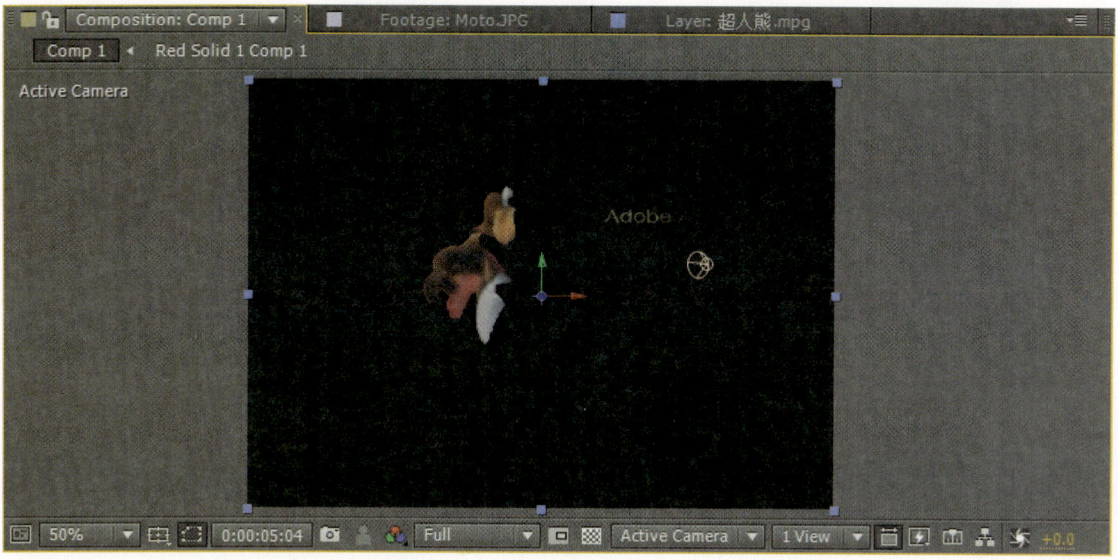

图4-5-1

- ：始终预览当前窗口。
- 画面显示大小：下拉菜单如图4-5-2所示。
- 显示辅助线：下拉菜单如图4-5-3所示。

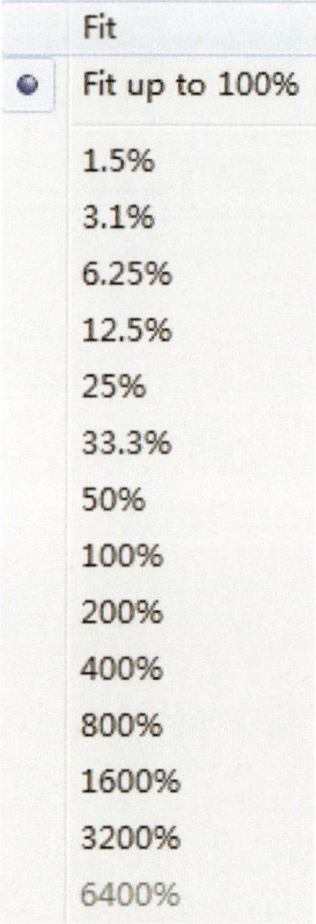

图4-5-2

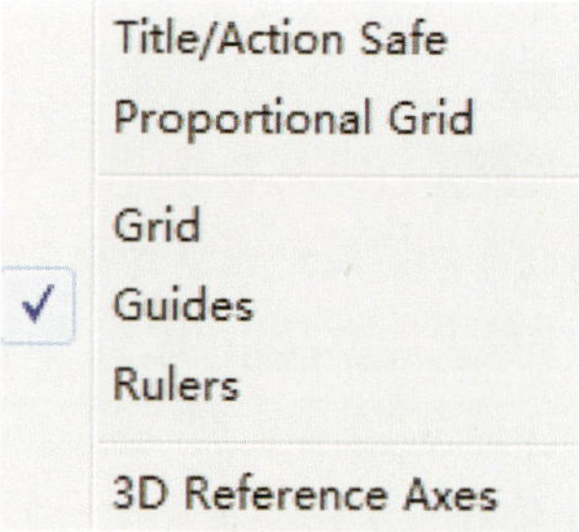

图4-5-3

- ◆ ：显示遮罩/形状的轮廓及辅助勾柄。
- ◆ 0:00:03:20：当前时间。
- ◆ ：拍摄及显示快照。
- ◆ 显示通道选择：下拉菜单如图4-5-4所示。
- ◆ 显示质量选择：下拉菜单如图4-5-5所示。
- ◆ ：部分区域显示。
- ◆ ：透明区域显示为棋盘格。
- ◆ 视角选择：下拉菜单如图4-5-6所示。
- ◆ 视图分块显示：下拉菜单如图4-5-7所示。
- ◆ ：正确显示变形像素。
- ◆ 快速预览选择：下拉菜单如图4-5-8所示。

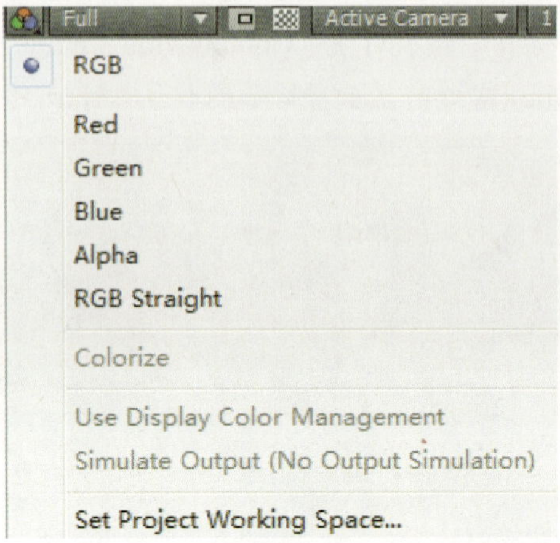

图4-5-4

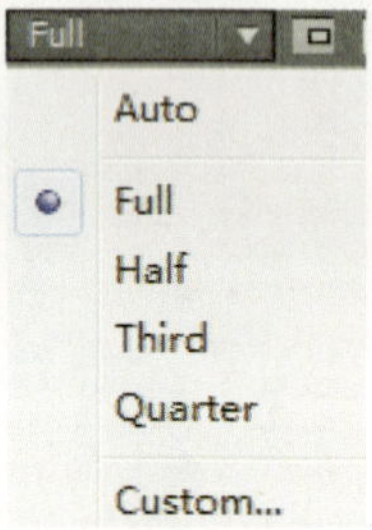

图4-5-5

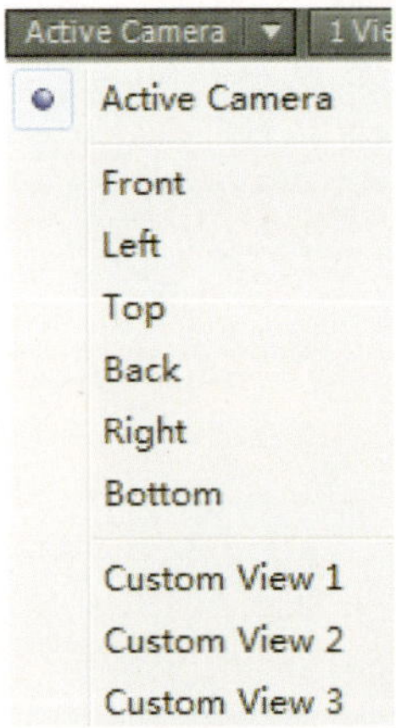

图4-5-6

图4-5-7

图4-5-8

- ◆ ：在时间线上显示。
- ◆ ：显示流程图。
- ◆ +0.0：曝光调节。

- ● Layer窗口：显示窗口如图4-5-9所示。下面简单说明一下各按钮的功能。
  - ◆ 100 %：透明通道显示模式。
  - ◆ 0:00:04:05 0:00:36:09 Δ 0:00:32:05：入点、出点及持续时间。
  - ◆ 查看对象：可查看图层的特效作用过程，下拉菜单如图4-5-10所示。

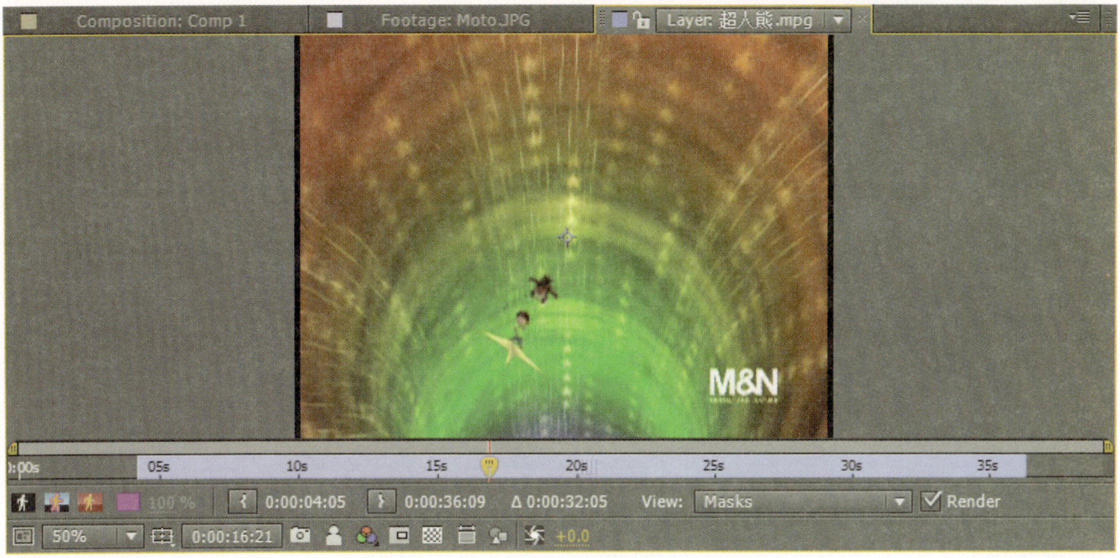

图4-5-9

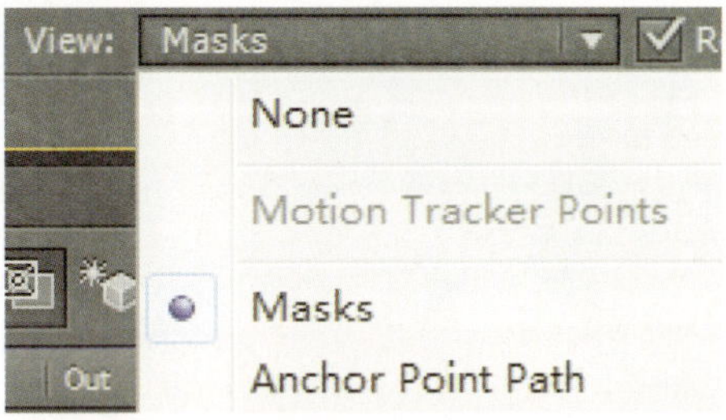

图4-5-10

● Footage窗口：可用于预览脚本素材，显示窗口如图4-5-11所示。

图4-5-11

4.5.2 视图菜单

View（视图）菜单（如图4-5-12所示）中的命令可以设置视图属性的操作。

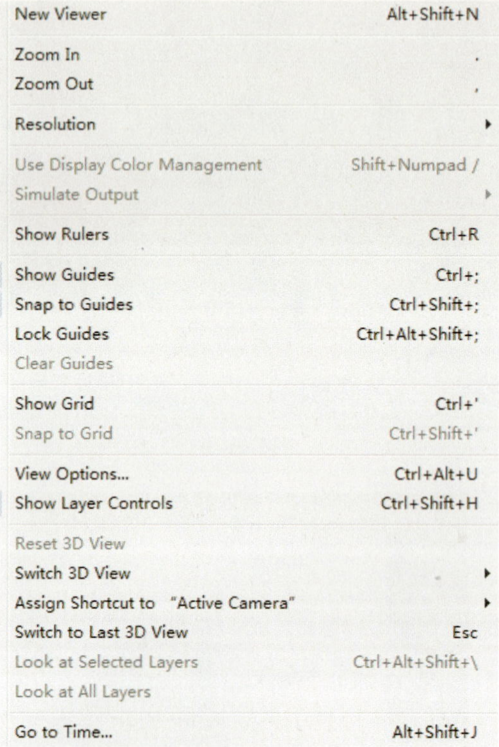

图4-5-12

1. 显示组

视图菜单中的显示组提供了Zoom In（放大）、Resolution（分辨率）、Show Rulers（显示标尺）和Lock Guides（锁定辅助线）等功能。

- New Viewer（新视图）：为合成项目中的预览窗口创建一个新的视图。
- Zoom In（放大）：将当前合成项目中的视图放大显示。
- Zoom Out（缩小）：将当前合成项目中的视图缩小显示。
- Resolution（分辨率）：设置合成项目中当前视图显示的分辨率，下拉菜单如图4-5-13所示。

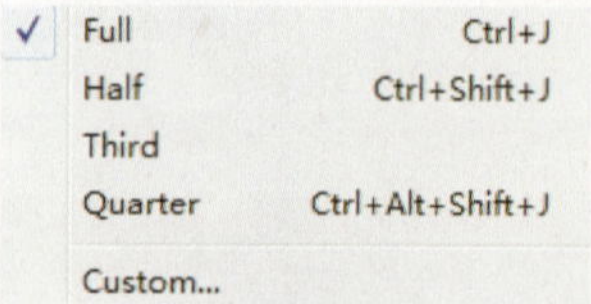

图4-5-13

- Use Display Color Management（使用显示颜色管理）：使用之前设置的颜色管理模式进行显示。
- Simulate Output：模拟输出。
- Show Rulers（显示标尺）：在合成项目中的视图窗口中显示标尺，以方便设置画面的位置。
- Show Guides（显示辅助线）：将视图中的辅助线显示出来，一般在设置辅助线时应参考信息面板中的信息来进行。

- Snap to Guides：吸附至辅助线。
- Lock Guides：锁定辅助线。
- Clear Guides：清除辅助线。
- Show Grid：显示网格。
- Snap to Grid（吸附网格）：当移动图层位置时，网格范围内的系统会自动吸附，以便于对齐图层和网格。

2. 控制组

视图菜单中的控制组提供了View Options（视图选项）、Reset 3D View（重置三维视图）、Look at All Layers（注视所有图层）和Go to Time（到指定时间）等功能。

- View Options（视图选项）：打开视图选项对话框（如图4-5-14所示），设置视图中可以显示的元素。
- Show Layer Controls（显示图层控制）：显示合成项目中图层的Mask（遮罩）边缘效果。
- Reset 3D View（重置三维视图）：对三维视图进行重置。
- Switch 3D View（切换到另一个三维视图）：将当前的三维视图切换到另一个三维视图，下拉菜单如图4-5-15所示。
- Assign Shortcut to：给当前视角制定一个快捷键（F10、F11、F12），如图4-5-16所示。

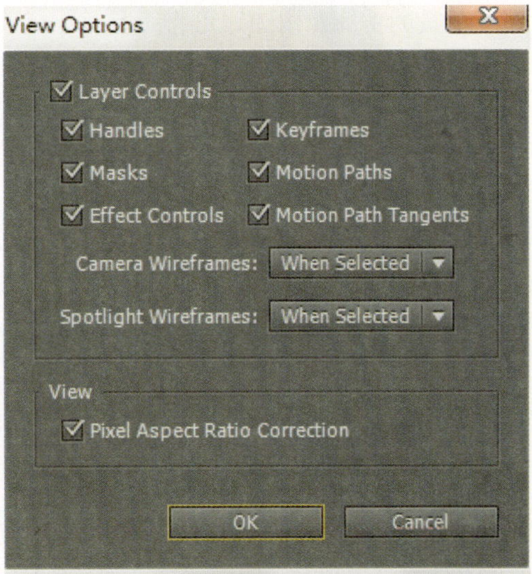

图4-5-14

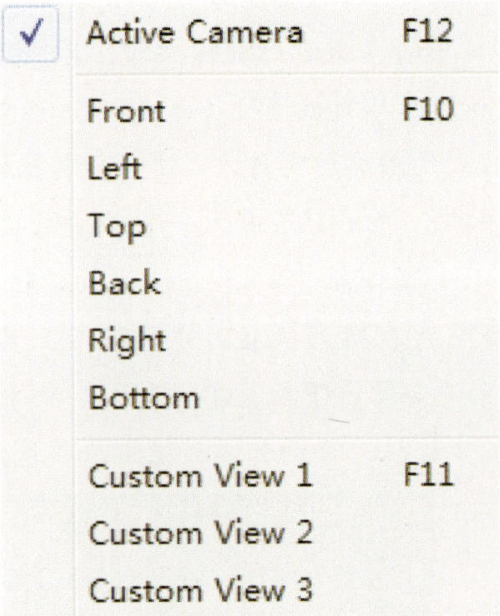

图4-5-15

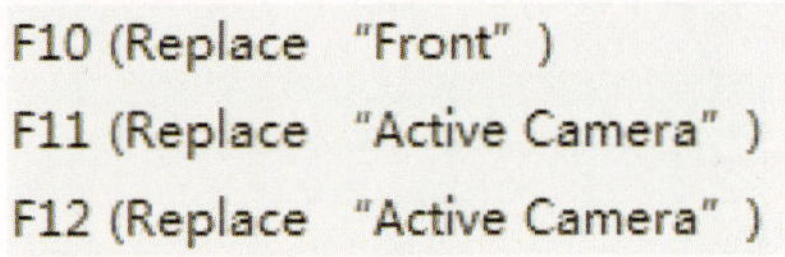

图4-5-16

- Switch to Last 3D View：将当前的三维视图切换到上一个使用的三维视图。
- Look at Selected Layers（注视选中的图层）：让选中的图层面向摄像机显示。
- Look at All Layers（注视所有图层）：让所有图层都面向摄像机显示。
- Go to Time（到指定时间）：使当前时间指示滑块移动到一个指定的时间处。

4.5.3 工具应用

在After Effects中，工具箱（如图4-5-17所示）中的工具承担了合成操作时的大部分工作。按照工具的功能及用途，可将工具箱中的工具划分为基本工具、形状工具和绘图工具。

图4-5-17

1．基本工具组

在工具箱中，基本工具组主要包括Selection（选择）工具、Rotation（旋转）工具和Hand（抓手）工具等。

- 选择工具：单击该按钮可以在合成窗口中进行选择、移动及调整图层和素材等操作。每次只能选择一个层进行编辑，并配合Shift键单击其他层进行多选操作，还可以配合键盘快捷键【V】切换至选择工具。
- 抓手工具：该按钮的使用方法与Photoshop相同，可以在合成项目的视图面板中整体移动画面的预览范围，而不是移动素材，只是移动用户的观察位置。可以使用空格键临时实现该工具的效果。
- 缩放工具：该按钮可以放大或缩小预览窗口中画面的显示尺寸。系统默认状态下的缩放工具的中心会出现“+”形状，使用鼠标左键在预览窗口单击后会放大画面，每单击一次的放大比例为100%。在需要缩小画面时，可在选择缩放工具后按住Alt键，这时，缩放工具的中心会出现“–”形状，使用鼠标左键在预览窗口中单击即可缩小画面。
- 旋转工具：该按钮可以在合成项目的预览窗口中对素材进行旋转操作，其快捷键为W。在选择旋转工具时，工具箱右侧会出现旋转工具的工具属性选项（如图4–5–18所示），这两项工具属性可以控制合成项目中开启三维层模式的图层按哪种方式进行旋转操作。
  - Orientation（方向属性）：旋转工具只允许对X、Y和Z轴中的一个轴项做旋转操作。
  - Rotation（旋转属性）：旋转工具允许对X、Y和Z轴中的各个轴项做旋转操作。
- 轨迹摄影机工具：这个工具只有在时间线面板中存在摄影机层时才被激活，其快捷键为C。使用鼠标单击轨迹摄影机工具按钮不放，系统会弹出下拉菜单（如图4–5–19所示），在菜单中共有4个工具，分别是摄影机整合工具、旋转、移动和缩放摄影机视图的命令。

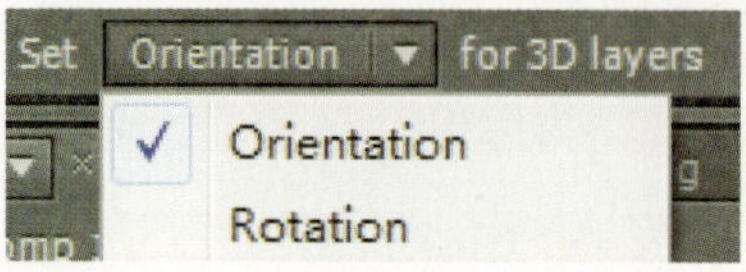

图4–5–18

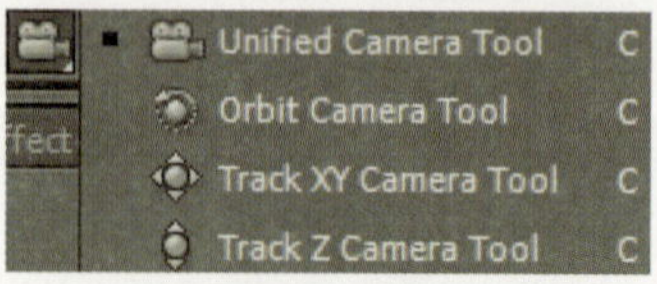

图4–5–19

- ◆ 摄影机整合工具：可以实现通过鼠标左键控制摄影机旋转，中键控制摄影机移动，右键控制缩放摄影机视图的功能。
- ◆ 旋转摄影机工具：可以向任意方向旋转摄影机视图，调整到指定位置。
- ◆ 移动摄影机工具：可以水平或垂直移动摄影机视图。
- ◆ 缩放摄影机视图的工具：可以缩放摄影机视图，它并不是改变摄影机本身大小，而是对整体屏幕画面的控制。

- ● 锚点工具：它可以改变图层中心的位置，更改中心点后图层将按照更改后的中心点进行旋转、移动及缩放等操作，其快捷键为Y。

2. 基本几何形状工具

在工具箱中，基本几何形状工具（如图4-5-20所示）包括矩形工具、圆角矩形工具、椭圆形工具、多边形工具和星形工具。

选择形状工具后，在工具箱面板右侧会出现创建形状或遮罩按钮，左侧的星形按钮表示可以创建形状，右侧的按钮表示创建遮罩，在没有选择任何图层时，创建的是形状图层，而不是遮罩。

如果在时间线面板中选择图层或固态层，那么使用形状工具只允许创建遮罩。

- ● 钢笔工具：可以在合成项目的预览窗口中或图层上绘制各种自定义的路径，下拉菜单如图4-5-21所示。

图4-5-20

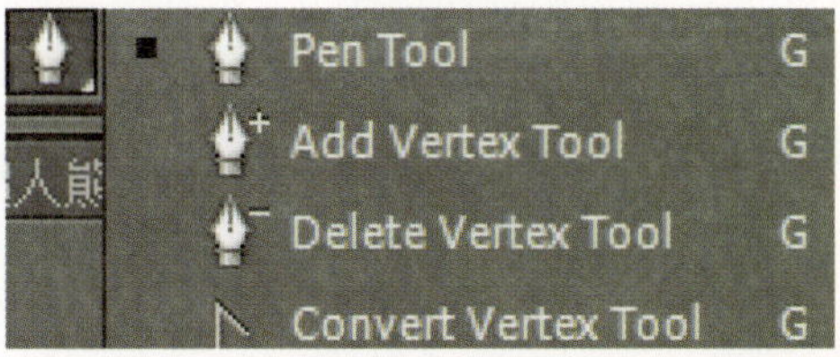

图4-5-21

在工具箱面板中选择钢笔工具，然后在预览窗口中单击鼠标左键，绘制第一个顶点，拖曳鼠标可以改变顶点的控制手柄的长度和方向，确定操作后再释放鼠标左键即可准备绘制下一个顶点。

使用同样的方式绘制其他顶点，绘制时注意控制手柄的长度和方向，从而使绘制的路径平滑圆润。

如需绘制封闭的曲线，可以将鼠标移动到曲线的第一个顶点位置，当鼠标光标出现封闭提示时，单击鼠标左键即可完成曲线路径的绘制操作。

- ● 文字工具：选择横排文字工具或竖排文字工具（如图4-5-22所示），然后在合成窗口中单击鼠标左键，输入文字。单击鼠标后，时间线面板中会自动出现一个Text（文本）层，完成文字输入后，按【Enter】键即可完成文字输入操作。

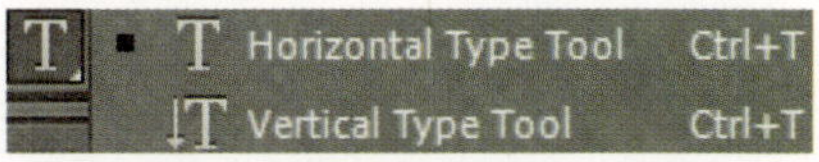

图4-5-22

在创建文字并需要进行修改时，可以在After Effects软件右侧的Character（字符）和Paragraph（段落面板）中进行编辑。

3. 绘图工具组

绘图工具组中的工具在使用前，需要在Paint（绘画）面板和Brush Tips（笔刷）面板中对绘画工具进行设置，绘图工具组中的工具包括画笔工具、克隆图章工具、橡皮工具、旋转笔刷工具和木偶角色动画工具。

- 画笔工具

使用画笔工具可以在图层上绘制图像，画笔工具并不能单独使用，需要配合Paint（绘画）面板和Brush Tips（笔刷）面板一起使用。绘制图像时，首先在时间线面板中双击需要绘制图像的层，打开当前层预览窗口。

在工具箱中选择Brush Tool（画笔）工具并在Paint（绘画）面板和Brush Tips（笔刷）面板中设置笔刷样式及笔刷参数，然后在层预览窗口可进行绘图操作。

- 克隆图章工具

After Effects中的克隆图章工具与Photoshop中的图章工具的功能相同，可以复制需要的图像并将其填充到其他部分，生成相同的图像内容。克隆图章工具并不能单独使用，需要配合Paint（绘画）面板和Brush Tips（笔刷）面板一起使用。

使用克隆图章工具时，首先在时间线面板中双击需要克隆绘制的图像层，打开当前预览窗口。选择克隆图章工具并在Paint（绘画）面板和Brush Tips（笔刷）面板设置笔刷样式及笔刷参数。在Layer（层）预览窗口可按住Alt键设置采样点位置，采样后将鼠标移动至需要生成相同图像的位置，单击鼠标左键完成克隆操作。

- 橡皮工具

使用橡皮工具可以擦除图像，可以通过设置笔刷尺寸、增大或缩小区域等属性参数来控制擦除区域的大小和橡皮擦除效果。

- 旋转笔刷工具

旋转笔刷工具类似于Photoshop的魔术棒工具，它将颜色选取范围作为遮罩，并进行自动跟踪，按Alt键可增加可视范围。该工具在合成领域将发挥极大的作用。

- 木偶角色动画工具

使用木偶角色动画工具（如图4-5-23所示）可以为任何层添加生动的拟人动画。通过大头针工具来定义角色的骨骼关节，进行角色各部分的动画牵引并通过移动大头针来创建关键帧，实现各种动画过程。

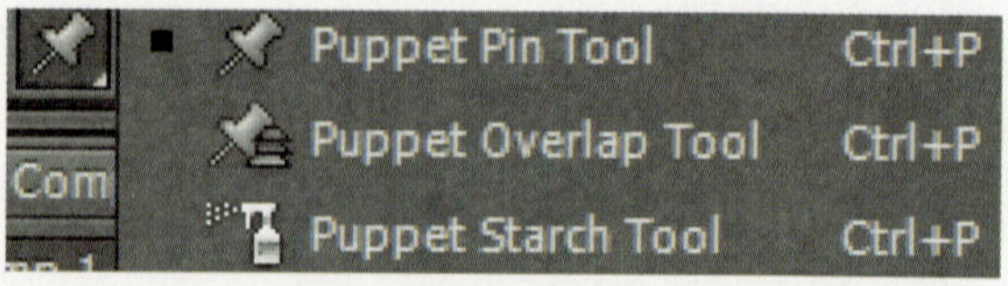

图4-5-23

4.6 小结

通过本章的学习，大家应该掌握了After Effects中各个要素的最基本的控制方式。

第5章 特效综述

本章导读

After Effects的滤镜根据其用途、作用方式、产生的效果、工作原理乃至厂商信息等可以进行非常细致的分类。我们可以根据这些分类，非常方便地选择合适的滤镜。本章将主要对After Effects自带的滤镜进行总体性的描述，并对其中部分常用效果进行详细的讲解。

5.1 3D Channel（3D通道）组

3D Channel是一组针对RPF这类特殊类型的素材量身定制的滤镜，它主要是通过素材携带的不同的通道信息，来制作3D场景中才能获得的效果。在3D动画制作中，它是非常有用的一组滤镜。

- 3D Channel Extract（3D 通道提取）：提取3D通道信息，通常是用来辅助特效制作。
- Depth Matte（深度蒙板）：利用Z通道信息获得蒙板。它不同于景深模糊，通常会配合相对大的景别，替换掉背景或特写的前景，其效果甚佳。图5-1-1所示为原图、隐去远处信息和隐去近处信息的效果对照示意图。

图5-1-1

- Depth of Field（景深）：利用Z通道信息模拟景深效果。通常用来聚集视觉重心，也可用来模拟变焦效果，它是一个操作起来很简单但很常用的效果。图5-1-2所示为景深模糊与变焦的效果对照示意图。
- EXtractoR（提取器）：提取通道信息。

图5-1-2

- Fog 3D（雾化3D）：利用Z通道信息模拟3D的雾效。图5-1-3所示为参考图层与雾效示意图。

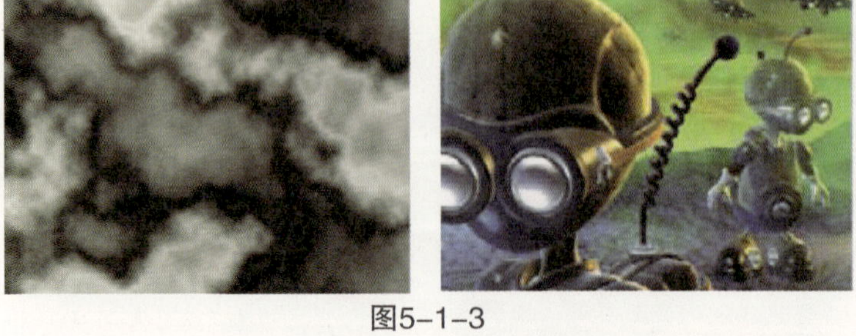

图5-1-3

- ID Matte（ID蒙板）：利用ID信息获得蒙板。仅有Object ID和Material ID两种，它们都需要在3D动画制作软件中进行设置。通过这一滤镜，可以迅速地将场景中的某个物体或某组物体选择出来并进行处理，这也是有别于传统特效制作（如键控等）的手段。图5-1-4所示为摘出的物体与合成后的效果示意图。

图5-1-4

- Identifier（标识符）：利用ID信息获得标识符。

5.2 Audio（音频）组

Audio是一组针对音频的滤镜，对于合成这一环节来说，音频制作的份额并不是很多，相应的滤镜也仅限于基本的音频控制。

- Backwards（倒放）：用于将音频素材反向播放，从最后一帧播放到第一帧。在时间线窗口中，这些帧仍然按原来的顺序排列。Swap Channels则用于将两个音轨交换。
- Bass & Treble（低音与高音）：它用于调整高低音调。如果你需要更强大的音调控制，则需要Parametric EQ参数均衡器。Bass用于升高或降低低音部分。Treble用于升高或降低高音部分。
- Flange & Chorus（镶边与和声）：包括两个独立的音频效果，其中Chorus可用于设置和声效果，使单个语音或者乐器听起来更有深度，可以用来模拟“合唱”效果。
- High—Low Pass（高通/低通）：应用于高低通滤波器，只让高于或低于一个频率的声音通过。可以用来模拟增强或减弱一个声音，例如，可以用 High Pass滤除外景中的噪音（通常存在于低频），让人声更清晰，而Low Pass可以消除高频噪声（如静电和蜂鸣声）。还可以用来改变声音的重点，例如，在混合了音乐和人声的声音中突出人声或音乐声。另外，它还可以独立输出高低音等。Filter options用于选择应用High Pass高通滤波器和Low Pass低通滤波器。
- Modulator（调制器）：用于设置声音的颤音效果，改变声音的变化频率和振幅。还可以使用它产生声音的多谱勒效果，例如，在一列火车靠近观察者的时候，啸叫声越来越高，而通过后则降低。
- Parametric EQ（EQ参数）：用于为音频设置参数均衡器。可以强化或衰减指定的频率，这对于增强音乐的效果特别有效。

- Reverb（混响）：通过加入随机反射声来模拟现场回声效果。
- Stereo Mixer（立体声混合）：用来模拟左右立体声混音装置。可以对一个层的音频进行音量大小和相位的控制。
- Tone（音调）：用来简单合成固定音调，例如，潜艇的隆隆声、电话铃声、警笛声以及激光等。对于每一种效果，最多可以增加5个音调以产生和弦。

5.3 Blur & Sharpen（模糊与锐化）组

Blur & Sharpen是一组非常常用且功能简单的滤镜，多数是用来对画面进行修饰，使其比较符合真实的场景。

- Bilateral Blur（双向模糊）：用来去除细节的模糊效果，色彩对比越低，则模糊效果越强，类似于Photoshop中的Surface Blur，图5-3-1所示为其效果示意图。
- Box Blur（盒状模糊）：一种快速模糊效果，均匀的模糊使其成为所有模糊效果的首选。它具有非常不错的融合性模糊，既可以获得扩散的效果，也可以获得吸附性的效果。

图5-3-1

- Channel Blur（通道模糊）：利用RGBA的通道信息获得模糊效果，在某些特定的场合，能够起到点睛的作用。
- Compound Blur（复合模糊）：利用其他图层的信息来产生模糊的效果，对于合成来说，非常有用，图5-3-2所示为利用亮度信息制作模糊效果的示意图。

图5-3-2

- Directional Blur（方向模糊）：一种简单但实用的模糊效果，通常用来模拟运动模糊或者制作文字的出现或者消失的效果，图5-3-3所示为其效果示意图。
- Fast Blur（快速模糊）：常用的模糊滤镜，高速高效。最高质量的Fast Blur接近于Gaussian Blur。
- Gaussian Blur（高斯模糊）：运算相对复杂的模糊效果。如果模糊程度不高，可以考虑使用此滤镜。

图5-3-3

- Lens Blur（镜头模糊），图5-3-4所示为景深信息和Lens Blur效果示意图。

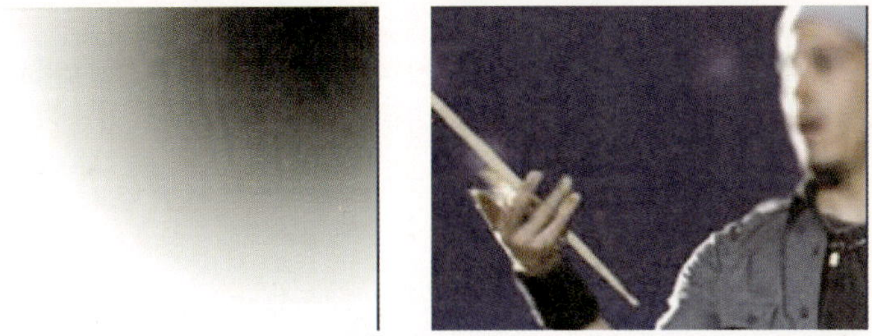

图5-3-4

- Radial Blur（径向模糊）：在指定的点产生环绕的模糊效果，越靠外模糊越强。草稿质量时，只显示纹理。这种效果在隔行显示的时候可能会闪烁，图5-3-5所示为其效果示意图。
- Reduce Interlace Flicker（降低隔行扫描闪烁）：用于消除隔行扫描闪烁。对于图像中的高色度部分，隔行扫描的时候可能会出现闪烁，应用此特效可以将过高的色度降低。此外也可以消除水平线调和残影。
- Sharpen（锐化）：画面的线条更明显，偶尔会配合模糊的效果使用。
- Smart Blur（智能模糊）：平滑画面的模糊滤镜，但会保留适当的边缘，图5-3-6所示为其效果示意图。

图5-3-5

图5-3-6

- Unsharp Mask（非锐化遮罩）：用于在一个颜色边缘增加对比度。和Sharpen（锐化）不同，其锐化效果更加可控，产生的效果能够很好地增加画面中不同物体或纹理的对比度。

5.4 Channel（通道）组

Channel是一组非常有用的以Alpha通道为主要操作对象的滤镜，尤其是当透明通道需要多个图层相互作用时，就显得尤为突出了。

- Arithmetic（算法）：用于通道计算，对图像中的红、绿、蓝通道进行简单的运算。
- Blend（混合）：用于通道混合，通过多种混合模式将两个层混合在一起，构成一个全新的图像。

- Calculations（计算）：用于对各颜色通道进行计算合成新的图像，有点类似Arithmetic（算法）。
- Channel Combiner（通道合成器）：能够改变图像中原来的颜色通道、亮度值和饱和度等信息到另一种格式。
- Compound Arithmetic（复合运算）：将两个层通过运算的方式混合，实际上是和层模式相同的，而且比应用层模式更有效、更方便。
- Invert（反转）：用于转化图像的颜色信息，类似相片的底片效果，反转颜色通常有很好的颜色效果，图5-4-1所示为其效果示意图。

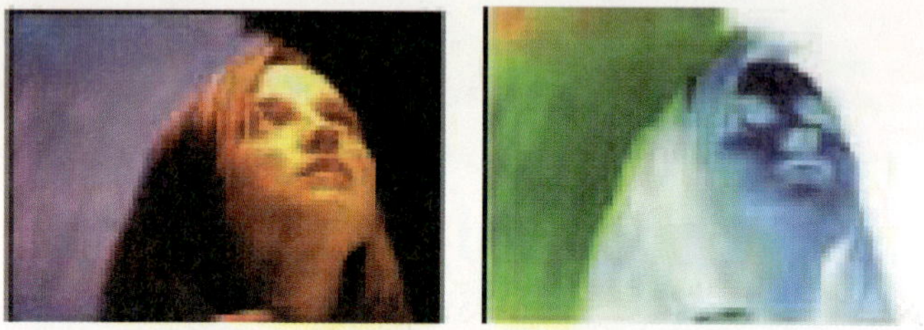

图5-4-1

- Minimax（极大/极小）：对指定的通道进行极小值或极大值的填充。
- Remove Color Matting（移除颜色蒙板）：用于删除或修改遮罩颜色，当在合成项目中导入包含Alpha通道的素材时，需要去除图像中的光晕，而光晕通常和图像有很大反差，图5-4-2所示为其效果示意图。

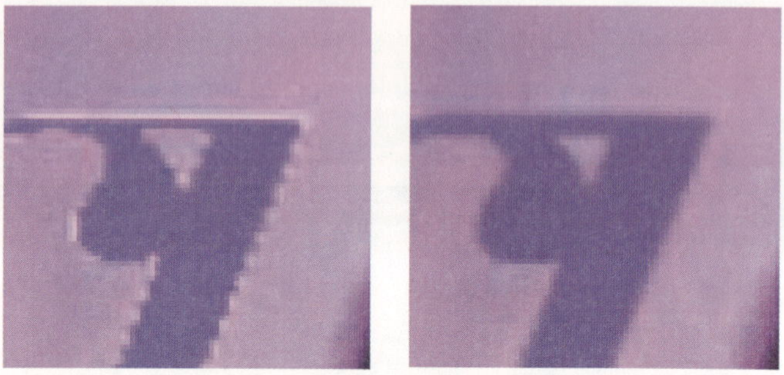

图5-4-2

- Set Channels（设置通道）：用于复制其他层的通道到当前颜色通道和Alpha通道中。
- Set Matte（设置遮罩）：用于将其他图层的通道设置为本层的遮罩，通常用来创建运动遮罩效果。
- Shift Channels（转换通道）：用于在本层的RGB及Alpha通道之间转换，主要对图像的色彩和明暗产生效果，也可以消除某种颜色。
- Solid Composite（单色合成）：能够用一种颜色与当前层进行模式和透明度的合成，也可以用一种颜色填充当前层。

5.5 Color Correction（色彩校正）组

Color Correction是合成中最重要的滤镜组，虽然相对简单，但是色彩校正从来就是直接决定合成成败的要素之一。

- Auto Color（自动颜色）：对画面中的颜色进行自动化处理。

- Auto Contrast（自动对比度）：对画面中的对比度进行自动化处理。
- Auto Levels（自动色阶）：对画面中的色阶进行自动化处理。

以上三个自动效果，对于快速校色或者非风格化校色来说，是非常有帮助的。图5-5-1所示为Auto Levels（自动色阶）的效果示意图。

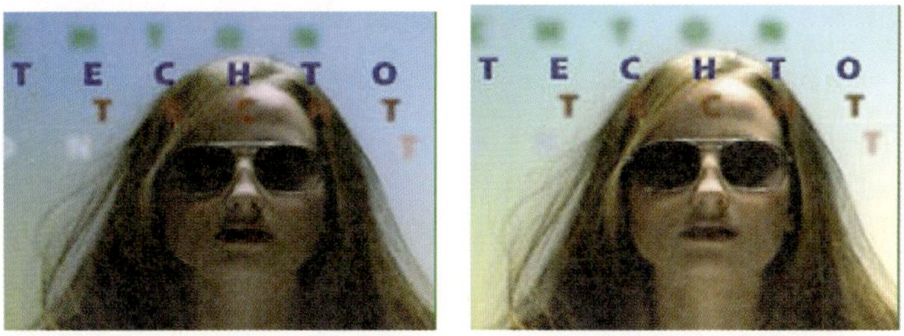

图5-5-1

- Black & White：获得灰度图的效果，但可以通过调节各个色彩通道的亮度信息进行区别控制。
- Brightness & Contrast（亮度与对比度）：用于调整画面的亮度和对比度。
- Broadcast Colors（广播级颜色）：用于校正电视屏幕的颜色。
- Change Color（更改颜色）：可以在图像中指定一个颜色，容纳后替换图像中指定的颜色，也可以设置指定颜色的色相、饱和度和亮度等选项。
- Change to Color（转换颜色）：滤镜特效可以在图像中指定一个颜色，然后将图像中指定的颜色替换为另一指定颜色，同时也可以设置指定颜色的色相、饱和度和亮度等颜色信息的容差值。图5-5-2所示为将亮绿色变为亮黄色的效果对比示意图。

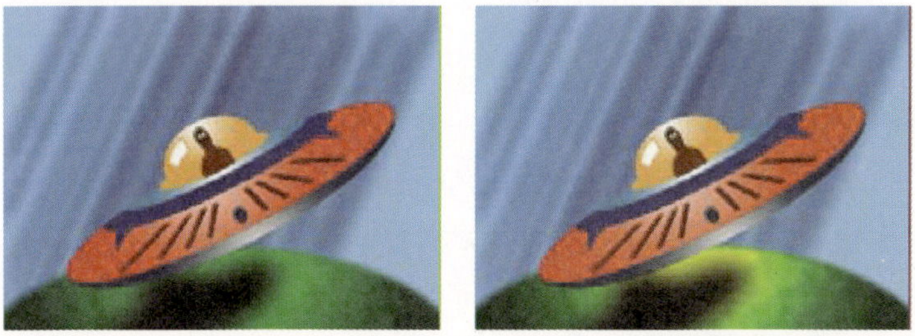

图5-5-2

- Channel Mixer（通道混合）：可以用当前颜色通道的混合值修改一个颜色通道，同时可以控制RGB通道混合中的每个合成图像，制作出富有创意的颜色特效。R（红）、G（绿）、B（蓝）通道混合选项可以控制所有的RGB通道混合，包括所有通道与其他通道的混合程度，还可以进行Monochrome（单色）设置。
- Color Balance（色彩平衡）：可以通过图像的R（红）、G（绿）、B（蓝）通道进行调节，分别调节颜色在高亮、中间色调和暗部的强度，以增加色彩的均衡效果。
- Color Balance（HLS）（色彩平衡）：提供了Hue（色相）、Lightness（亮度）和Saturation（饱和度）3项校正颜色信息参数，可以通过设置这3项颜色信息参数做出丰富的颜色效果。

- Color Link（色彩链接）：可以通过设置Source Layer（来源层）来拾取其他层的颜色与当前层进行颜色的链接，得到颜色混合效果。
- Color Stabilizer（色彩稳定器）：滤镜特效可以根据周围的环境改变素材的颜色，此时该层素材与周围环境光进行统一。
- Colorama（渐变映射）：可以以一种自定义的渐变色对图像进行平滑的周期填色，得到一个新的富有节拍的色彩效果。
- Curves（曲线）：最常用的色彩校正滤镜，功能相对简单，但是可控性很强。偶尔也用来控制Alpha通道效果。
- Equalize（色彩均化）：可以对图像的色阶平均化。自动以白色取代图像中最亮的像素，以黑色取代图像中最暗的像素，图5-5-3所示为其效果示意图。

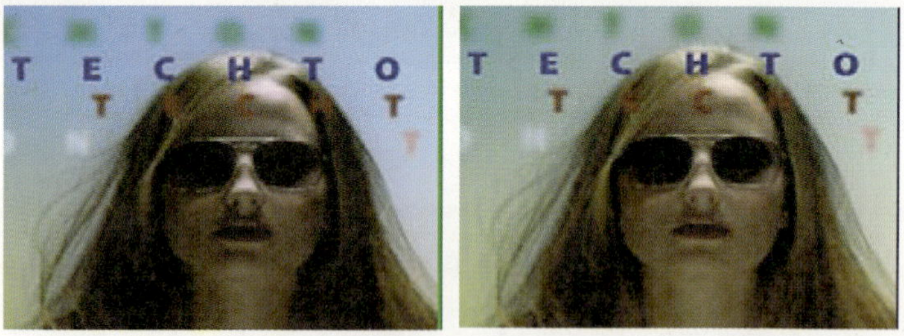

图5-5-3

- Exposure（曝光）：用于调节画面的曝光程度，可以对RGB分别曝光。
- Gamma/Pedestal/Gain（Gamma/基准/增益）：用于调整每个RGB独立通道的还原曲线值，这样就可以分别对某种颜色进行输出曲线控制。
- Leave Color（分色）：用于保存图像中的指定颜色，去掉其他颜色信息，同时可以通过Color To Leave（保留颜色为）设置，拾取一种颜色并保留其颜色的信息值，从而得到对图像局部去色的效果。
- Levels（色阶）：另一个常用的色彩校正滤镜，对于原始色彩的反应很好，但会对画面本身的色彩信息造成一定的破坏。
- Levels（Individual Controls）（独立色阶控制）：它在Levels（色阶）滤镜特效的基础上扩展出来的，可以说包括了Levels（色阶）滤镜特效的全部功能，只是将参数分散到了各个通道而已。
- Photo Filter（照片滤镜）：用于过滤图像中的任意一种颜色。
- PS Arbitrary Map（Photoshop映像）：将Photoshop中的Arbitrary Map文件用于当前层。Arbitrary Map用于调整图像的亮度值，可以重新设定一个确定的亮度区域以减暗或加亮色调。
- Shadow/Highlight（暗部/高光）：专门处理画面的阴影和高光部分，图5-5-4所示为其效果示意图。

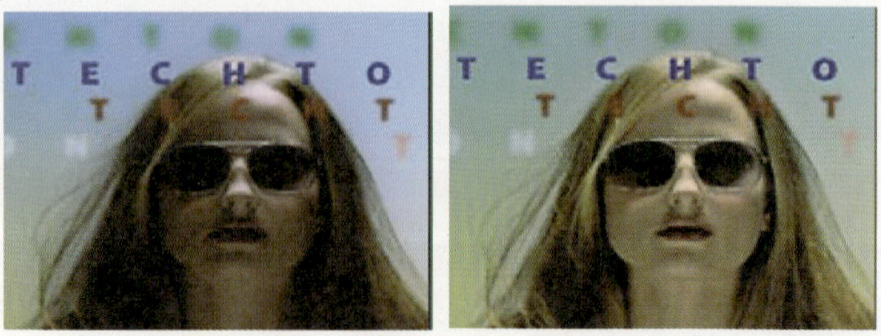

图5-5-4

- Tint（着色）：用于调

整图像中包含的颜色信息，在图像的最亮和最暗之间确定融合度，图5-5-5所示为添加青色调的效果示意图。

- Tritone（三色调）：与Tint（着色）特性用法相似，只不过多了中间颜色。

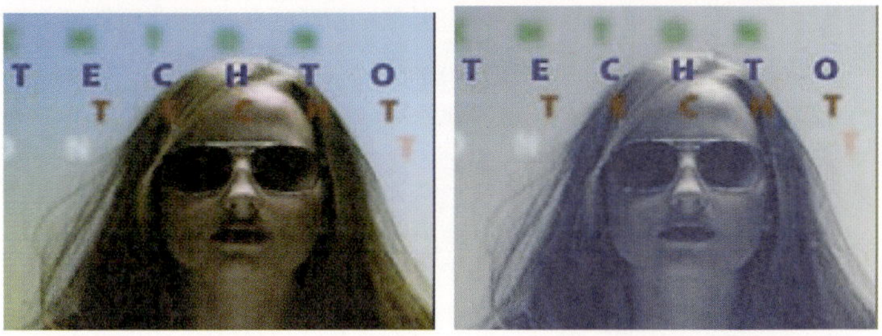

图5-5-5

5.6 Distort（扭曲）组

Distort是能够对图层造成形状上的变化的一组滤镜，其对画面的影响是相对剧烈的，在使用时尤其需要注意，但是也往往能够制作出奇妙的效果。

- Bezier Warp（贝赛尔弯曲）：针对图层进行曲线变形，甚至影响到三维空间的位置，但对于图层形状的控制来说，是非常有帮助的，图5-6-1所示为其效果示意图。
- Bulge（凹凸镜）：模拟图像透过气泡或放大镜时所产生的放大效果，图5-6-2所示为其效果示意图。

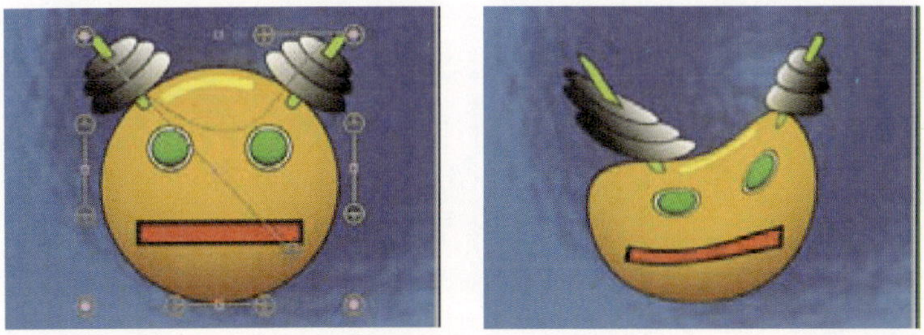

图5-6-1

图5-6-2

- Corner Pin（边角定位）：通过改变四个角的位置来变形图像，主要是用来根据需要定位，可以拉伸、收缩、倾斜和扭曲图形，图5-6-3所示为其效果示意图。
- Displacement Map（置换映射）：利用其他图层获得信息进而影响本图层图像的形状变化，是一个很常用的滤镜，图5-6-4所示为原图、参考图、置换效果的效果对比示意图。

图5-6-3

图5-6-4

- Liquify（液化）：一个非常自由的图像扭曲滤镜，可以配合动画关键帧制作自由度极高的变形效果，图5-6-5所示为其效果示意图。

图5-6-5

- Magnify（放大）：能够局部放大图像，并将放大后的画面使用类似层模式的方式叠加到原图像上。
- Mesh Warp（网格弯曲）：使用网格化的曲线切片控制图像的变形区域，图5-6-6所示为通过网格点来实现弯曲效果的示意图。

图5-6-6

- Mirror（镜像）：通过设定角度的直线将画面反射，产生对称效果。
- Offset（偏移）：用于在图层的画面上产生将画面从一边偏向另一边的效果。
- Optics Compensation（光学补偿）：用于模拟摄像机的光学透视效果。
- Polar Coordinates（极坐标）：用于将图像的直角坐标转化成极坐标，以产生扭曲效果，图5-6-7所示为其效果示意图。

图5-6-7

图5-6-8

- Puppet（木偶）：可以为图形添加多个木偶钉，然后通过移动木偶钉来产生木偶动画效果。
- Reshape（变形）：需要借助几个遮罩才能实现，通过同一层中的多个遮罩，重新限定图像形状，并产生变形效果，图5-6-8所示为其效果示意图。
- Ripple（波纹）：可以在画面上产生波纹扭曲效果。
- Smear（涂抹）：利用手动修正画面，非常有想象力的效果。
- Spherize（球面化）：使图像产生如同包围到不同半径的球面上的变形效果。
- Transform（变换）：用于在图像中产生二维的几何变形，从而增加层的变换属性。
- Turbulent Displace（紊乱置换）：产生一定的随机紊乱效果。
- Twirl（旋转）：通过围绕指定的点旋转像素，从而得到漩涡般的效果。
- Warp（弯曲）：使整个图像按照需要进行扭曲，通过预设能够产生多种弯曲形状，图5-6-9所示为其效果示意图。

图5-6-9

- Wave Warp（波形弯曲）：可以将图像设置为自动的飘动或波浪的效果。

5.7 Expression Controls（表达式控制）组

Expression Controls是一组专门针对表达式的滤镜，这一部分将在下一章中介绍。

- Angle Control（角度控制）
- Checkbox Control（复选框控制）
- Color Control（颜色控制）
- Layer Control（图层控制）
- Point Control（点控制）
- Slider Control（滑动控制）

5.8 Generate（生成）组

Generate是一组用来无中生有的滤镜，通常用来获得一些特殊的图案或者动画效果。

- 4.Color Gradient（四色渐变）
- Advanced Lightning（高级闪电）
- Audio Spectrum（音频频谱）：图5-8-1所示为其效果示意图。

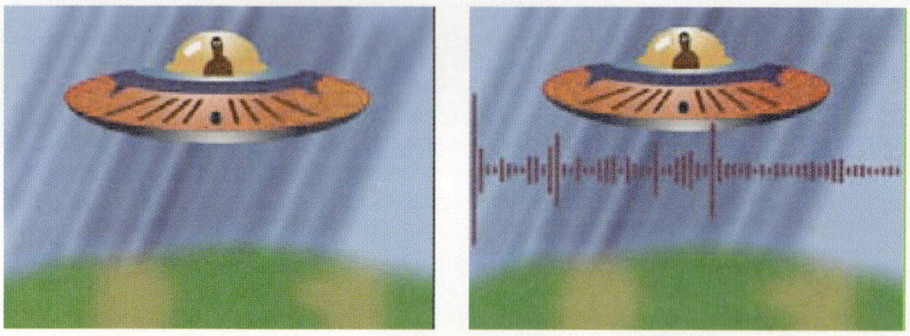

图5-8-1

图5-8-2

- Audio Waveform（音频波形）：图5-8-2所示为其效果示意图。
- Beam（光束）：图5-8-3所示为其效果示意图。
- Cell Pattern（蜂巢图案）：图5-8-4所示为生成蜂巢图案并作为置换贴图参考的效果示意图。

图5-8-3

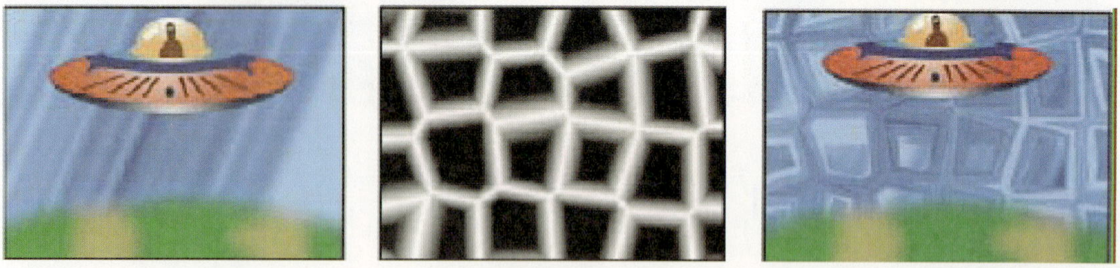

图5-8-4

- Checkerboard（棋盘）
- Circle（圆）
- Ellipse（椭圆）
- Eyedropper Fill（吸色管填充）
- Fill（填充）
- Fractal（分形）：图5-8-5所示为利用分形效果制作的背景效果图。
- Grid（网格）
- Lens Flare（镜头光晕）：图5-8-6所示为多个镜头光晕效果示意图。

图5-8-5

图5-8-6

- Paint Bucket（油漆桶）
- Radio Waves（电波）：图5-8-7所示为其效果示意图。
- Ramp（渐变）
- Scribble（涂鸦）：图5-8-8所示为其效果示意图。

图5-8-7

图5-8-8

- Stroke（描边）
- Vegas（勾画）
- Write-on（书写）

5.9 Keying（键控）组

Keying是专门针对键控的一组特定指向的滤镜，对于影视特效来说，也是最基本的一大功能。

- Color Difference Key（颜色差异键）
- Color Key（颜色键）
- Color Range（色彩范围）：图5-9-1所示为其效果示意图。

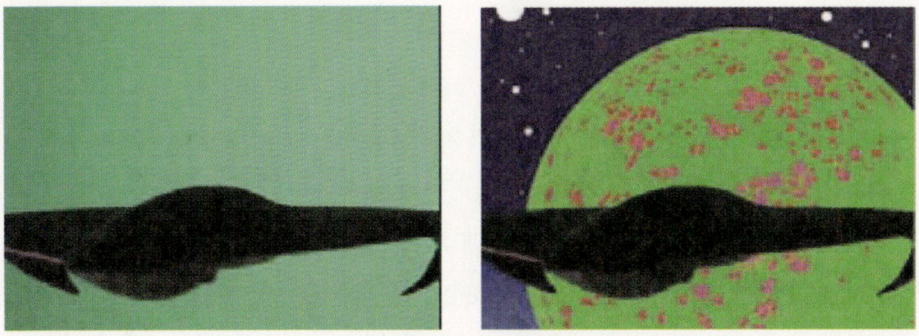

图5-9-1

- Difference Matte（差异蒙板）：图5-9-2所示为原图、参考图与合成后的效果示意图。

图5-9-2

- Extract（提取）
- Inner/Outer Key（内部/外部键）
- Keylight 1.2
- Linear Color Key（线性色键）
- Luma Key（亮度键）：图5-9-3所示为其效果示意图。

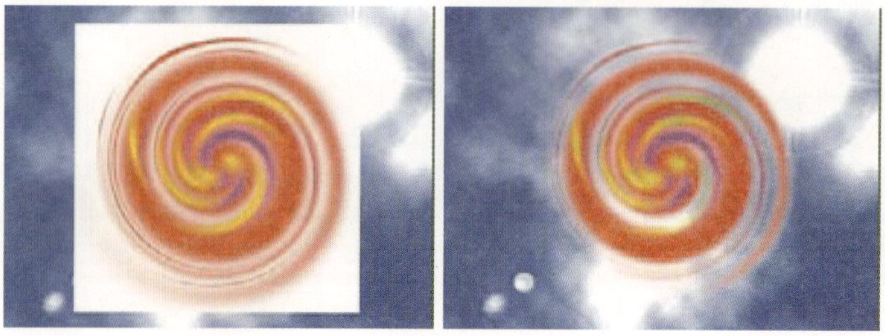

图5-9-3

- Spill Suppressor（溢出抑制）：绝大部分键控不需要彻底完成，而仅需要不露出破绽。Spill Suppressor可以很好地达成这一目的，图5-9-4所示为其效果示意图。

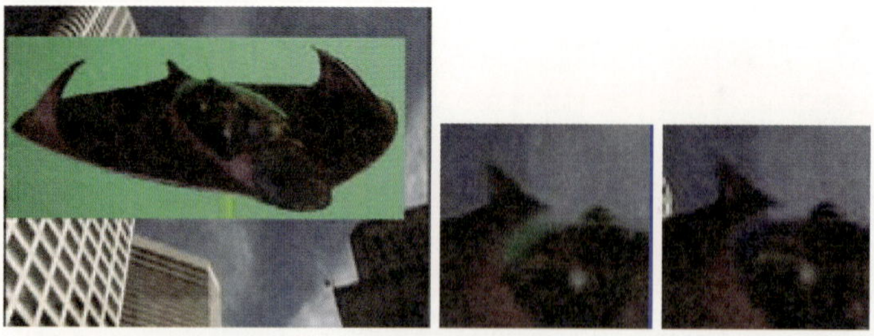

图5-9-4

5.10 Matte（蒙板）组

Matte主要是作用于透明通道的滤镜组。

- Matte Choker（蒙板抑制）：它对于键控来说，是很重要的补充手段，尤其是前景和背景颜色较为接近时，可以选择优先处理背景，再利用Matte Choker补足，图5-10-1

所示为原图与Matte Choker效果对比示意图。

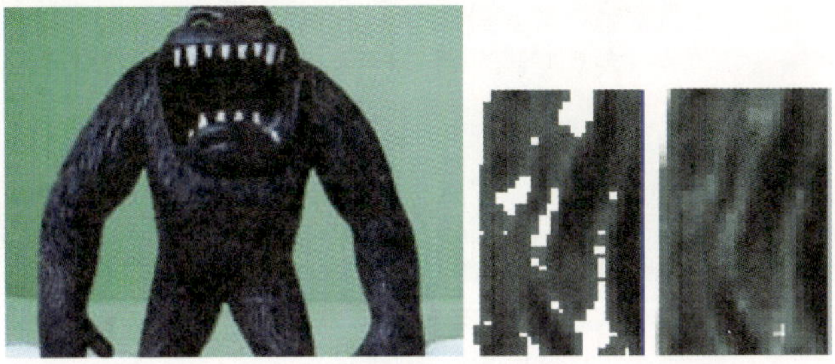

图5-10-1

- Refine Matte（提炼蒙板）
- Simple Choker（简单抑制）：它也是对键控功能的有效补充，同时也是合成师处理Alpha通道边缘的有力工具，可去除杂点和制作边缘过渡效果，图5-10-2所示为原图与Simple Choke效果对比示意图。

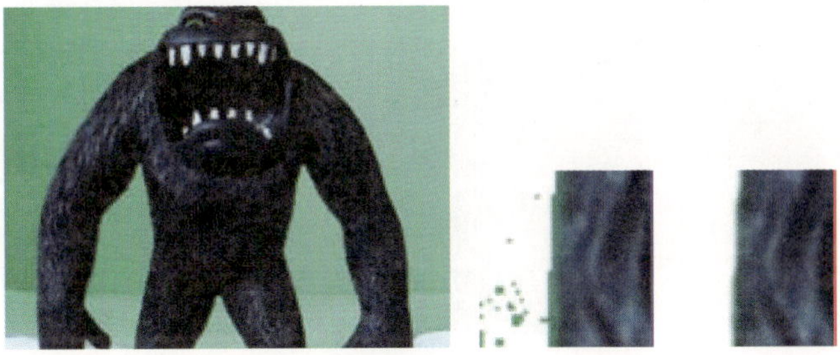

图5-10-2

- Mocha Shape：用于MOCHA抠像数据导入。

5.11 Noise & Grain（噪波与颗粒）组

Noise & Grain是一组利用数学规则产生图像的滤镜，既能提供很好的修饰，也能提供很强大的辅助画面。

- Add Grain（添加颗粒）：通常用来模拟胶片拍摄的效果，图5-11-1所示为其效果示意图。

图5-11-1

- Dust & Scratches（灰尘与划痕）：图5-11-2所示为其效果示意图。

图5-11-2

- Fractal Noise（分形噪波）：非常强大的图形生成工具，对很多效果的制作均能提供辅助效果。
- Match Grain（匹配颗粒）：通过参考图片添加颗粒效果，模拟胶片等拍摄效果或者用于镜头的统一，图5-11-3所示为原图、参考图与效果对比示意图。
- Median（中值）：偶尔会用来去除划痕。
- Noise（噪波）：基本噪波工具。

图5-11-3

- Noise Alpha（Alpha 噪波）
- Noise HLS（HLS噪波）
- Noise HLS Auto（自动 HLS 噪波）
- Remove Grain（移除颗粒）：对于平整画面效果来说，很有帮助，在人物的脸部平滑等效果或者阴影等处理上有很大的用处，图5-11-4所示为其效果示意图。

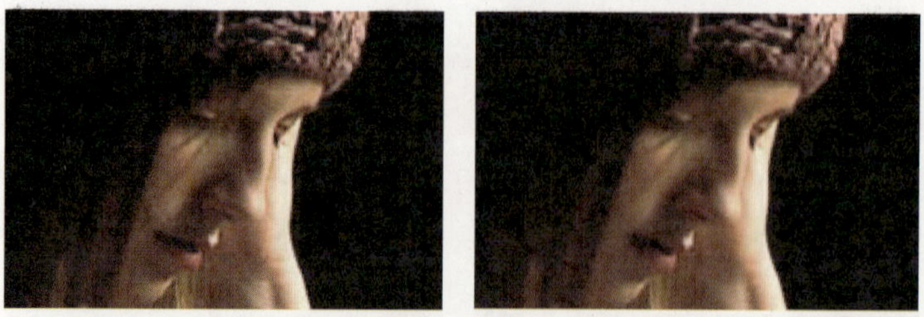

图5-11-4

- Turbulent Noise（紊乱杂波）

5.12 Obsolete（旧版本）组

Obsolete是一组老版本中的几个滤镜，事实证明，它们还是很有用的。

- Basic 3D（基本3D）
- Basic Text（基本文字）
- Lightning（闪电）
- Path Text（路径文字）

5.13 Perspective（透视）组

Perspective用来模拟各种透视效果，对于模拟3D合成来说，还是很有效果的。

- 3D Glasses（3D眼镜）：通过对左右两侧的两个三维视图进行组合，产生一个单一的三维立体图像，图5-13-1所示为其效果示意图。
- Bevel Alpha（斜角Alpha）：模拟3D厚度等效果，图5-13-2所示为其效果示意图。

图5-13-1

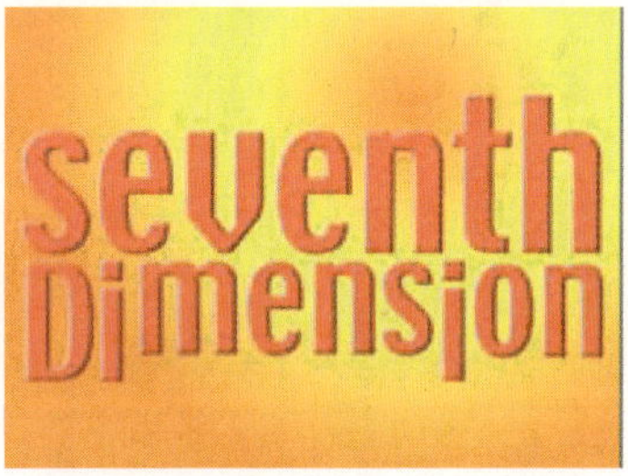

图5-13-2

- Bevel Edges（斜角边）：可以在图像的边缘创建出一种轮廓分明、具有发光效果的立体外观效果，图像边缘的位置是由Alpha通道决定的，图5-13-3所示为其效果示意图。
- Drop Shadow（投影）：图5-13-4所示为其效果示意图。
- Radial Shadow（放射阴影）：带光源的投影效果，更加可控，图5-13-5所示为其效果示意图。

图5-13-3

图5-13-4

图5-13-5

5.14 Simulation（模拟仿真）组

Simulation是一组相对复杂且强大的滤镜组，主要是利用粒子工作原理模拟各种真实或者想象的现象。

- Card Dance（卡片舞蹈）：图5-14-1所示为其效果示意图。

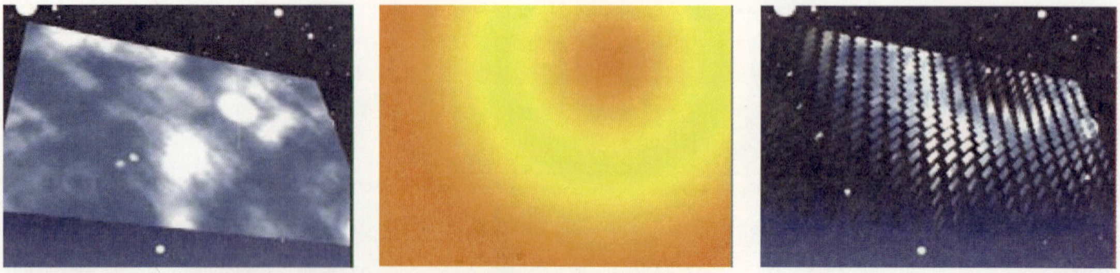

图5-14-1

- Caustics（焦散）：图5-14-2所示为其效果示意图。

图5-14-2

- Foam（泡沫）：图5-14-3所示为其效果示意图。

图5-14-3

- Particle Playground（粒子运动）：图5-14-4所示为其效果示意图。

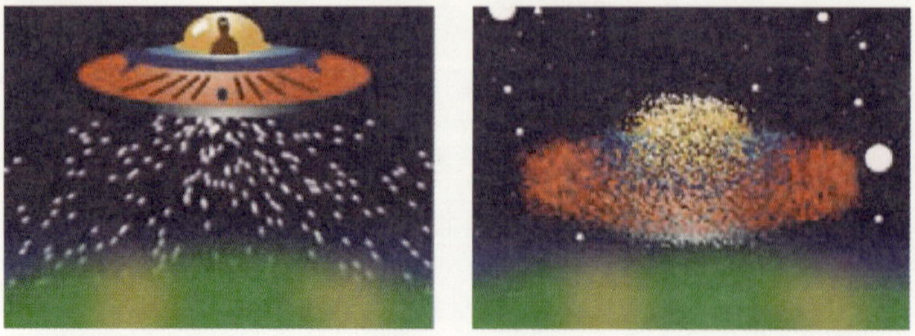

图5-14-4

- Shatter（碎片）：图5-14-5所示为其效果示意图。
- Wave World（水波世界）：图5-14-6所示为其效果示意图。

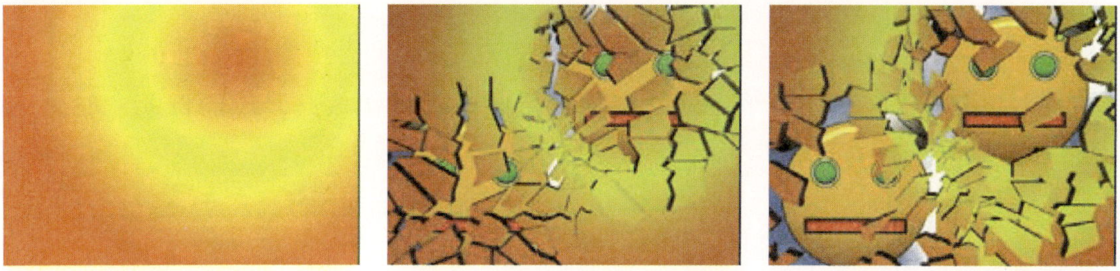

图5-14-5

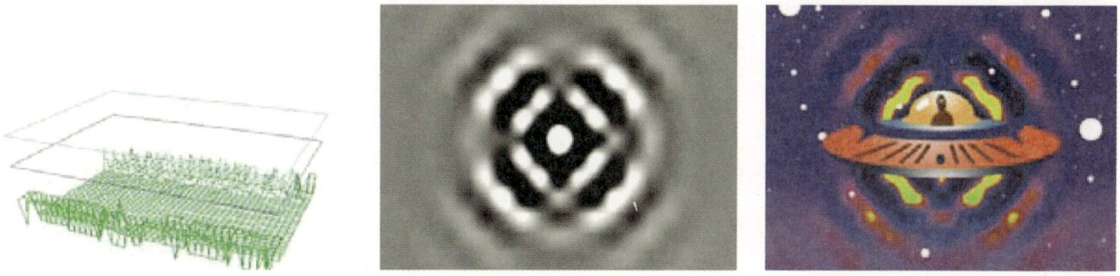

图5-14-6

5.15 Stylize（风格化）组

Stylize是一组很有目的性的滤镜，通常用来获得各种不同的艺术化效果，当然也有几个非常常用的辅助性滤镜。

- Brush Strokes（笔触）：图5-15-1所示为其效果示意图。

图5-15-1

- Cartoon（卡通）：图5-15-2所示为其效果示意图。

图5-15-2

- Color Emboss（彩色浮雕）
- Find Edges（查找边缘）
- Glow（辉光）：最常用的光效辅助滤镜，几乎是只要有发光，就有Glow，图5-15-3所示为其效果示意图。
- Mosaic（马赛克）
- Motion Tile（动态平铺）
- Posterize（招贴画）
- Roughen Edges（粗糙边缘）：图5-15-4所示为其效果示意图。
- Scatter（散射）：图5-15-5所示为其效果示意图。

图5-15-3

图5-15-4

图5-15-5

- Strobe Light（闪光灯）
- Texturize（材质纹理）
- Threshold（阈值）

5.16 Text（文本）组

一组用于制作文字效果的辅助滤镜。

- Numbers（编号）
- Timecode（时间码）

5.17 Time（时间）组

Time是一组与时间相关的滤镜组。

- Echo（拖尾）：能产生不错的效果，对于幻想型的动画乃至特效来说，都很有帮助。图5-17-1所示为其效果示意图。
- Posterize Time（抽帧）
- Time Difference（时间差）：图5-17-2所示为其效果示意图。

图5-17-1

图5-17-2

- Time Displacement（时间置换）：图5-17-3所示为其效果示意图。

图5-17-3

- Timewarp（时间扭曲）：图5-17-4所示为其效果示意图。

图5-17-4

5.18 Transition（过渡）组

Transition是一组专门用来制作各种转场效果的滤镜，合成软件中的转场效果可以使用各种滤镜来完成，Transition中的效果绝大部分与剪辑软件中的转场效果相似。

- Block Dissolve（块溶解）
- Card Wipe（卡片擦除）
- Gradient Wipe（渐变擦除）
- Iris Wipe（形状划变）
- Linear Wipe（线性擦除）
- Radial Wipe（径向擦除）
- Venetian Blinds（百叶窗）

5.19 Utility（实用工具）组

Utility是一组针对现实需求的滤镜，毕竟视频制作是有很多客观要求的。

- Cineon Converter（Cineon 转换）
- Color Profile Converter（色彩方案转换）
- Grow Bounds（范围扩散）
- HDR Compander（HDR 压缩）
- HDR Highlight Compression（HDR 高光压缩）

5.20 小结

本章的重点是掌握基本的合成特效并熟悉其作用的方式。对于复杂特效应用的学习是一个长时间而且需要下更大精力的过程。

受篇幅影响，大部分的滤镜无法一一讲述，但没讲到并不意味着没有用或者用不到，请读者自行学习并在实践工作中加强理解。

Adobe

第6章
构建画面

本章导读

动画控制是合成中非常重要的一环。对于人的视觉而言，动的物体更能引起人们的注意，而有规律有节奏的运动，更能够使观看者产生美感、愉悦感和共鸣。After Effects对于动画控制有很多的手法，本章就主要讲解一下如何利用After Effects来控制我们所创建的动画。

6.1 关键帧动画

关键帧动画是最常见的动画制作方式和控制方式，它直观、简单并且能够产生足够的表现力。

6.1.1 关键帧控制

在每一个可以进行动画控制的参数的地方都会有相应的提示

，单击这个图标，即可创建一个关键帧，同时在参数的左侧会出现如图6-1-1所示的关键帧控制按钮。可以通过它添加或者删除关键帧，快速到达当前时间位置的前一个关键帧或者后一个关键帧。在任何其他的时间对该参数进行修改时，都会自动记录为如图6-1-2所示的新的关键帧，并且会产生关键帧动画。

可以在Timeline图标区内对这些关键帧进行如下操作。

- 【Ctrl+C】/【Ctrl+V】：拷贝/粘贴。
- 左键选择关键帧，按住并拖动其移动至关键帧的时间位置。
- 选择多个关键帧，按Alt键的同时拖动鼠标进行等比缩放。
- 按Ctrl键点击关键帧进行曲线平滑。

当然，还有其他的指令可以进行关键帧的操作，这些指令主要集中在Animation菜单，下一节将进行集中讲解。其中比较常用的指令都可以通过右键快捷指令获得。

对于需要进行细致动画控制的参数，可以展开显示关键帧曲线来进行，如图6-1-3所示。

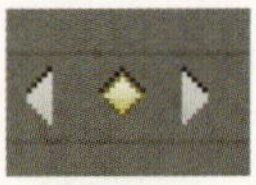

图6-1-1

图6-1-2

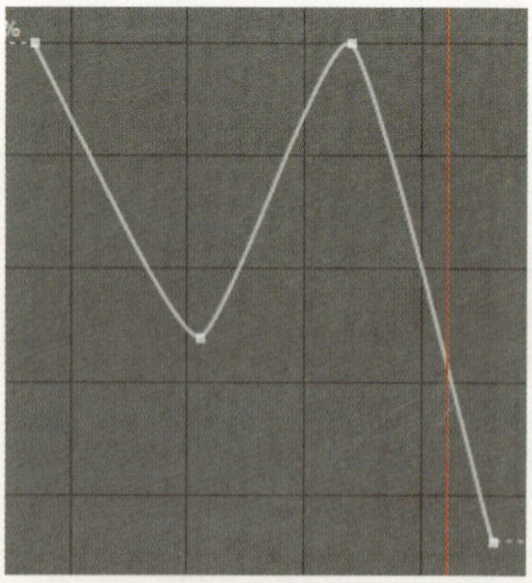

图6-1-3

6.1.2 关键帧曲线的控制

关键帧曲线之间，是用实线连接，而其他位置，则为虚线。既可以选择关键帧来进行动画控制，也可以选择关键帧之间的曲线进行编辑，如图6-1-4所示。

将鼠标指针放置在关键帧位置，可以看到该关键帧的相关信息（如图6-1-5所示）。而在关键帧上单击鼠标右键，还能找到一些帮助的指令，如图6-1-6所示。

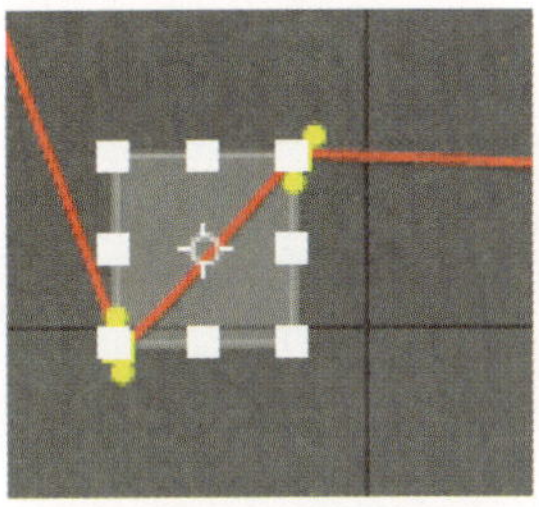

图6-1-4

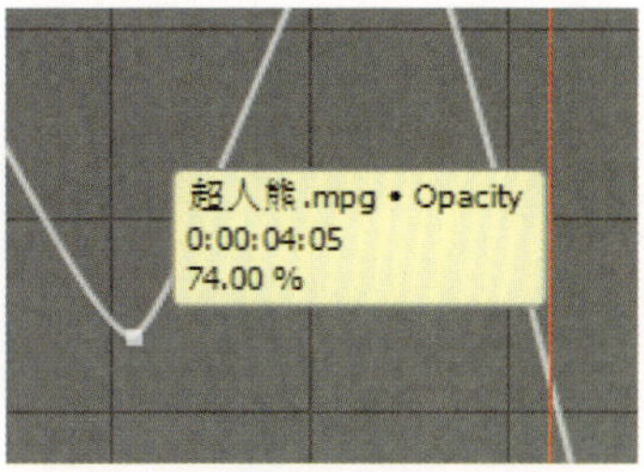

图6-1-5

图6-1-6

- Edit Value：可以进行精确的关键帧数值控制，也可以选择多个关键帧整体赋予数值。
- Select Equal Keyframes：选择等值的关键帧。
- Select Previous Keyframes：选择前面的关键帧。
- Select Following Keyframes：选择后面的关键帧。
- Toggle Hold Keyframe：保持关键帧数值直到下一个关键帧。
- Keyframe Interpolation：关键帧插值计算模式，如图6-1-7所示。

默认的插值计算方式为Linear线性模式，即：使用直线连接到下一个关键帧。而在控制关键帧曲线形状时，通常会采用Bezier曲线。

可以按住鼠标左键来圈选多个关键帧进行统一的编辑，也可以点击关键帧曲线来选择两个关键帧之间的曲线进行编辑，如图6-1-8所示。

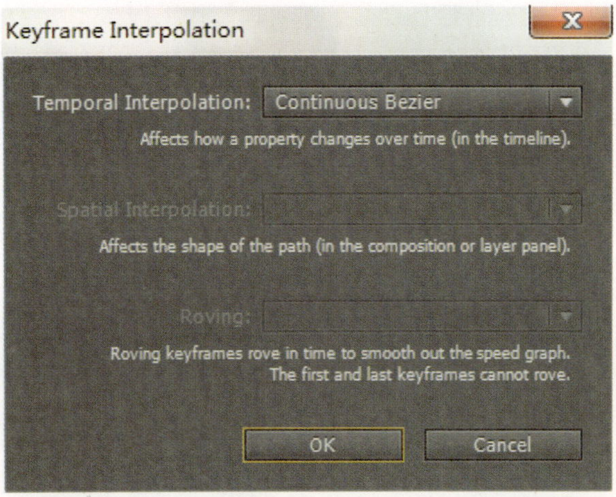

图6-1-7

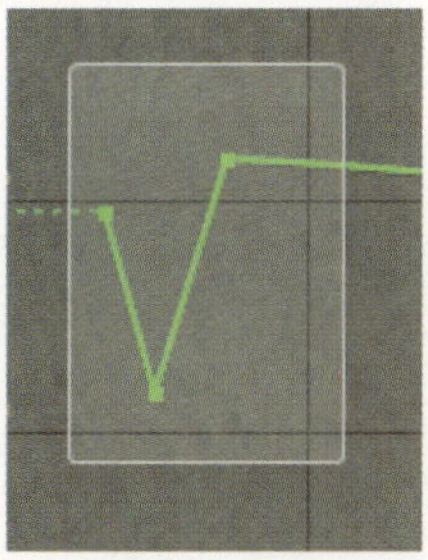

图6-1-8

选中多个关键帧时，可以显示为Transform Box模式，此时可以对整体进行形状的调节，如

图6-1-9所示。当用鼠标右键单击Transform Box时，可以选择多种辅助的显示手段，如图6-1-10所示。

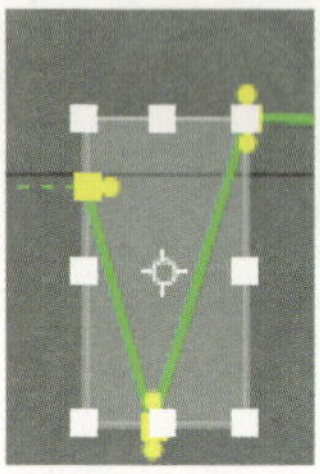

图6-1-9

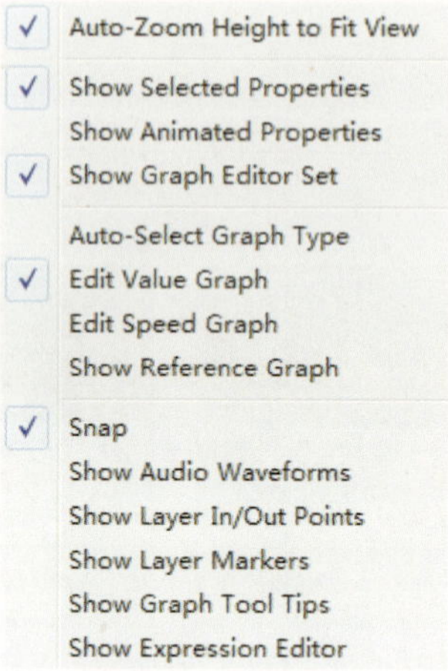

图6-1-10

在Timeline下方，也有几个辅助性的按钮，一些常用的手段都可以在这里获得，如图6-1-11所示的辅助按钮。

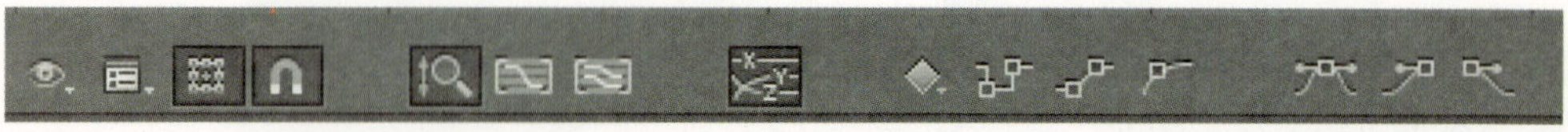

图6-1-11

> 注意　类似于Position、Scale等涉及到多个坐标的参数，需要单击按钮才能针对各个坐标轴方向进行编辑。

6.1.3 自动记录动画

如图6-1-12所示的Motion Sketch面板提供了另一种类型的关键帧动画制作手段。

我们可以通过该窗口的动作采集功能，在预览的同时，根据创作意图实时地控制物体的运动，并记录成关键帧动画。对于一些简单但是又需要进行过多操作的动作动画，就可以采用这样的方法（如图6-1-13所示）。

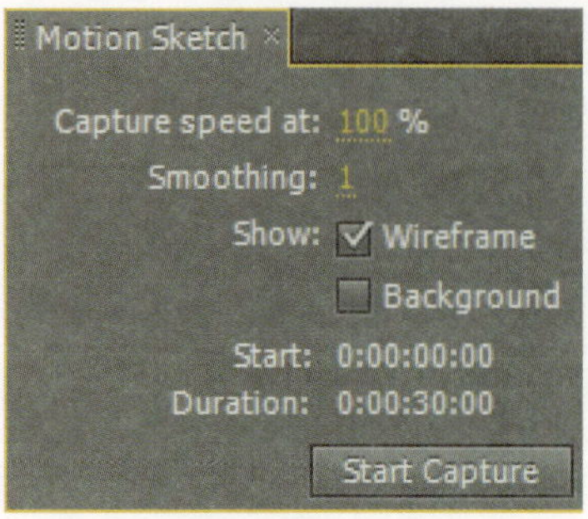

图6-1-12

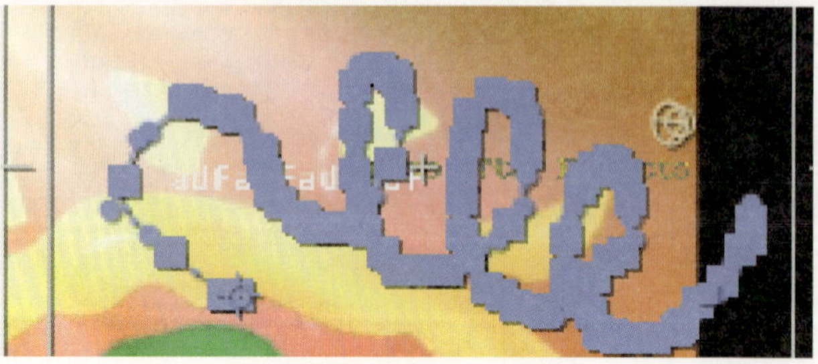

图6-1-13

对于时间线上的关键帧曲线，我们可以进行适当的删减和调整，以获得最佳的效果，例如，如图6-1-14所示为删除和调整关键帧曲线。

与此类似的，还有Paint窗口的Write On指令，它可以自动记录笔刷的绘制过程，如图6-1-15所示。但Paint的这一功能还仅限于绘制动作本身的控制（如图6-1-16所示）。

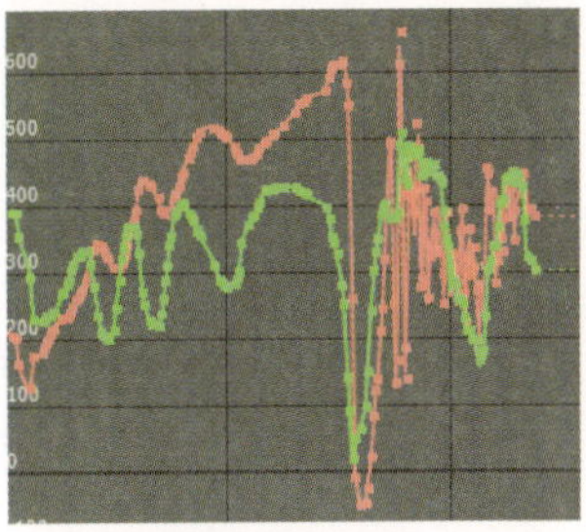
图6-1-14

图6-1-15

图6-1-16

6.2　Animation菜单的指令

在制作关键帧动画时，可以通过Animation菜单的指令进行辅助。

1. 预设组

动画菜单中的预设组提供Save Animation Preset（动画预设保存）、Apply Animation Preset（应用预设动画）、Recent Animation Presets（最近的动画预设）和Browse Presets（浏览预设功能）4种功能，其菜单如图6-2-1所示。

图6-2-1

- Save Animation Preset（动画预设保存）：将当前设置的动画关键帧保存，以便下次使用。
- Apply Animation Preset（应用预设动画）：对当前合成场景中选择的图层应用预览动画。
- Recent Animation Presets（最近的动画预设）：显示最近使用过的动画预设，也可以直接调用这些动画预设。
- Browse Presets（浏览预设）：打开Adobe Bridges，进入默认的动画预设文件夹进行动画预设浏览。

2. 关键帧组

动画菜单中的关键帧组提供了Add Keyframe（添加关键帧）、Toggle Hole Keyframe（冻结关键帧）、Keyframe Interpolation（关键帧插值）、Keyframe Velocity（关键帧速率）和

keyframe Assistant（关键帧助手）等功能，其菜单如图6-2-2所示。

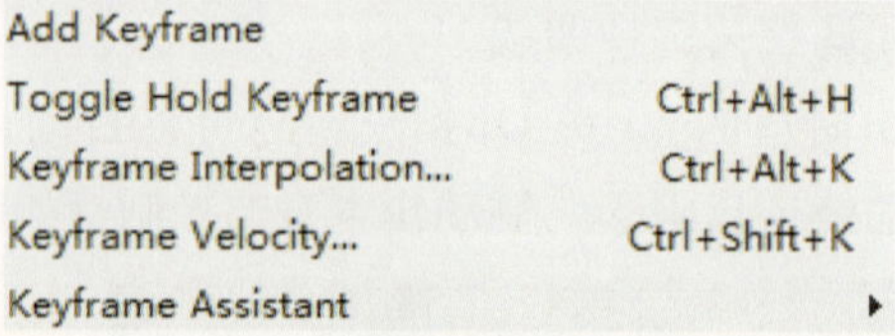

图6–2–2

- Add keyframe（添加关键帧）：为当前选择的图层动画属性添加一个关键帧。
- Toggle Hold Keyframe（冻结关键帧）：将当前的关键帧与其后的关键帧之间的数值产生一种“突然变化”的效果。
- Keyframe Interpolation（关键帧插值）：修改关键帧的插值方式。
- Keyframe Velocity（关键帧速率）：调整关键帧的速率。
- Keyframe Assistant（关键帧助手）：设置关键帧的出入方式等效果，其下拉菜单如图6–2–3所示。其中，Easy Ease（自动平滑关键帧）是很常用的指令，而RPF Camera Import是针对RPF文件的摄像机信息而来的指令，在3D动画的合成工作中，也有很大的用处。

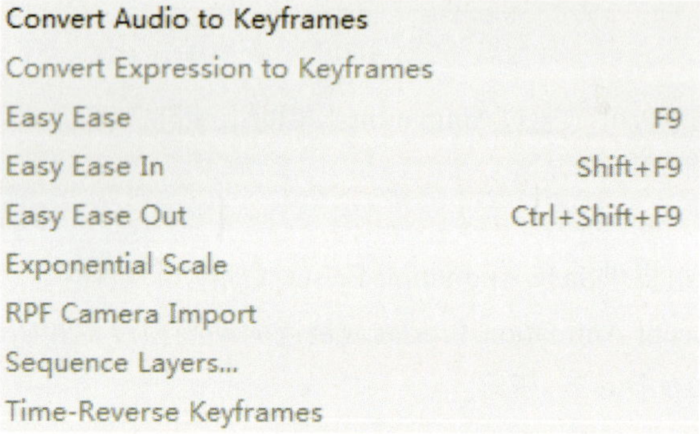

图6–2–3

3．字幕组

动画菜单中的字母组提供了Animate Text（动态字幕）、Add Text Selector（添加文本选择器）和Remove All Text Animators（取消所有的文本动画）等功能，其菜单如图6-2-4所示。

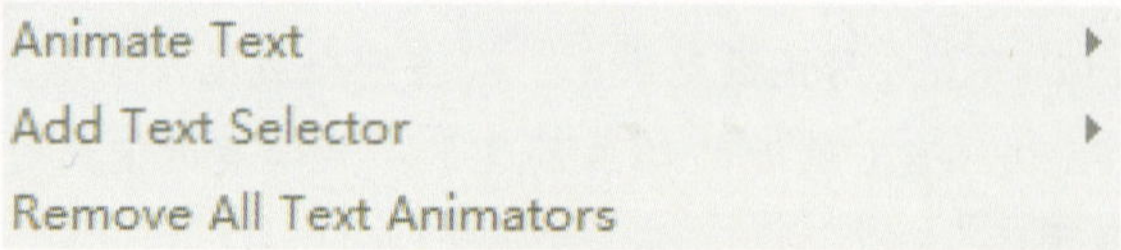

图6–2–4

- Animate Text（动态字幕）：可为字幕添加如图6–2–5所示的各种动画属性。
- Add Text Selector（添加文本选择器）：为文本添加随机动画等高级动画方式（如图6–2–6所示）。
- Remove All Text Animators（取消所有的文本动画）：删除对字幕制作的所有动画效果。

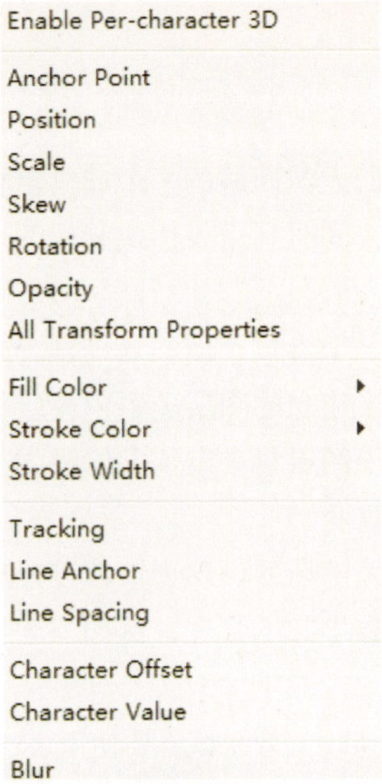

图6-2-5

图6-2-6

4. 其他组

动画菜单中的其他组提供了Add Expression（添加表达式）、Track Motion（运动追踪）、Reveal Animating Properties（显示动画属性）和Reveal Modified Properties（显示修改过的属性）等功能，其菜单如图6-2-7所示。

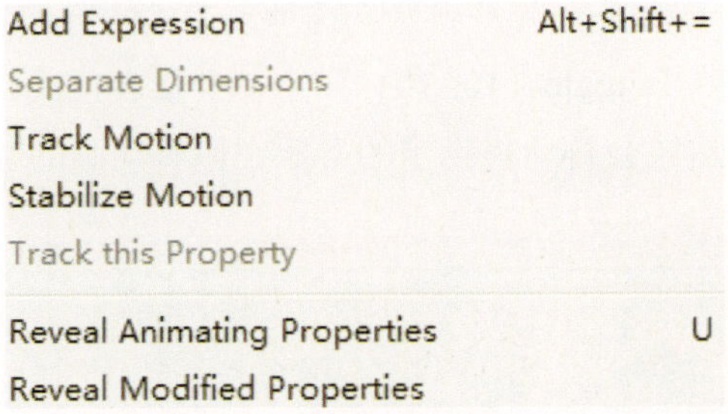

图6-2-7

- Add Expression（添加表达式）：增加表达式用于控制动画属性。在影视特效的合成中，表达式的使用非常频繁。
- Track Motion（运动追踪）：对素材的某一个或多个特征点进行动态跟踪。
- Reveal Animating Properties（显示动画属性）：能够在时间线面板中展开图层设置关键帧动画的属性，其快捷键为U。这是一个非常实用的指令，在对动画进行修正时会经常用到。
- Reveal Modified Properties（显示修改过的属性）：能够在时间线面板中展开图层所有被修改过的动画属性参数。

6.3 表达式动画

对于动画控制来说，表达式控制是我们无法回避的一个非常重要的功能。表达式一方面使我们对于参数变化的控制更加方便和准确，同时利用表达式制作的动画能够产生带有神秘美感的动画效果。

有些时候，你只想从一个图层中复制一个参数，而不是一整套父子链接图层关系。例如，两个图层建立了父子链接，在利用父子链接建立的图层关系中子层级会继承父层级的位置与旋转属性。而应用表达式建立的图层关系，子图层只会继承父层级的一个属性，而其旋转属性由于未被链接到旋转属性，所以该参数不会改变。

通过使用表达式，我们不用设置任何关键帧就可以为参数设置动画。

可以使用表达式为存在的关键帧进行数学归纳管理，例如，增加随机效果、均衡关键帧数值使其变化幅度降低等。

当然，在通常情况下使用其他方法可以实现的效果就不要使用表达式，After Effects具有强大的工具和功能来实现各种各样的效果。例如，使用父子链接可以实现的效果就不需要使用表达式。表达式功能的确很强大，但是它不是万能的，而且精心书写完表达式后还要注意维护表达式。

6.3.1 表达式的概念

简单的说，表达式就是为特定参数赋予特定值的一条或一组语句。最简单的表达式就是一个数值："8"或者类似的"Value*5"。当然，这种表达式的用处不是很大。常量通过调整参数的值来实现就可以。而象"wiggle（10, 10）"这种变量表达式，其用处会更大。当执行该语句时，After Effects的表达式会自动将当前的参数在原有动画的基础上进行上下10点的随机抖动，效果如图6-3-1所示。

图6-3-1

更加复杂的表达式需要用一组语句来进行描述，这时就需要使用到表达式语言了。当然，这通常会涉及到相当多的函数运算，图6-3-2所示为一组较为复杂的语句。

After Effects中的表达式以JavaScript语言为基础。JavaScript包括一套丰富的语言工具，可以用来创建更复杂的表达式，这当然包括最基本的数学运算。深入了解JavaScript语言将对使用After Effects表达式有很大的帮助，但是对JavaScript语言一无所知也没有关系，通过After Effects自带的辅助功能，也可以很快地上手使用乃至熟练运用。

```
source_footage_name = "";
 for (i = 1; i <= thisComp.numLayers; i++){
    if (i == index) continue;
    my_layer = thisComp.layer(i);
    if (! (my_layer.hasVideo && my_layer.active)) continue;
    if (time >= my_layer.inPoint && time < my_layer.outPoint){
       try{
          source_footage_name = my_layer.source.name;
       }catch(err1){
          source_footage_name = my_layer.name
       }
       break;
    }
 }
 source_footage_name
```

图6-3-2

6.3.2 表达式的添加、控制和删除

有两种方法可以为选择的参数加入表达式，一种方法是在时间轴上选择参数后，从Animation菜单中选择Add Expression（快捷键为【Alt+Shift+=】），另一种方法是在按住Alt键的同时使用鼠标左键单击参数左边的码表，这也可以快速为参数加入表达式。我们也可以用相同的方式来移除表达式。

加入表达式后，会发现Timeline中参数的表述方式发生了变化，如图6-3-3所示。

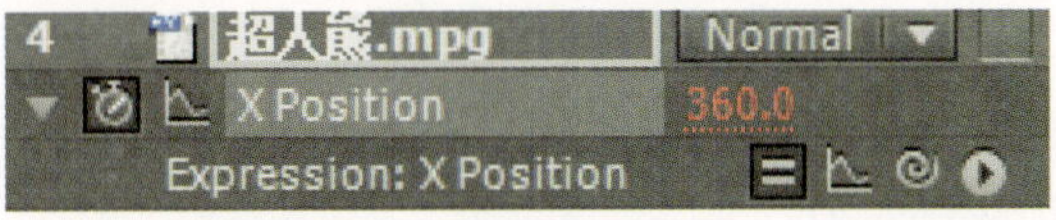

图6-3-3

首先，参数值变为红色，表示该参数由表达式控制，手动编辑该参数将失效。

其次，在参数名称的下侧多了一个“Expression：XPosition”（根据参数不同而变化）的说明，表示该参数是由表达式参与控制的。

第三，在时间轴中增加了一个如图6-3-4所示的表达式编辑区域，该区域可以通过下拉箭头来改变显示范围。

图6-3-4

最后，在参数名称的右下方增加了并排的4个图标。

- 图标：可以控制表达式是否起作用。
- 图标：点击此图标将在时间轴窗口中打开如图6-3-5所示的表达式的变化图表，从

中你可以观察到参数值的变化曲线和参数变化的加速度。如果表达式影响到元素的运动路径，那么合成窗口中显示的路径曲线也会发生变化。

- 图标：拾取线，它是一个辅助书写表达式的工具，只需要简单地将拾取线拖动到另一个参数上面，就可以将该参数加入到表达式的书写之中。
- 图标：它是表达式结构下拉菜单，使用该菜单可以方便地参考After Effects的表达式语言，并且可以清晰地看到表达式所影响到的属性和元素。

在上述4个图标当中，拾取线是制作和编辑表达式的最常用的方式。它最常用的方式就是直接将另一个参数的动画赋予当前参数，使用它可以方便地建立参数之间的链接表达式，例如，如图6-3-6所示的链接参数。

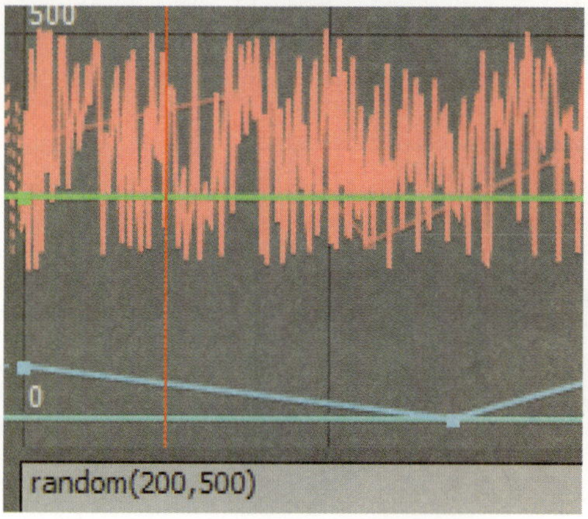

图6-3-5

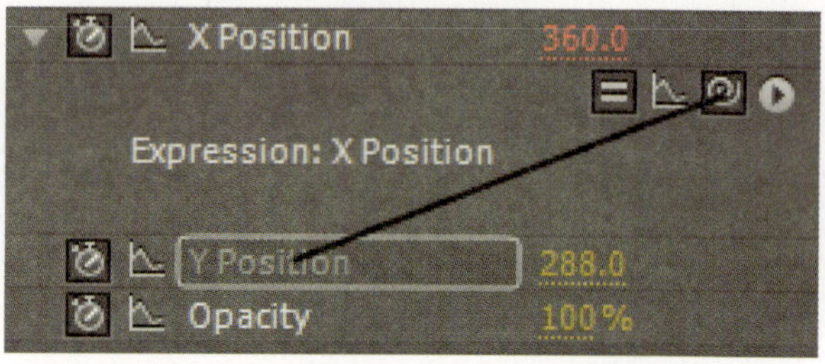

图6-3-6

这种方式的典型应用就是图层参数的拾取，例如，为A图层的X轴坐标变化添加表达式，并拾取B图层Y轴坐标参数动画。这样操作后就可以将A图层的X轴坐标和B图层的Y轴坐标的变化关联起来，只需对B图层的Y轴坐标制作动画，即可同步影响到A图层的X轴坐标的变化，这就比简单的父子关系更加灵活和多变了。拾取后的表达式和动画曲线如图6-3-7所示。

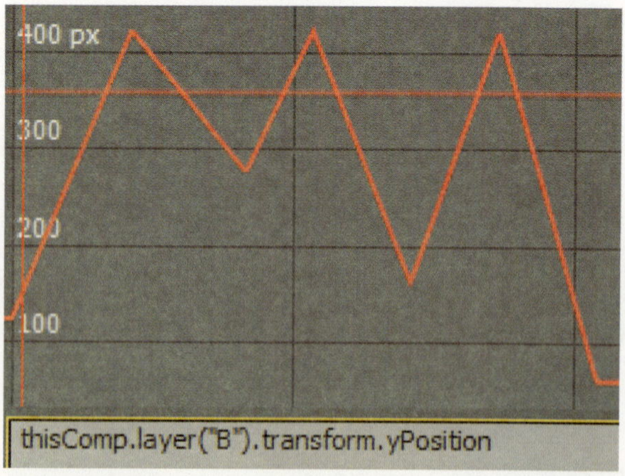

图6-3-7

而在书写表达式时，拾取线也很有帮助。例如，还是为A图层的X轴坐标变化添加表达式，如果希望将B图层的Y轴坐标与X轴坐标相减，那么就可以先拾取B图层的Y轴坐标，继而在表达式的编辑区域，输入“-”（减号），然后再用拾取线拾取B图层的X轴坐标，那么表示B图层的X轴坐标的文字就出现了，按小键盘的回车键或者点击空白处完成表达式的编辑，我们就获得了想要的动画曲线，如图6-3-8所示。

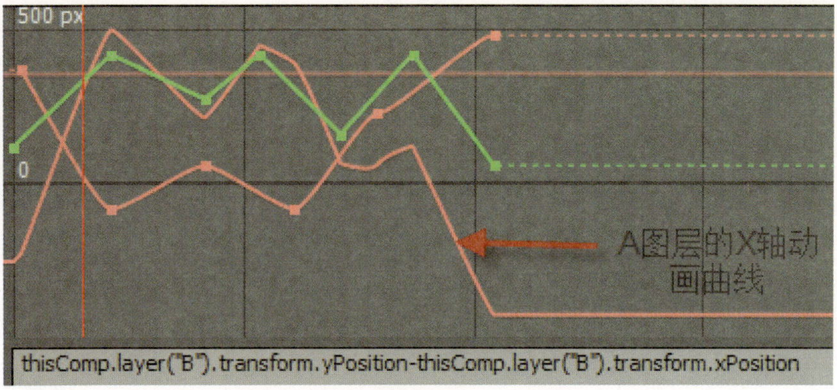

图6-3-8

当然，拾取线仅仅起到自动将链接参数的文字表达添加到表达式文本区。也可以采用手写表达式，但是这种方式远远不及拾取线方便和准确，特别是当需要编写较为复杂的表达式时，拾取线的高效快捷更是体现得淋漓尽致。

表达式结构下拉菜单在功能上与拾取线有些接近，也是方便我们书写表达式的得力工具。我们可以直接从中调用内置好的语句，进行略微的修改即可应用。当然，这就需要我们对于表达式的书写有一定的了解。

6.3.3 书写表达式的方式

表达式是对不同属性的参数进行处理来获得动画结果的，可以直接引用，也可以使用函数进行计算，甚至是通过语言进行判定，那么首先要做的就是在表达式中描述出这些属性参数。

描述这些参数，遵循的是由大到小、由主到从的方式，以“.”连接。

例如，B图层的X轴位置坐标。首先描述最高级别的项目Comp（“”），引号内为Comp名称，如果是本项目，则为thisComp。接下来以“.”连接，到下一级别的Layer（“”），引号内为图层名称。再以“.”连接，接下来为参数描述，X轴位置坐标位于transform属性内，故而为transform.xPosition。这样，加在一起为thisComp.layer（“B”）.transform.xPosition。当然这是默认为当前时间，我们还可以在后面添加时间因素，例如ValueAtTime（time.2），即应用该参数2秒之前的数值，最终的表达式如图6-3-9所示。

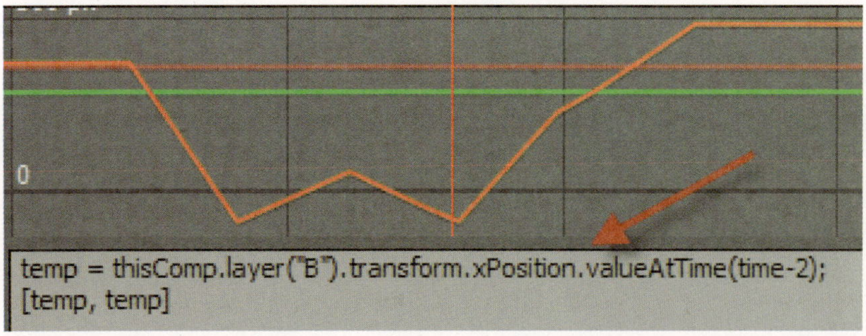

图6-3-9

并不是所有的参数都可以通过拾取线获得，例如Comp的宽、高、时间等，那么在书写表达式时如何知道哪些参数可以使用、哪些参数不可以使用呢，这就要发挥表达式结构下拉菜单（如图6-3-10所示）的作用了。

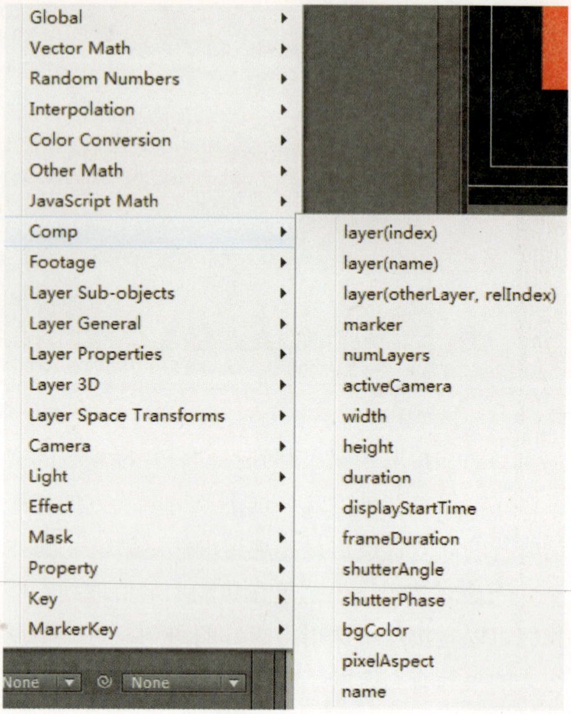

图6-3-10

例如，我们想知道Comp之后可以有哪些选择，可以单击下拉菜单按钮，找到Comp组进行查看，也可以点击某个选项获取词汇，只要稍加修改即可。在表达式结构下拉菜单中，Global栏里是最高级选择，我们可以从这里开始书写。

After Effects的表达式是基于JavaScript语言的，想要深入了解和使用After Effects的表达式功能，可以去查看JavaScript的使用方式，如定义函数、书写命令行等，这几乎需要我们另写一本书了，在这里就不赘述了。在这里主要讲解表达式的使用方式，希望能够解放合成师的思想，拓宽其能力。下面讲解一下简单表达式的书写规则。

- 每一行表达式以“;”结束。
- 可以用“+”、“−”、“×”、“\”等数学运算符号连接各个参数。
- 赋值号“=”可以用来定义新的变量，以便更加方便地书写。在这里“=”并非判定性符号，而是动作性符号。
- 当前添加表达式的参数不需要特意写出来。在表达式的最后一行，就是用来给该参数赋值的。例如，位置参数只需要在表达式最后一行添加[a,b]（a,b位置由前面的表达式所获得）即可。
- 一句表达式控制一个参数。因为一句表达式仅链接在一个参数上，它仅将值赋予该参数。例如，你不可以使用一句表达式来同时修改一个图层的位置和旋转值。你只有创建两个区分开来的关键帧，一个链接到位置属性上，另一个链接到旋转属性上。

例如，将A图层的X轴坐标给到C图层的X坐标上，A图层的X轴坐标与B图层的Y轴坐标的和给到C图层的Y坐标上，我们可以在C图层的Position参数添加如下表达式。

```
x = thisComp.layer("A").position[0];
y = thisComp.layer("B").position[1];
[x,x+y];
```

在表达式的书写中，需要处理的参数类型有很多，而引用方式也会发生相应的变化，甚至还可以定义一个全新的变量并利用它来完成计算。

6.3.4 向量、阵列、索引、维数

有时候我们会发现通过拾取线创建的表达式看上去好象在重复参数，例如，如果将位置参数的拾取线拖动到旋转参数上，得到的表达式为[rotation, rotation]。这是因为位置属性有两个参数（X,Y）坐标，而旋转属性只有一个参数。在建立链接关系后，表达式自动将旋转参数应用两次不同位置属性的X、Y坐标参数。

由两个或三个数值来描述属性的参数组叫做向量或阵列，After Effects中的很多属性参数是向量式的，包括位置、轴心点和缩放等属性。与阵列对应的用单个数值来描述属性的参数叫做标量式参数。

1．向量与阵列

向量是阵列的一种特殊类型。简单的说，向量是既有大小又有方向的数字阵列，其运算结果既要考虑到大小又要考虑到方向；而阵列是一套独立元素的组合，阵列中可以包含任何元素，可以是物体阵列、词汇阵列或者是混合阵列，例如，A=[10, myArray, "bob"]。

也许没有人会知道上面的这种阵列会有什么用处，但是它确实是一个正确的阵列，当然在After Effects中我们大部分时间内遇到的是数字阵列（也叫向量）。所以，在接下来的讲述中，当谈论到通用的概念和操作应用时，我们使用阵列来描述；而当涉及到特殊的数字阵列时，我们用向量来描述。

2．索引

对于阵列来说，可以使用阵列名加上包含数字的中括号，并从阵列中提取需要的单一元素，例如：position[0]，这种表达方法叫做索引。

注意，在阵列中使用索引调用元素时，必须从0开始计数第一个元素。所以，上面的表达式将返回位置属性向量中的第一个参数——X坐标，那么position[1]就是返回位置属性中的Y坐标。

例如，为Position参数输入如下表达式：

```
y = position[1];
[9,y];
```

则该参数的X坐标被强制为9，而Y坐标的动画不变，效果如图6-3-11所示。

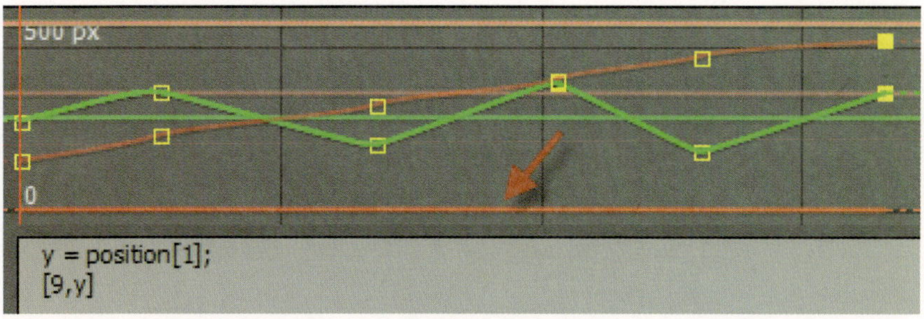

图6-3-11

这一则表达式可以用`[9, position[1]]`来表示，这样会更加简略一些，如果涉及到较为复杂的运算时，这种方式就会非常简便。

如果要建立阵列，可以将数值以逗号分隔开放入中括号中，例如:`myArray=[10,20,30];`。该表达式的意思是将一个三维数组赋予变量myArray，该数组中包含三个元素分别是10、20、30。

3. 维数

阵列中的元素个数代表阵列的维数，例如，上面的myArray是一个三维数组。位置属性是一个二维数组或三维数组（转变为三维图层），标量式的属性（如旋转和不透明度）则属于一维数组。准确的说，单一数字或者是标量数值就是一维向量。下表为各种维数及其对应示例。

维数	属性示例
1	Rotation ° Opacity %
2	Scale [x=width, y=height] Position [x, y] Anchor Point [x, y] Audio Levels [left, right]
3	Scale [width, height, depth] 3D Position [x, y, z] 3D Anchor Point [x, y, z] Orientation [x, y, z]
4	Color [red, green,blue,alpha]

注意

当使用涉及到3D图层的结构时要特别注意，如果将图层设置为3D图层，就需要重新书写表达式，要将位置与轴心点Z轴考虑进去。After Effects会自动将丢失的Z轴设置为0，这当然比出现程序错误要强的多，但是所得到的结果未必是我们需要的，因为表达式将忽略轴心点的Z轴坐标的变化。

6.3.5 数学运算、函数、语句

在表达式中，函数以及数学运算是非常重要的组成部分。

1. 数学运算

先说一下数学运算。在控制参数变化时，经常需要多个参数参与才可以完成运算。这就需要自己手动将这些参数用数学符号连接起来。

例如，将C图层置于A图层与B图层之间。C图层的Position参数的表达式如下：

```
(thisComp.layer("A").position + thisComp.layer("B").position)/2;
```

这样我们就获得了一个互动的效果，无论调整A图层的位置或者B图层的位置，C图层都会跟着运动。

还可以提供更加复杂的效果。例如，为图层1制作运动拖尾效果，可以复制图层1并命名为图层2，再为其Position参数添加如下表达式：

```
thisComp.layer(thisLayer, .1).position.valueAtTime(time .5);
```

接下来，我们为Scale参数添加如下表达式：

```
thisComp.layer(thisLayer, .1).scale.[5,5];
```

为opacity参数添加表达式：

```
thisComp.layer(thisLayer, .1).opacity.5;
```

下面开始为图层1制作动画，按【Ctrl+D】快捷键将图层1复制为图层2，这样就可以获得拖尾的效果了，如图6-3-12所示。

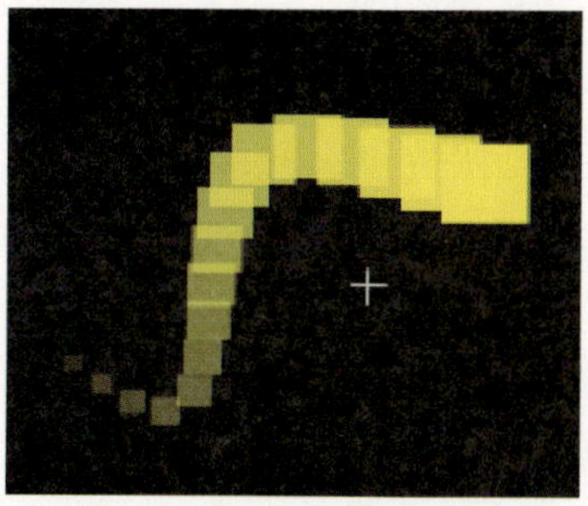
图6-3-12

在这里特别强调一下，有时候需要调整当前参数值来匹配目标参数。例如，在使用图层的旋转属性来控制图层的不透明度属性时，会发现当旋转属性达到100度时，不透明度属性就达到了上限，但是我们想要的效果是当图层完成一个周期的旋转时其不透明度回到原来的值，这时就需要调整参数范围来达到我们的需要了。

缩放参数范围值的方法很简单，还是使用上面的例子来说明，我们需要将旋转参数的范围（0～360）缩放到不透明度参数的范围（0～100），所以需要为不透明度添加如下的表达式`rotation/360*100`。这样一来，就得到了我们所需要的效果，不透明度会在0～360度范围内变化。

2. 函数

手动书写或者计算出我们想要的表达式是很有成就感的，但是有很多的运算是无法通过简单的四则运算来得出的，这时就需要用到函数。

函数的概念大家并不陌生，对JavaScript语言比较熟悉的话可以自己定义函数。不同的函数拥有不同的变量，我们要做的仅仅是了解这些变量的含义并输入相应的信息。

例如，`linear(t, tMin, tMax,value1,value2)`。

这些语句看起来很复杂，因为语句中包含很多参数。

- t在这里代指的某一个参数变量，该参数必须是一维的，该参数为必选参数。
- tMin为当前参数范围的下限，该参数为可选参数，如果参数范围的下限或上限被忽略掉了，那么After Effects会将参数的范围定义在0～1。
- tMax为当前参数范围的上限，该参数为可选参数。
- value1为目标参数范围下限。当t≤t_min时，表达式返回该值，该值可以是一维标量也可以是二维向量，与value1的维数相同，该参数为必选参数。
- value2为目标参数范围上限。当t≥t_max时，表达式返回该值，该值可以是一维标量也可以是二维向量，但是如果该值与value1的维数不同，After Effects会自动以value1值为标准进行匹配，该参数为必选参数。

通过下面的例子让我们来了解一下该语句的含义：

```
Linear(time, 0, 5, 0, 360);
```

通过上面的学习，我们应该将这个语句理解为：时间的变化范围是0～5，目标参数的范围是0～360，整个变化过程是线性的。如果将该表达式应用到图层的旋转属性上，那么会发现图层在前5秒内完成了一周的旋转。应用该表达式后，图层在第五秒停止旋转，这就是与前面介绍的直接手写公式time/5*360最大的区别，函数自动在当前参数与目标参数之间采样范围极值。

关于函数的具体含义，可以参看帮助文档的Expression Language Reference部分，或者在网络上寻找范例资料，在这里就不一一讲解了。

3. 语句

函数和数学运算仅仅是对于数字的处理，我们还可以通过语句来进行逻辑判断，从而获得更加丰富的效果。

例如，希望通过图层与摄像机之间的距离来判定图层的不透明度，则可以在图层的Opacity参数添加如下表达式：

```
startFade = 500;
endFade = 1500;
try{ C = thisComp.activeCamera.toWorld([0,0,0]);
}
catch(err){ w = thisComp.width * thisComp.pixelAspect;
z = (w/2)/Math.tan(degreesToRadians(19.799) );
C = [0,0,.z];
}
P = toWorld(anchorPoint);
d = length(C,P);
linear(d,startFade,endFade,100,0);
```

通过上述语句可以看出，当图层距离摄像机小于500时不透明度为100，当大于1500时不透明度为0。如果没有摄像机的话，则为默认的50mm摄像机的参数。上述语句中间的部分正是这一判断的说明。关于此部分，请自行参阅JavaScript相关书籍。

表达式的运用还有很多有用的技巧，它们可以帮助我们获得绚丽、神秘的效果。大家可以参看软件帮助手册以及网络上的案例资料进行进一步的学习。

6.4 小结

本章学习了如何控制我们制作的动画效果。动画的控制是合成过程中非常重要的一点，而想要制作好动画，关键是锻炼动作的感觉，不仅仅是技术上的提高。当然，使用表达式等手段来制作复杂动画也是一个发展方向。

第7章

多通道合成案例分析

本章导读

在本章中，我们将完成一个多通道合成的案例。它相对简单，但却是三维动画合成中最常用的手法。本案例最终效果如图7-1所示。

图7-1

7.1 素材的准备

01 打开After Effects软件，新建并保存一个名为“Transformer”的新工程文件。

02 打开素材所在的文件夹（素材位置为“光盘：\本书素材\Unit7\”），选择所有的序列文件并拖曳到Project窗口。这是三维软件渲染所获得的素材的常用方式，如图7-1-1 所示。

通过这一操作我们就获得了本镜头所需的所有的信息来源，接下来要规范一下素材的相关信息。

03 新建一个名为Zhuanshen_Texie的文件夹，将素材移入该文件夹，并对所有的素材名称进行精简，去掉文件夹名称所携带的信息部分，如图7-1-2所示。

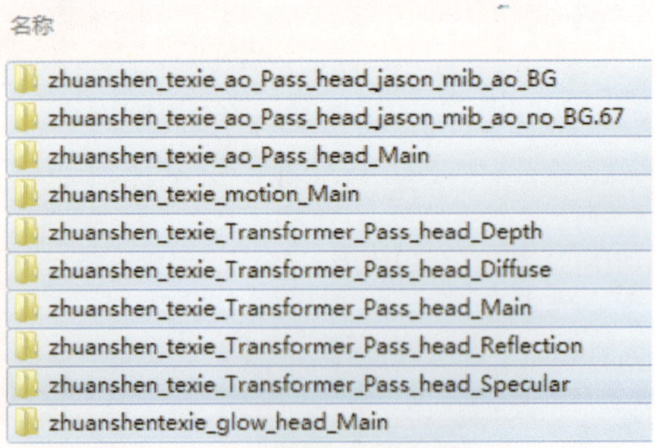

图7-1-1

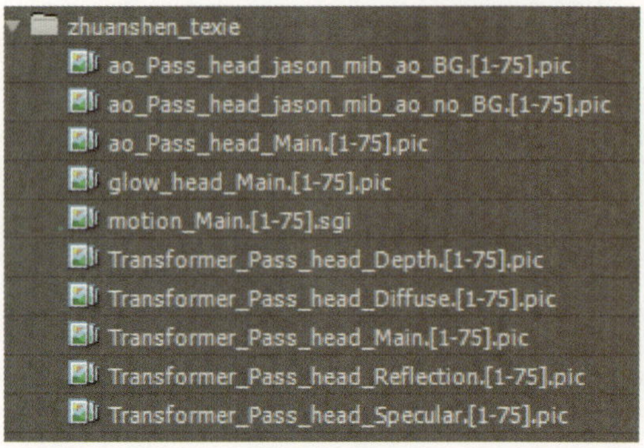

图7-1-2

04 选择素材文件Transformer_Pass_head_Main.[1-75].pic，按【Ctrl+Alt+G】快捷键，调出素材属性。

05 将素材的帧速率改为24，并单击“OK”按钮，如图7-1-3所示。

06 按【Ctrl+Alt+C】快捷键复制此素材属性，再选中其他所有图层，并按【Ctrl+Alt+V】快捷键粘贴该属性，如图7-1-4 所示。

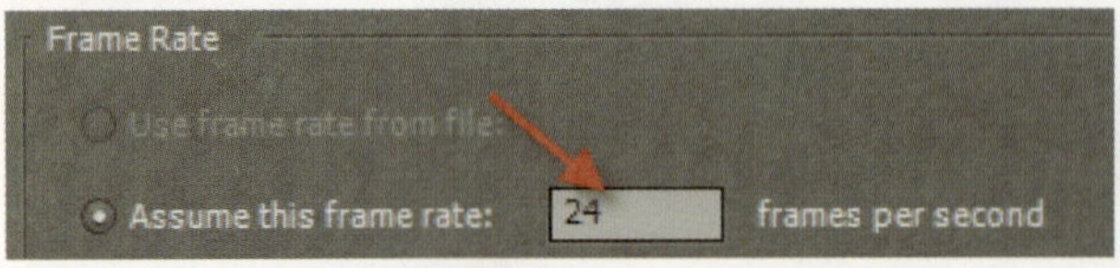

图7-1-3

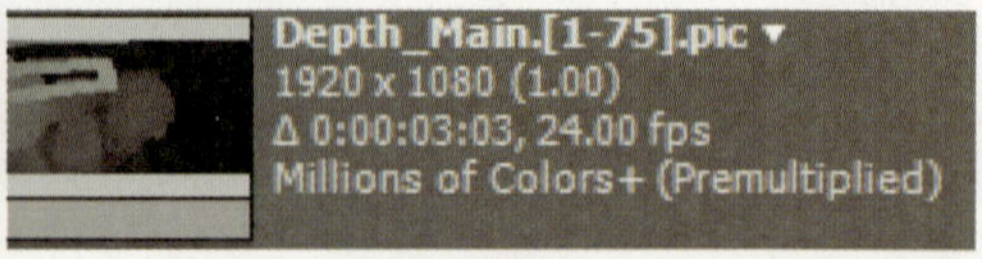

图7-1-4

这样，所有的素材都具备了相同的属性，接下来我们认识一下各个通道。

7.2 认识各个通道

首先双击各个素材来认识一下各个通道。

- ao_Pass_head_Main.[1–75].pic：该素材为AO图层的主要信息来源，与之相对应的是素材ao_Pass_head_jason_mib_ao_BG.[1–75].pic和ao_Pass_head_jason_mib_ao_no_BG.[1–75].pic，它们分别为我们提供AO通道本身的明暗等信息，如图7–2–1所示。
- glow_head_Main.[1–75].pic：并非是所有的合成中都会有该通道，但它也是一个典型的代表。它提供了机器人身上的数个光源的信息。类似的，在进行动画合成时，经常会根据需求增加通道的数量以应付日趋复杂的场景，如图7–2–2所示。

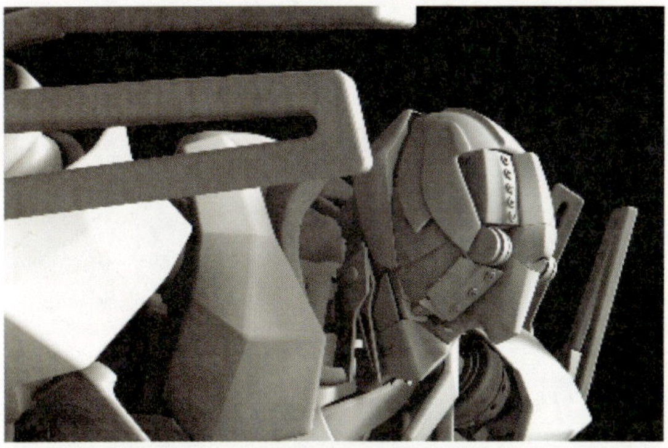

图7–2–1

图7–2–2

- motion_Main.[1–75].sgi：它是一个相对特殊的通道——速度通道。通过该通道的信息，可以制作相对准确的运动模糊效果。对于三维动画来说，运动模糊是非常消耗运算资源的一类效果，在计算机计算能力无法达到的情况下，速度通道为我们获得高质量而且低成本的运动模糊效果提供了可能，如图7–2–3所示。
- Transformer_Pass_head_Depth.[1–75].pic：它是一个比较有用的信息——景深信息，我们可以利用景深信息进行合成或者制作有层次的景深模糊，如图7–2–4所示。

图7–2–3

图7–2–4

- Transformer_Pass_head_Main.[1–75].pic：主要的色彩信息，也是进行合成的基础部分，配合Diffuse通道（图7–2–5所示）、Reflection通道（图7–2–6所示）和Specular通道（图7–2–7所示）来控制图层的色彩。

图7-2-5

图7-2-6

注意 在比较复杂的合成场景中，会出现阴影通道、投影通道、大气通道等更多的通道信息，本案例由于是特写镜头，故而相对通道较少。

图7-2-7

7.3 通道的基本融合

01 将Transformer_Pass_head_Main.[1-75].pic拖曳到时间线上创建新的Comp，并将此Comp重命名为“Final Render”，图层命名为“RGBA”。

02 在Project 窗口新建文件夹，并命名为“Comp”，用来存储各个Comp，如图7-3-1所示。

03 将与AO图层相关的三个图层拖曳到时间线上，置于RGBA图层的上方（如图7-3-2所示），并按【Ctrl+Shift+C】快捷键将预合成名为“AO”的Comp并打开，如图7-3-3所示。

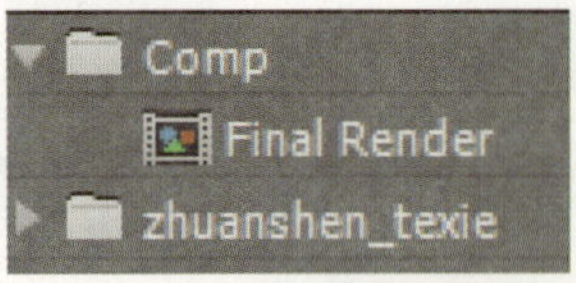

图7-3-1

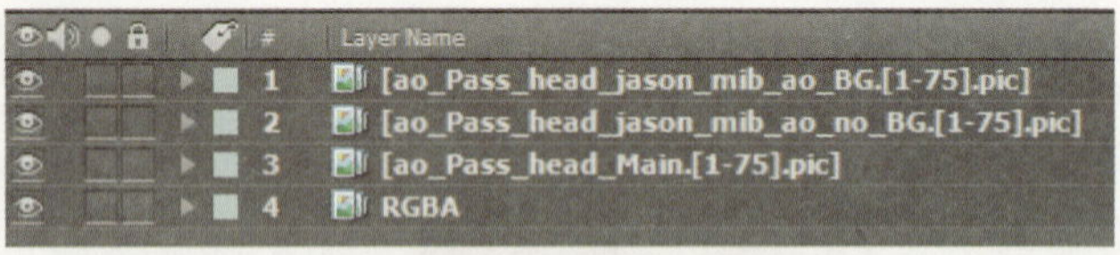

图7-3-2

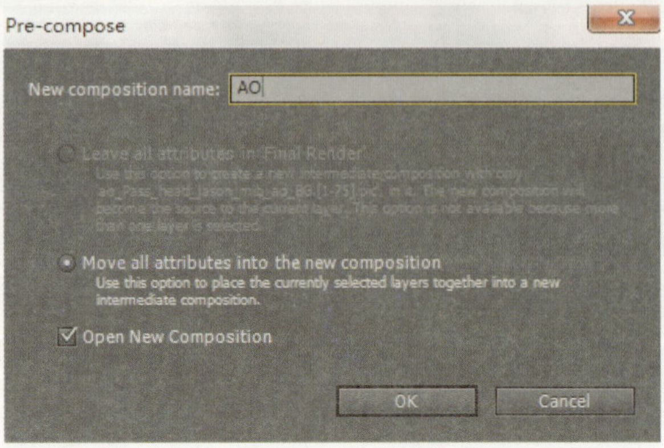

图7-3-3

04 在图层“AO”中，将明暗两层的叠加模式调整为Overlay，并将透明度调节为0，如图7-3-4所示。

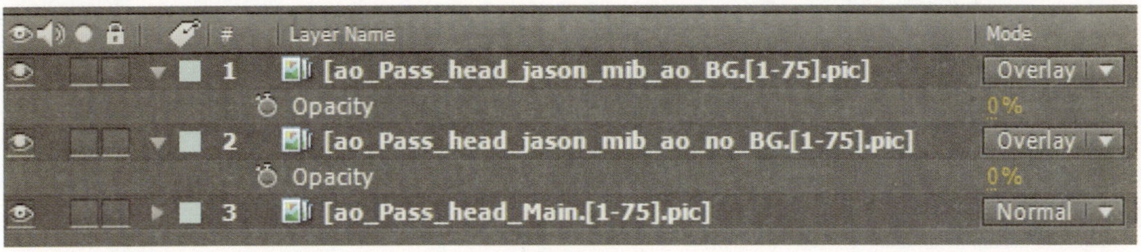

图7-3-4

05 回到Final Render，将图层“AO”的叠加模式调节为Overlay，如图7-3-5所示。

图7-3-5

06 打开和关闭图层“AO”，对比图层“AO”叠加前后的效果（如图7-3-6 所示）。此时要注意质感对于图像的影响。

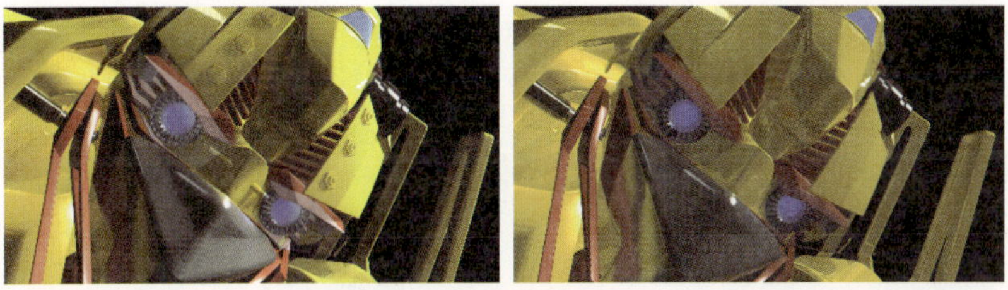

图7-3-6

07 调节图层“AO”的透明度，控制其影响的力度，如图7-3-7所示。

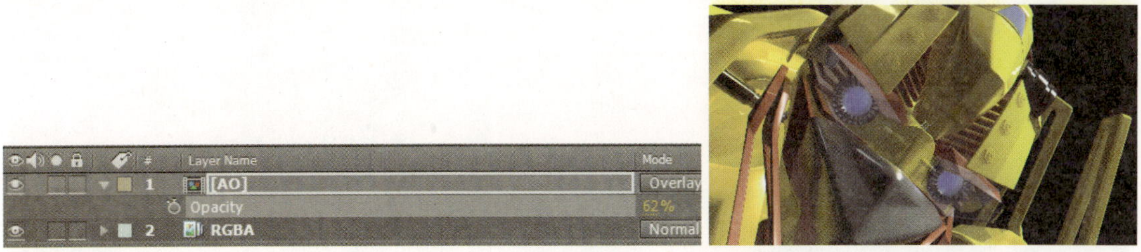

图7-3-7

08 将Diffuse、Reflection和Specular通道拖曳到时间线上并进行重命名，如图7-3-8所示。

09 根据各自通道的特点，将Diffuse的叠加模式改为Softlight，将Reflection、Specular的叠加模式改为Add，并调节各自的不透明度，如图7-3-9所示。

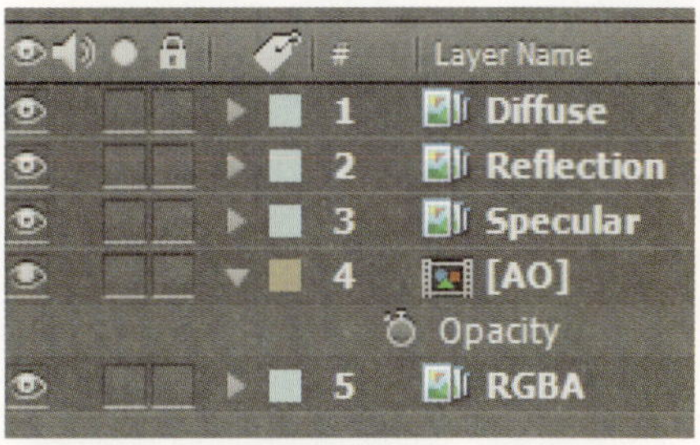

图7-3-8

图7-3-9

10 将glow_head_Main.[1-75].pic拖曳到时间线上并将其重命名为“Glow”。

11 将图层“Glow”的叠加模式改为Add，如图7-3-10 所示。

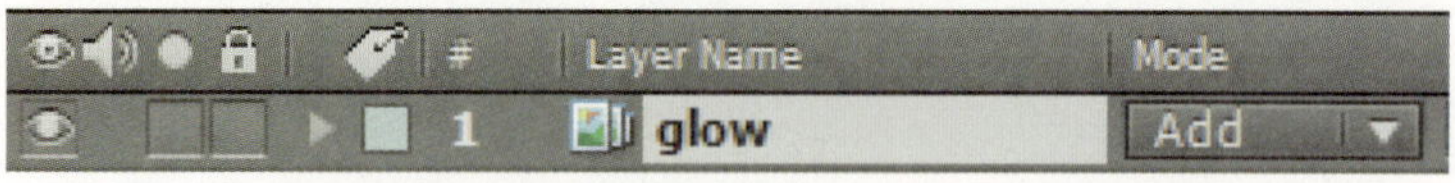

图7-3-10

12 为图层“Glow”添加Curves滤镜，调节整体的亮度，并调节图层本身的不透明度信息，如图7-3-11所示。

图层“Glow”的叠加效果主要体现在机器人身体上能量的光芒上，可以将时间拖到较晚的位置，比如机器人起跳的瞬间，如图7-3-12所示。

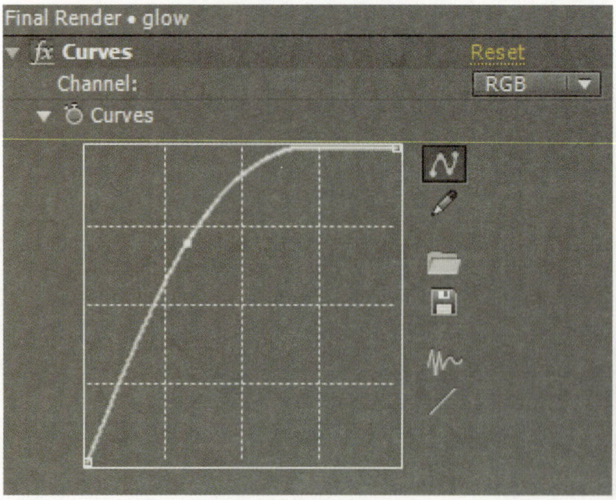

图7-3-11

图7-3-12

13 调节 Comp “AO” 中图层ao_Pass_head_jason_mib_ao_BG.[1-75].pic的不透明度，查看合成的暗部变化；调节图层ao_Pass_head_jason_mib_ao_no_BG.[1-75].pic的不透明度，查看合成的亮部变化；反复调节两个图层，并对比Comp “Final Render” 的合成效果，如图7-3-13所示。

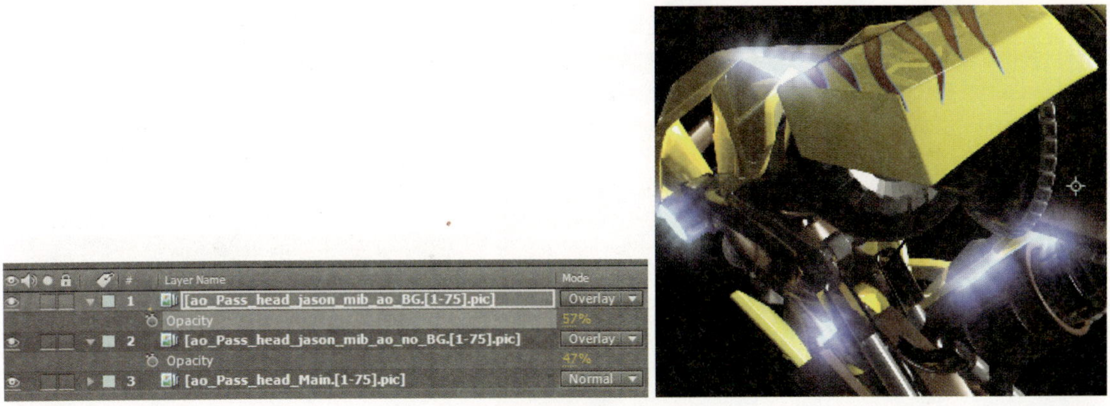

图7-3-13

注意 多通道合成所产生的对比度变化，更加地真实和细腻。

14 回到Final Render，选中所有的图层，按【Ctrl+Shift+C】快捷键将其预合成，命名为“Color”，如图7-3-14 所示。

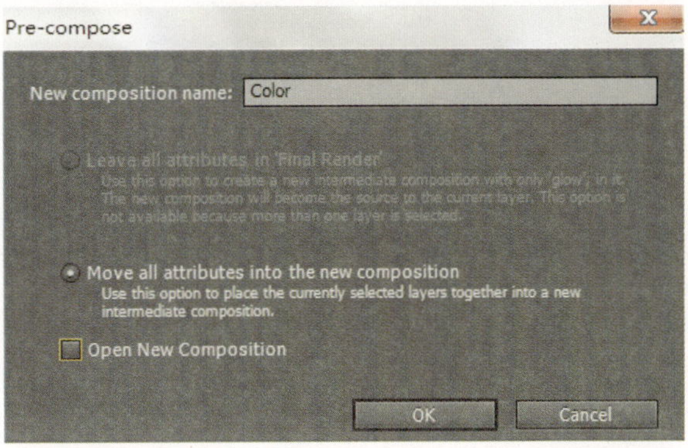

图7-3-14

7.4 添加辅助效果

01 将Transformer_Pass_head_Depth.[1-75].pic拖曳到Final Render中，并将图层重命名为“Depth”，如图7-4-1所示。

02 选中图层“Depth”，按【Ctrl+Shift+C】快捷键将其预合成，命名为“Z.Depth”并打开，如图7-4-2所示。

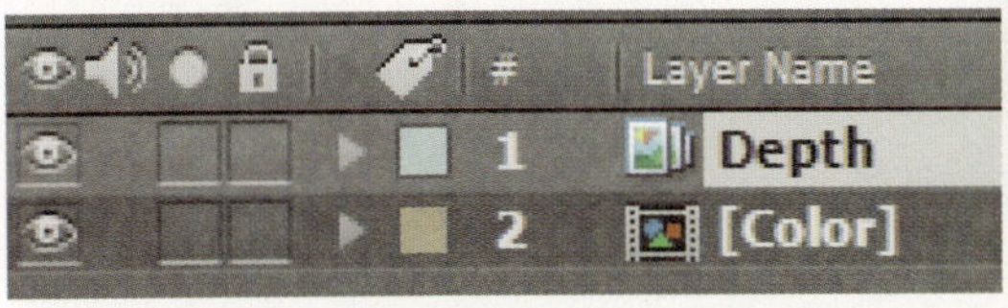

图7-4-1

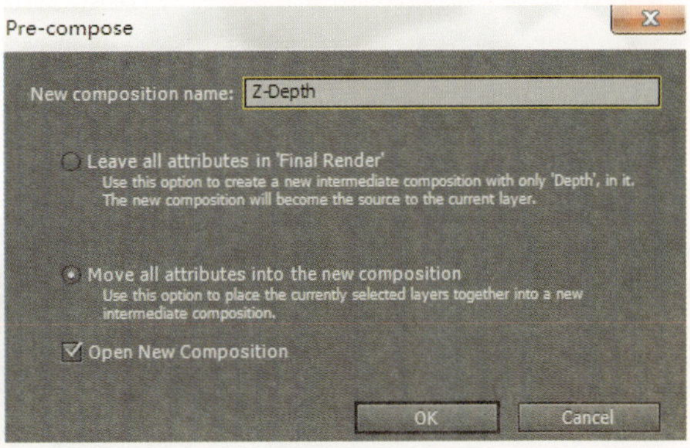

图7-4-2

03 为图层“Depth”添加Levels滤镜，如图7-4-3所示。

04 调节Levels滤镜，使得近景几近于纯白色，如图7-4-4所示。

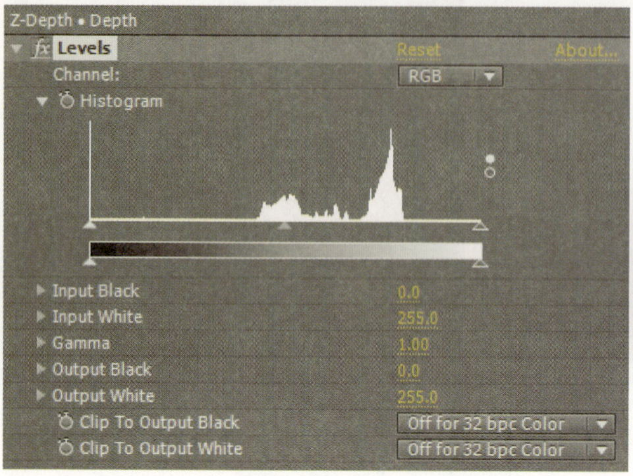

图7-4-3

图7-4-4

05 回到Final Render，关闭图层“Z.Depth”。

06 为图层“Color”添加Compound Blur滤镜，如图7-4-5所示。

07 将Blur Layer选择为图层“Z.Depth”，点开Invert Blur反转效果，调节Maximum Blur参数，效果如图7-4-6所示。

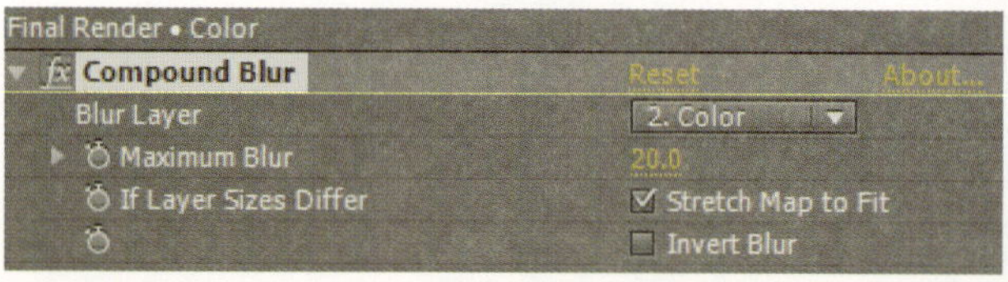

图7-4-5

图7-4-6

注意　景深模糊的效果通常不是很大，而对于3D动画的合成，角色与环境也是分开渲染的，可以针对不同的物体选择不同程度的模糊。

08 按【0】键预览动画效果，如果发现近景出现模糊的效果时，可对图层“Depth”的levels滤镜制作关键帧动画，直到整个时间过程中的近实远虚效果达到满意为止，如图7-4-7所示。

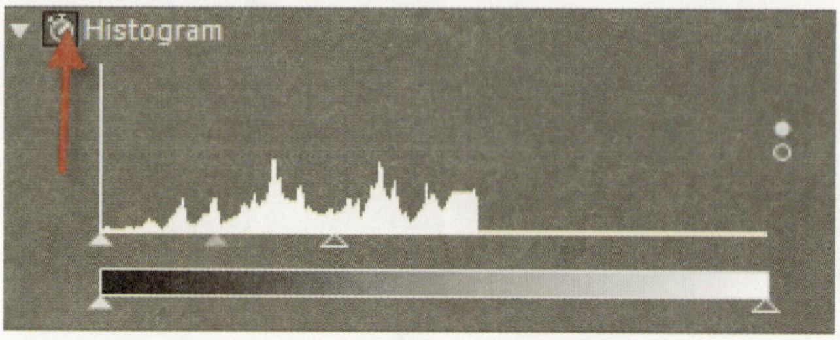

图7-4-7

09 将motion_Main.[1-75].sgi导入到Final Render中，并关闭该图层。

10 运动模糊的添加需要一个插件，这一点需要读者自行准备。为图层“Color”添加滤镜RSMB，如图7-4-8所示。

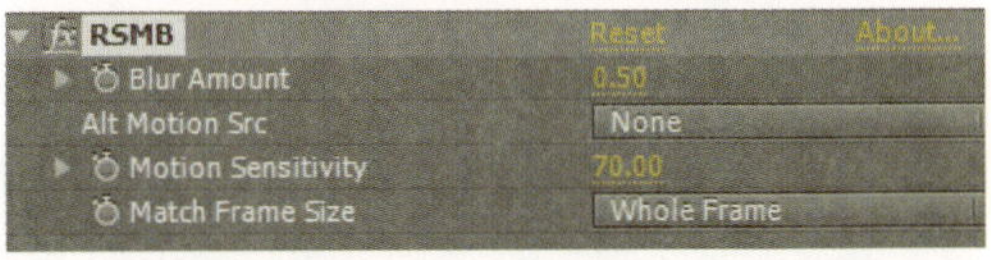

图7–4–8

11 调节Alt Motion Src为图层“motion_Main.[1-75].sgi”，观察运动模糊的效果并调节Blur Amount参数，如图7-4-9所示。

12 按【0】键预览动画效果并对Blur Amount参数制作关键帧动画以符合视觉需求，效果如图7-4-10所示。

图7–4–9

图7–4–10

7.5 渲染输出

01 选择Final Render，并按【Ctrl+M】快捷键输出该Comp，如图7-5-1所示。

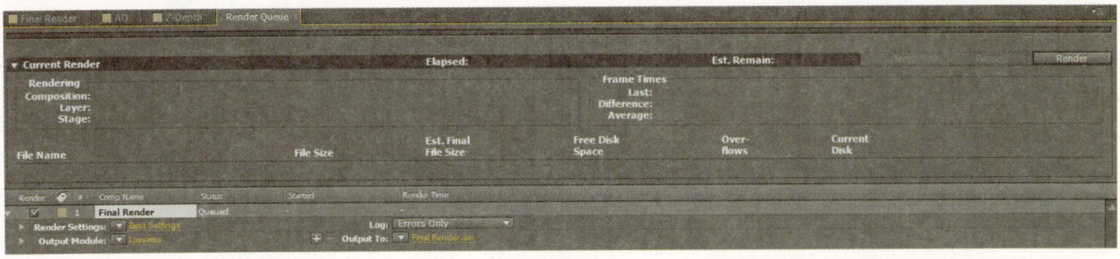

图7–5–1

02 选择合适的输出路径。

03 点击Output Module的输出设置，如图7-5-2所示。

图7–5–2

04 由于我们的合成仅仅是完成了机器人部分，所以需要输出带有透明通道的文件格式，此时选择Targa Sequence，苹果用户可以选择QuickTime，如图7-5-3所示。

05 选择最高的输出质量，如图7-5-4所示。

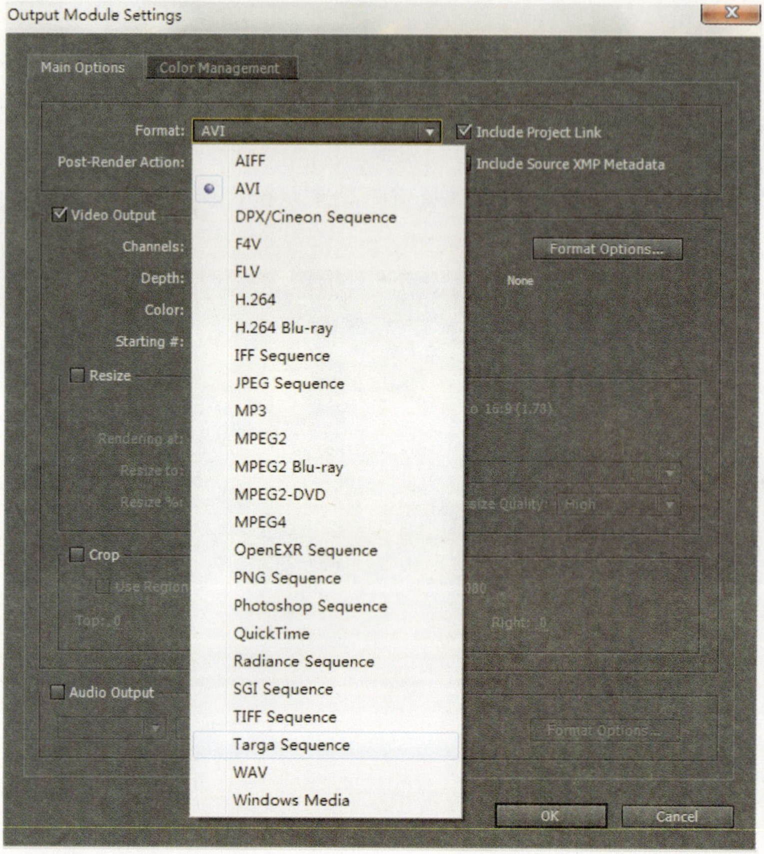

图7-5-3

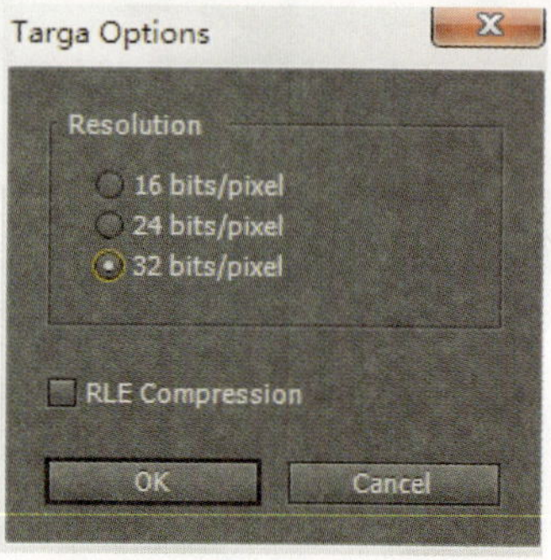

图7-5-4

06 单击“OK”按钮。

07 单击“Render”按钮渲染输出。

08 保存工程文件。

7.6 小结

本章案例为多通道合成，在实际的动画制作时，通道的数量将取决于场景的复杂程度。复杂的电影场景往往需要控制上百乃是上千通道信息，这就需要合成师对于每一个通道都有一个明确的认识和清晰的思路。

第8章

扭曲及键控效果案例分析

本章导读

本章的重点为掌握抠像技法，在本章案例中，我们将学习怎样在素材拍摄不足的情况下利用强大的抠像工具对图像进行抠像以及利用路径进行动态抠像，并使用曲线变形等工具将抠像的结果进行处理，创造出人从杯子里倒出的效果。本案例的最终效果如图8-1所示。

图8-1

8.1 新建项目并导入素材

01 打开 After Effects CS5软件，在File文件菜单中，选择新建项目New Project。

02 鼠标右键点击项目库中的空白位置，或者在菜单栏选择导入多个文件（Import→ Multiple File命令），选择“光盘：\本书素材\Unit8\”文件夹的素材（背景图片“bg.jpg”、文件夹“杯子”、“body”里边的tga图），并分别以序列方式导入（如图8-1-1所示），全部素材导入后单击“Done”按钮完成导入工作。

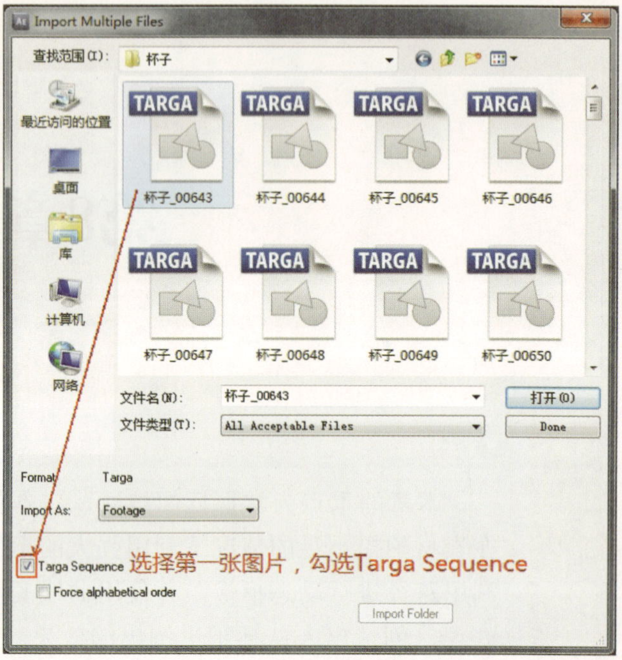

图8-1-1

8.2 定义素材

我们查看一下素材body序列图的视频信息，它的帧速率是30帧/秒，与之后要建立的25帧/秒的合成不符，所以需要对素材做一个解释，来改变它的帧速率，以符合后边的编辑工作，具体设置如图8-2-1和图8-2-2所示。

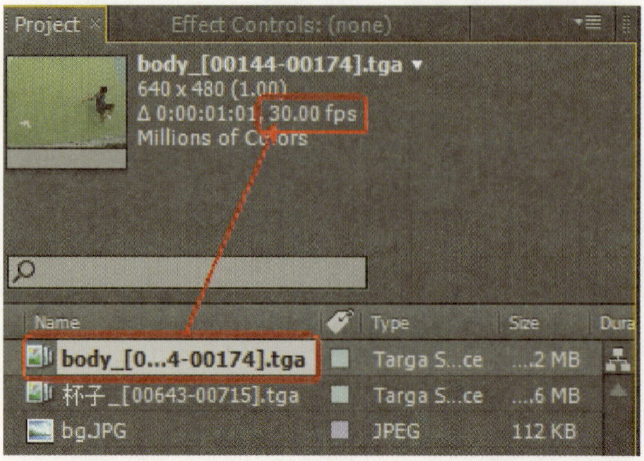

图8-2-1

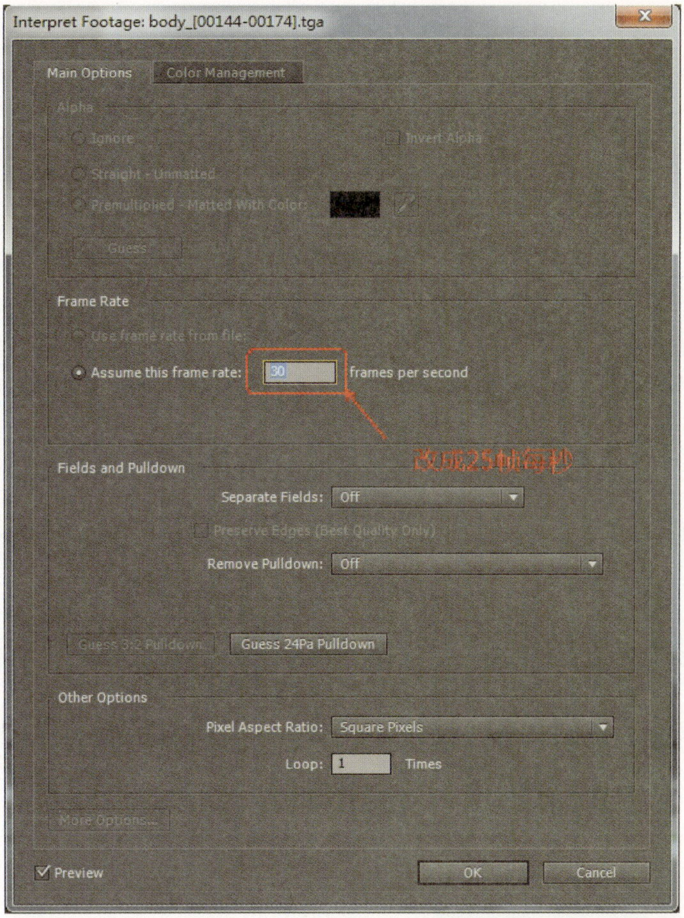

图8–2–2

8.3 制作项目背景

01 在项目Project窗口，把素材body.tga序列拖曳到下方的新建合成图标上，这样我们就基于序列图新建了一个合成（如图8-3-1所示）。

02 利用这段素材进行抠像，去除人物以外的背景，如图8-3-2所示。

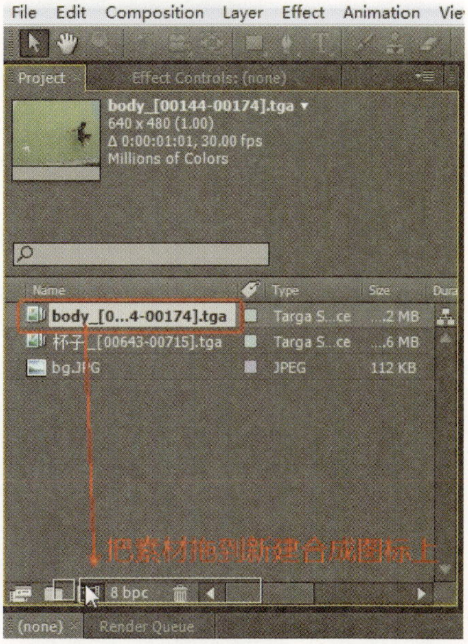

图8–3–1

图8-3-2

03 按【0】键来预览一下合成，查看素材，这是一段实拍的人物跳跃的视频片段。由于某种限制我们往往得不到很理想的设备与条件来进行绿屏的拍摄，这给去除背景的工作带来了许多麻烦。首先分析素材，这段素材是利用户外的墙面拍摄的，所以颜色不是那么统一（如图8-3-3所示）。

04 如图8-3-4所示，可以看到图像里有很多与背景绿色差异相对较大的颜色，例如左右上角的颜色块以及地面杂草都是之后要逐一解决的。

图8-3-3

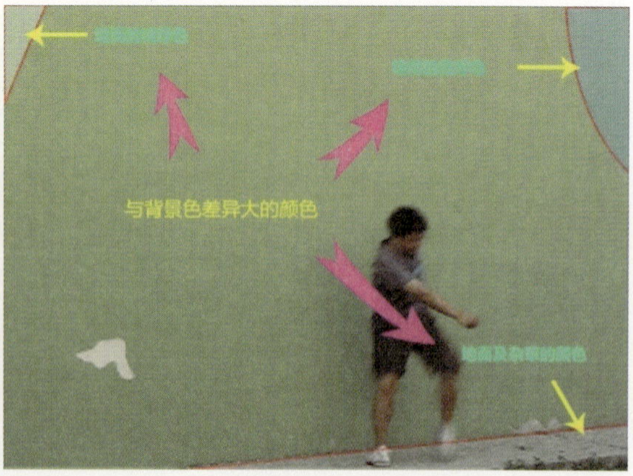

图8-3-4

多种抠像特效

知识点 对于一个图层，After Effects也可以应用多个抠像特效，并根据各个特效的特点，调节其参数，达到最终合成效果。

在After Effects中，有Color Difference Key、Color Key、Color Range、Difference Matte、Extract、Inner/Outer Key、Keylight、linear Color Key、Luma Key等多种抠像方式，这些特效都在Keying特效组中。下面对集中抠像方式做一个简单的介绍（KeyLight将在下一节中介绍）。

- Color Difference Key：它是将前景根据所选的抠像底色分成A、B两层，这两部分叠加后生成Alpha层，通过使用吸管工具选择A、B两层的黑色（透明）与白色（不透明），完成最终的抠像效果。这种抠像方式可以较好地还原均匀蓝底或绿底上的烟雾、玻璃等半透明物体。
- Color Key：它可以抠除与抠像底色相近的颜色。在Color Key中只可以选择一种颜色进行抠除。对于非常简单的抠像我们可以用它。
- Color Range：它可以按照RGB、Lab或YUV的方式对一定范围内的颜色进行选择。这种抠像效果常用于蓝底或绿底颜色不均匀时的抠像。
- Difference Matte：它是一种从两个相同背景的图层中将前景抠出的方法。这种抠像的方式要求背景最好是图片，前景是用三脚架在同一位置稳定拍摄的镜头，使用价值不是很大。
- Extract：它可以根据亮度范围来进行抠像。这种抠像方式主要用于白底或黑底情况下的抠像，同时还可以用于清除镜头中的阴影。
- Inner/Outer Key：这种抠像效果需要先在前景中大致定义包含需要保留的物体的闭合路径和需要抠出部分的路径。这些路径的模式都要设为None。Inner/Outer Key可以根据这些路径自动对前景进行抠像处理。
- linear Color Key：它是一种针对颜色的抠像处理方式。
- Luma Key：它是一种根据亮度进行抠像的工具，通常用来对带有晕光的物体进行抠像。

由此可知，After Effects中主要有3种抠像方式，即：根据颜色、亮度和画面进行抠像。最常用的是根据颜色和亮度进行抠像。

知识点

在对颜色或亮度的抠像中，通常按以下步骤进行操作：将图层定义为高精度模式，然后从图层中选择颜色，将其定义为抠像底色，再调整边缘羽化、色容差等其他参数，在检验抠像效果后，最后还要对抠像的边缘、溢出的颜色进行调整。

8.4 抠像

01 下面我们先大体抠除图像中的绿色，由于素材是在室外拍摄，这造成了光线的不统一，从而使背景的绿色不是很统一，导致抠像很麻烦。这里有一个技巧，我们选择图层“body”，并选择Effect（效果）→Keying（键控）→Color Key（颜色键）命令。

02 在特效控制台可以看到被应用的Color Key效果，选择吸管工具，把时间线移动到0帧，在画面的所标注的区域内吸取颜色（如图8-4-1所示）。

图8–4–1

03 在特效控制台Effect Control面板中选择Color Key，按【Ctrl+D】快捷键两次复制特效，并命名为“Color Key2”和“Color Key3”，再分别重新吸取画面所示区域的颜色（如图8-4-2所示），且参照图8-4-3设置参数，设置后的效果如图8-4-4所示。

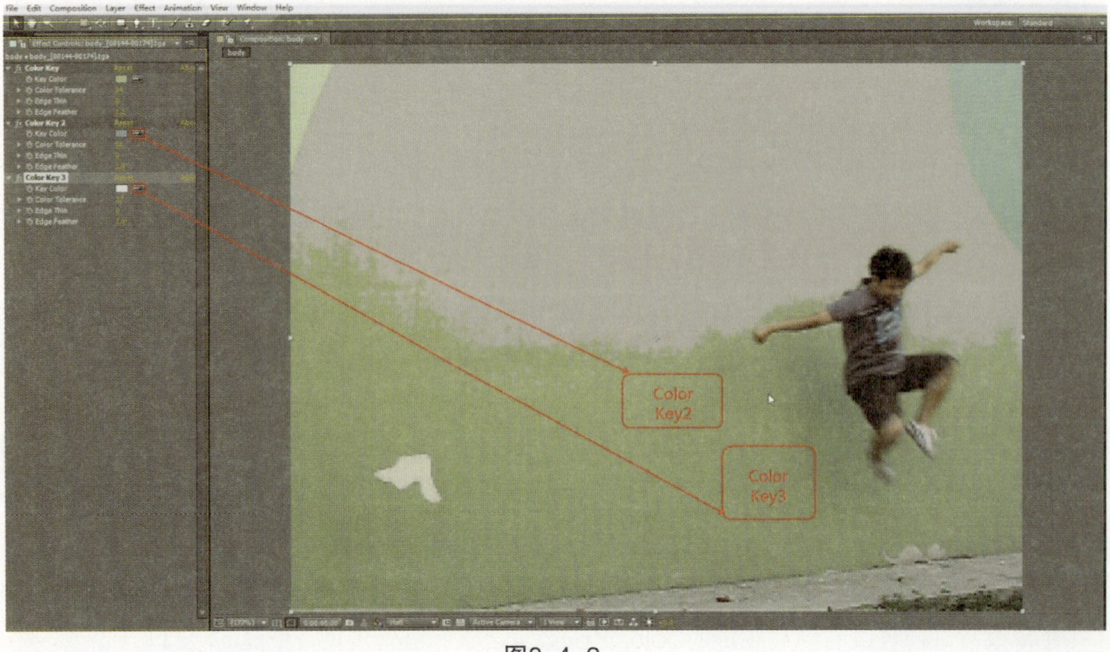

图8–4–2

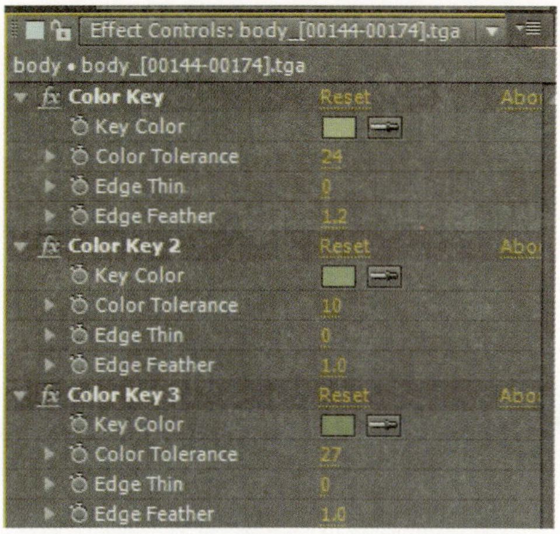

图8–4–3

图8–4–4

04 选择Effect（效果）→Matte（蒙版）→Simple Choker（简单清除）命令，并参照图8-4-5设置参数。

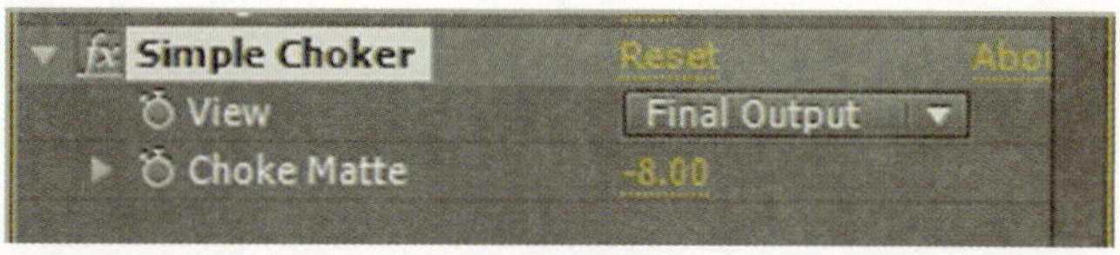

图8–4–5

这样的做法是先抠除大的颜色块，然后利用简单清除工具设置Choke Matte为“8”，把人物边缘的颜色溢出，这样将为后面我们要介绍的功能强大的Keylight工具做好前期准备。

05 选择Effect（效果）→Keying（键控）→Keylight命令（如图8-4-6所示）。

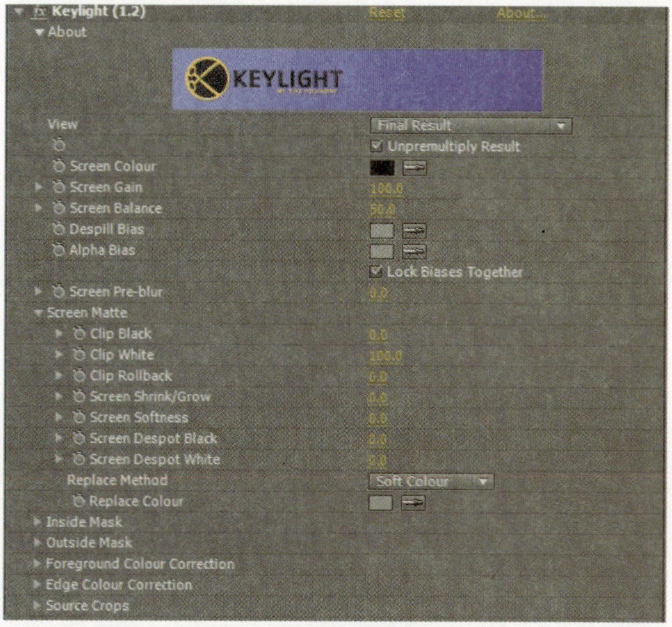

图8–4–6

知识点 对于一些比较复杂的场景，如玻璃的反射、半透明的流水等，如果使用前边讲过的效果的话，可能无法达到满意的效果。在老版本的After Effects中需要依赖一些第三方插件来完成上述工作，例如Primatte、Ultimatte等插件。在CS4版本推出后，After Effects集成了强大的Keylight工具。这是一个屡获殊荣的专业抠像工具。如果再面对非常复杂的场景，After Effects也可以从容地面对抠像问题了。

06 在用吸管工具吸取人物边缘的绿色后，神奇的效果出现了（如图8-4-7所示）。

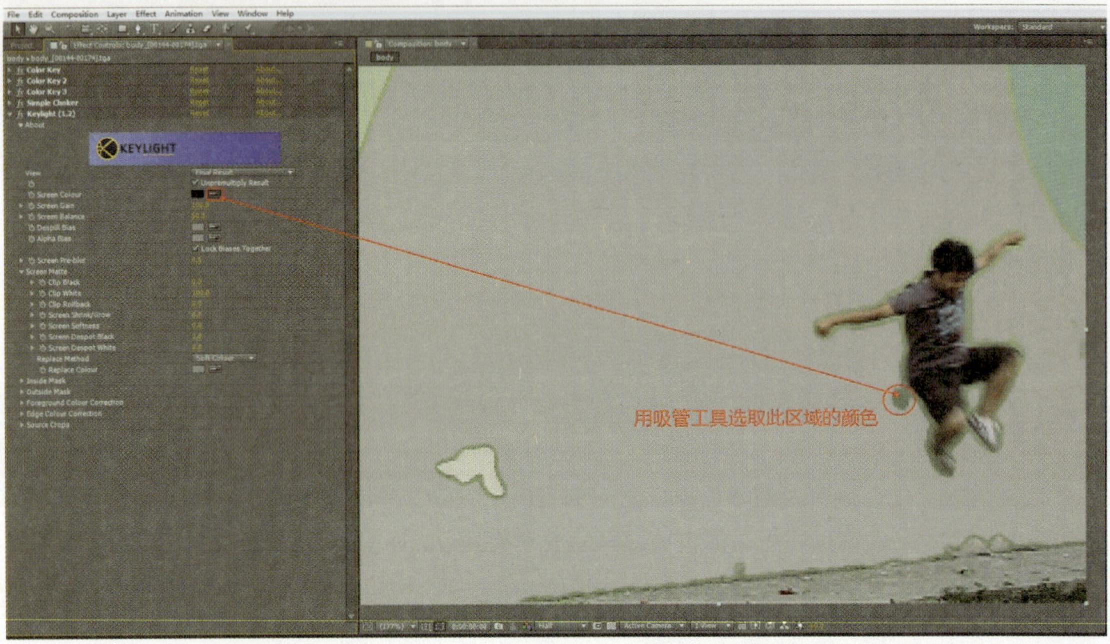

图8-4-7

07 从图8-4-8可以看到图像上的绿色已经被完全抠除了，我们只是吸取了一下颜色就得到了很好的效果，这跟前面做的准备工作和Keylight本身强大的功能是分不开的。那么这样的结果到底是否准确呢？这需要通过某种方式来确认一下。首先，设置的背景颜色是一个浅灰色，所以看到的抠像结果的背景是灰色的，按【Ctrl+K】快捷键，对合成的背景稍加改变。此时将打开修改合成对话框，在其中调节背景色为深灰色（R：46、G：46、B：46）（如图8-4-9和图 8-4-10所示）。

图8-4-8

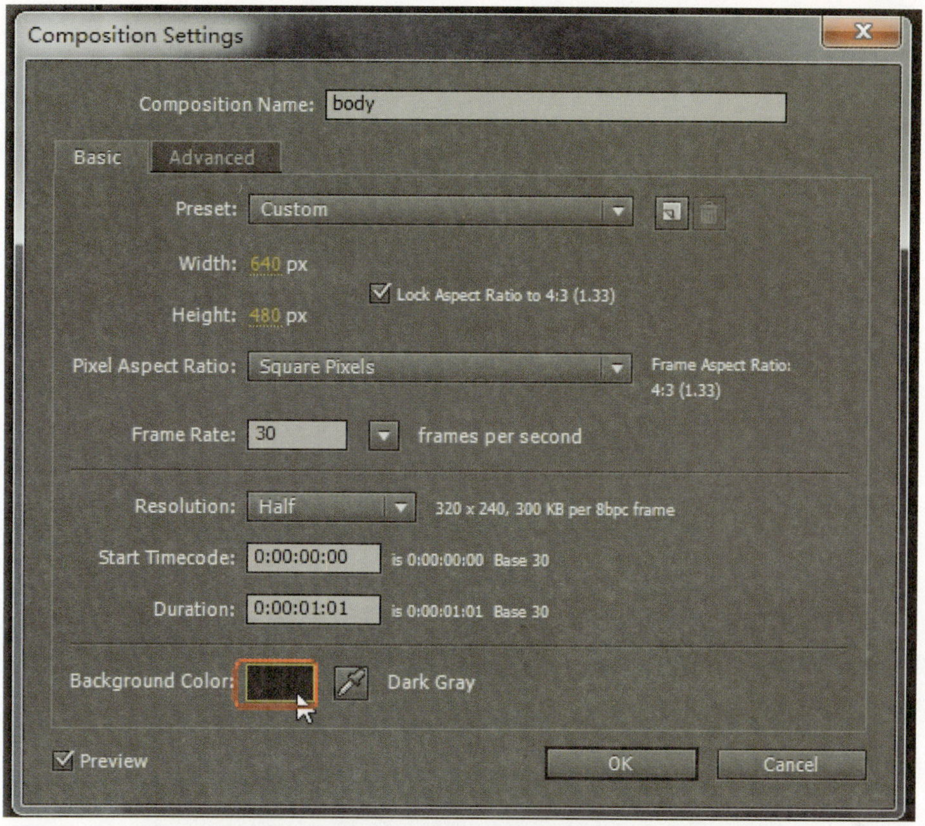

图8–4–9

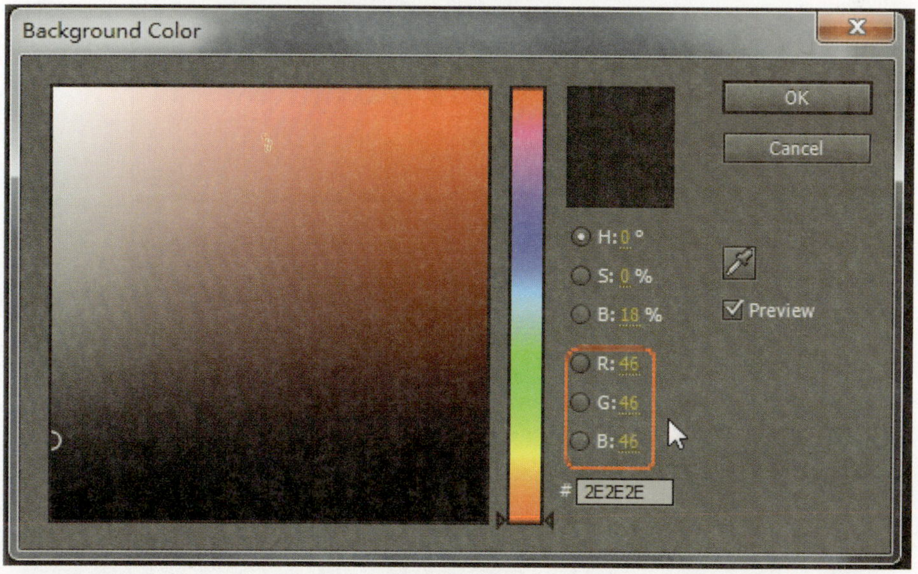

图8–4–10

这样观察抠像结果，不是很理想，我们只是把绿色抠除了，但是在移动时间线时，在人物的边缘还有浅浅的灰色，并且还有许多人物身上的颜色也被抠除下来了（如图8-4-11所示）。

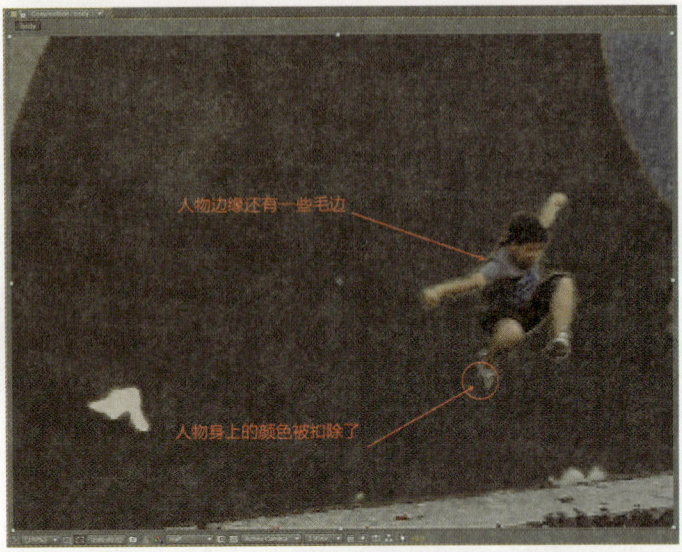

图8-4-11

下面，我们再利用一种更精确的方法，在Keylight特效面板里第一行有个View下拉菜单，这里提供了各种查看抠像结果的方式。选择Combined Matte（合成蒙版）命令，这种方式是通过黑白图来观察抠像结果的，黑的地方表示完全透明，白的地方完全不透明，灰的地方表示半透明状态（如图8-4-12和图8-4-13所示）。

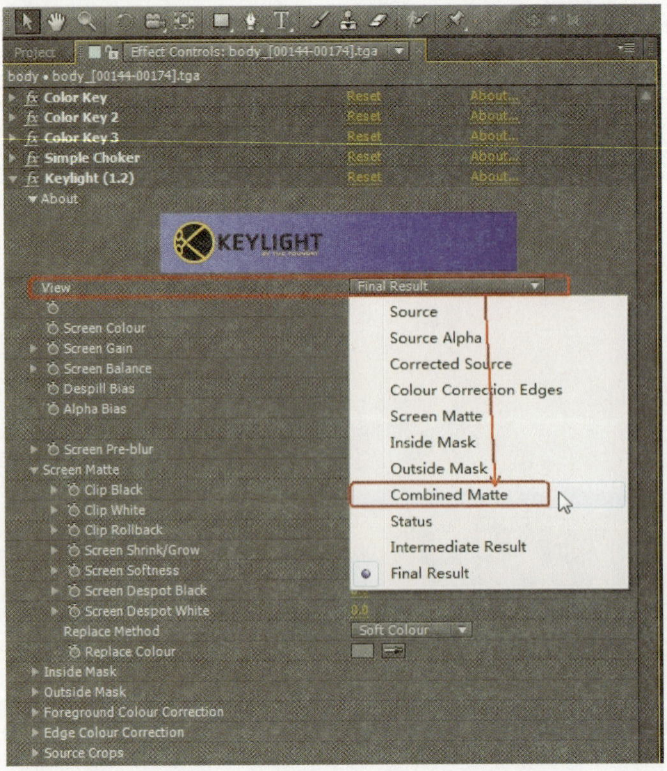

图8-4-12

通过图8-4-13可以很清楚地观察出人物的内部还有很多灰色，这表明人物还没有被很好地抠出来，接下来继续设置Keylight参数来进一步校正这些灰色的噪点。

08 调低Screen Gain参数至72左右。该参数控制抠像时有多少颜色被移除并产生蒙版。数值比较高的时候，会有更多的区域会透明。而Screen Balance参数则控制色调的均衡，将其设为57。

09 展开Screen Matte，对蒙版进行调整。将Clip Black 参数设为59，Clip White参数调小至75，效果如图8-4-14所示。

图8-4-13

图8-4-14

知识点

Keylight对蒙版的调整

- Clip Black和Clip White分别控制图像的透明区域和不透明区域。当数值为0时，表示完全透明；数值为100时，则表示完全不透明。通过调整这两个参数，可以对蒙版进行调节。
- Screen Shrink/Grow可以对蒙版边缘进行扩展或收缩。负值收缩蒙版，正值扩展蒙版。
- Screen Softness可以对蒙版的边缘产生柔化效果。
- Screen Despot Black和Screen Despot White可以对图像的透明和不透明区域分别进行调节，对颜色相近部分进行结晶化处理，以对一些去除不尽的杂色进行抑止。

10 为Screen Pre-blur设定一个比较小的模糊值1.5，这可以对抠像的边缘产生柔化的效果，使得抠像的前景同背景融合得更好一点。图8-4-15所示为调整前后的效果对比，左为未设置Blur的效果。注意，凡是柔化的调整数值都不宜过高，以免损失细节。

图8-4-15

11 在View下拉列表选择Final Result，打开合成窗口的透明栅格工具，使背景透明区域变成灰白格显示（如图8-4-16所示），对比蒙版和最终效果（如图8-4-17所示）。

图8-4-16

图8-4-17

12 最后将Screen Softness设为0.1，让抠像边缘柔和一些，此时抠像基本完成，最后就只有地面没有被抠除了。因为地面颜色与人物上衣比较相近，所以需要利用遮罩在凡是脚接触地面的帧来进行手动抠像了。

13 按【Ctrl+D】快捷键复制图层“body”，并将其命名为“foot”，将时间线定位到6帧位置（如图8-4-18所示）。

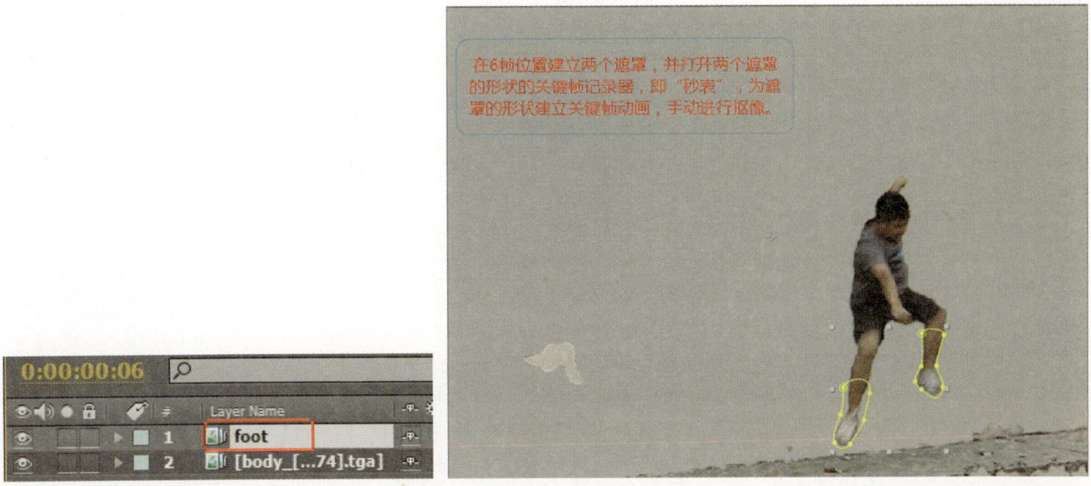

图8-4-18

14 根据两只脚的轮廓分别建立Mask1和Mask2遮罩，并打开两个遮罩的Mask Path关键帧记录器，即“秒表”（如图8-4-19所示）。如此重复上述步骤，直到片段结尾一帧一帧的手动调整遮罩的轮廓，这样我们就建立了一个动态的遮罩。

这里需要注意的是，在调整遮罩的时候，只需大体勾勒出脚的轮廓即可，然后分别设置两个遮罩的Mask Feather为5 pixels、Mask Expansion为3 pixels，羽化调整遮罩边缘，使边缘更平滑自然。

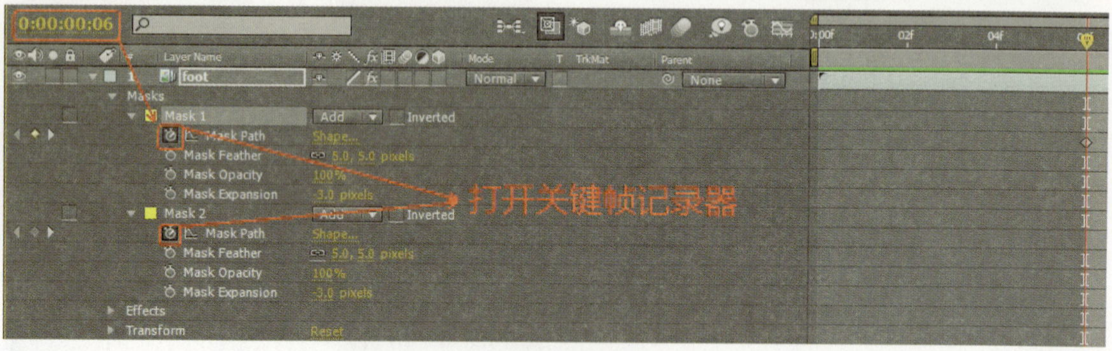

图8-4-19

15 为图层“body”添加垃圾遮罩，形状大致如图8-4-20所示。

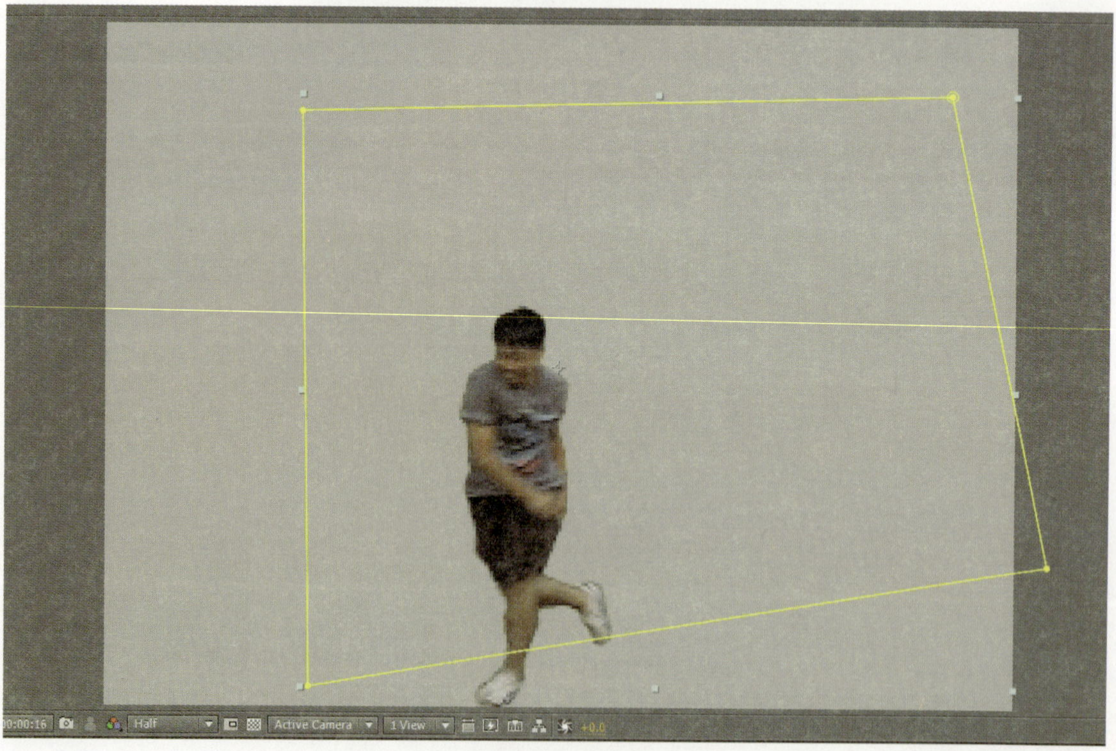

图8-4-20

通过这样的操作，图层“foot”是手动抠像的脚部以及小腿部，而图层“body”是上半身，这两层拼接到一起形成了完整的身体，这样就把整个人物从背景中抠出来了，结果如图8-4-21所示。

手动抠像的过程是一个繁琐的过程，它需要我们有耐心的一帧帧的去观察抠像的结果。只有这样才能有效地提高抠像的精度，同时这也让我们知道要想得到一个好的抠像结果，前期拍摄的重要性不容忽视，良好的布光、高精度的素材等都是保证抠像效果的前提。如果碰到一段很糟糕的视频，再强大的功能也抠不出来好的效果。

图8-4-21

8.5　新建最终合成

01 使用【Ctrl+N】快捷键新建一个Comp，时间为2s，并命名为“final”，参数设置参照图8-5-1。

02 将素材杯子序列图片拖入到合成final中，继续针对这张图进行简单的抠像，因为背景很单一，所以就直接利用Keylight进行抠像（如图8-5-2所示）。

由于素材比合成尺寸大，所以要改变它的缩放属性，选择杯子层，按【S】快捷键调出层的缩放属性，输入“92.0、92.0%”（如图8-5-3所示），设置后的效果如图8-5-4所示。

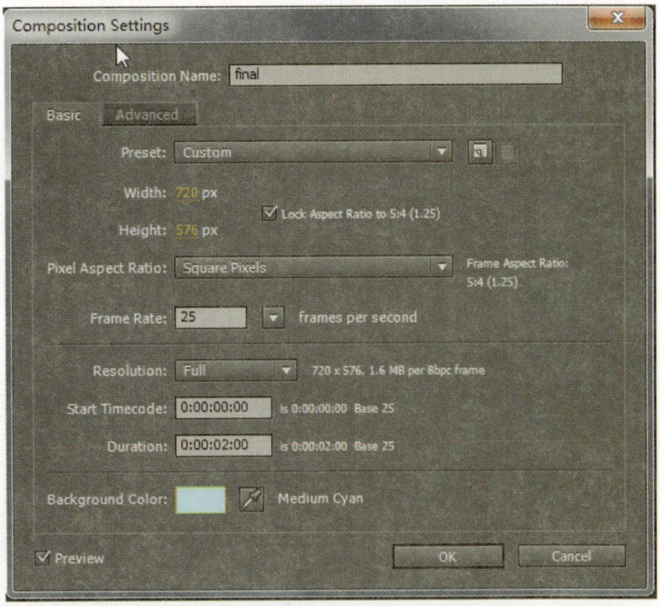

图8-5-1

图8-5-2

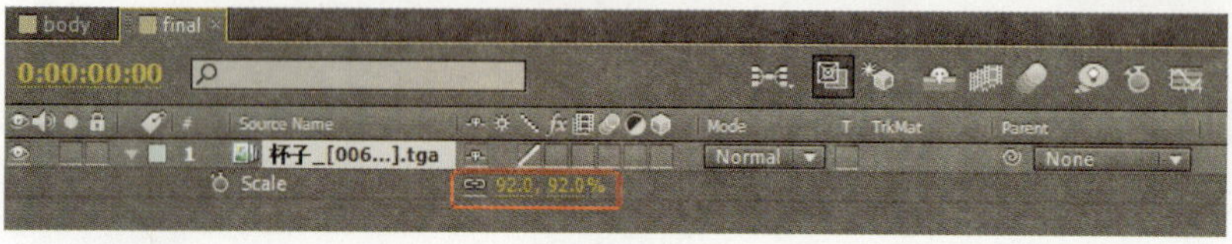

图8-5-3

图8-5-4

03 在抠像之前，先对素材进行简单的调色，以加强图像的对比度，这样便于得到更好的抠像结果。选择图层“杯子”，选择Effect（效果）→Color Correction（色彩校正）→ Curves（曲线）命令。

04 打开曲线的RGB下拉菜单，通过调整R、G、B的曲线来加大对比度（如图8-5-5所示）。

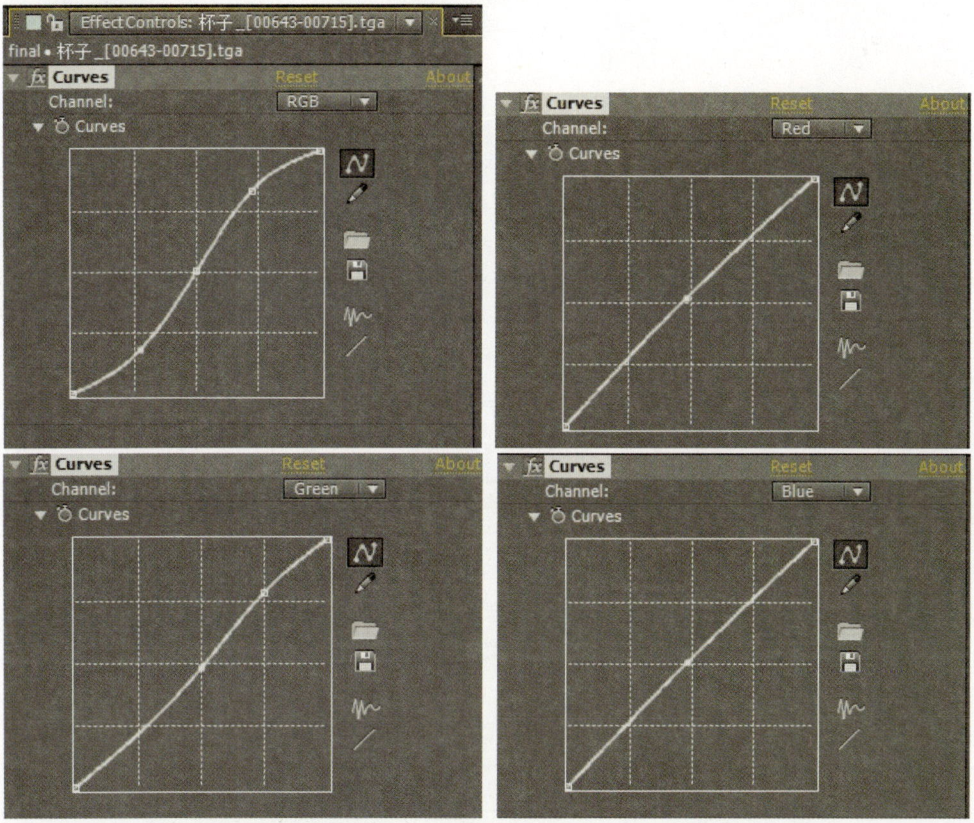

图8-5-5

05 应用Keylight特效，参数设置如图8-5-6所示。

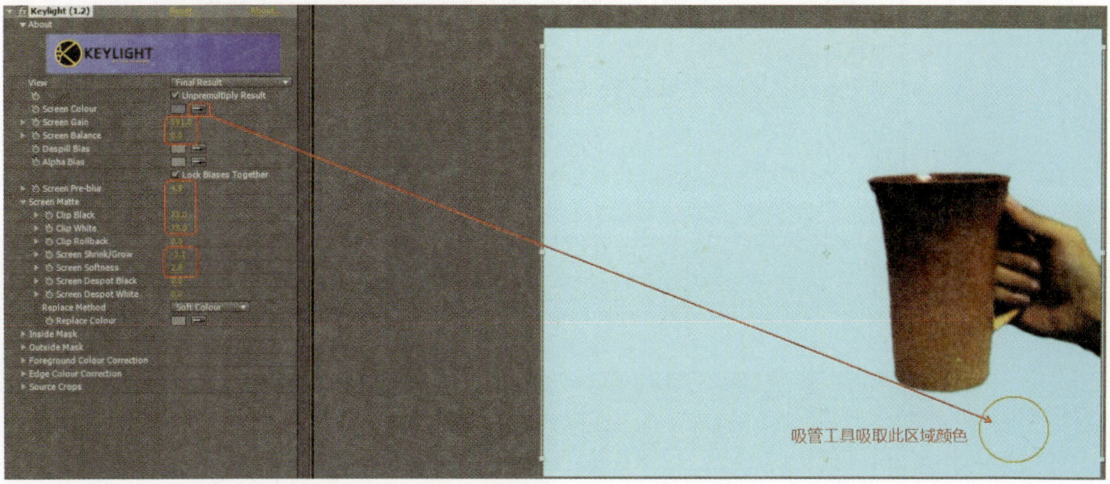

图8-5-6

06 继续选择Effect（效果）→Matte（蒙版）→Simple Choker（简单清除）命令，收缩抠像边缘的像素，设置Choke Matte参数为8.6（图8-5-7所示）。

图8-5-7

07 为层打组，选择图层“杯子”并按【Ctrl+Shift+C】快捷键或是选择Layer（图层）→Pre-compose（预合成）命令。

此时，在弹出的预合成对话框中选择Move all attributes into new composeition（移动全部属性到新建合成）选项，并命名为“杯子”（如图8-5-8和图8-5-9所示）。

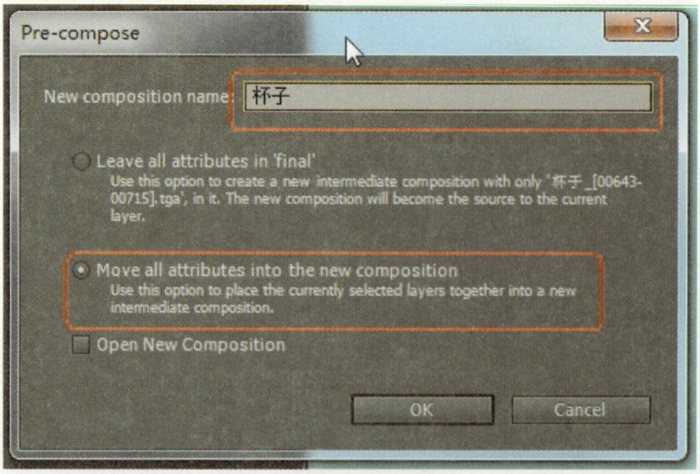

图8-5-8

图8-5-9

08 把图层“body”拖动到图层“杯子”上方，并移动到19帧位置（如图8-5-10所示）。

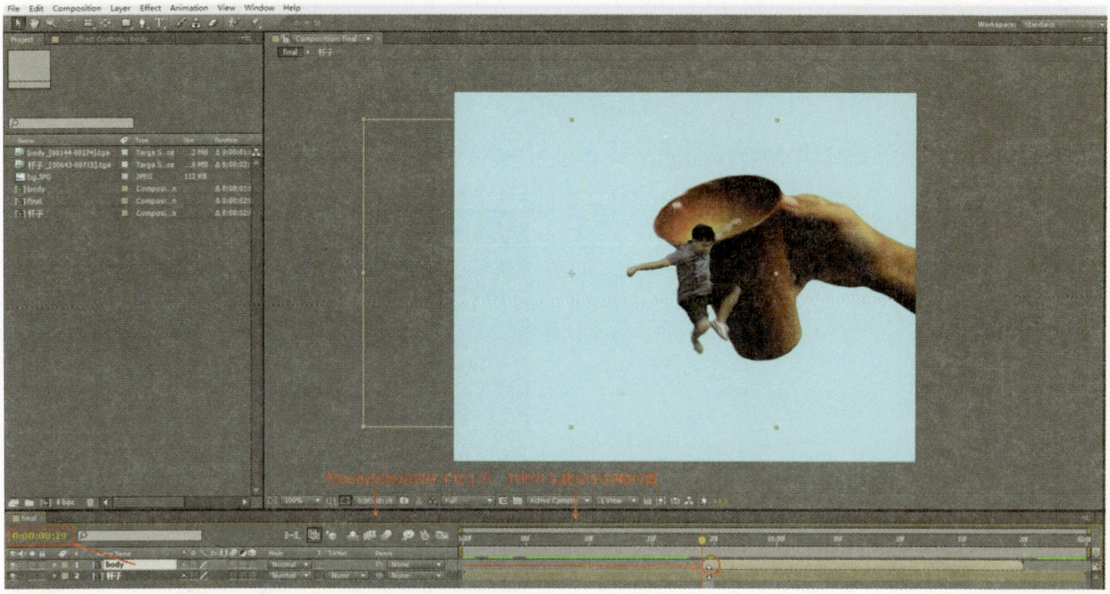

图8-5-10

09 导入背景图片bg.jpg（素材位置为“光盘：\本书素材\Uuit8\bg.JPG”）（如图8-5-11所示）。

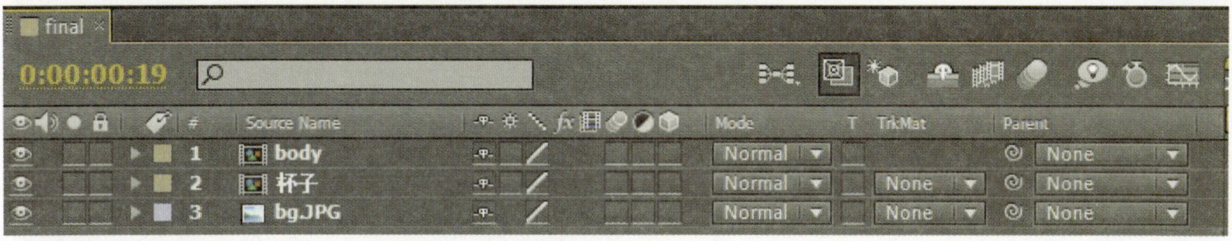

图8-5-11

8.6 变形特效

Bezier Warp变形特效

知识点

After Effects提供了很多变形特效工具，最常用的是Bezier Warp（贝塞尔曲线变形）。它的效果是在层的边界构建一条由4个顶点和4条边（顶点Vertex和切线控制句柄控制点Tangent）构建一条闭合的贝塞尔曲线。通过调整顶点位置和切线控制句柄，可以改变曲线的大小和形状，进行扭曲图像。使用Bezier Warp效果进行扭曲变形，可以产生非常平滑的扭曲效果，如图8-6-1所示。

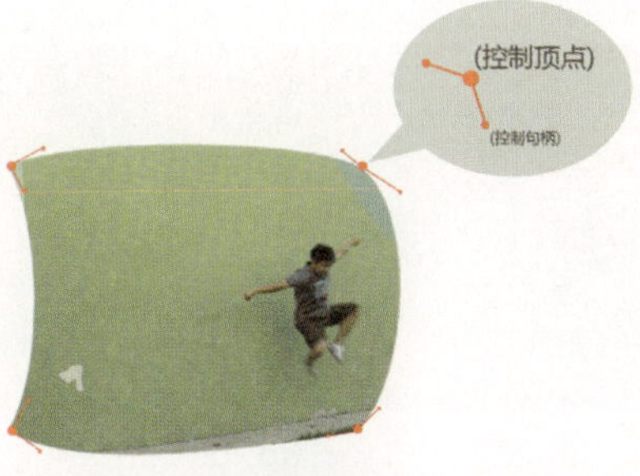

图8-6-1

01 独立显示图层“body”，应用变形特效，使人物变成流体状。选择图层“body”，选择Effect（效果）→Distort（扭曲）→Liquify（液化）命令。

02 打开特效控制面板（如图8-6-2所示），界面很熟悉，这就是Photoshop中的滤镜液化特效，在After Effects中同样可以用。不一样的是我们可以对这些变形的特效添加关键帧动画，在1秒19帧我们可以打开Distortion Mesh的秒表，记录人物原始的形态（如图8-6-3所示）。

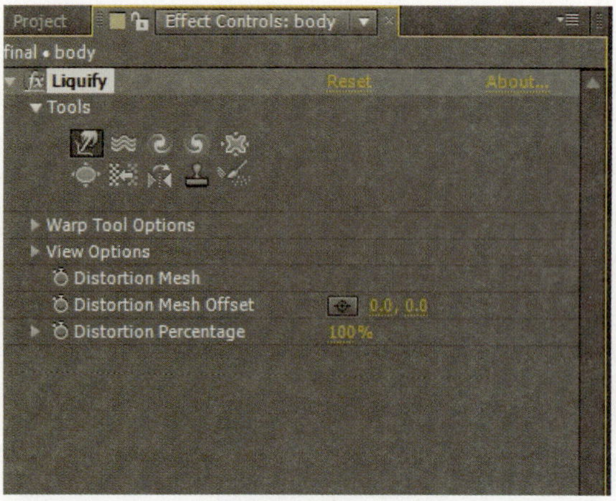

图8-6-2

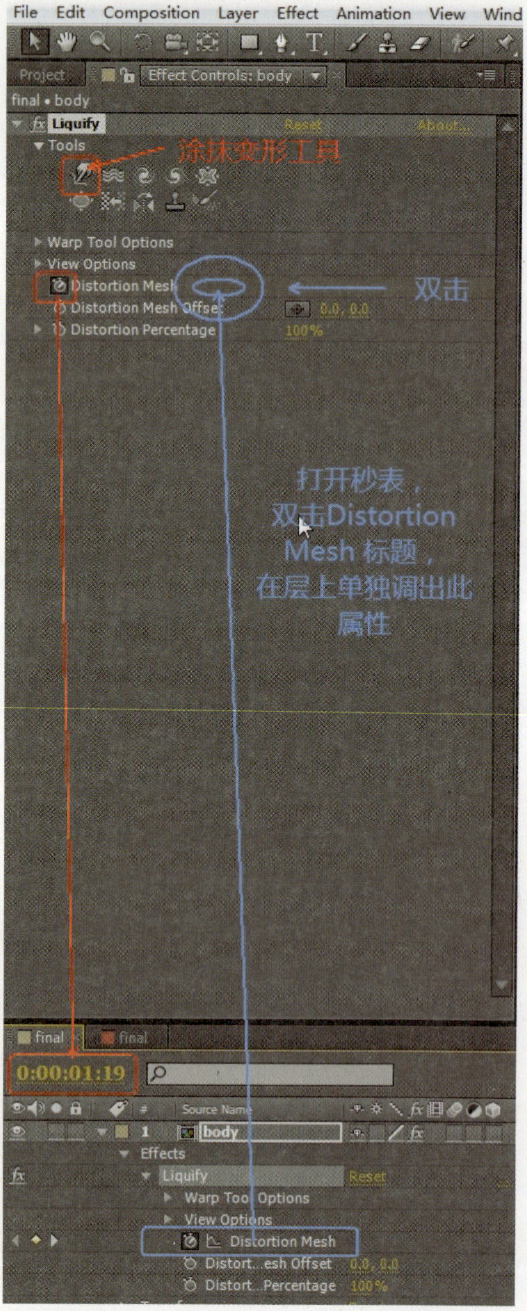

图8-6-3

03 利用涂抹变形工具分别在19、21、22、24帧把人物涂抹变形，如图8-6-4和图8-6-5所示。

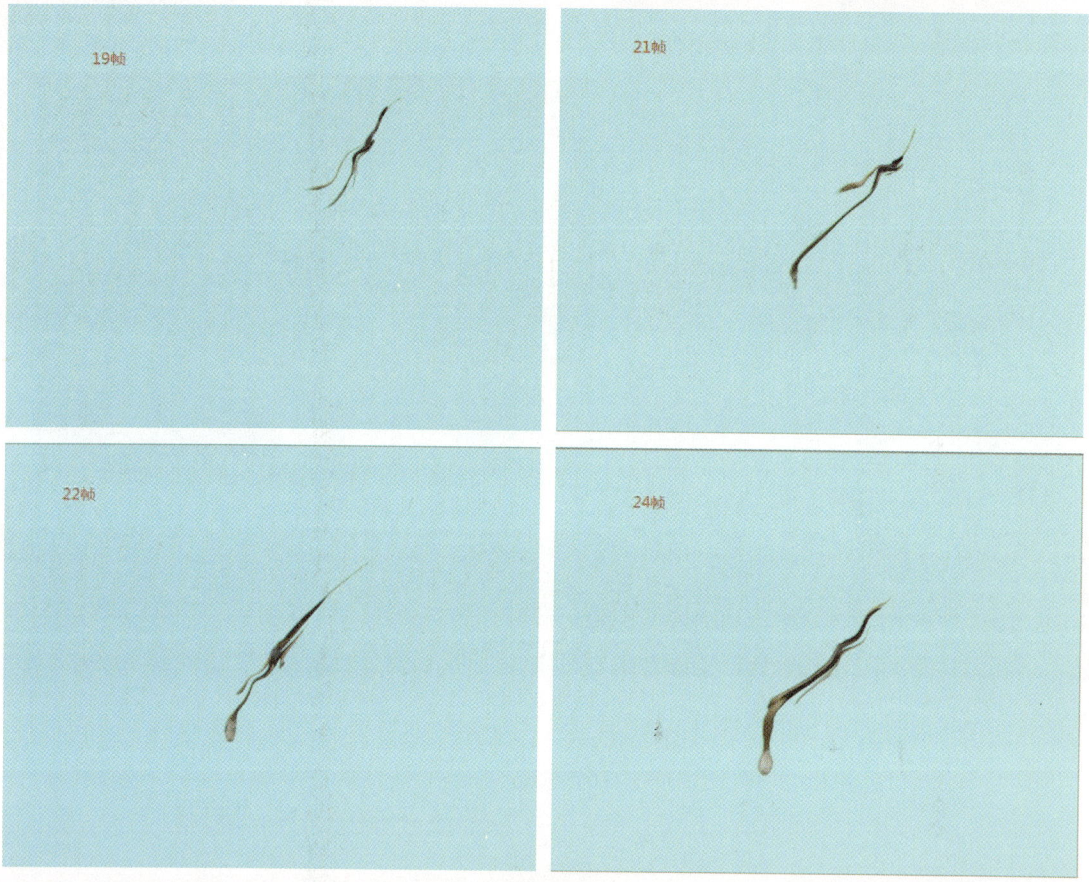

图8-6-4

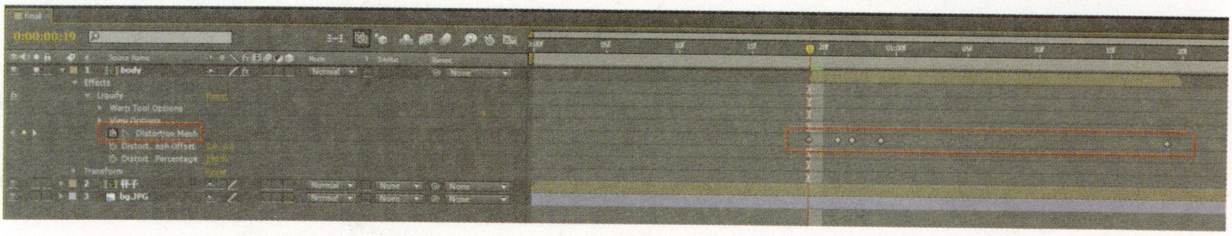

图8-6-5

8.7 建立三维立体感

01 关掉图层“body”的独立可见性，打开所有层的三维开关，并建立35mm摄像机及灯光，具体参数如图8-7-1、图8-7-2、图8-7-3和图8-7-4所示。

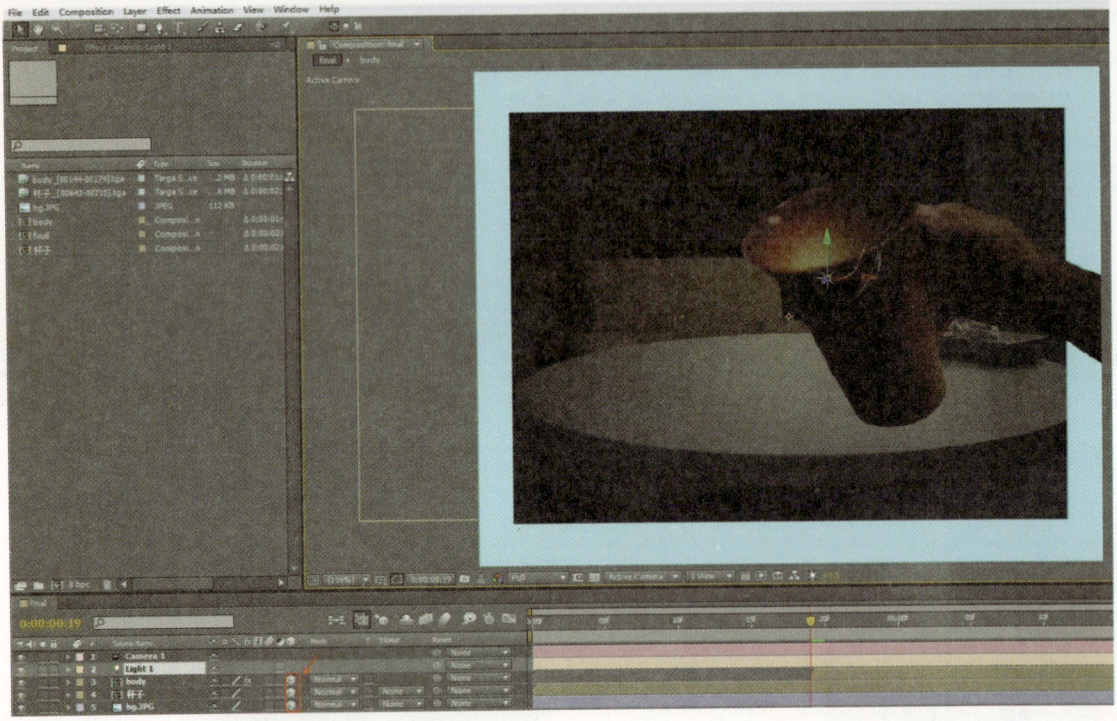

图8–7–1

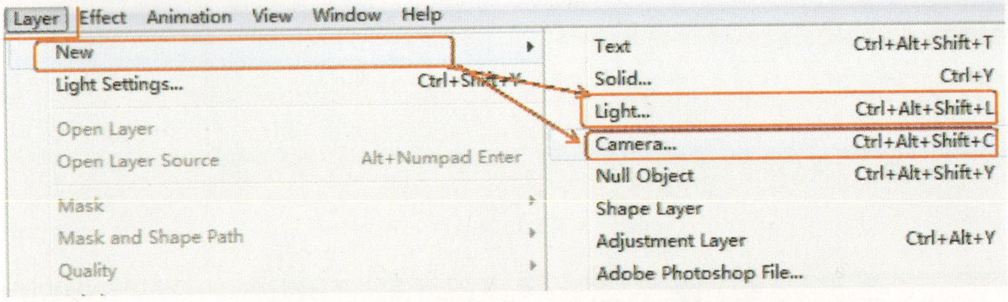

8–7–2

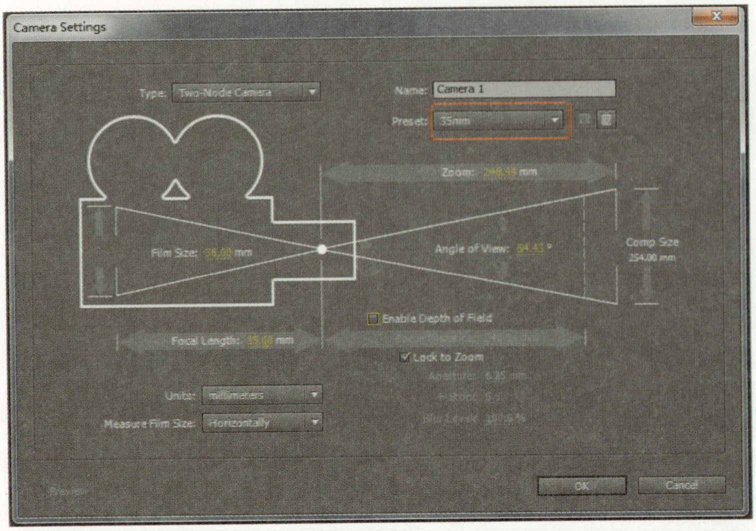

图8–7–3

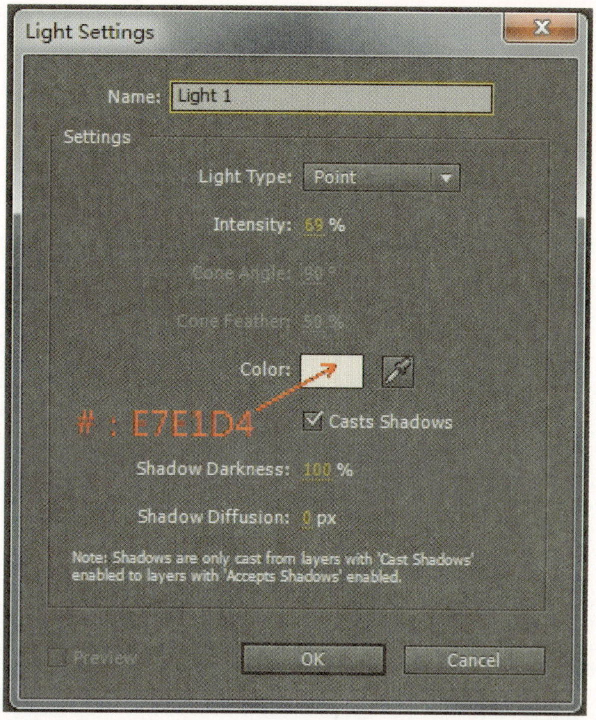

图8–7–4

02 按【Ctrl+Y】快捷键或选择Layer（层）→New（新建）→Solid（固态层）命令，建立固态层，颜色设置为白色，命名为“ground”，同时也打开三维层开关（如图8-7-5和图8-7-6所示）。

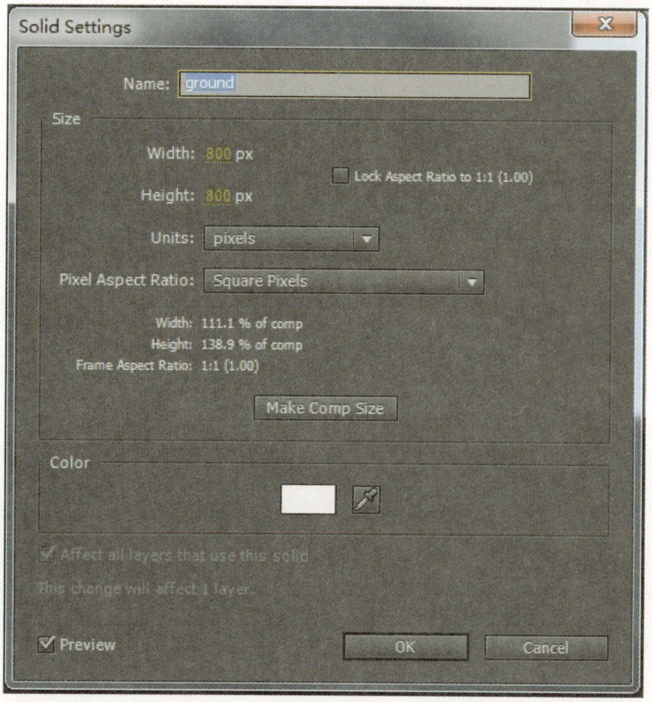

图8–7–5

03 隐藏图层“bg.jpg”，开始摆放其他三维层的位置，并把合成窗口设为分别从两个视图来观察场景，左边为Custom View 1，右边的视图为Active Camera（如图8-7-7、图8-7-8、图8-7-9和图8-7-10所示）。

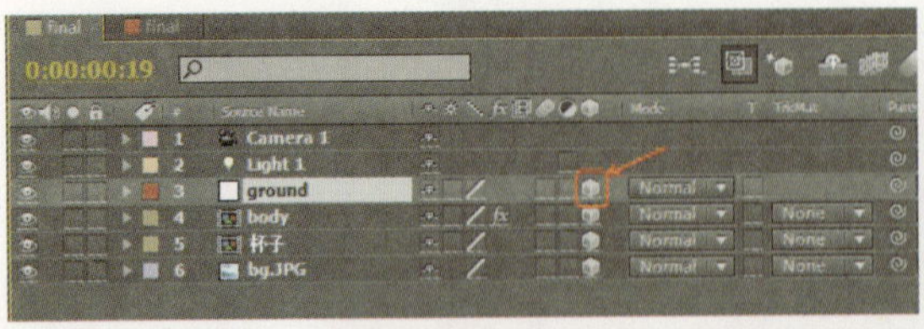

图8–7–6

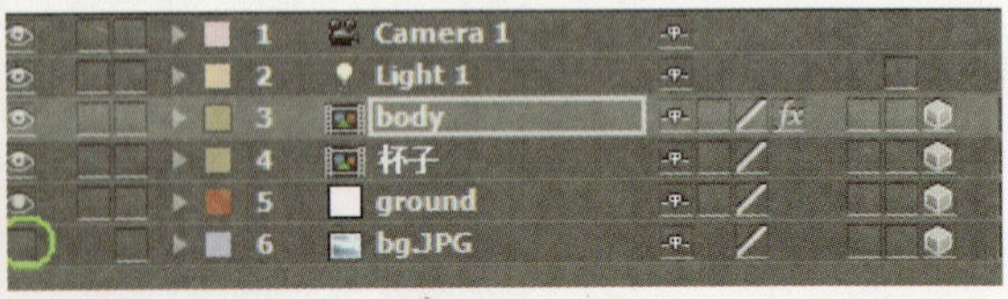

图8–7–7

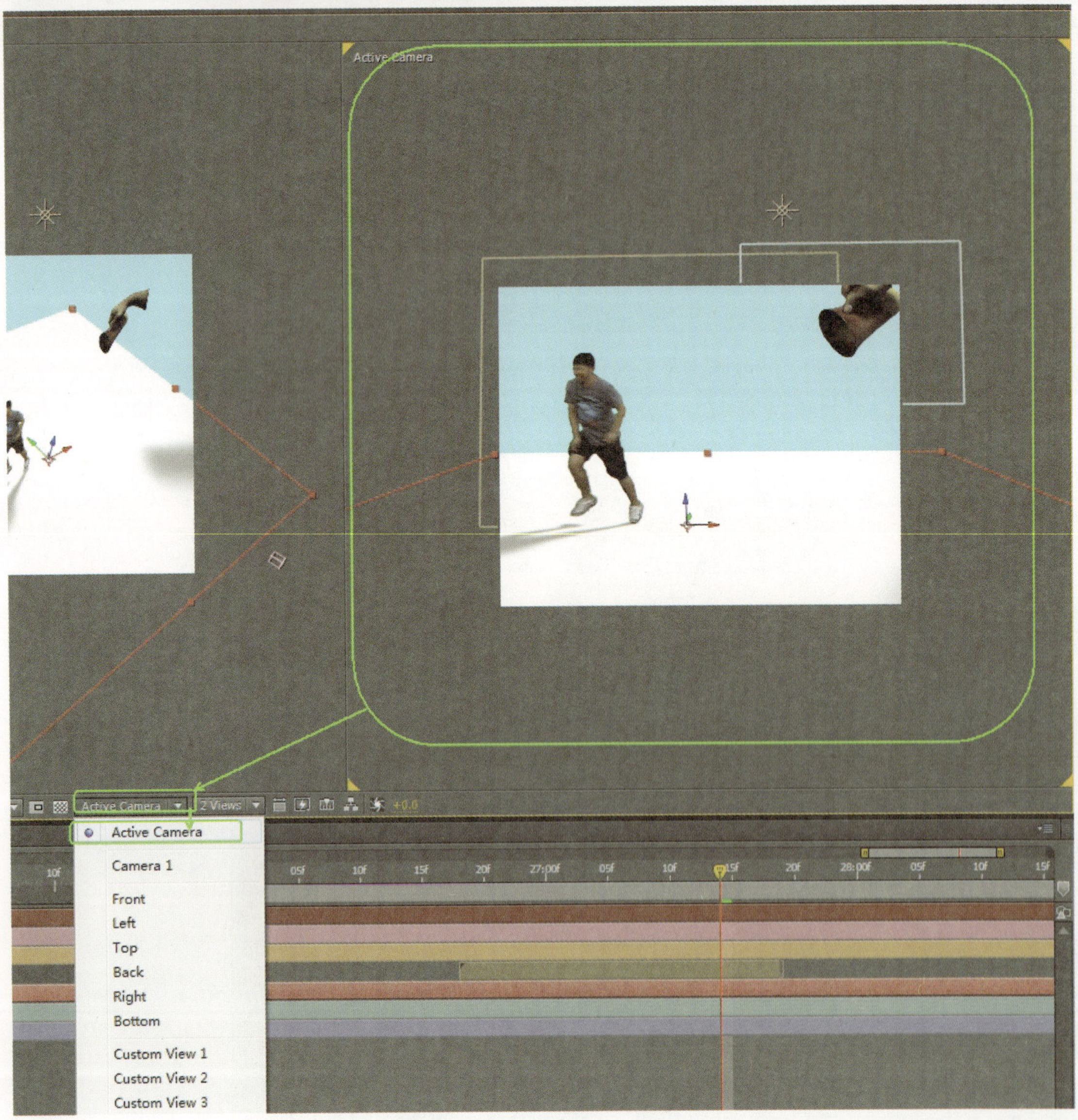

图8–7–8

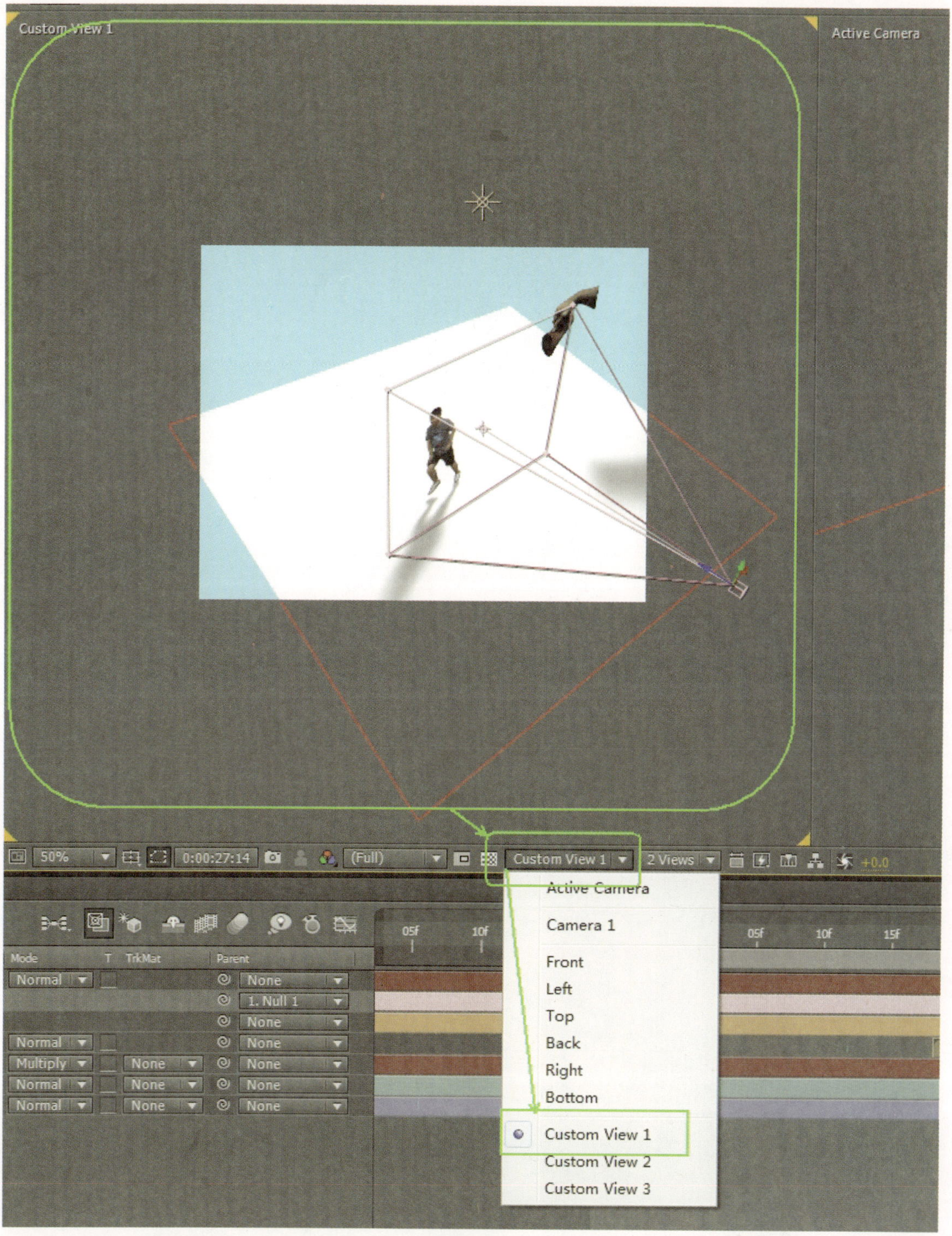
Custom View 1
Active Camera
50%
0:00:27:14
(Full)
Custom View 1
2 Views
+0.0
Mode
T
TrkMat
Parent
Normal
None
1. Null 1
Multiply
Active Camera
Camera 1
Front
Left
Top
Back
Right
Bottom
Custom View 1
Custom View 2
Custom View 3
05f
10f
15f

图8–7–9

图8–7–10

04 通过摄像机移动工具来调整三维场景，使白色固态层与图层“body”和图层“杯子”垂直，灯光建立在顶视图的右上方45度位置（如图8-7-11所示）。

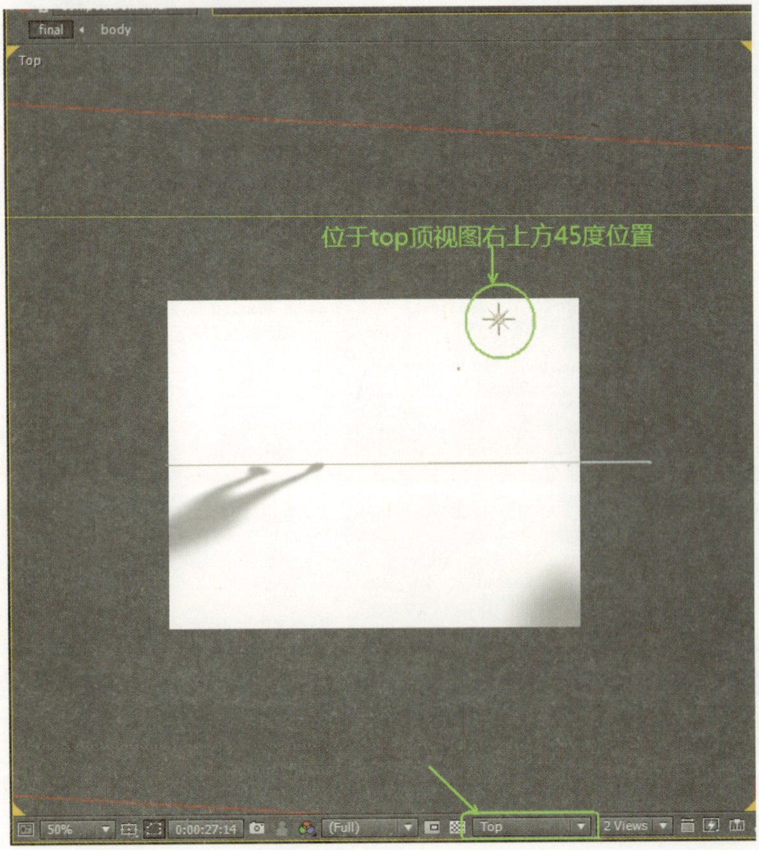

图8–7–11

05 分别设置图层“body”、“杯子”和“ground”的材质选项，具体参数如图8-7-12所示。

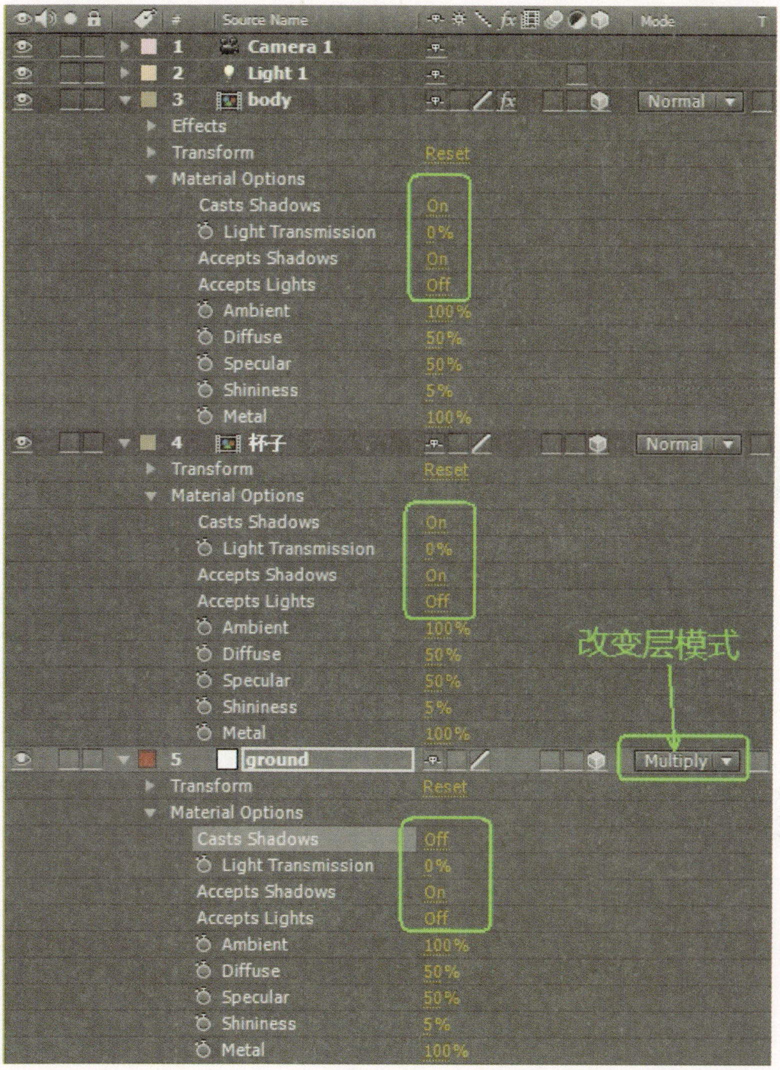

图8–7–12

06 打开图层“bg.jpg”的可见性（如图8-7-13所示），并参照图8-7-14设置Material Options。

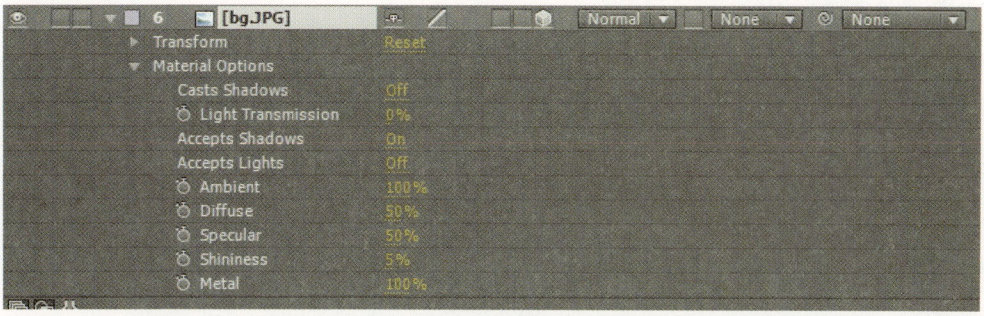

图8–7–13

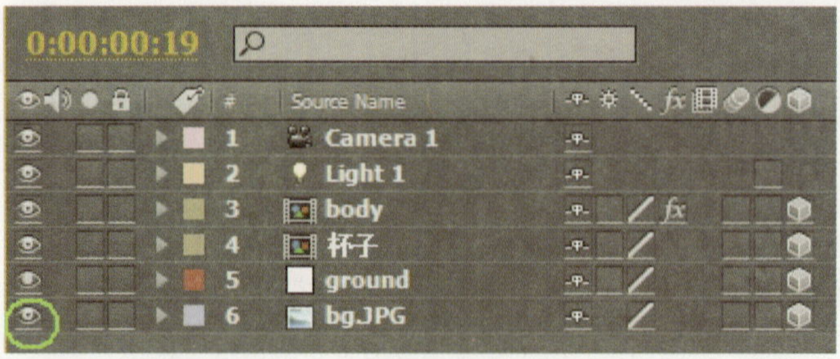

图8-7-14

07 把时间线移动到19帧，让人物从杯子流出来时恰好在杯子口（如图8-7-15所示）。

08 把时间线移动到1秒15帧，观察效果，由于素材不全，尽量不要把显示不出来的边露出来以免“露陷”了，效果如图8-7-16所示。

图8-7-15

图8-7-16

8.8 渲染输出

01 按【Ctrl+M】快捷键或选择Composition（图像合成）→Make Movie（制作影片）命令，打开Render Queue窗口（如图8-8-1所示）。

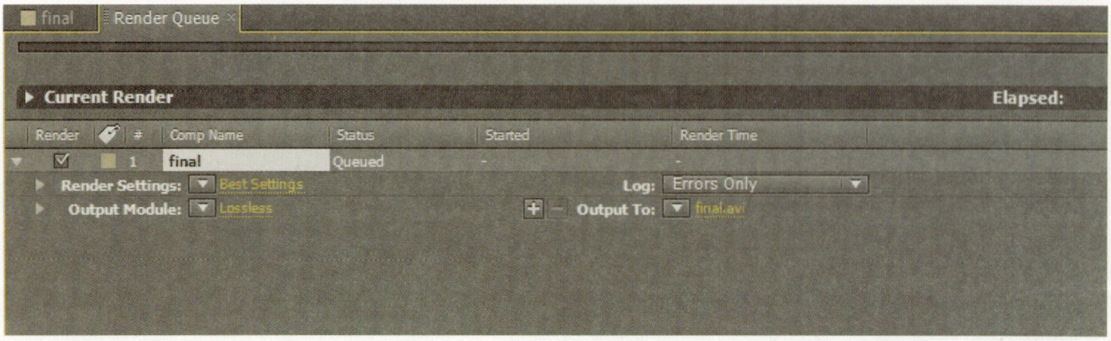

图8-8-1

02 单击“Best Settings”，参照图8-8-2设置渲染时间。

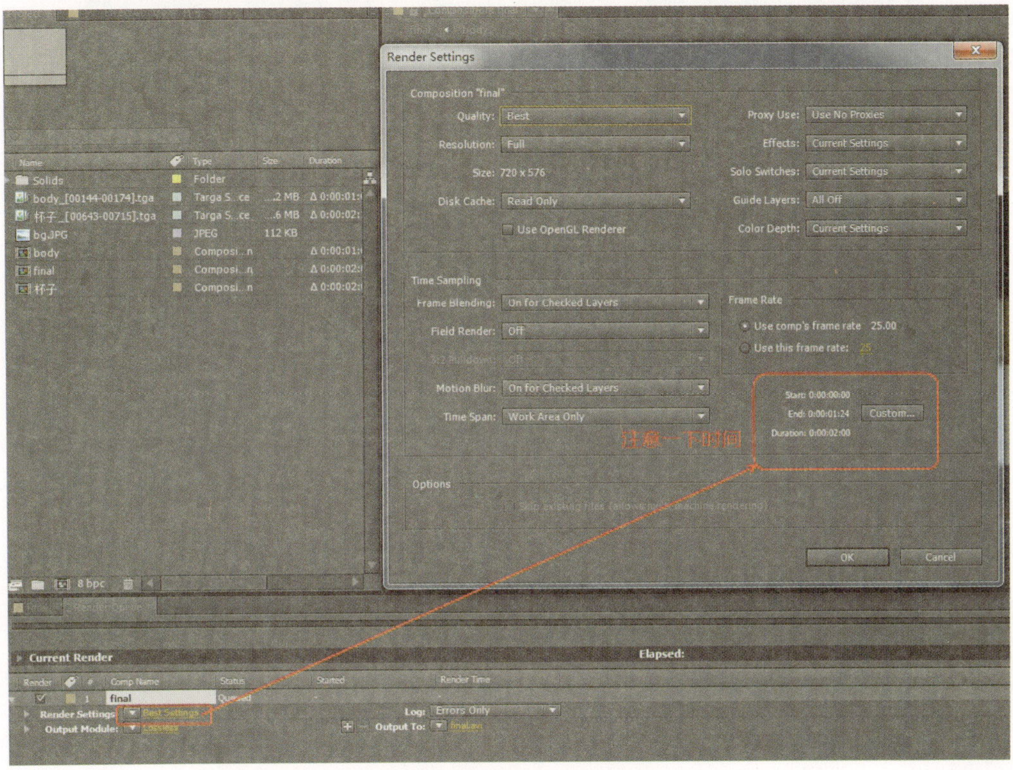

图8-8-2

03 单击Lossless，选择avi格式（如图8-8-3所示），最终效果如图8-8-4所示。

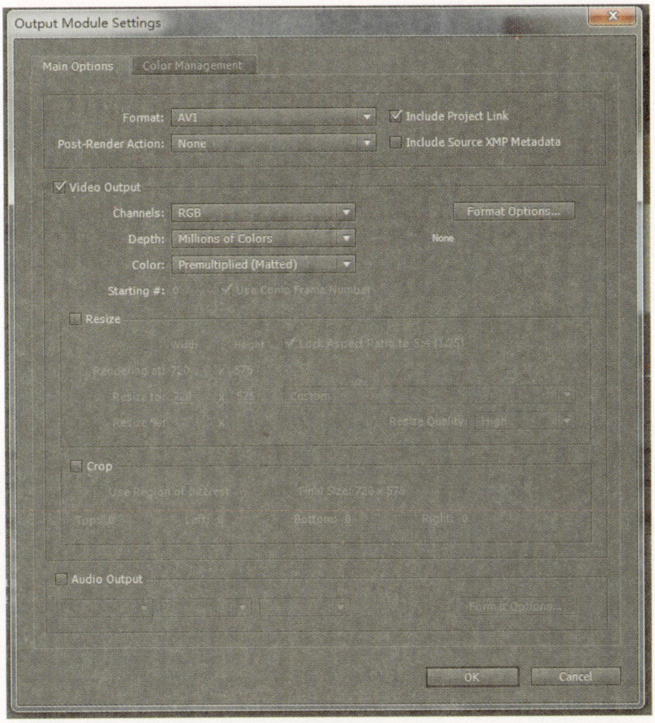

图8-8-3

图8-8-4

8.9 小结

本章实例结合实际拍摄的素材，针对一些前期拍摄有缺陷的素材进行了一些弥补措施，使读者掌握keylight键控的强大功能，并使读者学会在实际操作中如何将keylight与其他的抠像工具结合使用来完成抠像工作，再利用变形特效，使人物扭曲变形，这在合成中是会经常用到的。最后我们使用三维功能，结合真实背景图，打造了真实场景中的阴影关系，营造出以假乱真的真实感。

第9章

合成的基本方法

本章导读

在特效模拟仿真中，一些常用的特效可以模拟真实世界中的物理现象，如水波涟漪效果。本章案例“穿越水墙”就是利用Wave World（水波世界）制作水波纹理的明暗图，并在此基础上结合应用Caustics（焦散）特效来制作随着人物穿越水墙的动作产生涟漪效果，最后利用三维功能营造出立体空间感。本案例最终效果如图9-1所示。

图9-1

9.1　新建项目并导入素材

01 打开 After Effects CS5软件，在File文件菜单中，新建项目New Project。

02 鼠标右键点击项目库中的空白位置，或者在菜单栏中选择Import→Multiple File命令导入多个文件，选择“光盘：\本书素材\Unit9\”文件夹下除了“地面.jpg”和“墙.jpg”外的所有素材，需要注意的是其中的文件名为“Blood01”、“Blood02”、“Blood03”及“body1”文件夹（如图9-1-1所示）中素材要分别以序列方式导入。

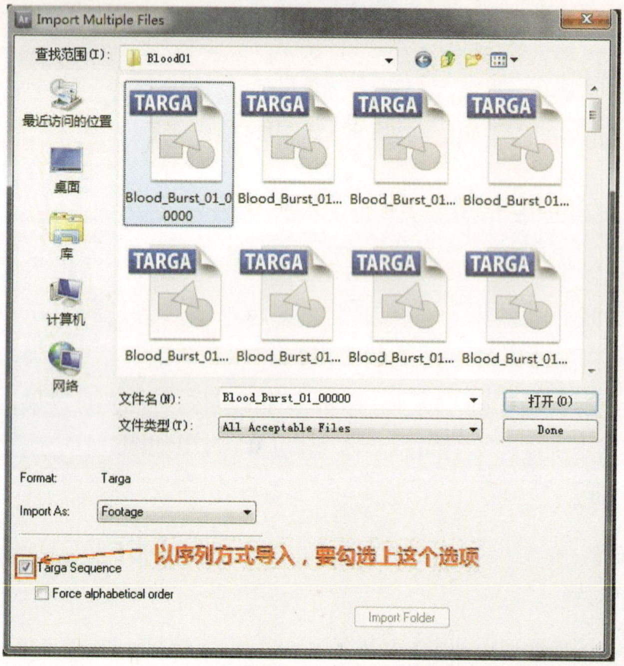

图9–1–1

03 在导入素材“污渍_00058.tga”时会有提示对话框（如图9-1-2所示）出现，这是因为该图像是带Alpha通道的，所以我们单击“Guess”按钮，让软件自己预测结果，处理后再单击“ok”按钮完成导入素材。

04 当所有素材导入完成后，单击“Done”按钮（如图9-1-3所示），完成导入工作。

05 首先来查看一下已导入的素材文件“body_[00000-00021].tga”（如图9-1-4所示），它的原始信息如图9-1-5所示，它的帧速率和像素高宽比与要建立的合成的帧速率及像素高宽比不一致。

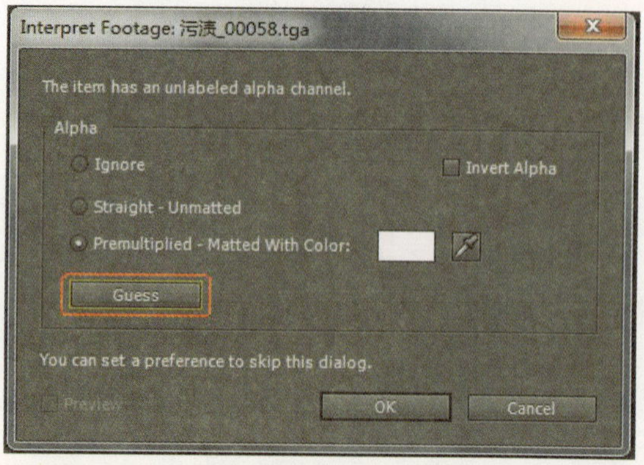

图9–1–2

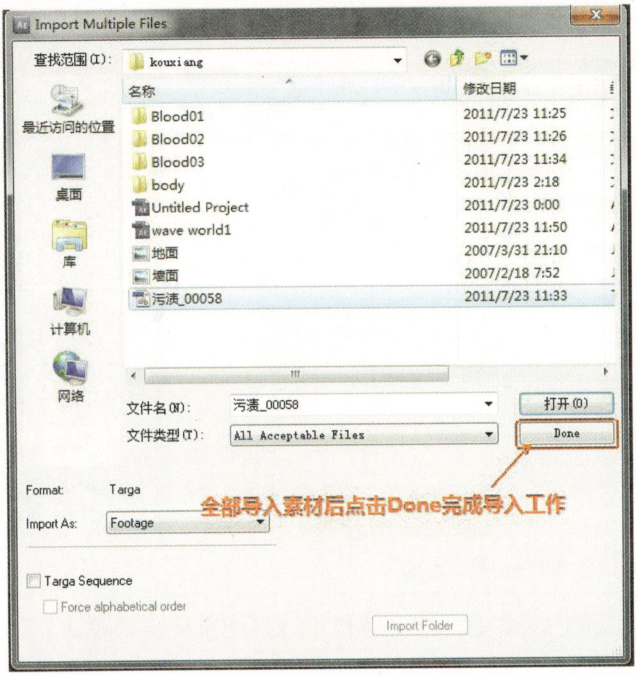

图9-1-3

为了匹配合成，要将这一素材做一个重新的定义。鼠标右键点击项目窗口中的素材文件“body_[00000-00021] .tga”，选择Interpret Footage（定义素材）→Main...（主要...）命令（如图9-1-6所示），弹出Interpret Footage对话框，将对话框中Frame Rate栏下的Assume this frame rate（假定帧速率）选项由“30”改为“25”，将Other Option（其他选项）下的Pixel Aspect Ratio（像素从横比）选项通过下拉菜单由“D1/DV PAL（1.09）”改为“Square Pixels”，如图9-1-7所示。

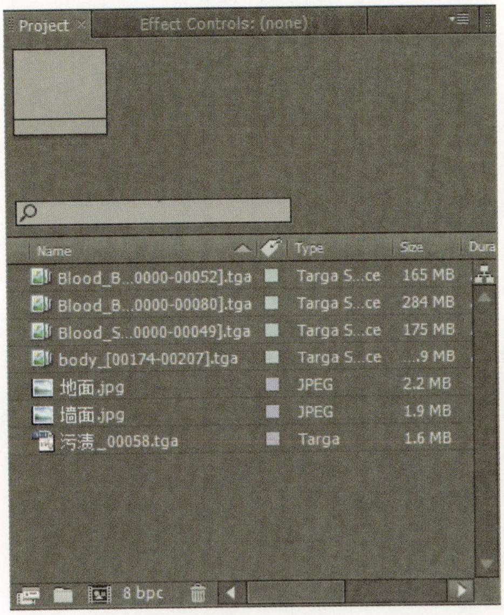

图9-1-4

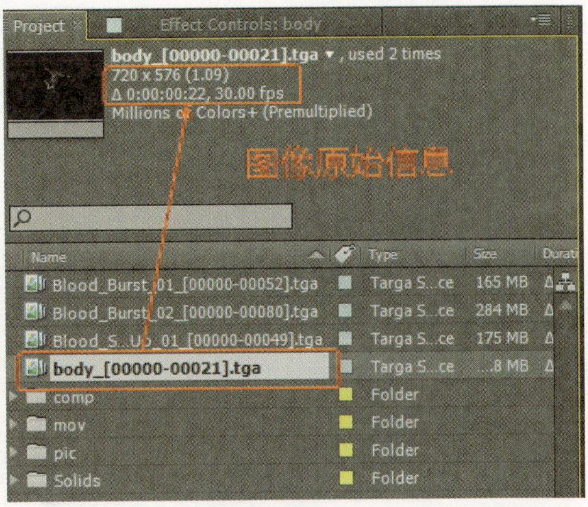

图9-1-5

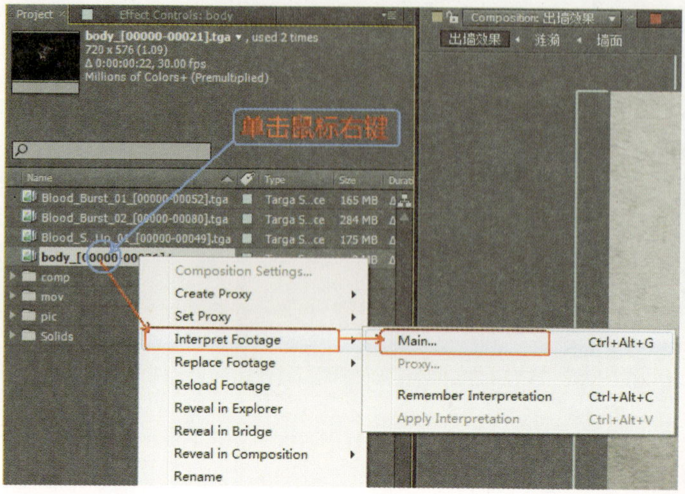

图9-1-6

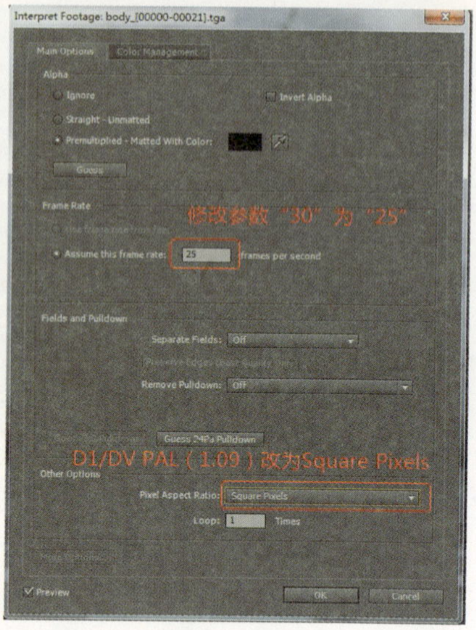

图9-1-7

注意 在每完成一步工作后，都要记得及时按【Ctrl+S】快捷键保存刚刚做完的项目，这样才能保证这个项目顺利地进行。

9.2 制作涟漪黑白图

01 按【Ctrl+N】快捷键，新建一个Comp，并命名为"涟漪"（如图9-2-1所示）。

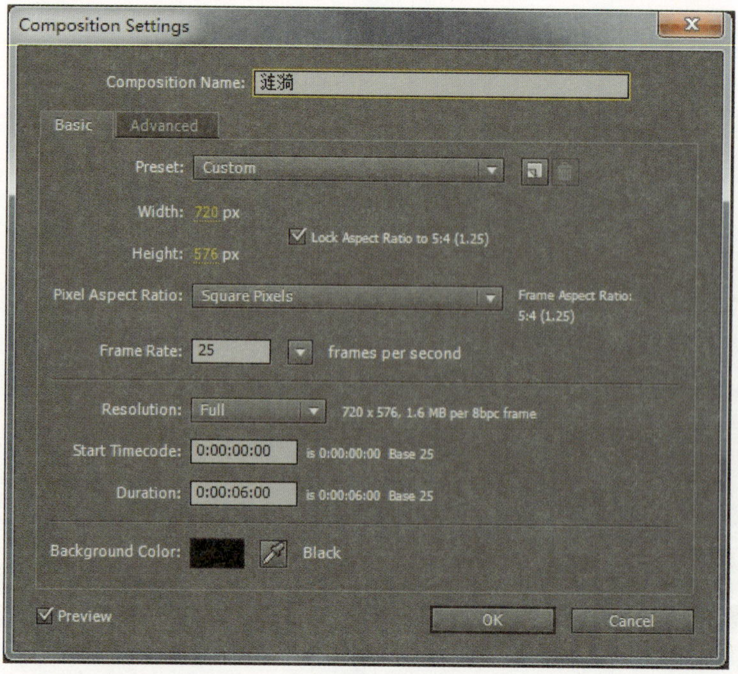

图9-2-1

02 在新建合成“涟漪”后，为了应用Wave World特效，首先要制作出一个黑白的涟漪图。把图层“body”拖入合成“涟漪”中，隐藏该层。然后按【Ctrl+Y】快捷键，新建一个黑色固态层，在弹出的对话框（如图9-2-2所示）中将其命名为“Black Solid 1”，并选择“Make Comp Size（制作为合成大小）”。操作完成后界面如图9-2-3所示。

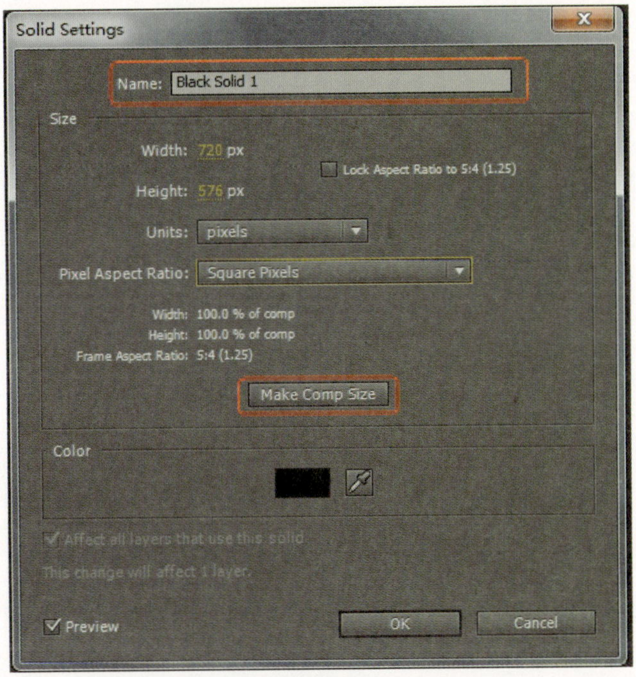

图9-2-2

图9-2-3

03 选择黑色固态层，选择Effect（效果）→Simulation（模拟）→Wave World（水波世界）命令，该层的参数如图9-2-4所示，分别在第9帧、第12帧和第15帧处对Ground下的Steepness参数设置关键帧动画（如图9-2-5所示），做出涟漪的灰度图效果。

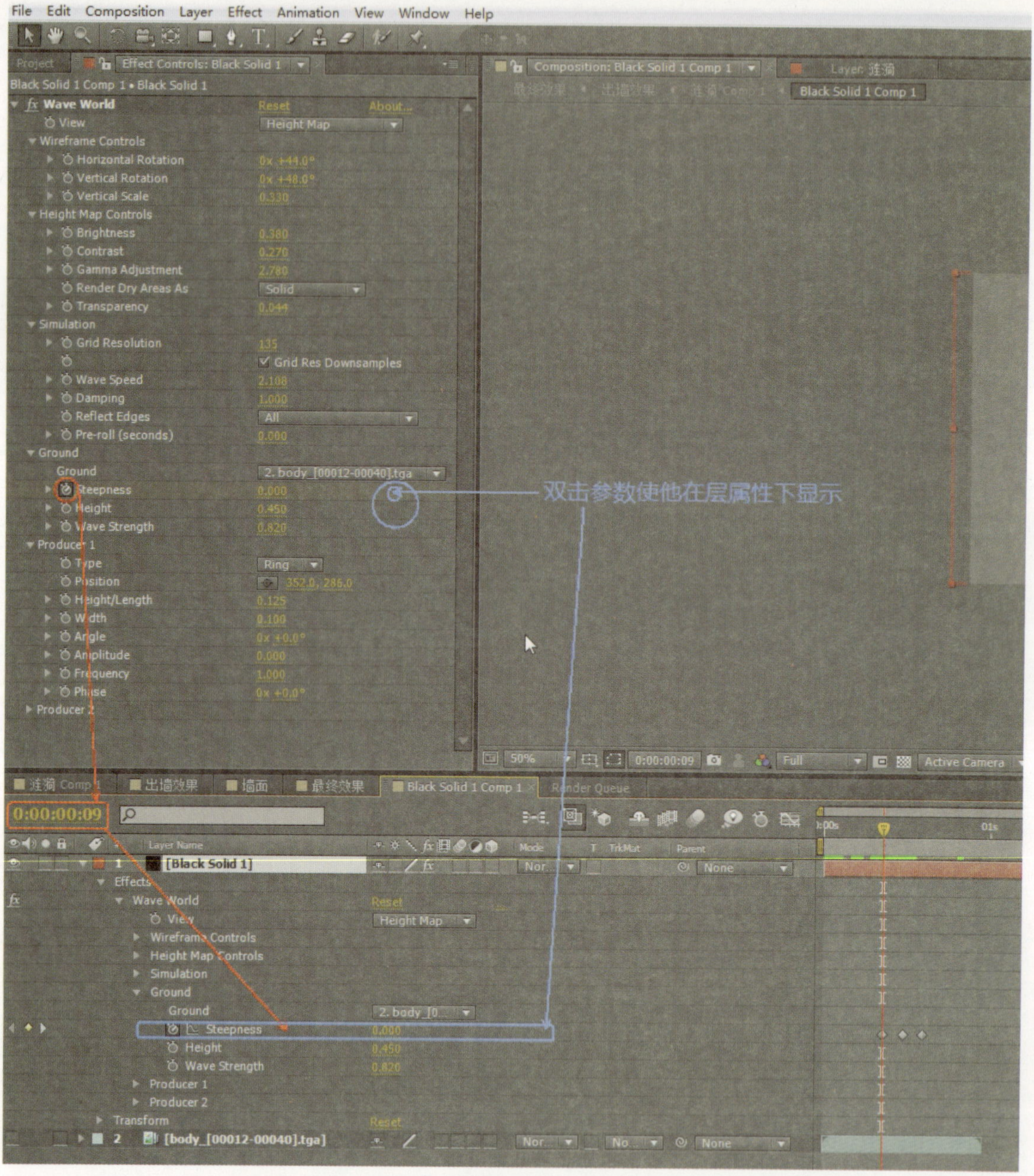

图9-2-4

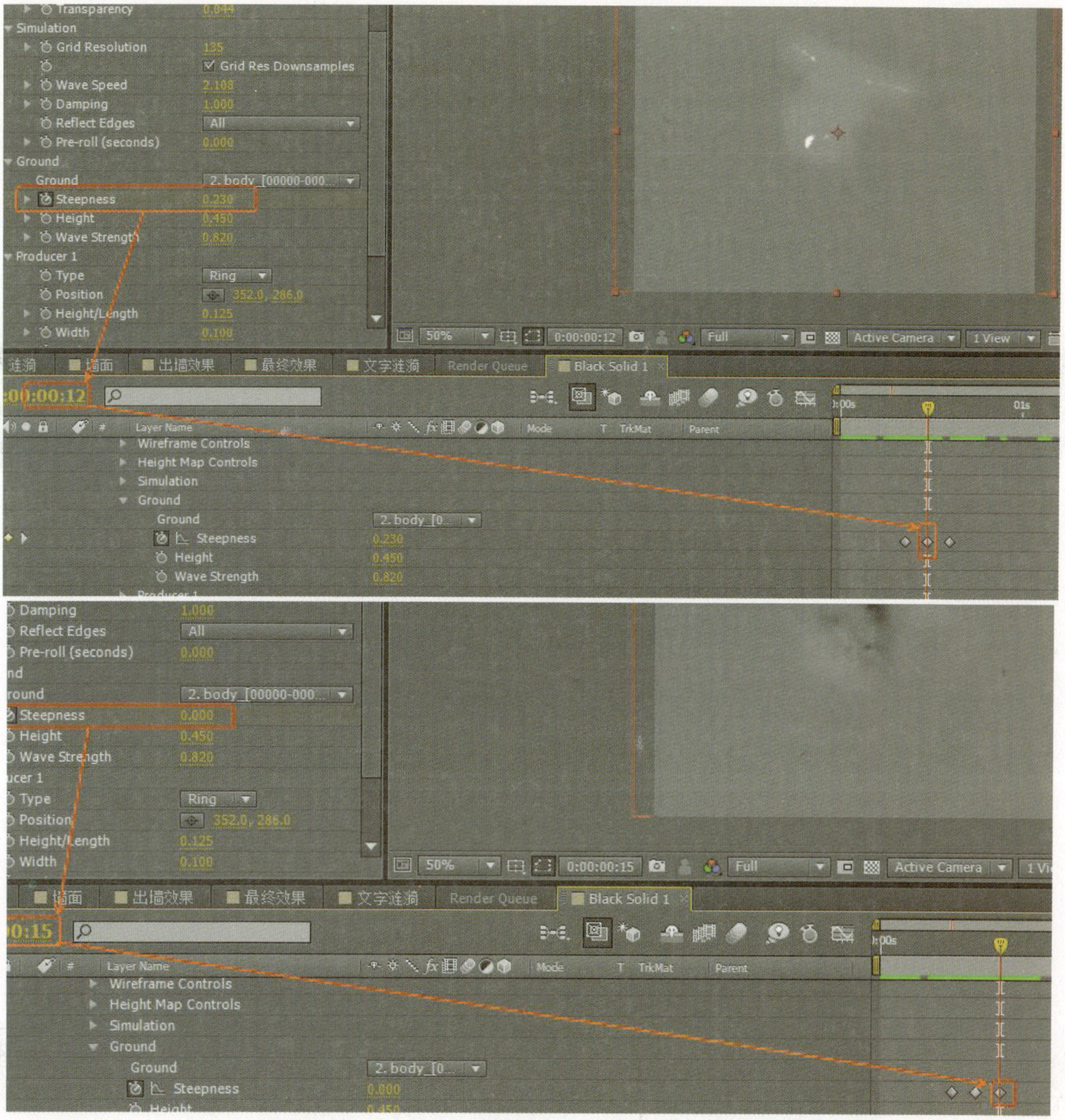

图9-2-5

Wave World

知识点

Wave World是一个基于物理学原理的波形发生器，通过波源的上下振动来产生水波的效果。波源可以是线形、环形或自定义的任何形状，在Wave World中可以模拟出波的干涉和反射现象。Wave World最终产生的是一个表现波形振幅强弱的灰度图，波形高的地方亮，波形低的地方暗。利用Wave World所产生的灰度图可以通过Caustics特效来转换为真实的水波特效。在应用特效后，特效控制面板中将显示Wave World特效参数栏（如图9-2-6所示）。

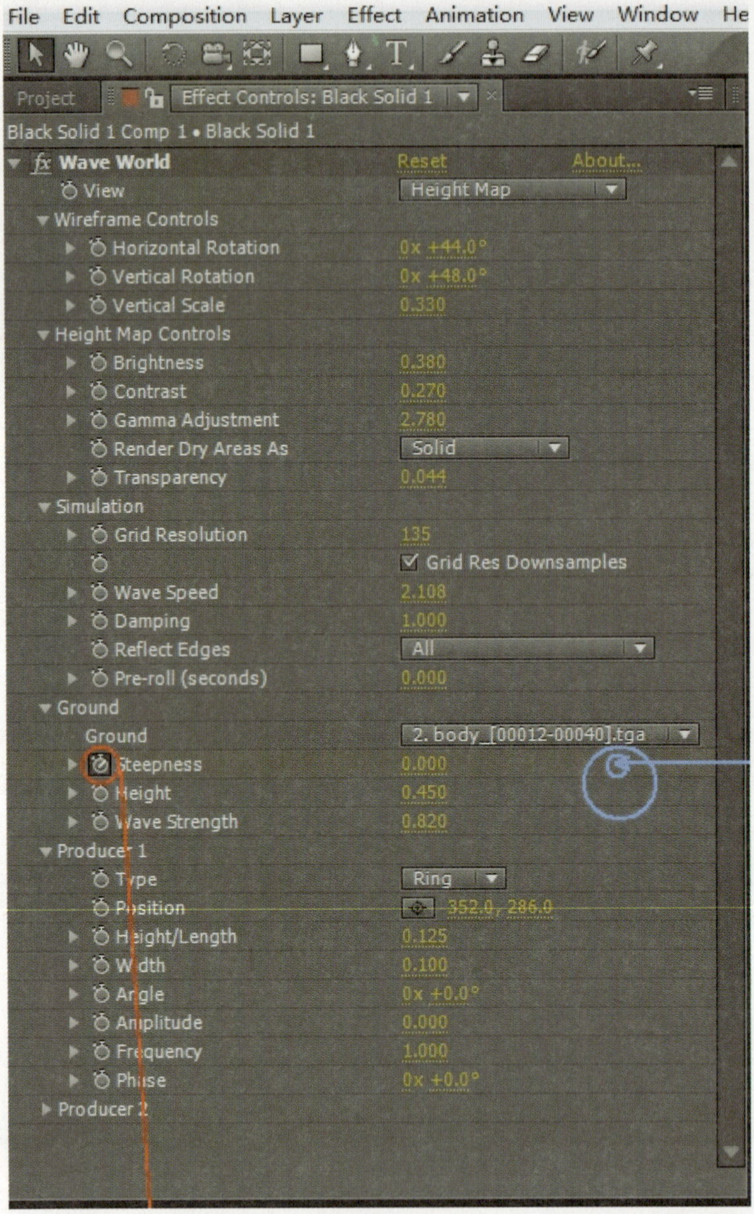

图9-2-6

Wave World有两种视图模式：Wireframe Preview（线框模式）和Height Map（用灰度值代表水波高低值）。Wireframe Controls是视图模式的控制参数，可以控制现况的旋转和缩放；Height Map Controls是灰度图模式的控制参数，可以分别调整灰度图的亮度、对比度、伽马值、透明度和非透明模式以及不透明度的值；Simulation用于设置模拟部分的控制参数；Gird Resolution用于设置网格细分的密度；Wave speed用于控制波的传播速度；

Damping用于控制波的衰减；Reflect Edges是波的反射边选项；Pre-roll是预先模拟参数，即提前多少时间开始模拟波。

在Wave World参数栏中可以设置两个波源，并可以分别设置它们的Type（波源类型）、Position（位置）、Height/Length（高度/长度）、Width（波长）、Angle（角度）、Amplitude（振幅）、Frequency（频率）和Phase（相位）等参数。

Ground是视图中绿色网格的控制参数，相当于水底部分。Ground网格可以用图片的灰度值来控制它的起伏产生地形，还可以用来设置Steepness（地形的险峻程度）、Height（地势在垂直方向上的高度）、Wave Strength（波的强度）等参数。在本例中，我们将墙面设为人的形状，通过对水面的冲击造成波的运行，经过四周对波的反射以及波与波之间的干涉，从而得到水墙的效果。

知识点

04 设置完成后，我们得到了一个根据图层“body”的人物素材制作的涟漪效果的黑白图。下面，选择图层“body”和黑色固态层，按【Ctrl+Shift+C】快捷键，为两个层打组，将其命名为“黑白图”，并点选“Move all attributes into the new compostion（移动全部属性到新建合成中）”选项，如图9-2-7所示。

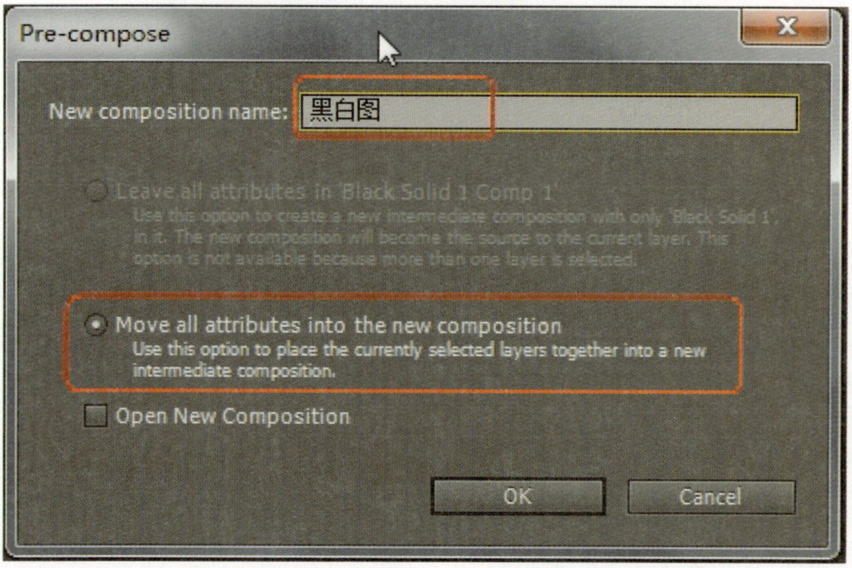

图9-2-7

05 把素材“墙.jpg”（素材位置为“光盘：\本书素材\Unit9\墙.jpg”）拖入到新建合成图标上，基于“墙”图片新建立一个Comp，如图9-2-8和图9-2-9所示。

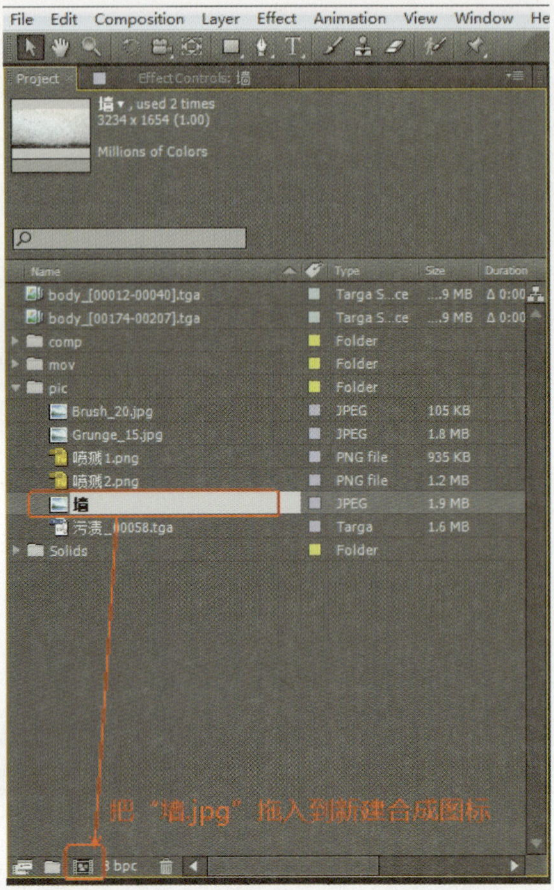
File Edit Composition Layer Effect Animation View Window He
Project
Effect Controls: 墙
墙 ▾ , used 2 times
3234 x 1654 (1.00)
Millions of Colors
Name
Type
Size
Duration
body_[00012-00040].tga
Targa S...ce
...9 MB
Δ 0:00
body_[00174-00207].tga
Targa S...ce
...9 MB
Δ 0:00
comp
Folder
mov
Folder
pic
Folder
Brush_20.jpg
JPEG
105 KB
Grunge_15.jpg
JPEG
1.8 MB
喷溅1.png
PNG file
935 KB
喷溅2.png
PNG file
1.2 MB
墙
JPEG
1.9 MB
污渍_00058.tga
Targa
1.6 MB
Solids
Folder
把"墙.jpg"拖入到新建合成图标
8 bpc
图9–2–8

图9–2–9

06 接下来调整“墙”的颜色，分别选择Effect（效果）→Color Correction（色彩校正）→ Curves（曲线）命令、Effect（效果）→Color Correction（色彩校正）→Black & White（阴影与高光）命令和Effect（效果）→Color Correction（色彩校正）→Hue/Saturation（色相位/饱和度）命令，并参照图9-2-10设置参数。

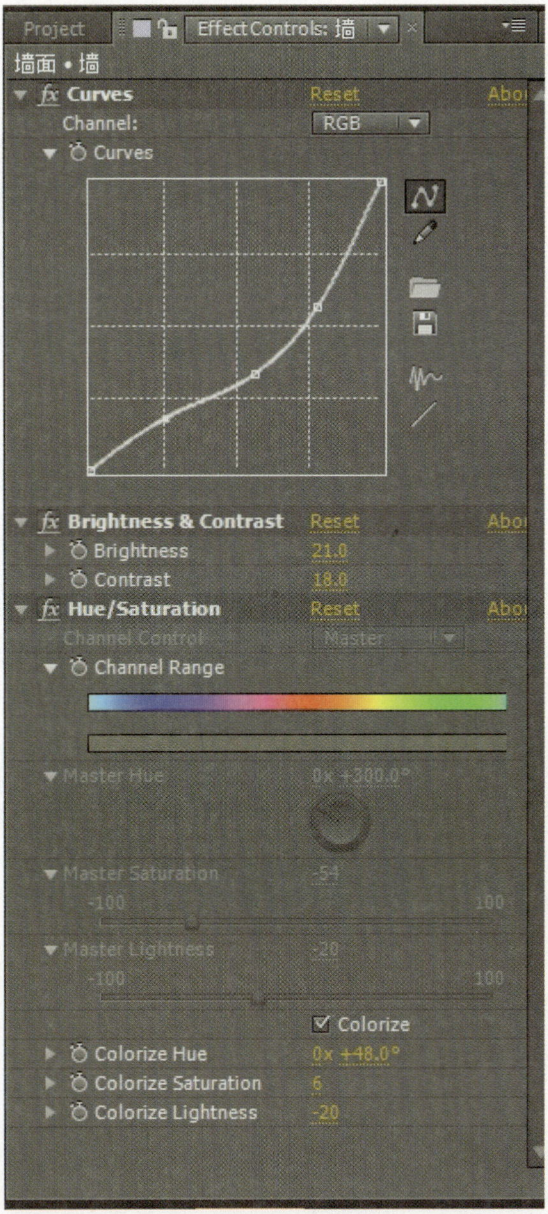

图9-2-10

07 把图片“污渍.tga”拖入到合成“墙”中，并在合成窗口中把污渍的位置移动到墙面的中心位置。选择图层“污渍”，把时间线移动到第12帧位置，并按【Alt+[】快捷键将第12帧之前的素材都剪切掉，让污渍层从第12帧开始显示（如图9-2-11所示）。

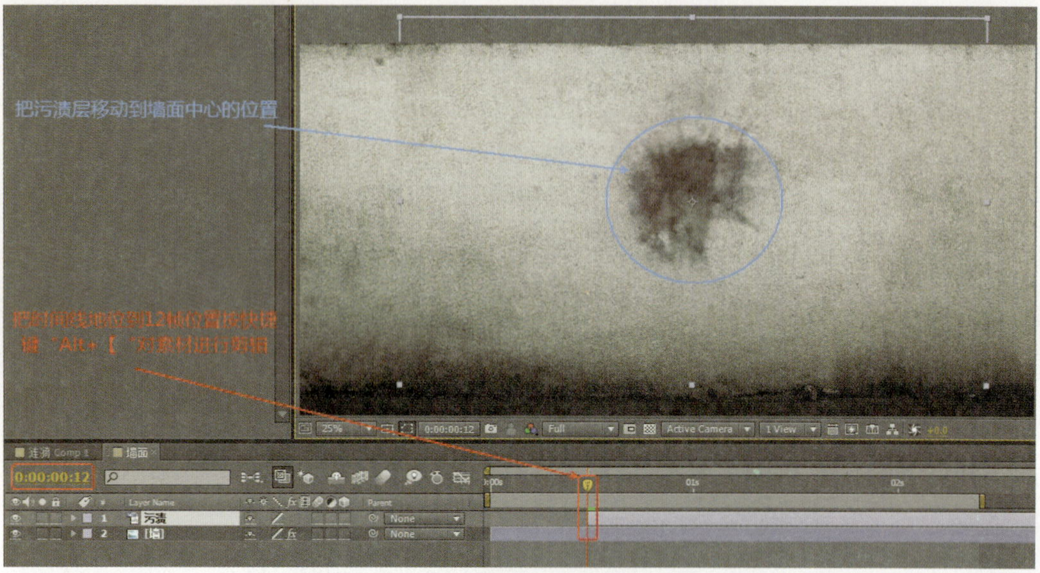

图9–2–11

08 选择图层"污渍"，选择Effect（效果）→Distort（扭曲）→Turbulent Displace（紊乱置换）命令，把时间线移动至13帧，参照图9-2-12、图9-2-13和图9-2-14设置参数，并分别为Evolution和Offset设置关键帧动画（如图9-2-15和图9-2-16所示）。

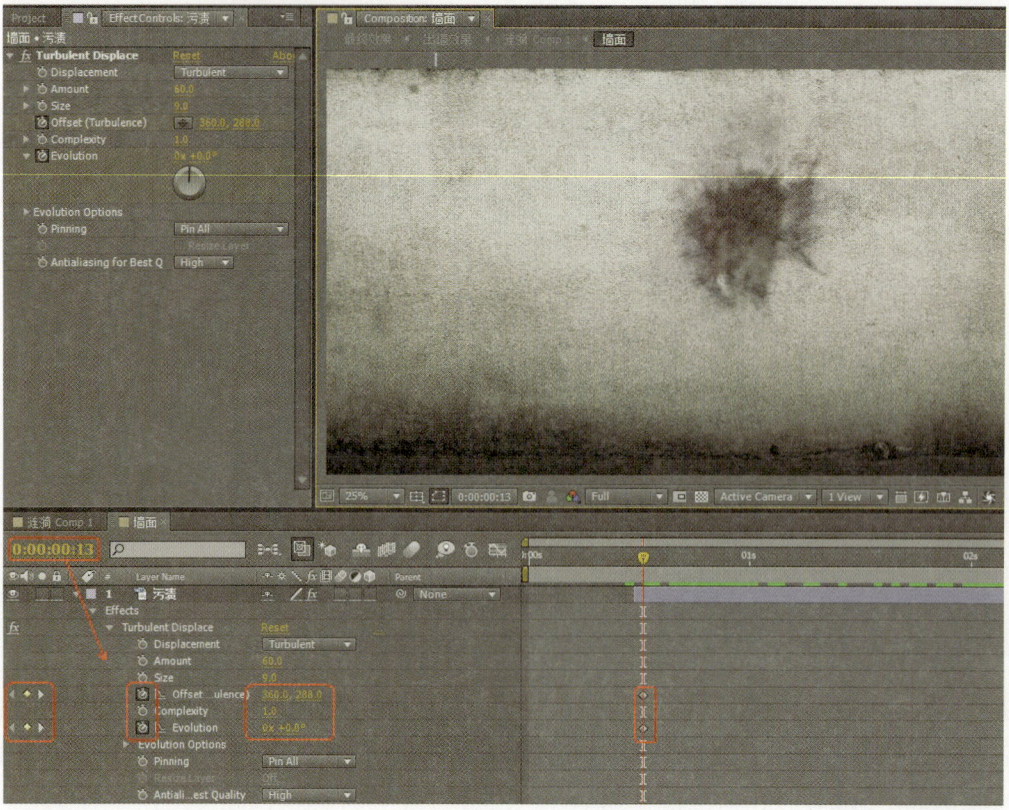

图9–2–12

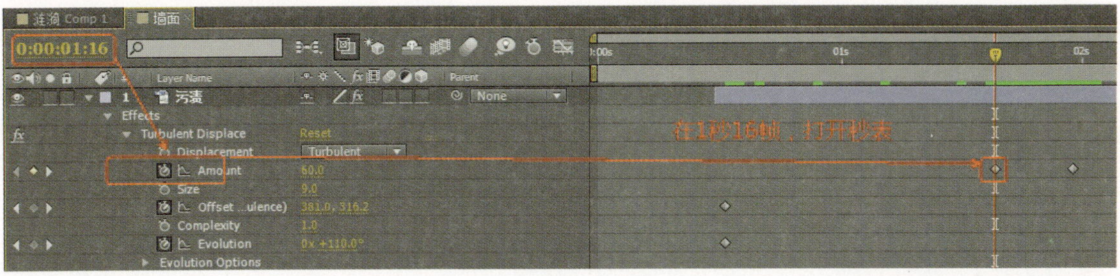

图9-2-13

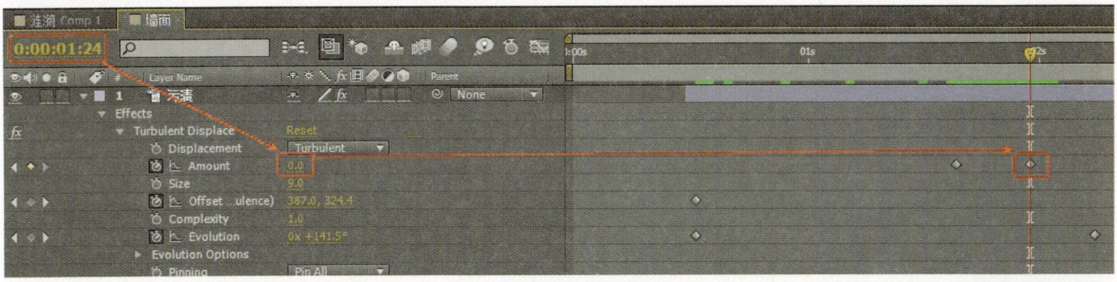

图9-2-14

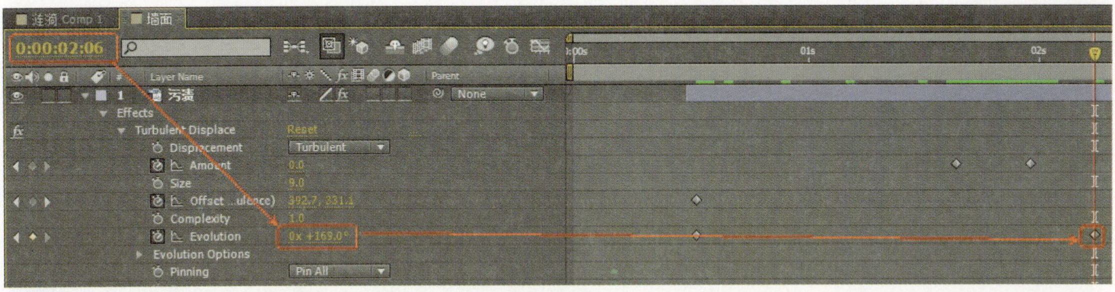

图9-2-15

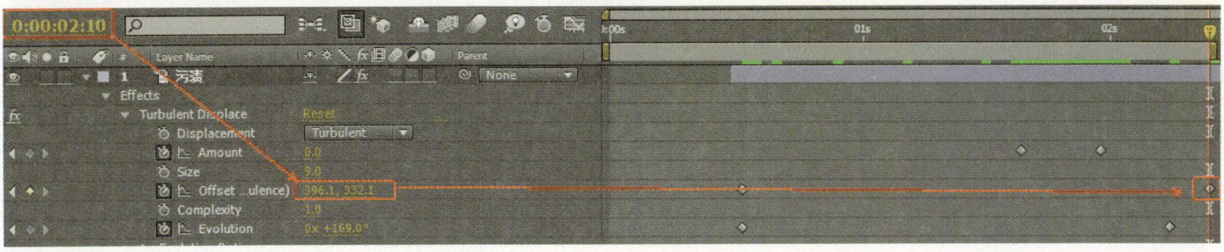

图9-2-16

知识点

在Distort（扭曲）效果栏下还有很多对图像进行变形修改的特效工具，常用的有Displacement Map（置换贴图，也叫置换映射）特效。它是以指定的层作为置换图，参考其像素的颜色值，以位移水平和垂直的像素为基准变形层，这种由置换图产生的变形特效可能变化非常大。其变化主要依赖于位移图及设置的选项，它可以使用当前合成中的任何层作为置换图。After Effects将置换图的层放在要变形的层上，指定哪个颜色通道基于水平和垂直位置，且以像素为单位指定最大位移量，并对应指定的通道置换图中每个像素的颜色值，用于计算图像中对应的像素位移。

知识点

另外，还有一个Polar Coordnates（极坐标）特效，其功能类似于把一个地球仪展开变成平面或者把一张平面图转换为球形的形状。其中，Interpolation（差值）表示变形的程度，在Type of Conversion下拉列表中可以选择Rect to Polar（从直角坐标转换到极坐标）、Polar to Rect（从极坐标转换到直角坐标）两项来控制变形的方式。

09 制作污渍缩放和透明度的关键帧动画。选择图层“污渍”，按快捷键【S】以及【Shift+T】，显示出缩放和透明度属性。把时间线移动到第13帧位置，参照图9-2-17设置参数，并打开两个属性的关键帧记录器；然后在2秒08帧参照图9-2-18设置参数，并让这两个参数自动建立关键帧。

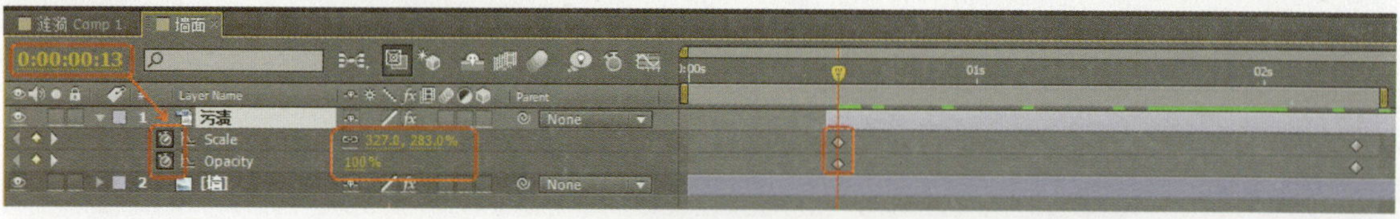

图9–2–17

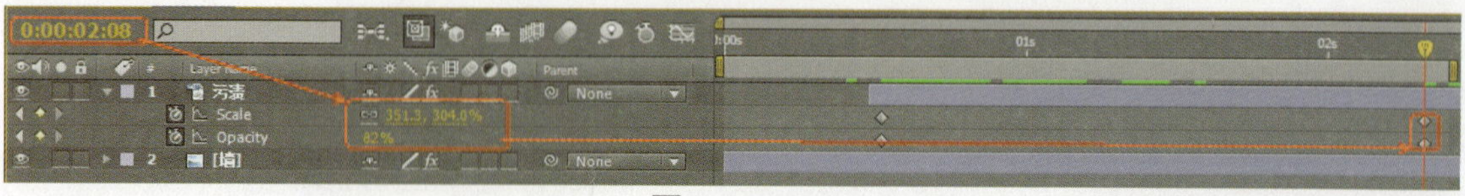

图9–2–18

9.3 制作涟漪效果

01 在项目面板中找到合成“涟漪”，双击进入合成，把刚才制作的合成“墙”拖曳进合成“涟漪”，关掉图层“墙”和“黑白图”的可见性（如图9-3-1所示）。

02 按【Ctrl+Y】快捷键新建一个固态层，命名为“Caustics”。在弹出的设置对话框中单击“Make Comp Size”按钮，基于当前合成建立固态层，并将颜色设为黑色（如图9-3-2和图9-3-3所示）。

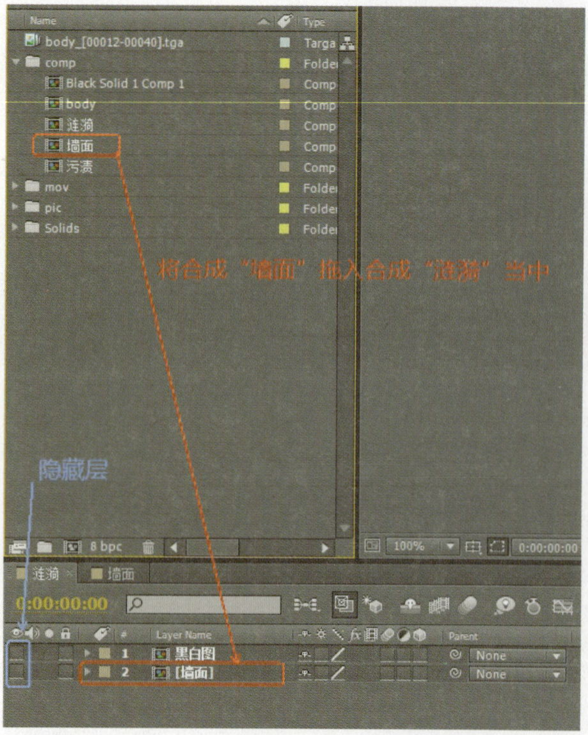

图9–3–1

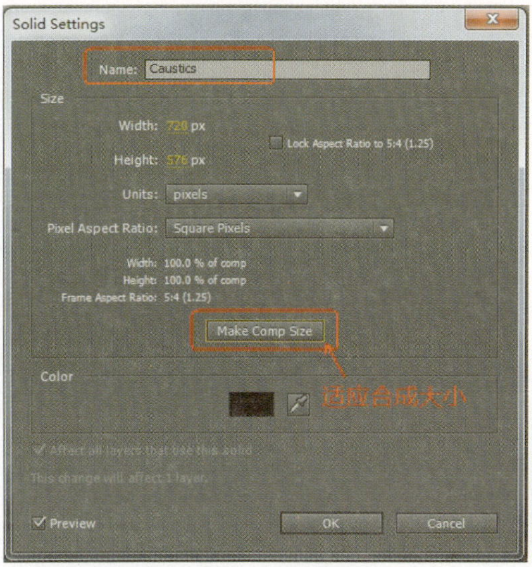

图9–3–2

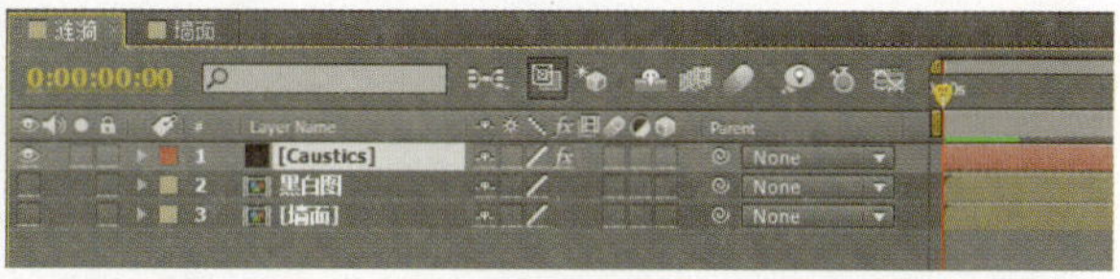

图9–3–3

03 选择图层“Caustics”，选择Effect（效果）→Simulation（模拟仿真）→Caustics（焦散）命令，在Bottom栏中的参数的下拉菜单找到“墙面”，也就是刚才做的那个墙面合成，Water Surface（水面）下拉菜单找到“黑白图”，如图9-3-4所示，效果如图9-3-5所示。

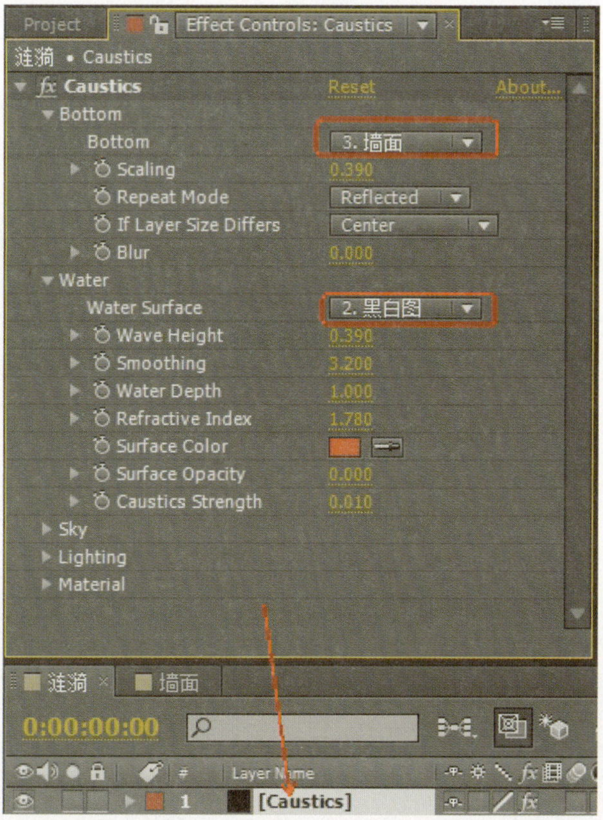

图9–3–4

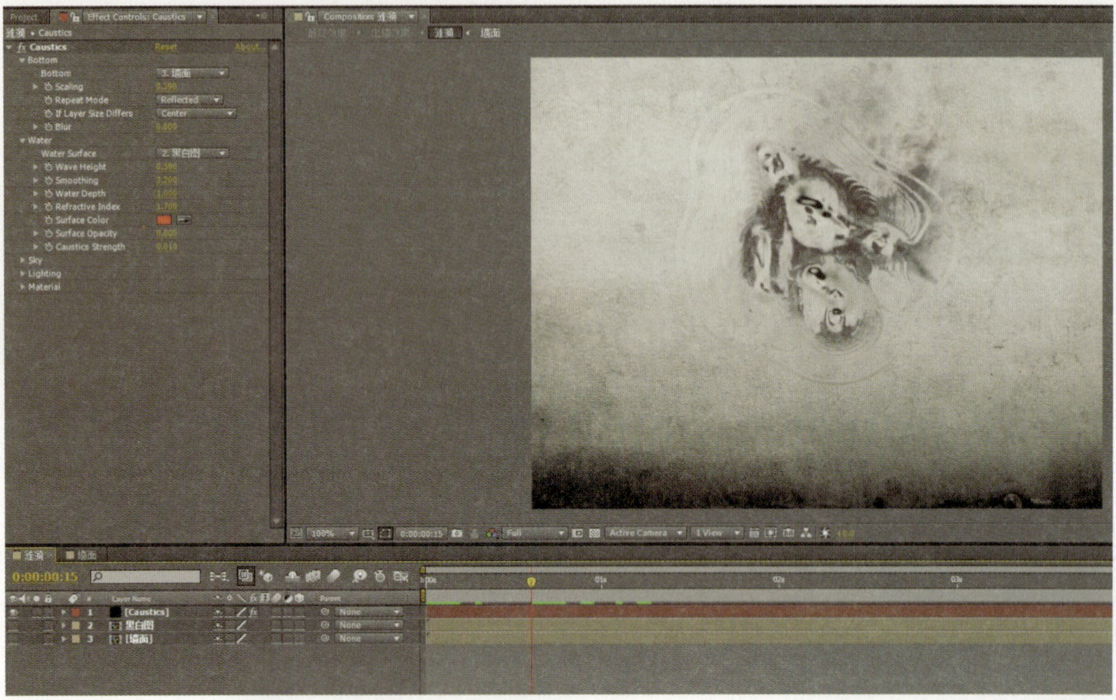

图9-3-5

Caustics特效

知识点

Caustics特效可以将某一图层按照Wave World或Radio Waves制作的波形生成为模拟真实的水面反射。在这一特效中，可以设置Bottom（水底）、Water（水面）、Sky（天空）、Lighting（光线）、Material（材质）等参数。

如果水面不透明度小于100%，则从水面中可以看到在Bottom中设置的水底图案。它的设置主要有Bottom（水底的图形）、Scaling（缩放）、Repeat Mode（将缩小图层作为水底的重复排列方式）、if Layer Size Differs（对于较小的水底图层的控制方法）、Blur（模糊）等参数。

Water主要控制水面的形态，可以设置Water Surface（造成水面起伏的图层，亮的位置水面高，暗的位置水面低）、Wave Height（水波的相对高度）、Smoothing（水面的光洁度）、Water Depth（水深）、Refractive Index（水面的折射率，默认为1.2）、Surface Color（水面的颜色）、Surface Opacity（水面的不透明度）、Caustics Strength（强度）等参数。如果把Surface Opacity设为1.0，则水面将完全不透明，只反射天空图层，配上合适的材质，就可以产生液态金属的效果了。

Sky主要控制天空的形态，可以设置Sky（天空图层）、Repeat Mode（对缩小图层作为天空的重复排列方式）、if Layer Size Differs（对较小的天空图层的控制方法）等参数。

Light控制图层的光照效果，可以定义Light Type（光源类别，如点光源、方向光）、Light Intensity（光照强度）、Light Depth（光线在图层的Z轴上的位置）、Ambient Light

（环境光）等参数。通过光源材质的协调设置，可以得到较好的仿三维效果。

知识点 Material设置的是材质，可以设置Diffuse Reflection（漫反射）、Specular Reflection（高光反射）、Highlight Sharpness（高光区域）等参数。如果要设置光线材质，在通常情况下，先要确定光源位置和漫反射来得到整个画面的光亮度和阴影，然后再调整高光区域和高光反射，最后在阴暗中调整环境光。

9.4 出墙效果

01 按【Ctrl+N】快捷键，新建一个合成，命名为“出墙效果”，并设置Duration参数为6秒（如图9-4-1所示）。

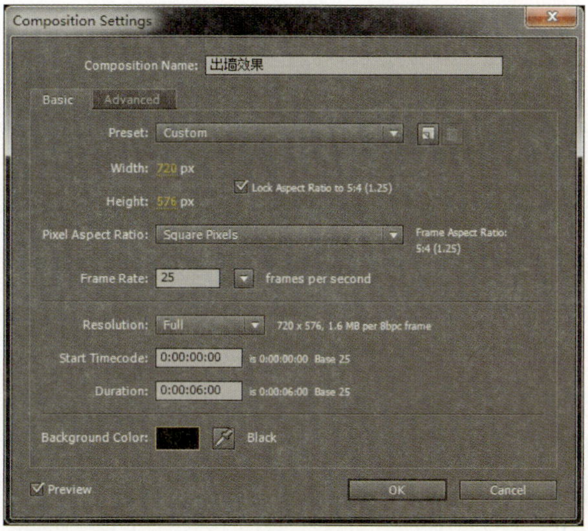

图9-4-1

02 将“涟漪”、“Blood_Burst_01”、“Blood_Burst_02”、“Blood_Squirt_Up_01”、“body”序列等素材拖入到新建的合成中，并放到不同的时间段（如图9-4-2所示）。

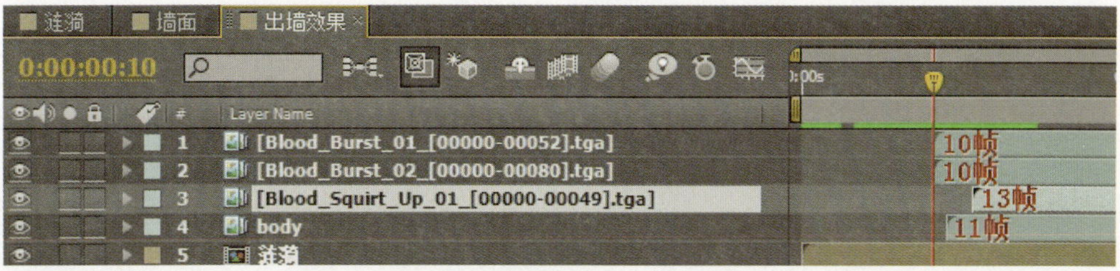

图9-4-2

03 按住Shift键，同时选择“Blood_Burst_01”、“Blood_Burst_02”、“Blood_Squirt_Up_01”3个层。按快捷键【P】打开这3个层的位置属性，参照图9-4-3设置参数，使泼溅的素材大致放到画面的中心，效果如图9-4-4所示。

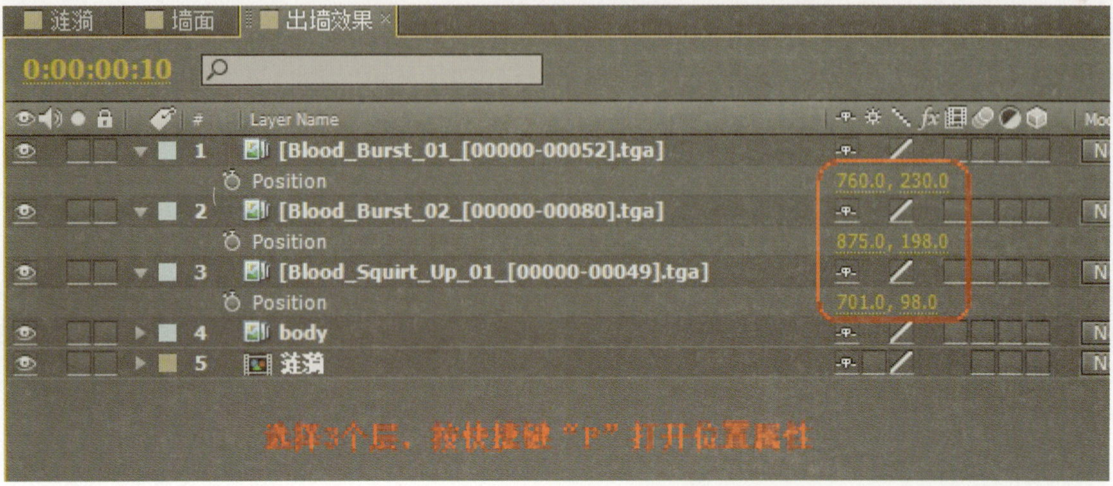

图9-4-3

图9-4-4

04 将这些素材进行简单的上色，统一整体色调。泼溅素材的颜色要与墙面的颜色大概一致，选择Effect（效果）→Generate（生成）→Fill（填充）命令，为“Blood_Burst_01”应用Fill效果。将Color参数改为一个比较的暗的粉色（R:87、G:72、B:69），并设Opacity（透明度）为54%，如图9-4-5所示。

按照同样的方法对“Blood_Burst_02”应用Fill填充效果，并将Color参数设为（R:71、G:61、B:56），并设Opacity（透明度）为100%，如图9-4-6所示。

按照同样的方法对对“Blood_Squirt_Up_01”应用Fill填充效果，并将Color参数设为（R:51、G:53、B:54），并设Opacity（透明度）为100%，如图9-4-7所示。

设置后的效果如图9-4-8所示。

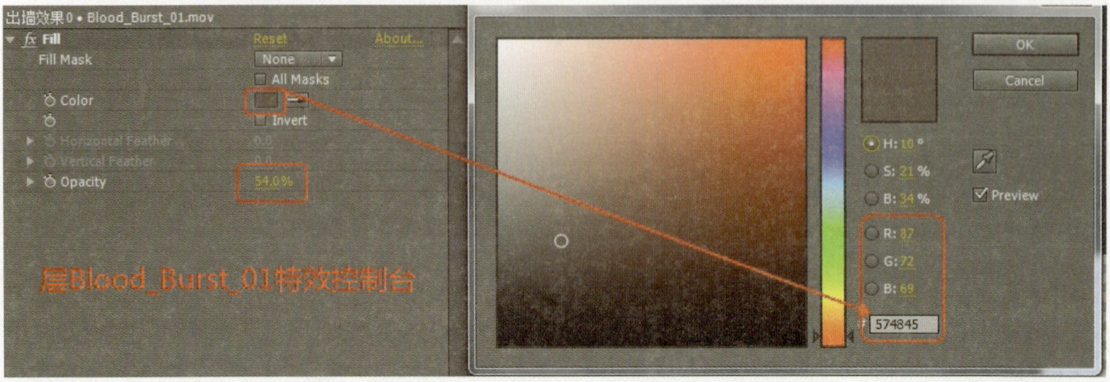

图9-4-5

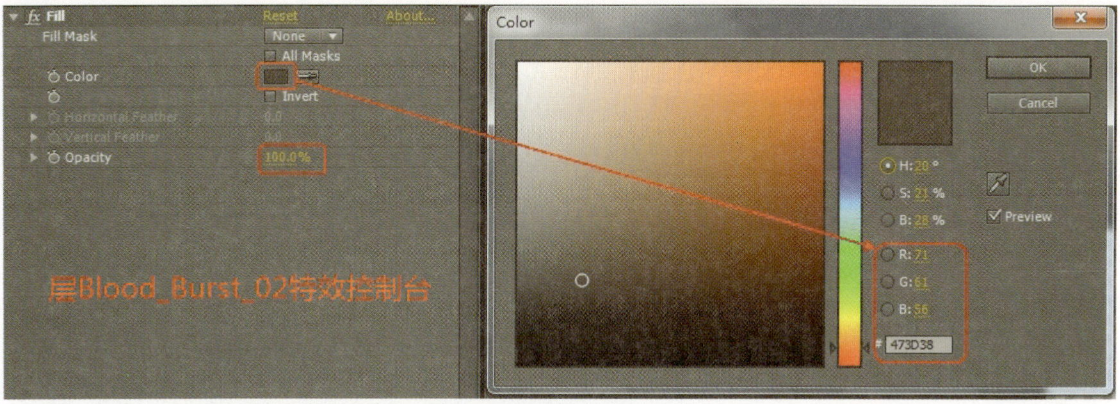

图9-4-6

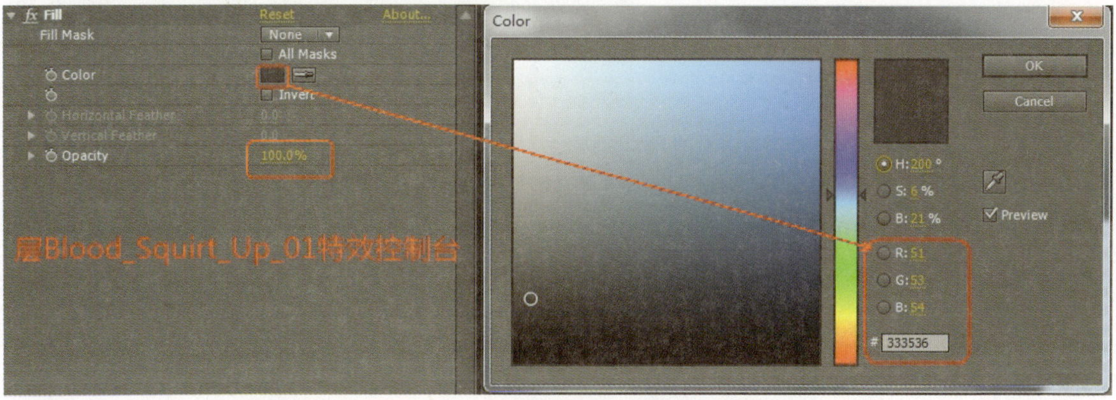

图9-4-7

图9-4-8

05 剪辑图层“Blood_Squirt_Up_01”，将时间线定位到第17帧，按【Alt+[】快捷键剪辑掉前面的几帧画面（如图9-4-9所示）。

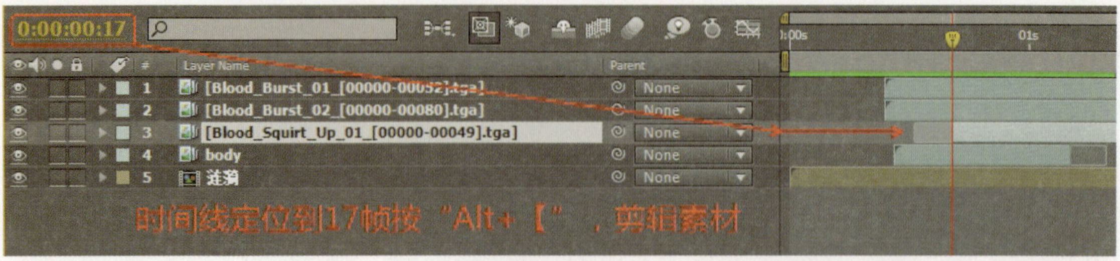

图9-4-9

06 选择图层"body"，为该层的人物调色，使人物与环境更协调。选择打开Effect（效果）→Stylize（风格化）→CC Threshold RGB（CC RGB阈值）命令，参照图9-4-10设置参数。

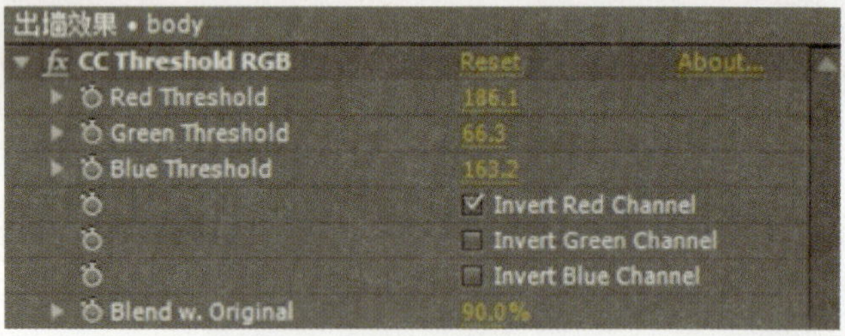

图9-4-10

选择应用Effect（效果）→Color Correction（校色）→Brightness & Contrast（阴影/高光）命令，加大对比度，参照图9-4-11设置参数。

设置后的效果如图9-4-12所示。

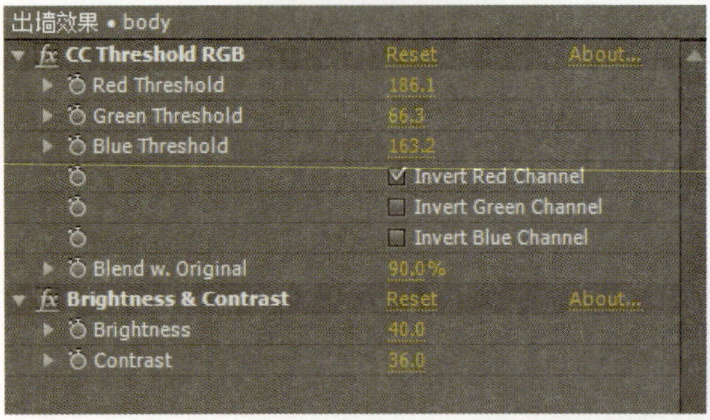

图9-4-11

图9-4-12

知识点

Stylize特效组

Stylize是一组风格化效果，用来模拟一些实际的绘画效果或为画面提供某种风格化效果。风格化效果菜单包含笔触、描边、浮雕、发光、噪波等效果。

07 选择图层"Blood_Burst_02"、"Blood_Squirt_Up_01"，按快捷键【T】，打开层的透明度属性对话框，将Opacity（透明度）设置为68%（如图9-4-13所示）。图9-4-14所示为设置前后的效果对照示意图。

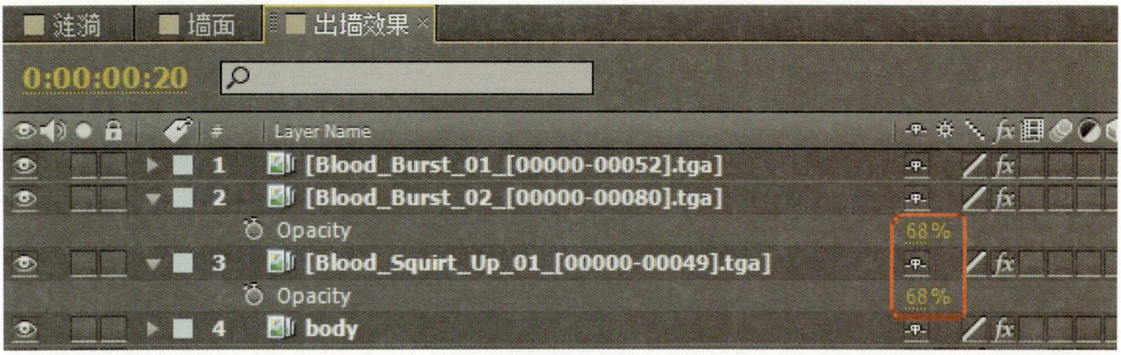

图9-4-13

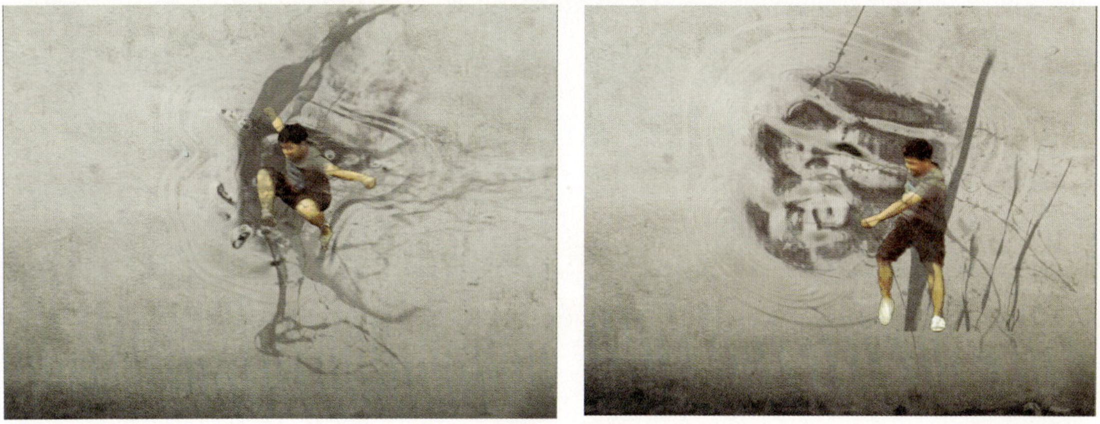

图9-4-14

08 按【Ctrl+Y】快捷键，新建一个白色固态层，命名为“Matte”，以合成的大小建立，并单击“Make Comp Size（制作为合成大小）”按钮为固态层中心偏左的位置添加一个倾斜的椭圆形蒙版（如图9-4-15所示）。设置后的效果如图9-4-16所示。

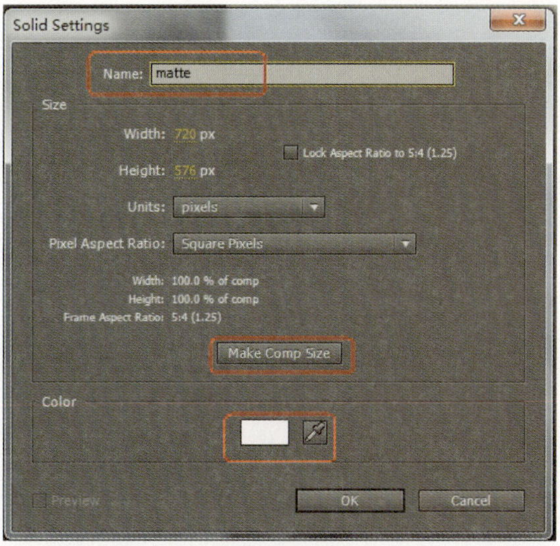

图9-4-15

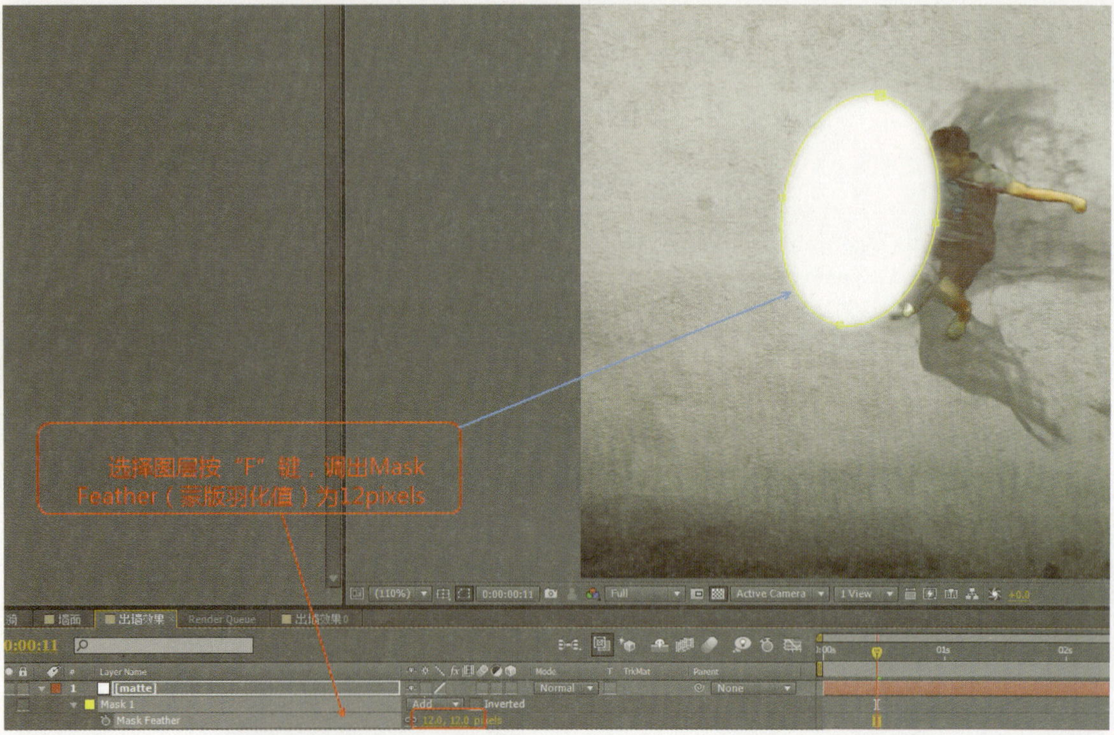

图9-4-16

09 按两次【Ctrl+D】快捷键，复制图层“matte”，并分别放到图层“Blood_Burst_01”、“Blood_Burst_02”和“body”的上方，然后改变“Blood_Burst_01”、“Blood_Burst_02”和“body”三个层的轨道蒙版的下拉菜单，设置为“Alpha Inverted Matte “[matte]”（Alpha反转蒙版‘matte’）”，如图9-4-17所示。刚才建立的图层“matte”此时会自动隐藏，并作为轨道蒙版为其下方图层作遮罩，使泼溅的边缘得到羽化且模拟出人物从墙里出现的假象。

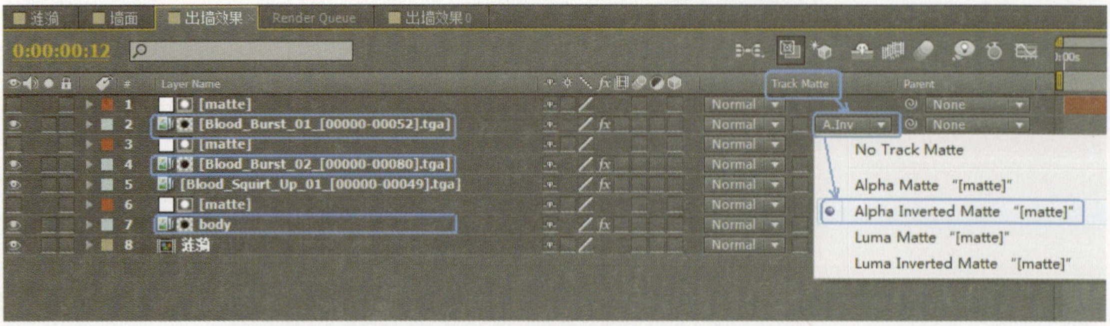

图9-4-17

9.5 营造三维场景

01 把素材“地面.jpg”（素材位置为“光盘：\本书素材\Unit9\地面.jpg”）导入到“出墙效果”合成中，并将除“matte”层以外的其他层转换为三维图层（如图9-5-1所示），并建立35 mm摄像机（如图9-5-2所示）。

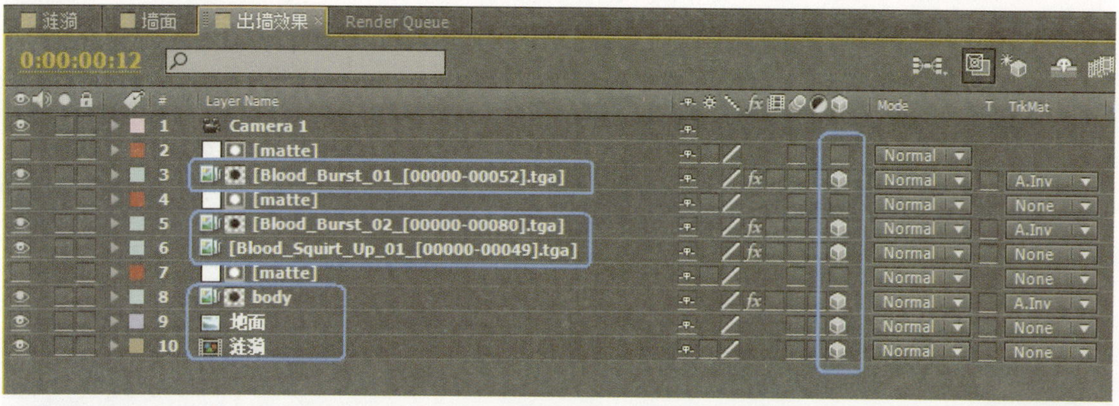

图9-5-1

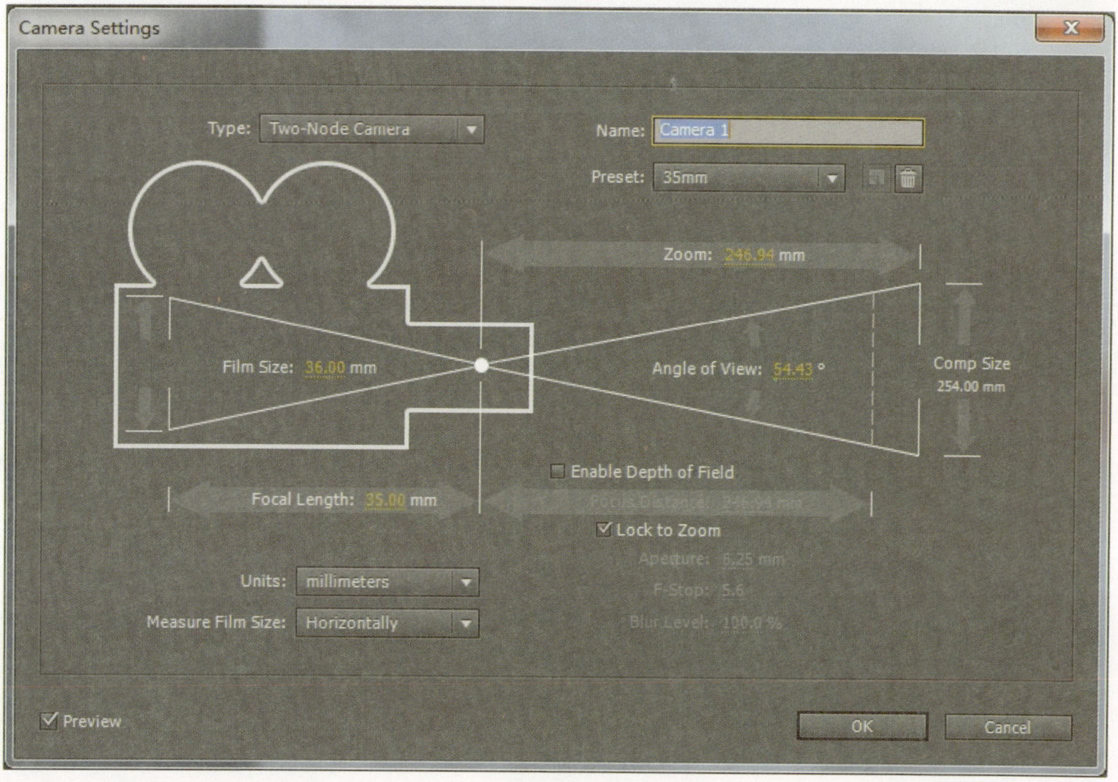

图9-5-2

02 将图片适当地摆放到各个层中的位置，选择可见图层，先按快捷键【A】打开定位点属性，然后依次按【Shift+P】、【Shift+S】、【Shift+R】快捷键分别打开位置、缩放、旋转属性，并按照图9-5-3设置参数，定位每个可见图层在三维空间中的位置。设置后的效果如图9-5-4所示。

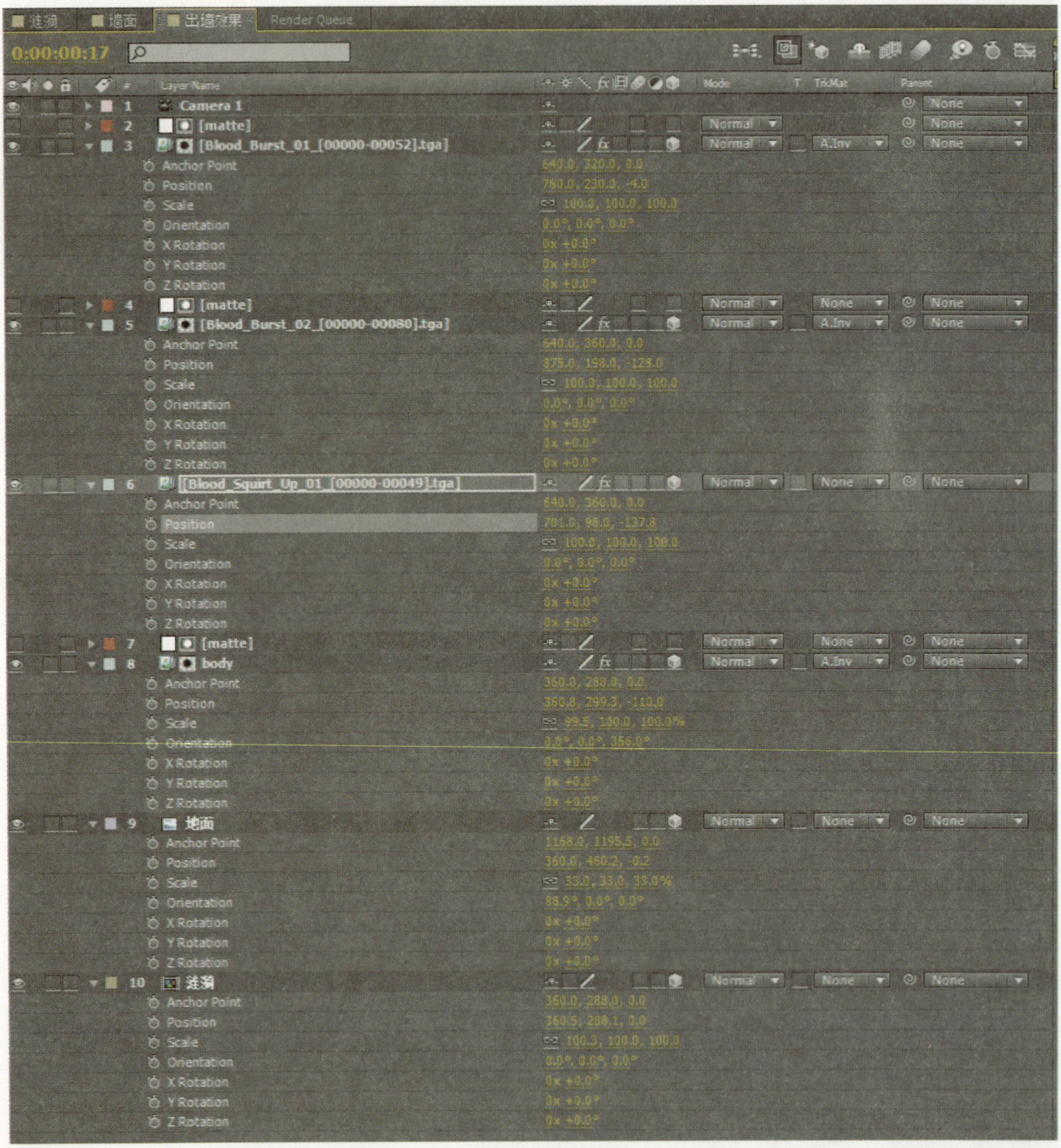

图9-5-3

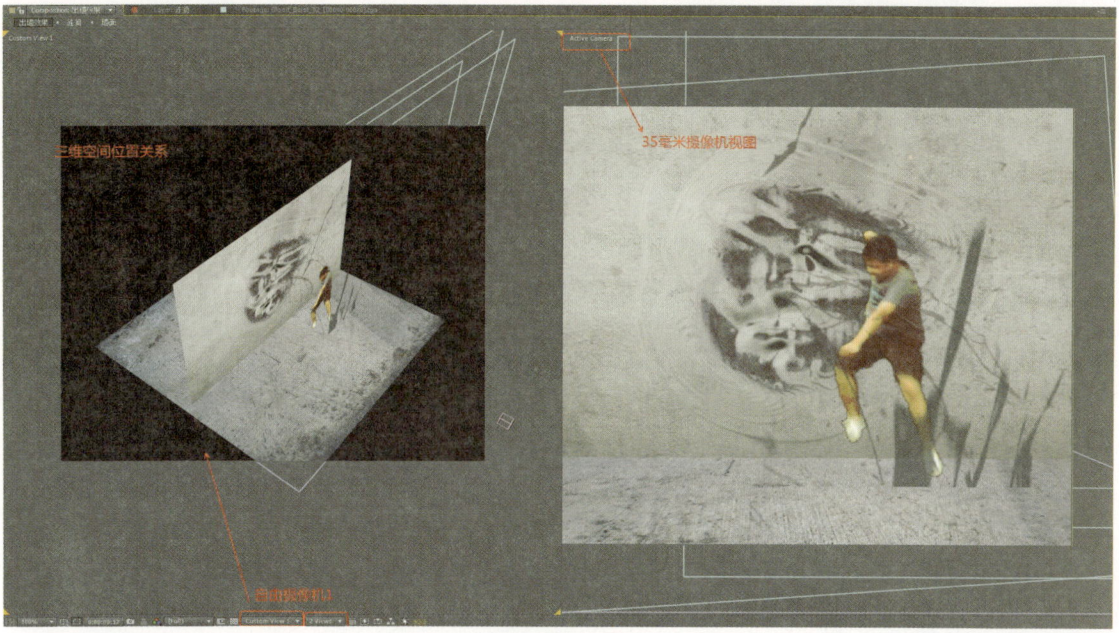

图9–5–4

03 虽然我们将各个三维层都组织起来了，可还是感觉空间感不足。这是因为空间感的一个重要因素就是要有光，如果没有灯光渲染气氛的话，画面就显得很平，并且有光就会有影子，影子也是必不可少的三维元素。下面我们新建两盏点灯光（如图9-5-5所示），一个作为主光，一个是辅助作用的光，并参照图9-5-6、图9-5-7和图9-5-8设置它们在三维空间中的位置参数。设置后的效果如图9-5-9所示。

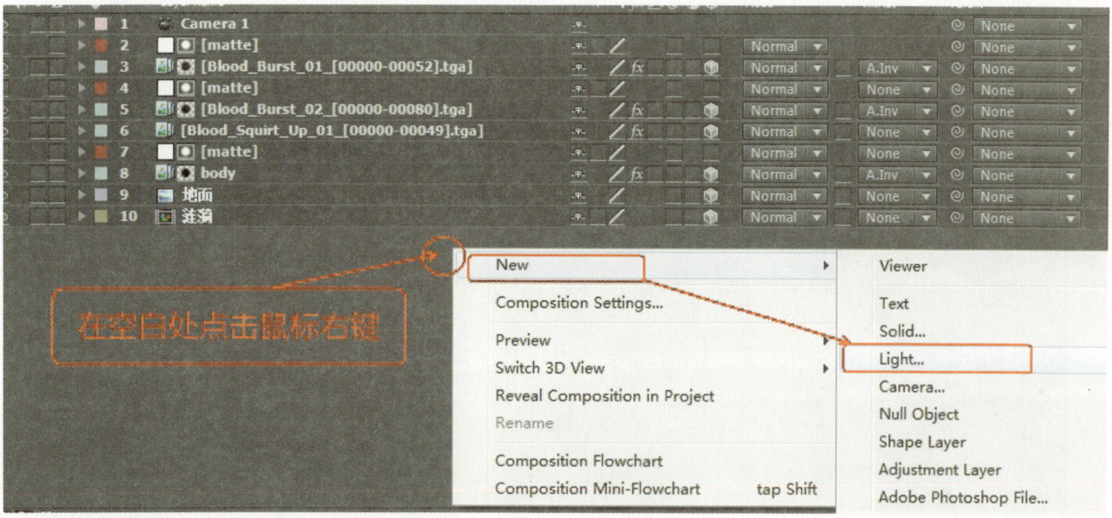

图9–5–5

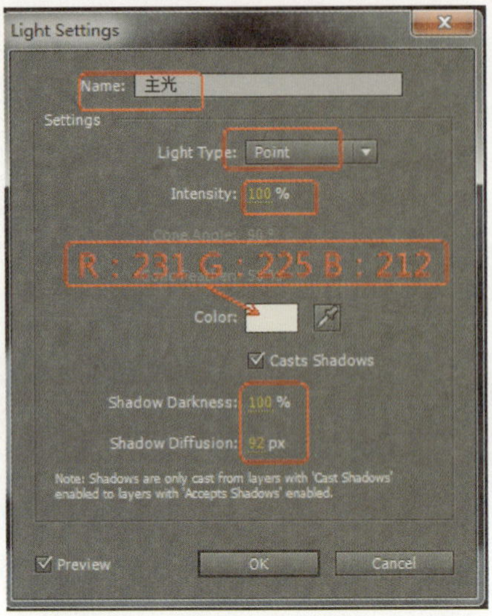

图9–5–6

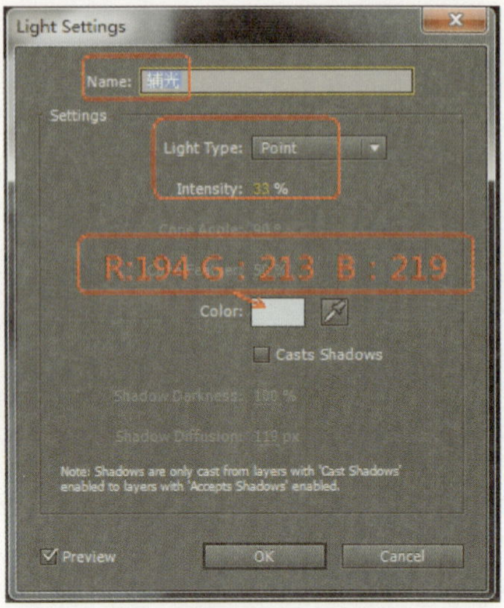

图9–5–7

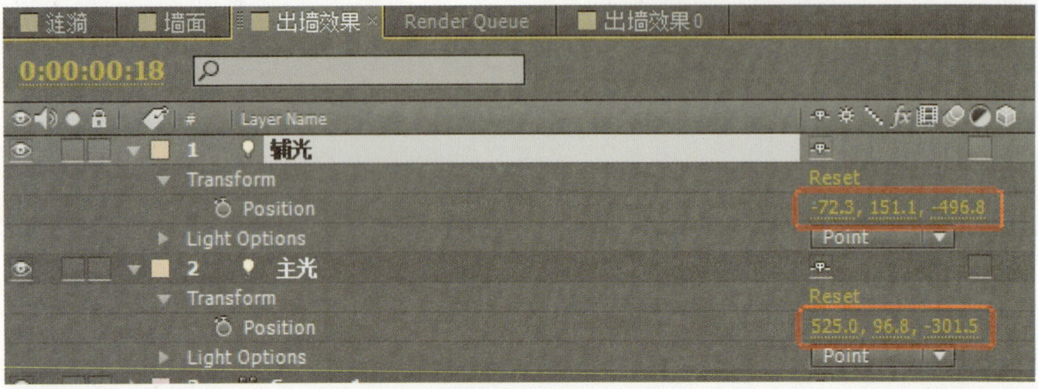

图9–5–8

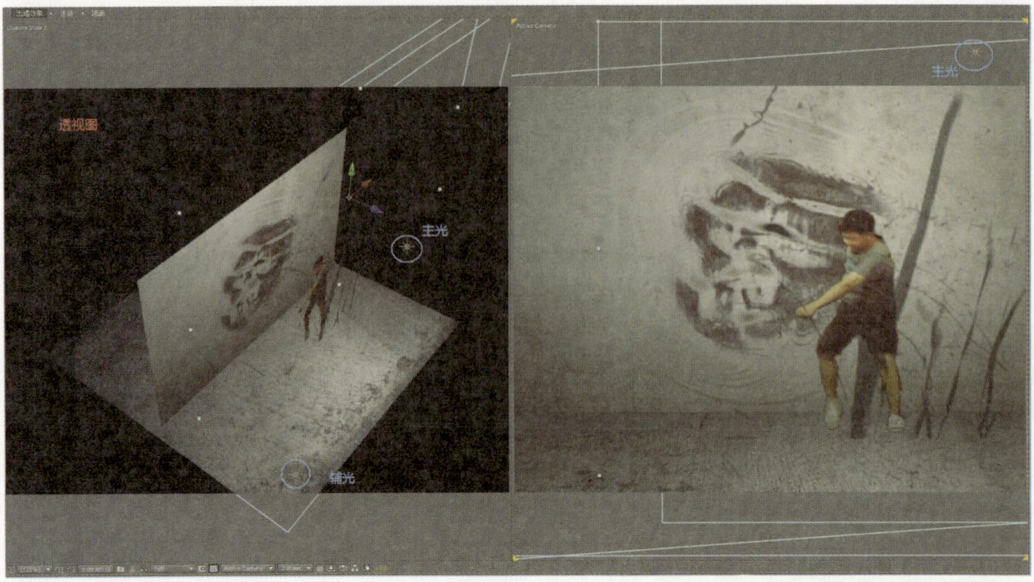

图9–5–9

04 有了光，还要有阴影。除了灯光可以选择投射阴影外，层的材质阴影属性也要在打开后才能正确显示阴影。下面我们展开图层“Blood_Burst_01”、“Blood_Burst_02”、“Blood_Squirt_Up_01”和“body”，并参照图9-5-10设置“Material Options（质感选项）”参数。设置后的效果如图9-5-11所示。

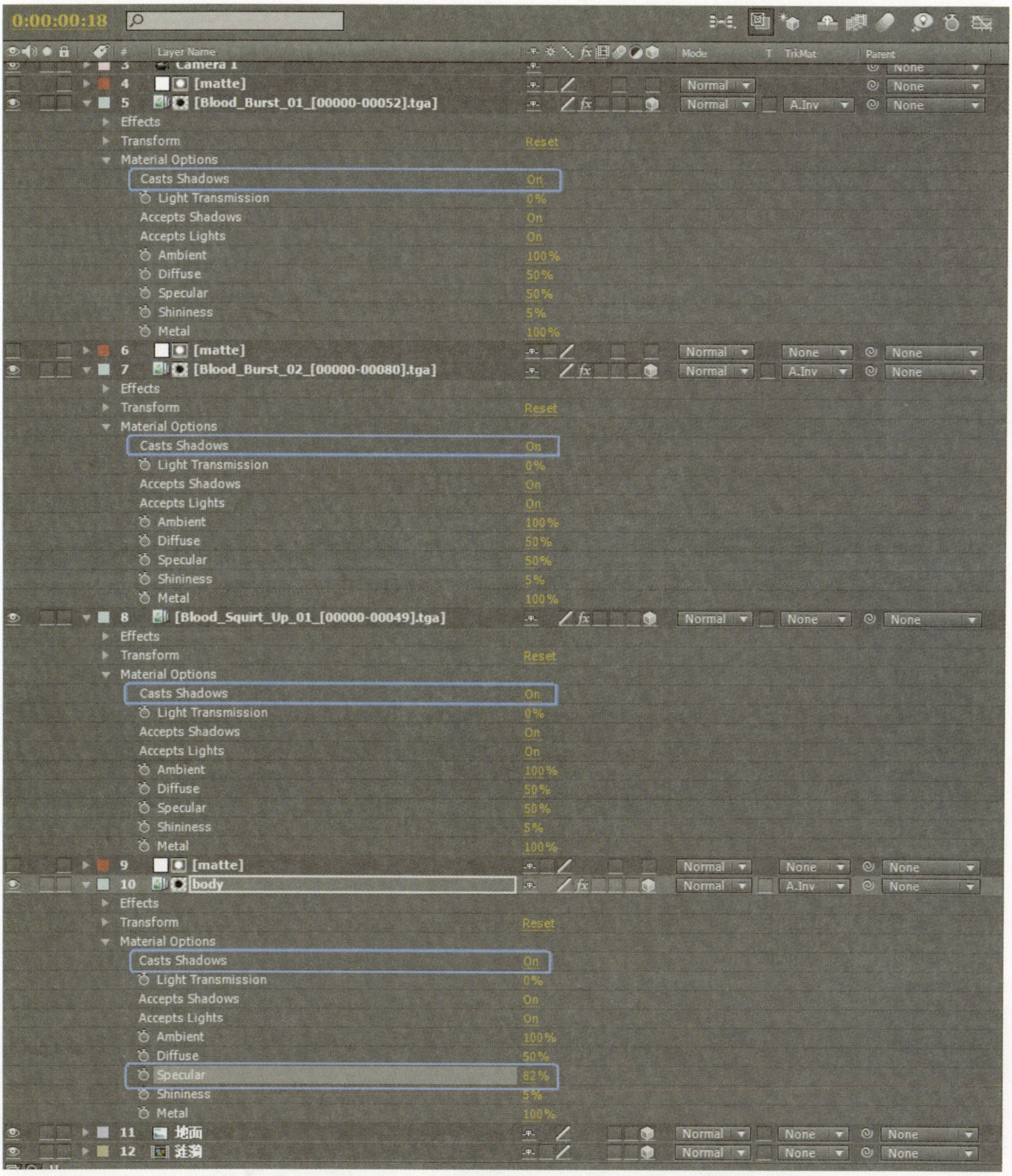

图9-5-10

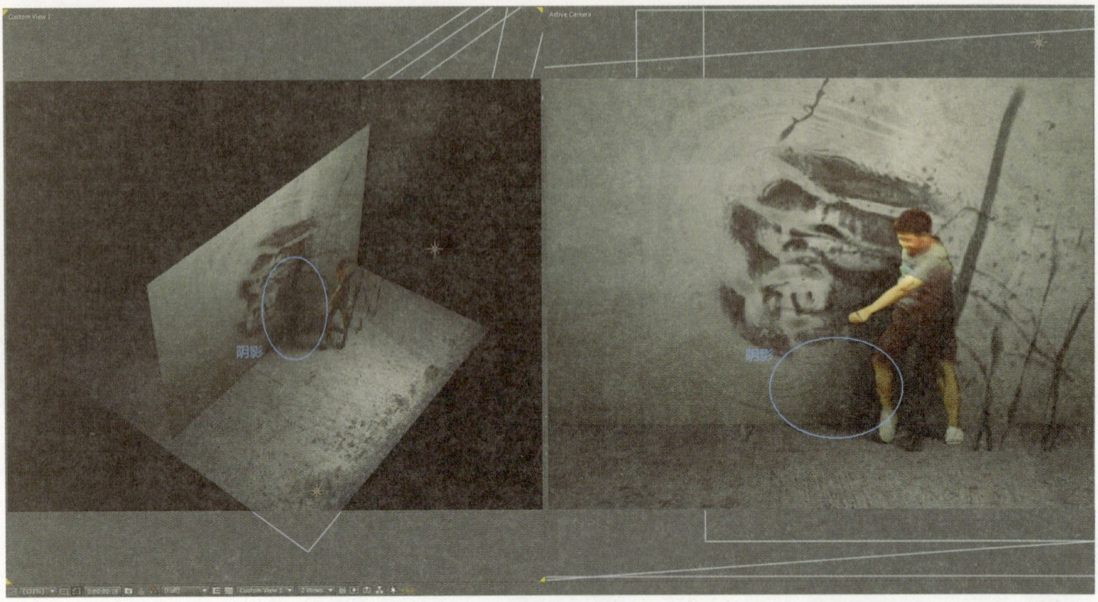

图9-5-11

9.6 字幕动画

01 按【Ctrl+N】快捷键，新建一个合成组，命名为“最终合成”，并参照图9-6-1设置参数。把合成“出水效果”导入到新建合成中（如图9-6-2所示），并使用文字工具参照图9-6-3输入“After Effect CS5”字样。设置后的效果如图9-6-4所示。

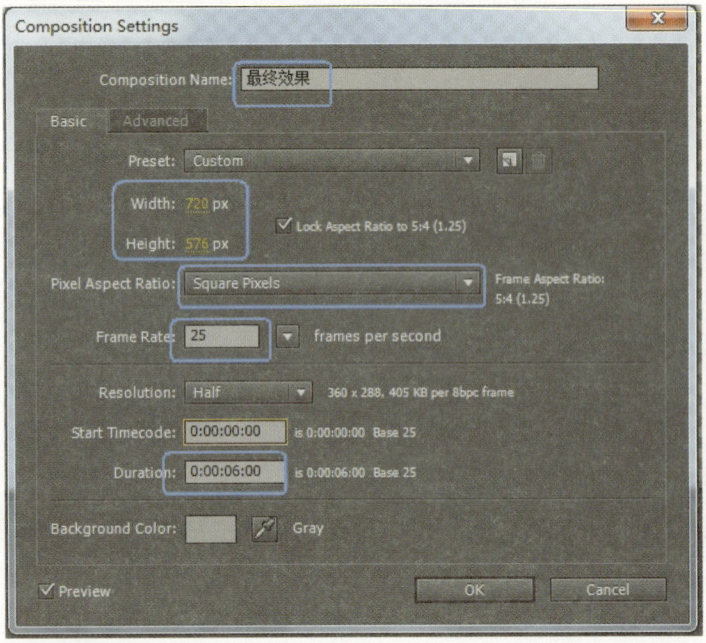

图9-6-1

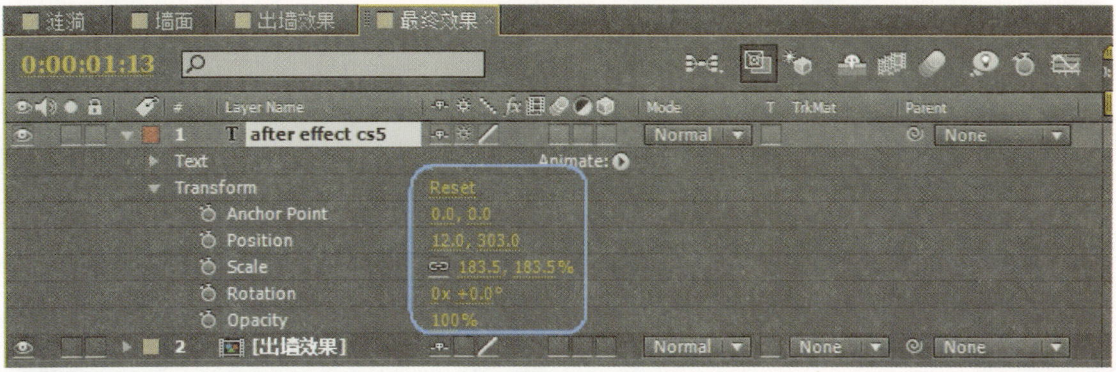

图9–6–2

图9–6–3

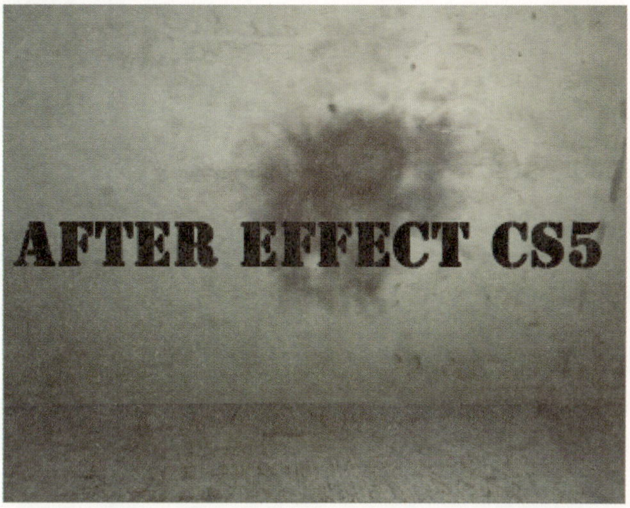

图9–6–4

02 选择文字层，按【Ctrl+Shift+C】快捷键，为图层打组，并命名为“text”（如图9-6-5和图9-6-6所示）。

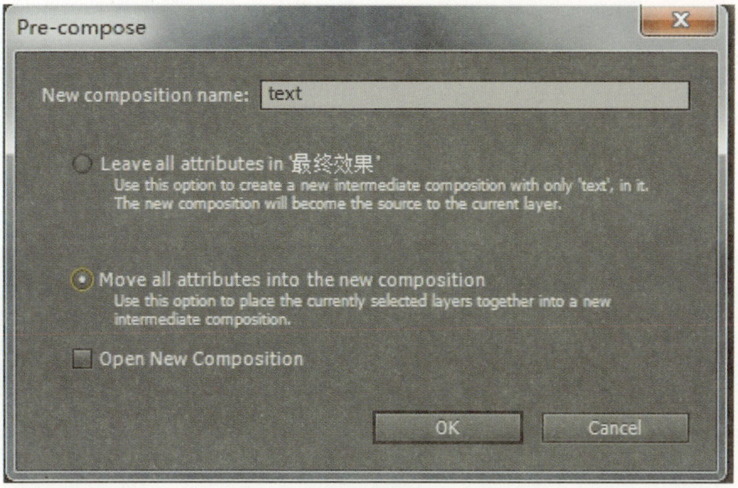

图9–6–5

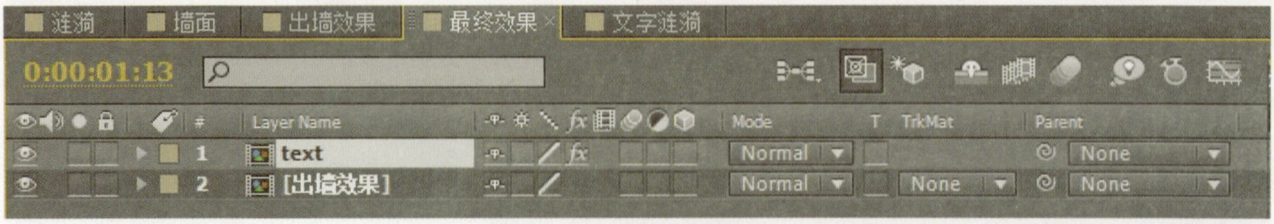

图9-6-6

03 选择图层“text”，并选择Effect（效果）→Distort（扭曲）→Turbulent Displace（紊乱置换）命令，参照图9-6-7设置Amount（数量）、Size（大小）和Evolution（演变）参数，并从0帧到1秒24帧设置关键帧动画（如图9-6-8和图9-6-9所示），为文字添加一个波浪的扭曲变形效果，使文字像水波一样逐渐清晰（效果如图9-6-10所示）。

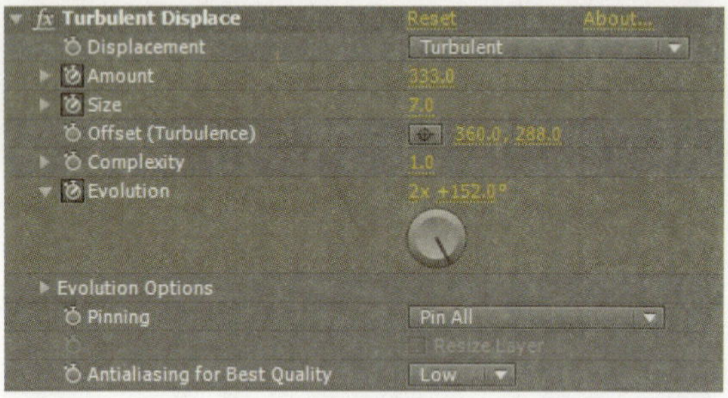

图9-6-7

图9-6-8

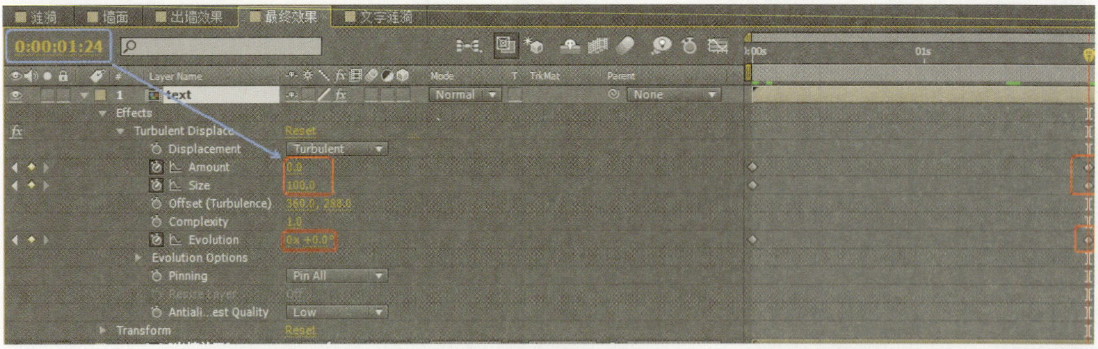

图9-6-9

图9-6-10

04 按【Ctrl+Shift+C】快捷键，为图层“text”打组（如图9-6-11所示）并命名为“文字涟漪”。分别选择Effect（效果）→Blur & Sharpen（模糊与锐化）→CC Vector Blur（CC矢量模糊）和Effect（效果）→Blur & Sharpen（模糊与锐化）→Fast Blur（快速模糊）以及Effect（效果）→Generate（生成）→Ramp（渐变）三个命令，为CC Vector Blur和Fast Blur的参数做关键帧动画，具体参数参照图9-6-12、图9-6-13、图9-6-14、图9-6-15、图9-6-16、图9-6-17和图9-6-18。

图9-6-11

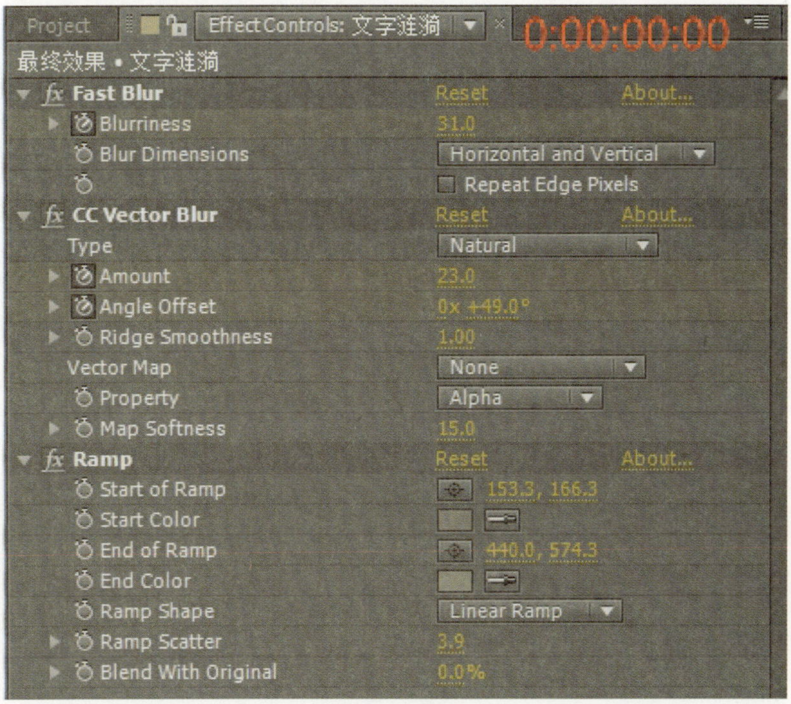

图9-6-12

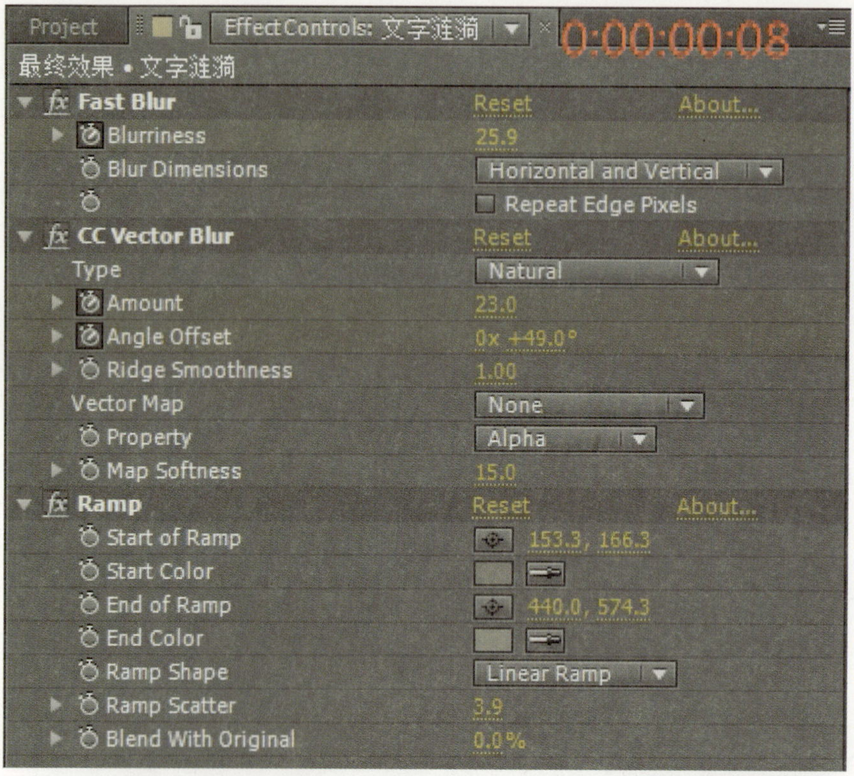
Project
Effect Controls: 文字涟漪
0:00:00:08
最终效果 • 文字涟漪
Fast Blur
Reset
About...
Blurriness
25.9
Blur Dimensions
Horizontal and Vertical
Repeat Edge Pixels
CC Vector Blur
Reset
About...
Type
Natural
Amount
23.0
Angle Offset
0x +49.0°
Ridge Smoothness
1.00
Vector Map
None
Property
Alpha
Map Softness
15.0
Ramp
Reset
About...
Start of Ramp
153.3, 166.3
Start Color
End of Ramp
440.0, 574.3
End Color
Ramp Shape
Linear Ramp
Ramp Scatter
3.9
Blend With Original
0.0%

图9-6-13

Project
Effect Controls: 文字涟漪
0:00:00:23
最终效果 • 文字涟漪
Fast Blur
Reset
About...
Blurriness
16.4
Blur Dimensions
Horizontal and Vertical
Repeat Edge Pixels
CC Vector Blur
Reset
About...
Type
Natural
Amount
23.0
Angle Offset
0x +21.8°
Ridge Smoothness
1.00
Vector Map
None
Property
Alpha
Map Softness
15.0
Ramp
Reset
About...
Start of Ramp
153.3, 166.3
Start Color
End of Ramp
440.0, 574.3
End Color
Ramp Shape
Linear Ramp
Ramp Scatter
3.9
Blend With Original
0.0%

图9-6-14

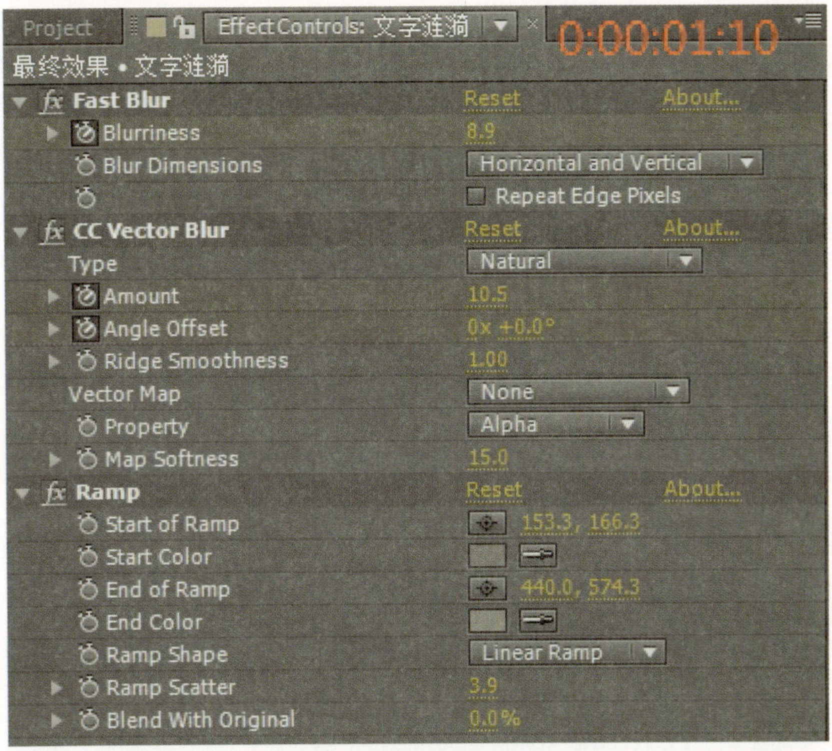
Project
Effect Controls: 文字涟漪
0:00:01:10
最终效果 • 文字涟漪
Fast Blur
Reset
About...
Blurriness
8.9
Blur Dimensions
Horizontal and Vertical
Repeat Edge Pixels
CC Vector Blur
Reset
About...
Type
Natural
Amount
10.5
Angle Offset
0x +0.0°
Ridge Smoothness
1.00
Vector Map
None
Property
Alpha
Map Softness
15.0
Ramp
Reset
About...
Start of Ramp
153.3, 166.3
Start Color
End of Ramp
440.0, 574.3
End Color
Ramp Shape
Linear Ramp
Ramp Scatter
3.9
Blend With Original
0.0%

图9-6-15

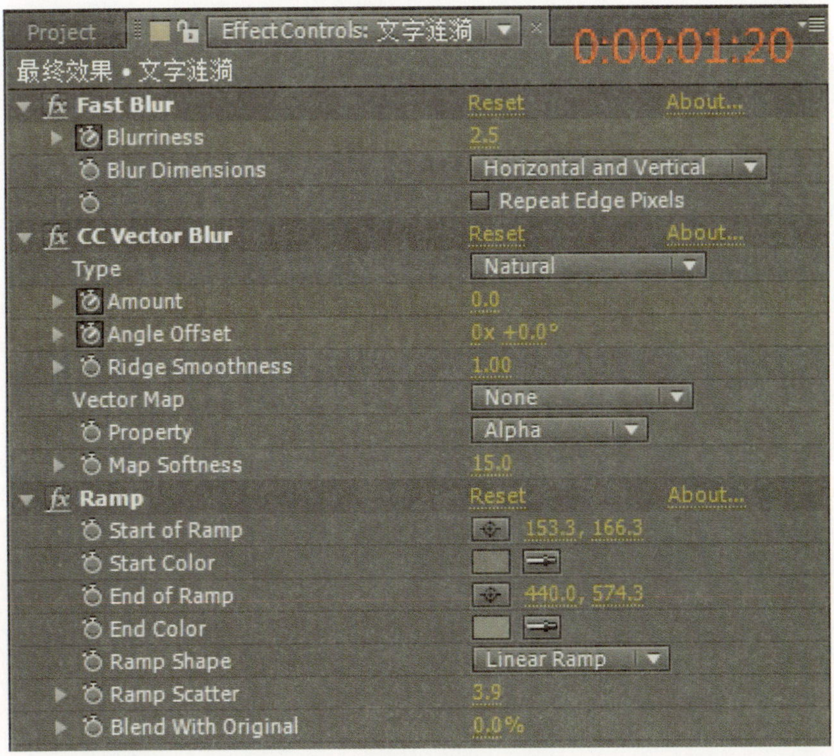
Project
Effect Controls: 文字涟漪
0:00:01:20
最终效果 • 文字涟漪
Fast Blur
Reset
About...
Blurriness
2.5
Blur Dimensions
Horizontal and Vertical
Repeat Edge Pixels
CC Vector Blur
Reset
About...
Type
Natural
Amount
0.0
Angle Offset
0x +0.0°
Ridge Smoothness
1.00
Vector Map
None
Property
Alpha
Map Softness
15.0
Ramp
Reset
About...
Start of Ramp
153.3, 166.3
Start Color
End of Ramp
440.0, 574.3
End Color
Ramp Shape
Linear Ramp
Ramp Scatter
3.9
Blend With Original
0.0%

图9-6-16

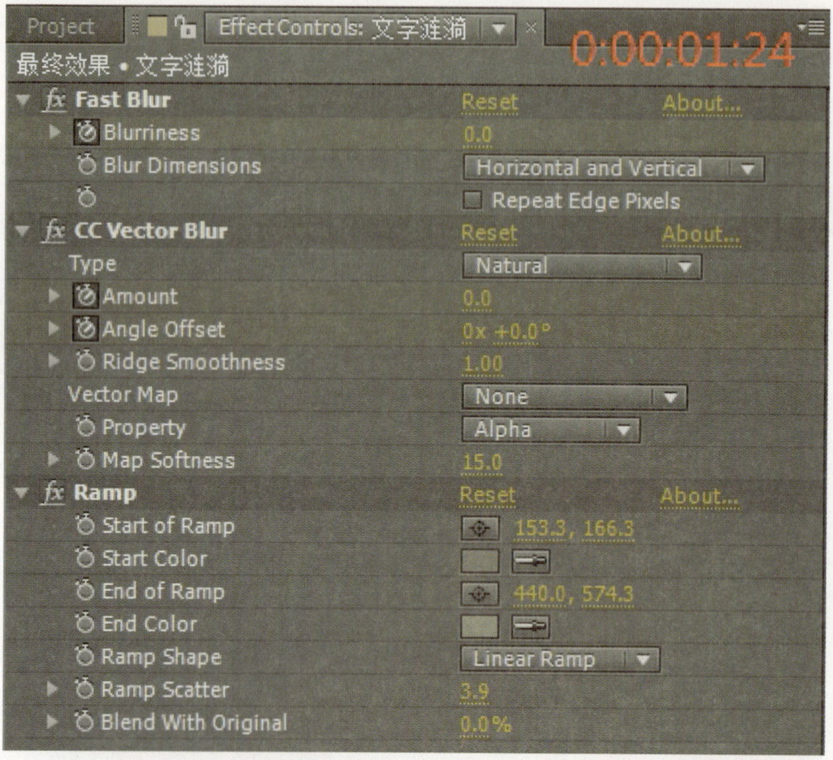
Project
Effect Controls: 文字涟漪
0:00:01:24
最终效果 • 文字涟漪
Fast Blur
Reset
About...
Blurriness
0.0
Blur Dimensions
Horizontal and Vertical
Repeat Edge Pixels
CC Vector Blur
Reset
About...
Type
Natural
Amount
0.0
Angle Offset
0x +0.0°
Ridge Smoothness
1.00
Vector Map
None
Property
Alpha
Map Softness
15.0
Ramp
Reset
About...
Start of Ramp
153.3, 166.3
Start Color
End of Ramp
440.0, 574.3
End Color
Ramp Shape
Linear Ramp
Ramp Scatter
3.9
Blend With Original
0.0%

图9-6-17

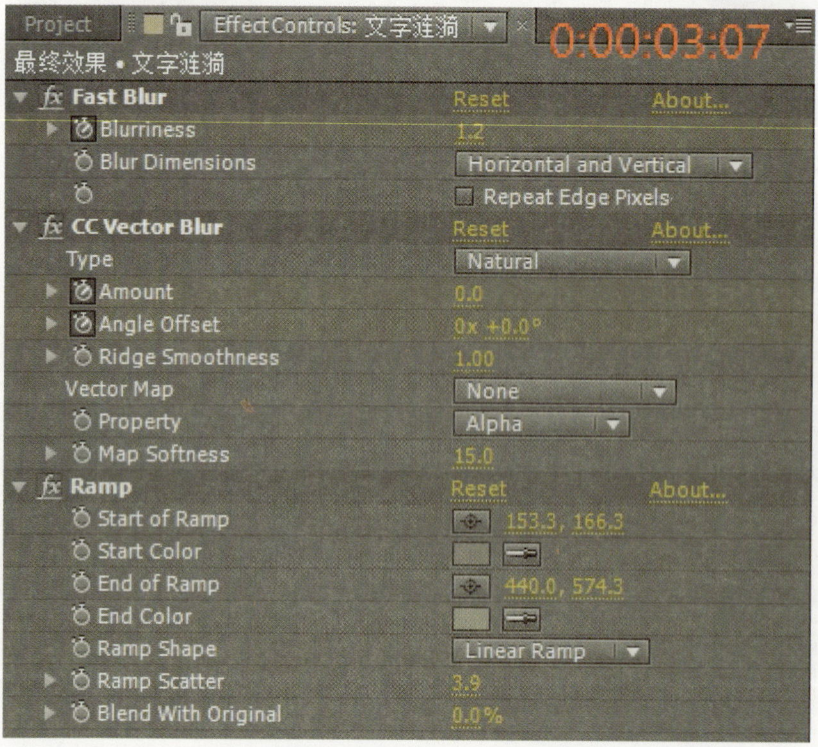
Project
Effect Controls: 文字涟漪
0:00:03:07
最终效果 • 文字涟漪
Fast Blur
Reset
About...
Blurriness
1.2
Blur Dimensions
Horizontal and Vertical
Repeat Edge Pixels
CC Vector Blur
Reset
About...
Type
Natural
Amount
0.0
Angle Offset
0x +0.0°
Ridge Smoothness
1.00
Vector Map
None
Property
Alpha
Map Softness
15.0
Ramp
Reset
About...
Start of Ramp
153.3, 166.3
Start Color
End of Ramp
440.0, 574.3
End Color
Ramp Shape
Linear Ramp
Ramp Scatter
3.9
Blend With Original
0.0%

图9-6-18

05 将时间线定位到第14帧，按【S】键和【Shift+T】快捷键，分别打开图层“文字涟漪”的缩放（如图9-6-19所示）和不透明度属性（如图9-6-20所示），并打开这两个关键帧的记录器，制作文字由小变大由透明到不透明的变化，具体参数请参照图9-6-21和图9-6-22。

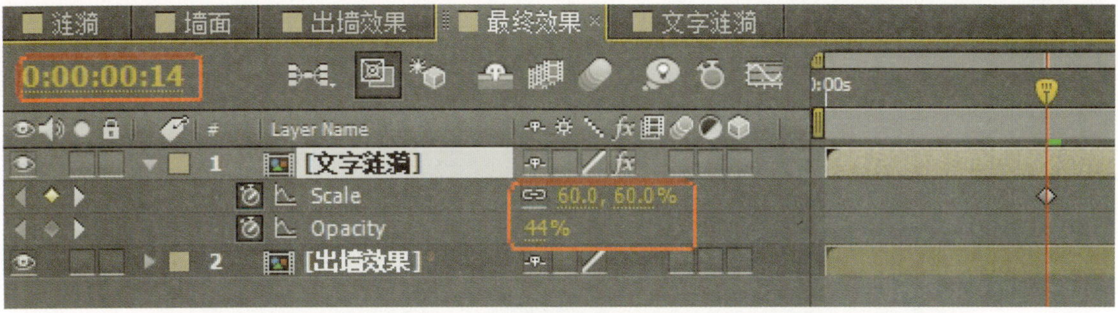

图9-6-19

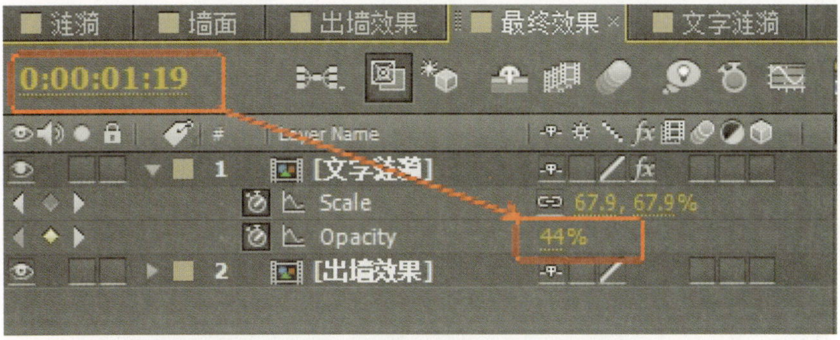

图9-6-20

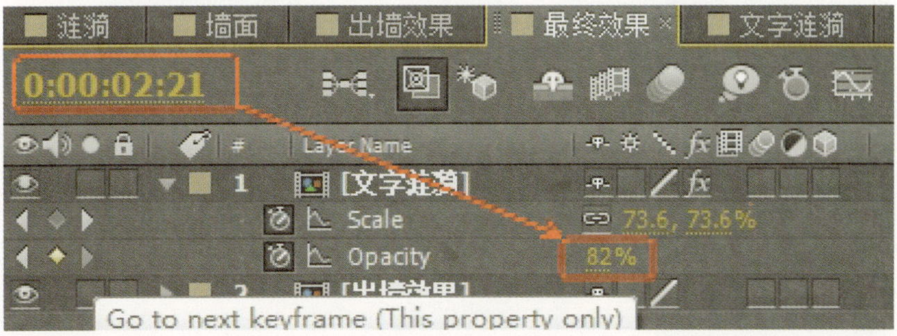

图9-6-21

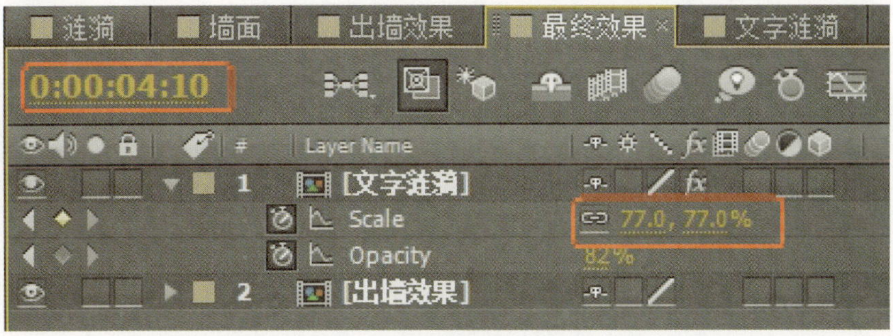

图9-6-22

06 在4秒10帧选择图层“文字涟漪”的关键帧单击鼠标右键，选择Keyframe Assistant（关键帧辅助）→Easy Ease In（柔和曲线入点）命令（如图9-6-23所示），参照图9-6-24设置参数，改变它的动画曲线，使其做减速运动。此时打开动画曲线开关，可以看到动画曲线是减速运动（如图9-6-25所示）。

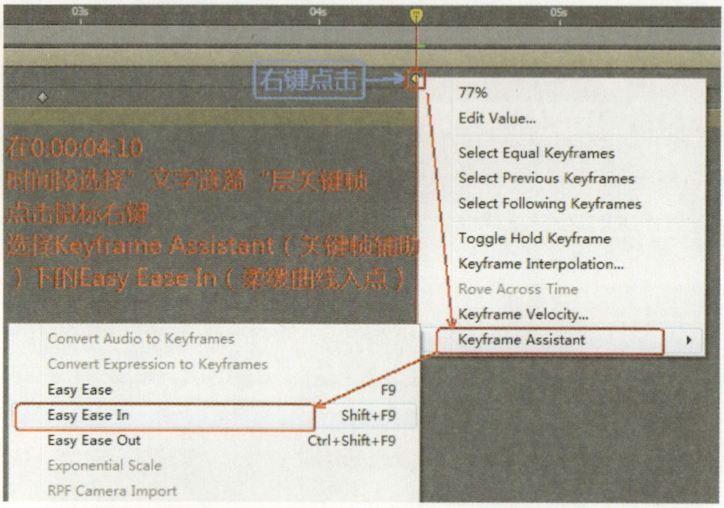

图9-6-23

图9-6-24

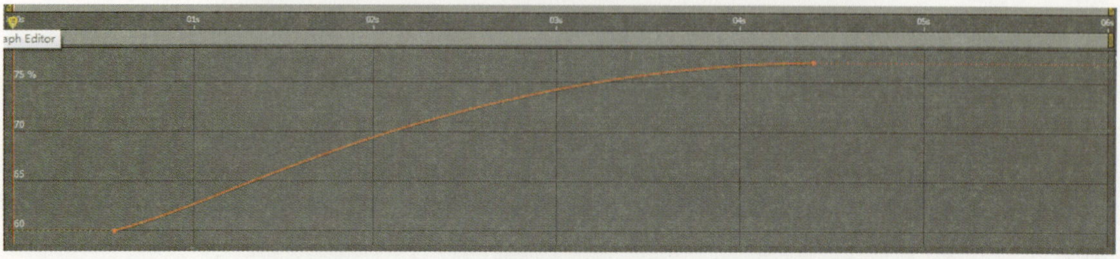

图9-6-25

07 选择图层“文字涟漪”，把时间线定位到1秒16帧，按快捷键“【”（中括号），来使层的时间条的开头定位到此帧位置（如图9-6-26所示）。

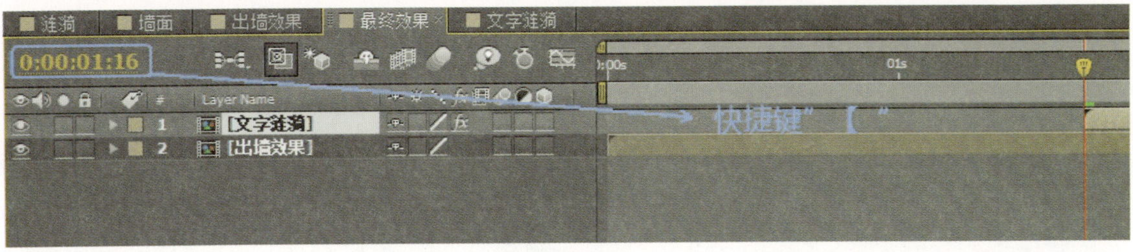

图9–6–26

08 按【Ctrl+Y】快捷键，新建一个黑色固态层（如图9-6-27所示），命名为“Black”。用钢笔工具绘制椭圆形封闭路径（如图9-6-28所示），将Mask Feather（遮罩羽化）参数设置为“538.0，538.0 pixels”，将Mask Opacity（遮罩不透明度）参数设置为“9%”，将Mask Expanison（遮罩扩展）参数设置为“8.0 pixels”（如图9-6-29所示），然后勾选“Inverted（反转遮罩）”选项，设置后的效果如图9-6-30所示。

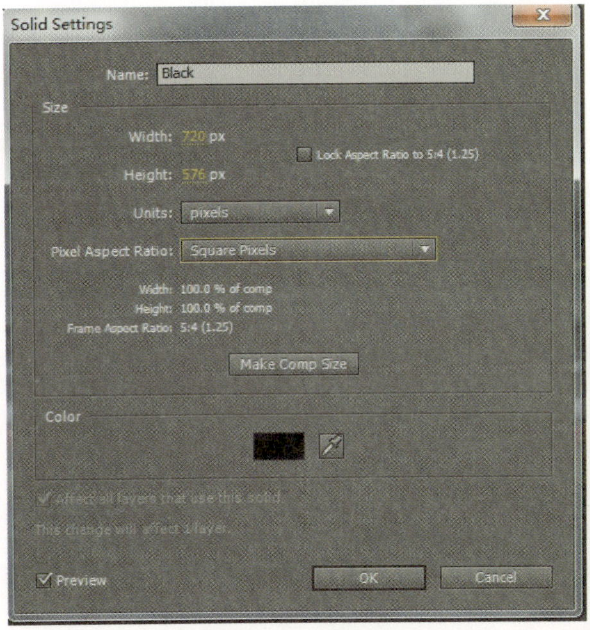

图9–6–27

图9–6–28

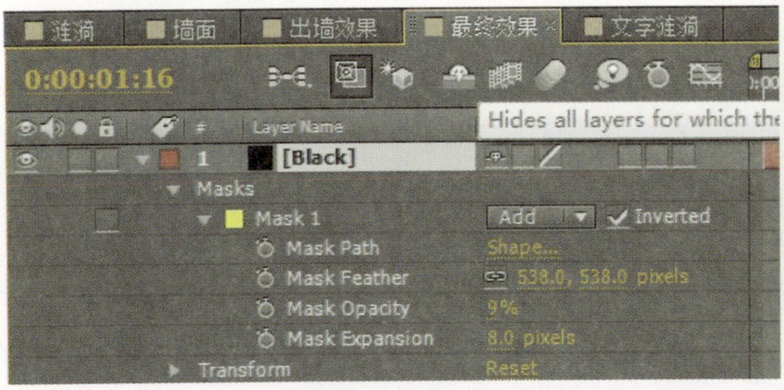

图9–6–29

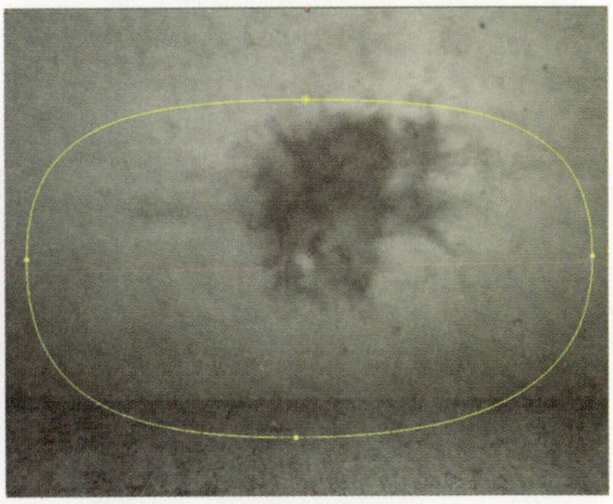

图9–6–30

9.7 输出影片

01 按【Ctrl+M】快捷键或在菜单栏选择Composition（图像合成）→Make Movie（制作影片）命令，打开Render Queue窗口，如图9-7-1所示。

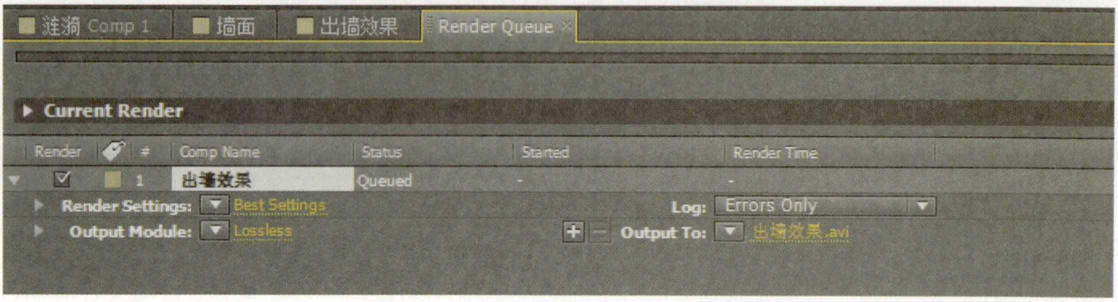

图9-7-1

02 单击图9-7-1中的“Best Settings（最佳设置）”，打开Render Settings对话框，将渲染时间设置为6秒，如图9-7-2所示。

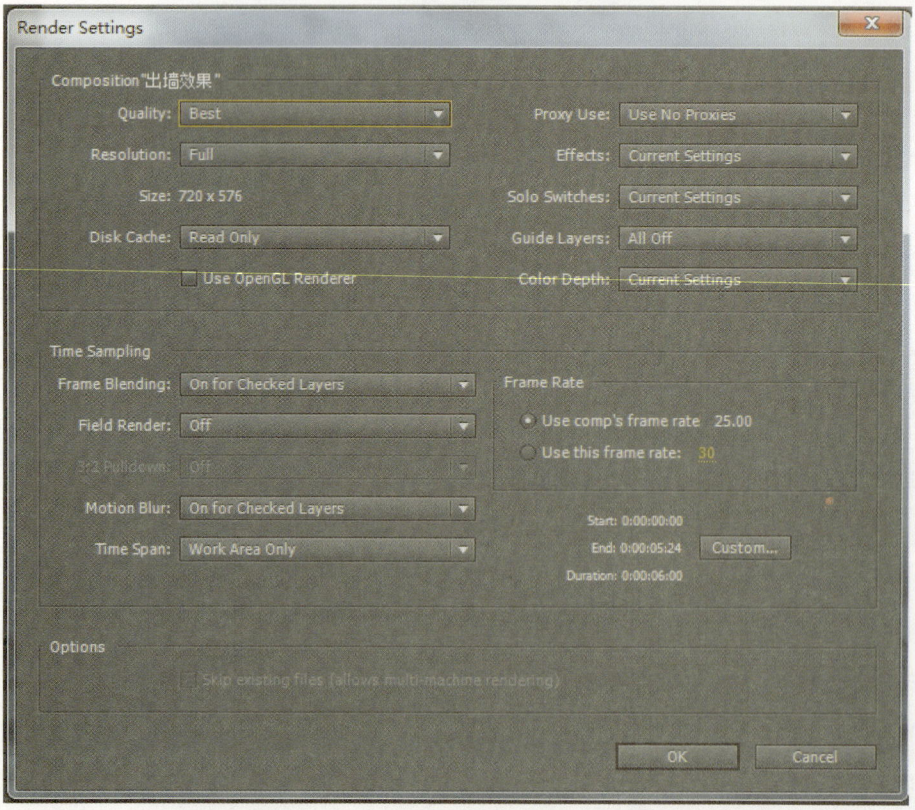

图9-7-2

03 单击图9-7-1中的“Lossless（无损）”，打开Output Module Settings对话框，选择AVI格式作为输出文件格式，如图9-7-3所示。

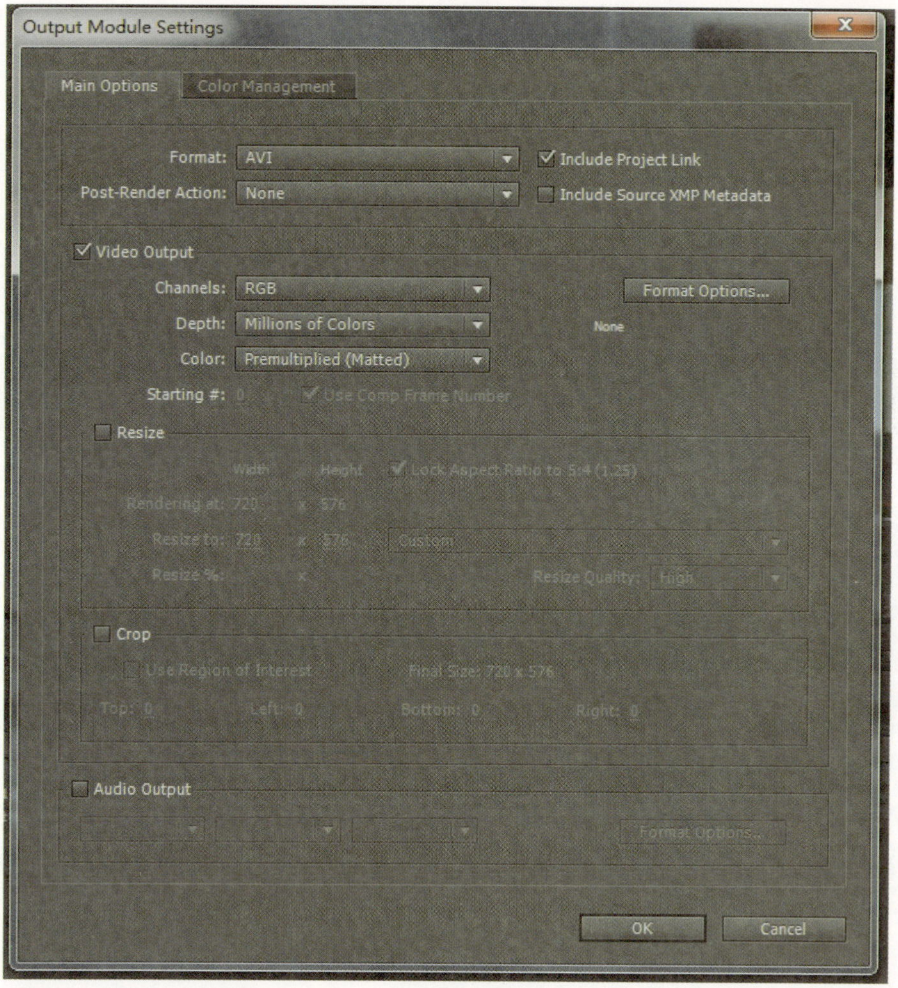

图9–7–3

04 整个的合成工作就此完成，其效果如图9-7-4、图9-7-5、图9-7-6、图9-7-7、图9-7-8和图9-7-9所示。

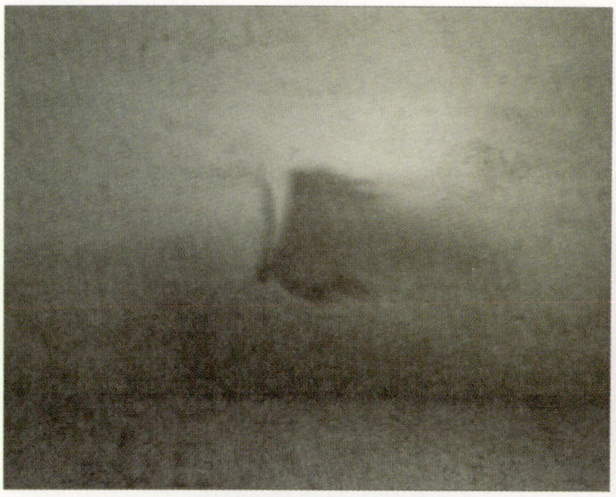

图9–7–4

图9–7–5

图9-7-6

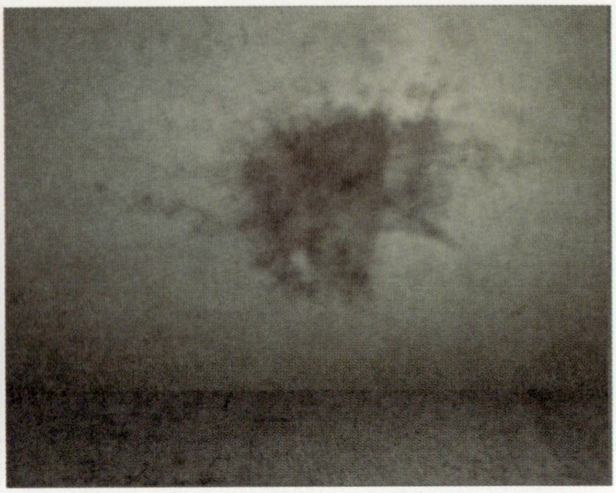

图9-7-7

图9-7-8

图9-7-9

9.8 小结

通过本章实例，我们了解了如何运用现有的素材进行整理组合，创造出炫目的特效。我们利用了Wave World（水波世界）和Caustics（焦散）特效模拟水波的效果，利用遮罩遮住人物并模拟人物从墙面跳出的效果，同时还运用了Turbulent Displace（紊乱置换）制作污渍变形和文字涟漪效果，最后运用摄像机灯光打造真实的场景。

第10章 文字效果案例分析

本章导读

本章的案例是制作“文字破碎脱落”效果，通过这一案例将让使用者对After Effects中的文字特效编辑有更加全面的了解，并掌握预合成在合成嵌套中的重要作用。

本章的重点是熟练掌握Shatter特效制作破碎和脱落的效果，并根据画面的不同要求，通过应用层的风格来制作出合适的文字或是图片效果，同时，也要掌握并熟悉部分调色的特效功能（如Hue/Saturation、Tint等）。本案例最终效果图如10-1所示。

图10-1

10.1 新建项目并导入素材

01 打开After Effects CS5软件，在File文件菜单中选择新建项目New Project。

02 双击项目库中空白位置，或者在菜单栏中选择Import（导入）命令，导入背景素材“裂纹.jpg”和“水泥墙.jpg”（素材位置为“光盘：\本书素材\Unit10\”文件夹下）。

10.2 制作项目背景

01 在Composition菜单栏中单击New Composition或者使用【Ctrl+N】快捷键创建一个新的合成。预设为Custom（自定义），宽高为720×576，帧速率为25帧/秒，时间长度大约30秒，命名为“背景”，如图10-2-1所示。

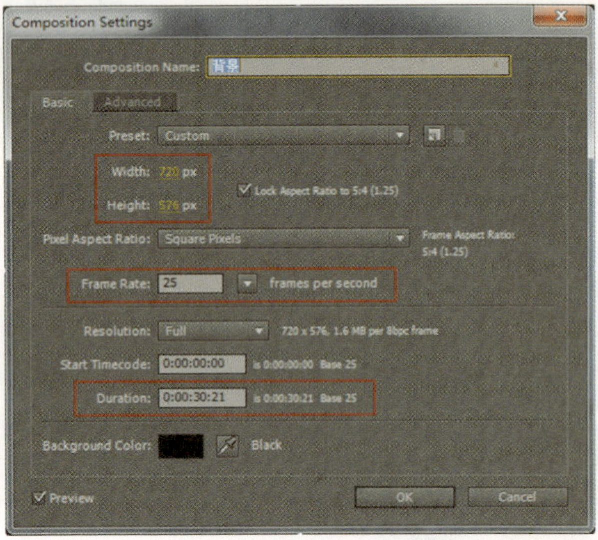

图10-2-1

02 把名为“水泥墙”的图片拖曳到时间线上。单击快捷键【S】，按住【Shift】键，点击字母“P”（Position位置）可以显示出大小和位置选项，然后调整背景图片的大小和位置。

03 在设定好图片的大小和位置后，还可以通过选择Effect（效果）→Color Correction（颜色调整）→Curves（曲线）命令和Effect（效果）→Color Correction（颜色调整）→Hue/Saturation（灰度/饱和度）命令，对图片进行颜色和明暗程度的修改调整，参照图10-2-2和图10-2-3设置参数。可根据个人的喜好，调整合适的颜色参数。

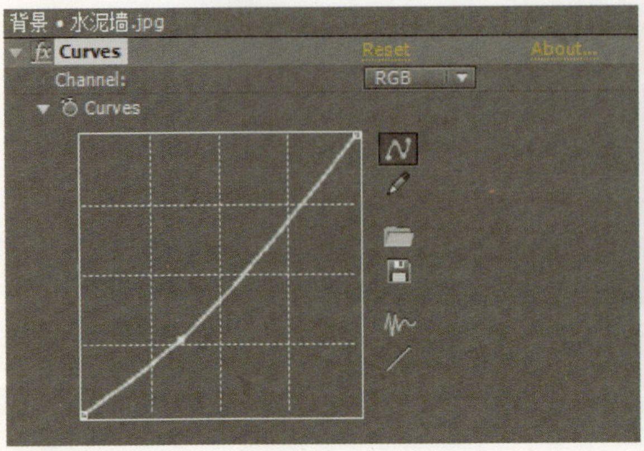

图10-2-2

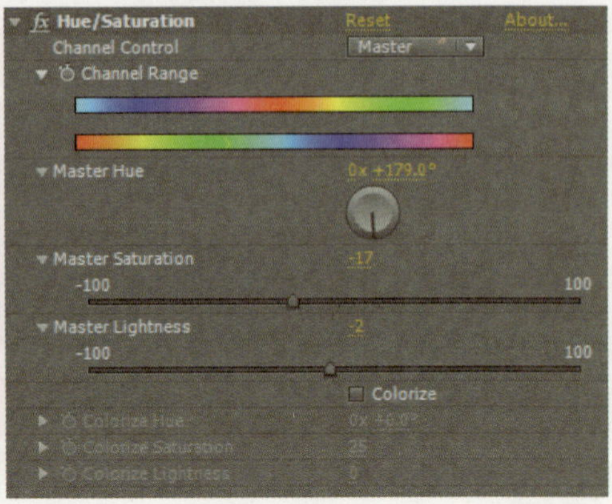

图10-2-3

10.3 制作标题和裂纹

01 新建一个合成，具体设置和步骤同背景层，命名为“破碎的标题”。导入项目文件夹中的“裂纹”图片到时间线上。按照调整背景的方法调整其位置和大小。

02 点击工具栏中的“T”字体工具（如图10-3-1所示），输入“Adobe After Effect”。字体的颜色尽量选择和裂纹同一色系的颜色。在这里我们选用深灰色，也可以根据个人需要，做出相应改变。效果如图10-3-2所示。

图10-3-1

03 为了使裂纹和字体脱落碎裂地更加自然，我们需要把字体、裂纹融合到之前所做的背景层上。拖曳合成“背景”到时间线上，并且放在最底层。选中“标题”和“裂纹”两个图层，按【Ctrl+Shift+C】快捷键，或者选择Layer（图层）→Pre-compose（预合成）命令，使得两个图层合成为一个新合成，命名为“标题”，并选择第二个选项（“Move all attributes into the new composition”），这将会把所有属性移动到新的合成组，如图10-3-3所示。

图10-3-2

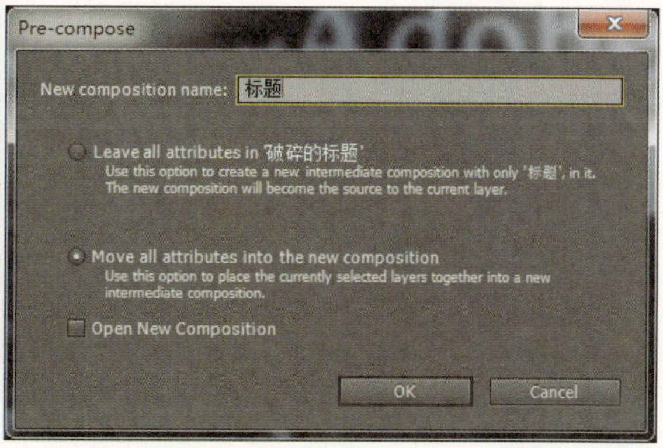

图10-3-3

知识点

预合成

After Effects可以在一个合成中对选定的层进行Pre-compose（预合成）。在预合成时，所选择的层将合并为一个新的合成，这个新的合成代替了所选的层，它以层的形式在原始合成中工作，并且在项目窗口中添加了一个合成文件。预合成是一个十分重要的概念，经常需要重组来简化层。同时，重组不仅可以简化对象的操作，方便不同素材的统一管理，而且在After Effects中，许多效果也要依靠重组才能实现。

在预合成时，After Effects提供了关键帧和层属性的设置选项（如图10-3-3所示）。

- Leave all attributes in（Selected composition）：该选项在预合成层中保留所选择层的关键帧与属性，且预合成层的尺寸与所选层相同，该选项只对一个层预合成有效。

知识点

- Move all attributes into the new composition：将所选层的关键帧与属性应用到预合成层，预合成层与原合成尺寸相同。

04 在背景层的轨道蒙版上选择 Alpha Matte“标题”，将标题层作为背景层的蒙版，如图10-3-4所示，这样文字和裂纹就会与背景有着相同的纹理了，效果如图10-3-5所示。

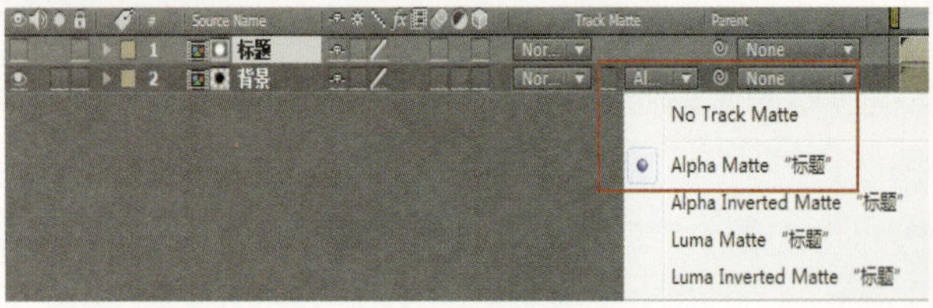

图10-3-4

图10-3-5

10.4 制作标题的破碎脱落效果

首先来介绍一下Shatter特效。

1. View（查看）、Render（渲染）

View是视图控制，不影响后面的影片。较为常用的是Wireframe + Forces视图，它包含了Camera的控制。

Render决定了最后渲染的内容，默认是“All”，也可以选择Layer层和Pieces碎片。如果想对爆炸的碎片使用Glow Effect辉光效果，而未爆炸的部分不受影响。那么，我们可以使用Shatter，然后复制这个层。对前面的层，Render选择Pieces层，然后使用Glow Effect辉光效果；而对后面的那个层，Render则选择Layer层。

2. Shape（形状）

- Pattern：为爆炸的碎片指定预制的图案，用户可以自己制作图案用于爆炸的形状。
- White Tiles Fixed：用于使制作图案中的白色部分在爆炸的时候不被分开。
- Repetitions：指定碎片的数量和大小，只能用于预制图案，对于用户自定义的无效。数值越大则增加碎片的数量、减小碎片的尺寸，反之亦然。
- Direction：预制图案的旋转方向。
- Origin：指定预制图案的位置。

上面的参数都不建议使用动画效果，但有时也不尽然。

- Extrusion Depth：用于增加爆炸碎片的侧面厚度，这关系到碎片的运动速度以及后面将要提到的Textures设置。

3.Force（焦点）

Force1和Force2设置是一样的。Shatter把Force作为一个球，所以它的中心是有着三维坐标的：Position代表球心的X、Y坐标，而Depth就是它的Z坐标。XYZ共同决定了Force这个“球”的位置。“球”和层相交的部分就是真正的Shatter作用区域，这时爆炸的碎片总是飞离球心的。

Radius是球的半径，它决定球的大小。如果要使Force起作用，则必须使Depth的绝对值小于Radius，这样才能保证和源图层有相交的区域。

Strength 是Force的强度值，它决定了碎片的飞行速度。正值使碎片飞离球心，负值则相反。当然碎片的飞离方向与Force的Depth值和Strength也有关系，具体效果可以自己试试。当碎片炸开后，就不会再受到Force的作用了。而Strength如果设置的足够小，就可以只产生裂纹而不会使碎片分离。当Radius、Strength设为0时，或者Z（Depth）的绝对值大于Radius时，Force1没有作用。Force2同Force1相同，此处不再赘述。

4. Gradient（倾斜）

Gradient是使用一个Gradient Layer渐变层，并依据其明度来控制作用区域内的碎片爆炸顺序。白色部分最先爆炸，黑色部分最后爆炸。Gradient Threshold指定了作用区域内的哪些部分会受到影响，100%表示作用区域全部爆炸。

5.Physics（物理）

- Rotation Speed：用于指定碎片的旋转速度，可根据不同的材质指定较为真实的旋转速度。
- Tumble Axis：用于指定碎片旋转围绕的轴向。如果只有一个Force作用于层，那么碎片围绕Z轴旋转的设定是没有作用的。
- Randomness：用于使碎片在初始的速度和旋转上有一定的随机性，避免变化的呆板和失真。
- Viscosity（粘性）：它是一个很重要的参数，它很像摩擦力，而它实际上的作用也是如此。如果它的值设为0，就像是在真空，连空气的阻力都没有了。如果设为较大值，它的飞行速度将受到很大影响，就像在水中和泥中运动一样。如果更大，那么它会使碎片刚刚炸开就停下来。所以，这个参数可以模拟很多环境中物体的运动。
- Mass Variance：用于指定碎片运动和其质量的关系，其实基本上就是碎片大小造成了其运动的差别。默认值是30%，这和现实生活中差不多，重的东西先落地。设为0%则会忽视质量所带来的速度差别，而设为100%则扩大了这个差别。这个值的设定应该依环境的不同而有所变化。
- Gravity（重力）：它是作用于Force区域的另一个力，如果Force的Strength设为0，而这个值不为0，那么它同样会令物体碎开。当然，它的作用区域是由Force的作用区域所决定的，它的大小同样和Strength一样，影响着碎片的运动速度。它和Force一样，是由三维方向来决定的。Gravity Direction是XY平面的，Gravity Inclination是指定Z轴的，如果把它设定为90或者-90，那么Direction设定将无效。

6.Textures（材质）

如果在前面的Extrusion Depth里设置一定的值，那么碎片运动时是有厚度的。对于这样的碎片，有三个方面的Textures设置：Front（前面）、Side（侧面）和Back（后面）。每个面都有自己的Layer Map设置，也就是说对于每个面可以用指定的层贴图。Color用来指定碎片的颜色，Opacity指定不透明度。但这三种指定能否起作用，将决定于Front Mode、Back Mode和Side Mode的设定。可以设定的模式比较多，但较为简单的是：它可以根据我们对Mode的设定而指定相关的纹理设置来达到要求。需要提醒的是：如果使用一个应用了Effect的层作为面的贴图，并且想在纹理中体现的话，那么需要先对它Pre-compose（预合成）。

7.Camera System（摄像机系统）

可以从Camera System的下拉列表中选择所需要的摄像系统。Comp Camera是指使用者在合成中建立的摄像机。在选择Camera position时需要注意其参数的控制。

- X、Y、Z Rotation：用于在指定的轴旋转摄像机。
- X、Y Position：用于控制摄像机在XY平面上的位置。
- Z Position：用于指定摄像机在Z轴上的位置，其绝对值越小，就越靠近层。
- Focal Length：用于控制摄像机的焦距。
- Transform Order：用于指定摄像机在位置移动和旋转的先后顺序。
- Corner Pins：它是通过调整四个角点来达到视觉效果的。通过简单的变形来模拟摄像机的焦距调整功能。

8.Lighting（灯光）

Lighting Type用于指定光的类型。后面几个参数很直观。Light Depth用于指定灯光在Z轴上的位置。Ambient Light用于指定环境光的强度，它给场景中所有的物体同样的明度，太强会消除阴影效果。

9.Material（材质）

通过调节Diffuse Reflection（漫反射反射）、Specular Reflection（镜面反射）、Highlight Sharpness（高光强度）这几个参数的大小可以改变爆炸物体的明暗程度和反射强度，从而实现更加美观的效果。

下面继续讲解本章案例。

01 标题和裂纹制作好了，下面制作破碎效果。首先再次新建一个合成组，命名为“破碎1”，将“破碎的标题”这个合成拖曳到时间线上，并在选中的情况下，选择菜单栏中的Effect（效果）→Simulation（模拟仿真）→Shatter（碎片）命令。

02 如果想做出较为逼真的破碎并脱落的效果，可以在Shatter破碎卷展栏中进行参数调整：调整Render（渲染）为Pieces（碎片）、Pattern（图案）为Glass（玻璃）、Repetitions（反复）为40、Extrusion Depth（挤压深度）为0.3，具体参数如图10-4-1所示。调整后的效果如图10-4-2所示。

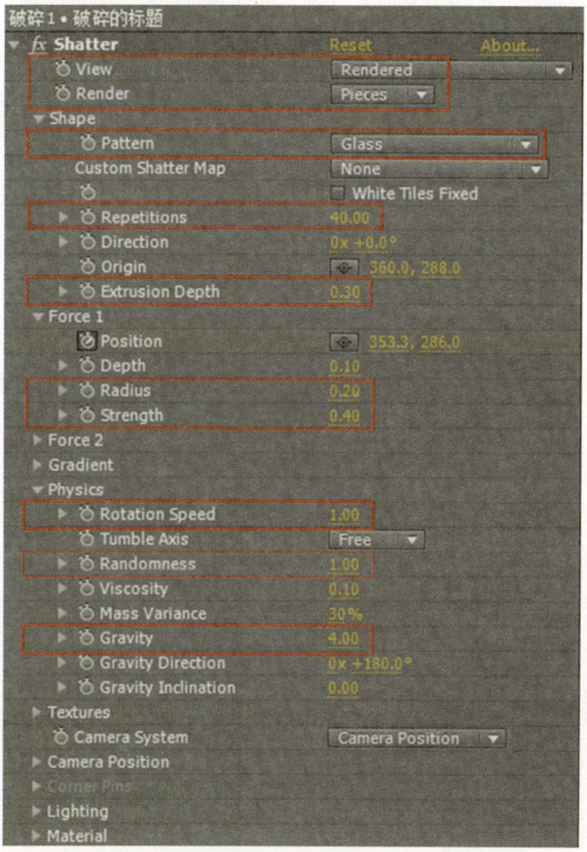

图10-4-1

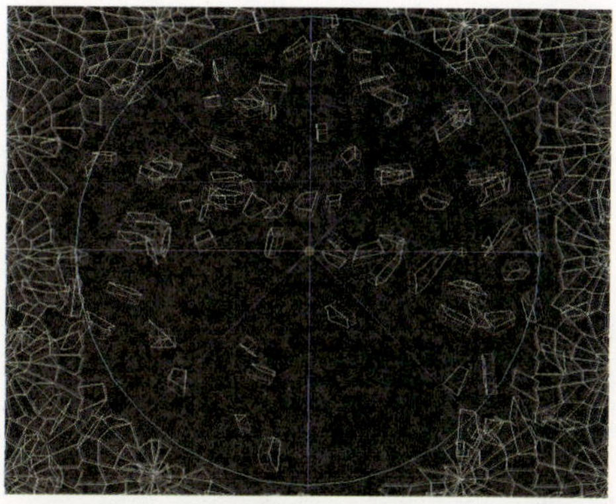

图10-4-2

03 在Force1（焦点）中，调节Radius（半径）为0.2、Strength（强度）为0.4；调整Physics（物力）应用中的Rotation Speed（旋转速度）为1、Randomness（随机度）为1、Gravity（重力）为4。这样就实现了墙面原地破碎的效果。

04 将View视图的显示方式设置为Rendered（渲染）。设置后，字体和裂纹将会是在原位置破碎并脱落的效果，如图10-4-3所示。

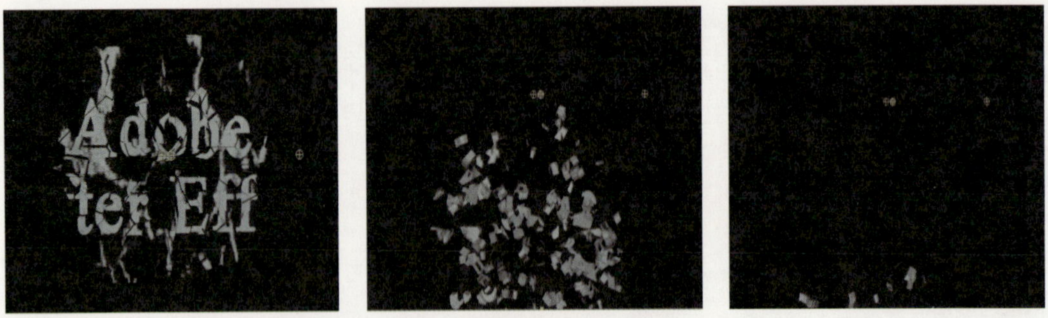

图10-4-3

05 为了实现一个从左到右的破碎脱落的效果，我们还要给破碎的中心点一个从左到右的位移动画，使得最终的效果是字体有逐渐破碎脱落的感觉。选择Force1（焦点1），选择其中的Position位置键，打开关键帧记录器，减小X轴的数值大小，在第一帧上把焦点中心移动到画面的最左边，在2秒至3秒的时候，把焦点中心移动到画面的最右方。这样就能够实现破碎中心从左到右的移动了，最终效果如图10-4-4所示。

06 下面我们来调整碎片的亮度和颜色。首先，按【Ctrl+D】快捷键，复制一个合成，并命名为“破碎的标题”，这将使得画面颜色更加饱和，破碎的标题填充的更加充实。接着新建一个调整层，选择Layer（图层）→Adjustment Layer（调整层）命令，给予其一个Levels色阶，并参照图10-4-5调整参数：设置Input Black为33、Input White为177。

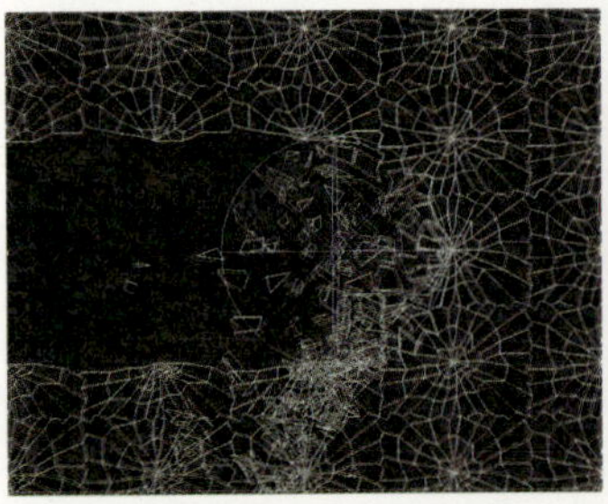

图10-4-4

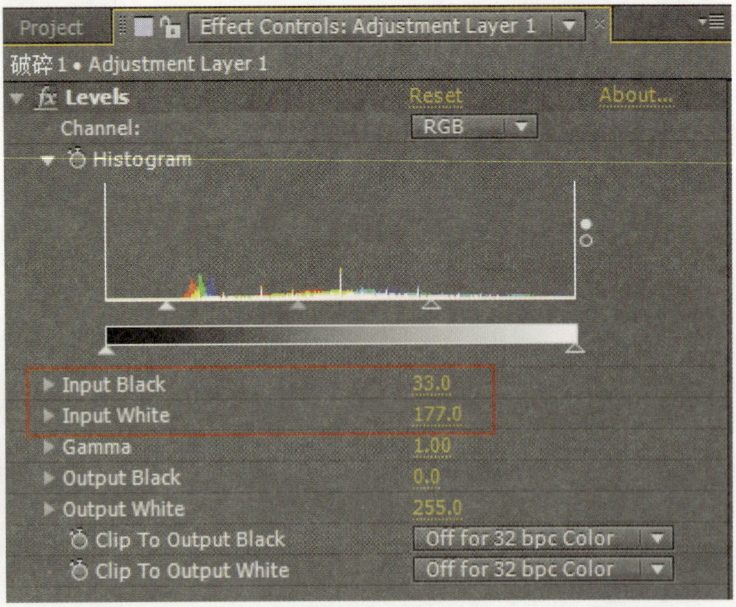

图10-4-5

为了使画面从上到下有一个深浅的变化，此处需要给调整层添加一个渐变蒙版。按【Ctrl+Y】快捷键，新建一个固态层，选择菜单栏Effect（效果）→Generate（生成）→Ramp（渐变）命令，参照图10-4-6调整Ramp的颜色及其中心点位置，使之从上到下有一个从白色到黑色的渐变，上部颜色为白色，下部颜色为黑色。设置后的效果如图10-4-7所示。

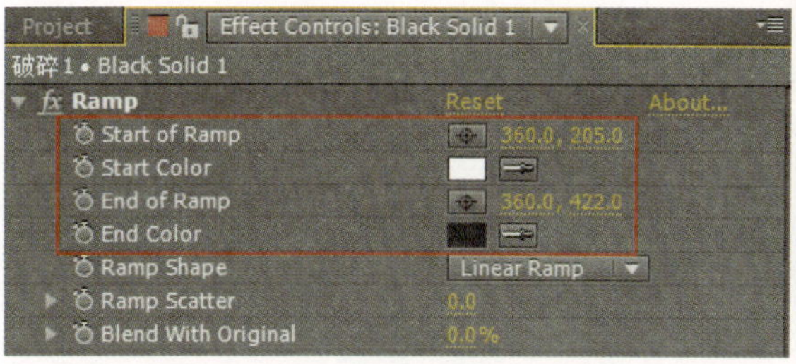

图10-4-6

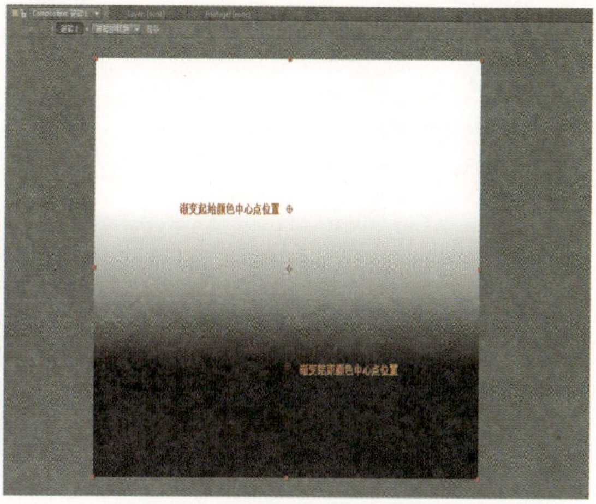

图10-4-7

拾取Adjustment Layer调节层的Track Matte（轨道蒙版）中的Luma Matte “Black Solid1”，使渐变图层成为调节层的亮度蒙版，如图10-4-8所示。通过这样的操作，破碎和脱落的效果基本就完成了。碎片的颜色和亮度调整前后的对比效果如图10-4-9所示。

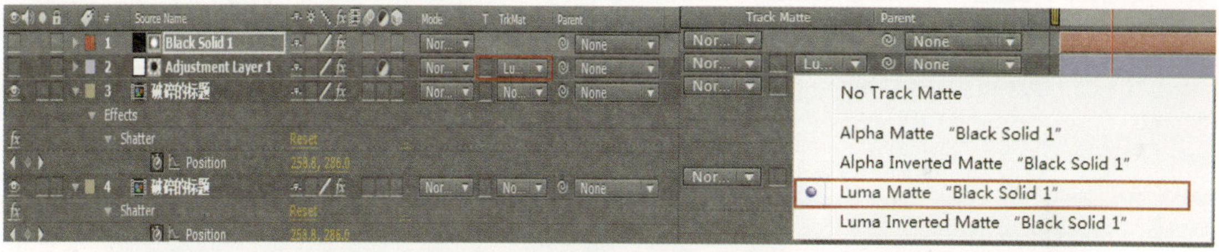

图10-4-8

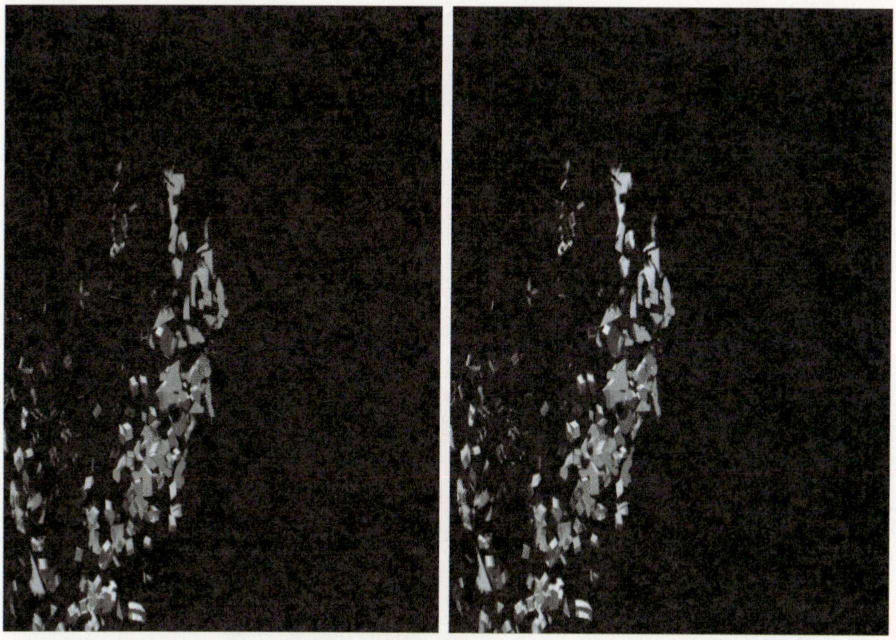

图10-4-9

07 添加运动模糊效果。新建一个合成，命名为“总”，把合成“背景”和“碎片1”拖曳到时间线上，将背景放到最底层。选中合成“碎片1”，选择菜单栏Effect→Time→CC Force Motion Blur命令，添加强制运动模糊效果，并参照图10-4-10调整效果参数：将Motion Blur Sample（运动模糊）的采样值调整为6。设置后的效果如图10-4-11所示。

08 在制作完碎片脱落后，需要制作待显示的文字。按【Ctrl+N】快捷键，新建一个合成，命名为“显示文字”，并拖曳合成“标题”到时间线上。

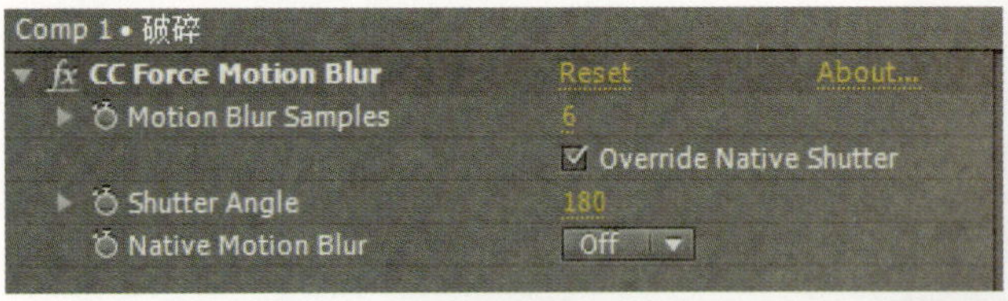

图10-4-10

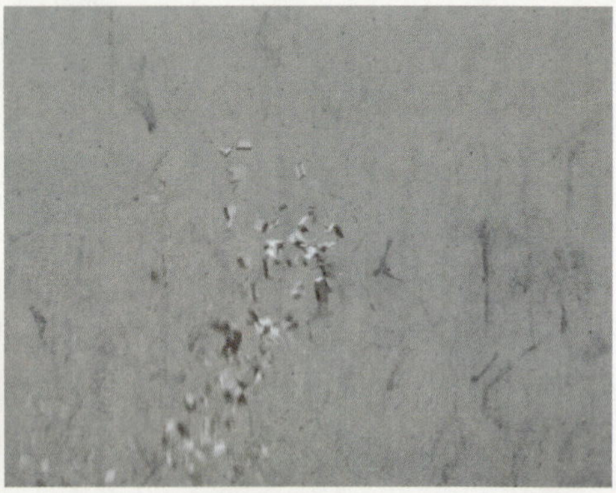

图10-4-11

09 为了使待显示的文字与脱落的碎片保持同步，即：当碎片脱落时就显示出文字的效果，需要给文字与裂纹制作一个与碎片脱落速度相同的显示动画，这可以用遮罩的形式来表现。同样，新建一个合成，命名为“破碎2”，并将合成“破碎的标题”拖曳到时间线上。在选中该合成的情况下，选择Effect（效果）→Simulation（模拟仿真）→Shatter（碎片）命令，给它添加一个破碎的效果。由于此时不需要文字炸开并脱落，所以在Shatter参数栏中，将Force 1中的“Strength（强度）”设置为0，并将Physics（物理）中的“Rotation Speed（旋转速度）”、“Randomness（随机度）”、“Mass Variance（变量）”和“Gravity（重力）”参数都调整为“0”，如图10-4-12所示。

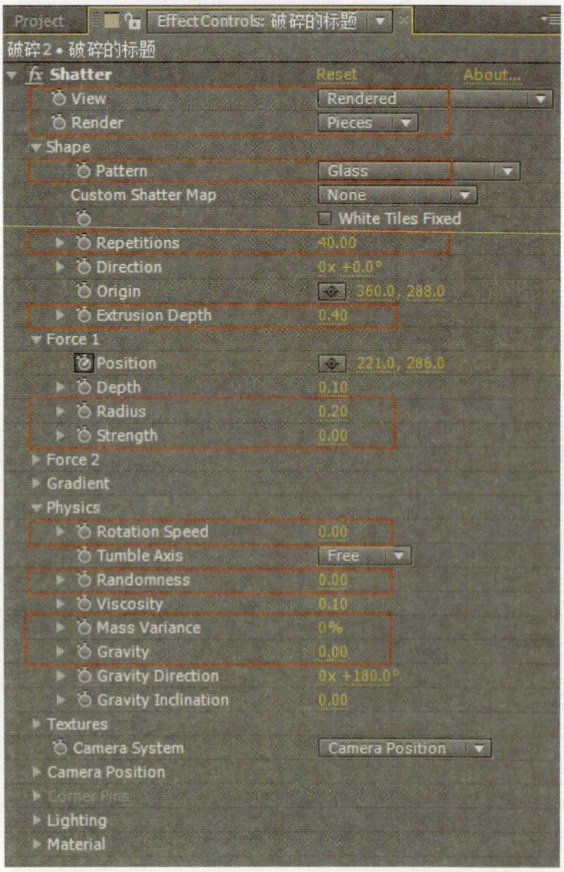

图10-4-12

10 同样，需要给合成“破碎的标题”添加一个位移动画，并且要求与之前的合成

“破碎1”中的“破碎的标题”位移动画完全一致。只有这样，才能保证文字的显示是与碎片的脱落同时进行，且不错位。所以，要确保Position（位置）动画关键帧的位置和数值与前一个破碎文字的效果是完全相同的，可以复制前一个破碎文字的Position（位置）动画到新的破碎文字的Position上。设置后的效果如图10-4-13所示。

11 回到显示文字的合成中，拖曳合成“破碎2”到时间线上，并使标题拾取“破碎2”的Alpha 蒙版为“破碎2”，如图10-4-14所示。

图10-4-13

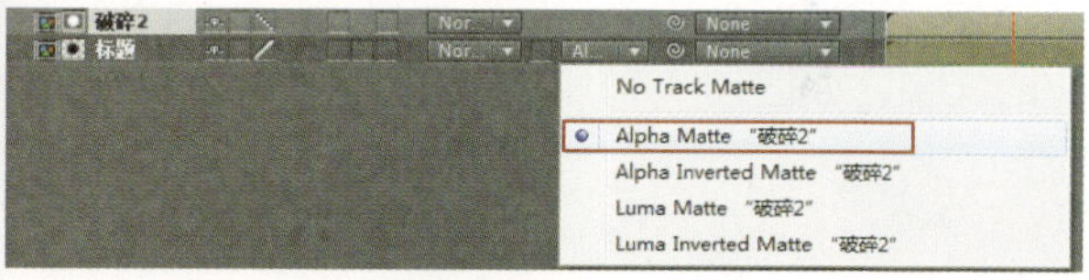

图10-4-14

12 点击合成“总”，将合成“显示文字”拖曳到时间线上，在选中该合成的情况下，在其上单击鼠标右键，选择Layer Style（图层样式）中的Inner Shadow（内阴影）和Bevel and Emboss（斜边与浮雕）命令（如图10-4-15所示），增添文字凹陷的效果。设置后的效果如图10-4-16所示。

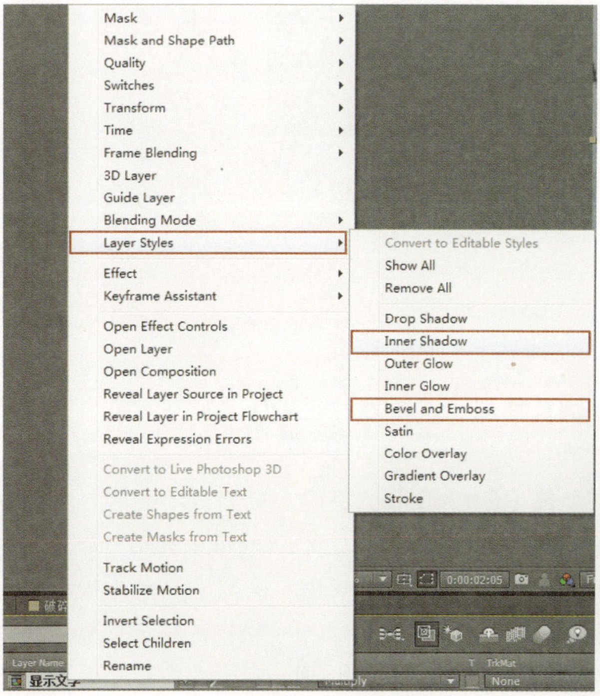

图10-4-15

图10-4-16

知识点

层的风格

Layer Styles功能是从After Effects CS4才出现的功能，但是相信大家都不会对它感到陌生，因为它和Photoshop中的Blending Options命令是相同的。它包括各种对层的控制，例如，添加外阴影、内阴影、浮雕等各种效果。因此，在导入PSD文件的时候，可以直接选择导入Blending Options效果，并且在合成中二次编辑。

在为目标层应用Layer Styles以后，该层会新增Layer Styles卷展栏。可以通过展开卷展栏来进行编辑。和Photoshop相同，Layer Styles的参数栏也分为两块，一块是Blending Options，这里是全局设置，包括全局灯光，整体颜色的调整等；另一块则是具体到所应用的风格调整。

通过上面的操作，我们就完成了画面的主要效果：墙上的碎片一边脱落，一边会显示出相应的文字，如图10-4-17所示。

图10–4–17

10.5　画面美化

为了使得整个画面效果更加协调，还需要增加一些额外的效果使得脱落效果显得更加自然。

01 添加碎片的阴影。选中图层“破碎1”，按【Ctrl+D】快捷键，复制一个图层，并重命名为“碎片的影子”。选择Effect（效果）→Generate（生成）→Fill（填充）命令，将填充碎片的颜色设置为黑色。然后，选择Effect（效果）→Blur & Sharpen（模糊和锐化）→CC Radial Fast Blur（CC快速模糊）命令，给予影子一个镜像的快速模糊效果，具体参数如图10-5-1所示，其中，径向模糊的数量值设定为4.0，中心点位置在画面正上方-499处。

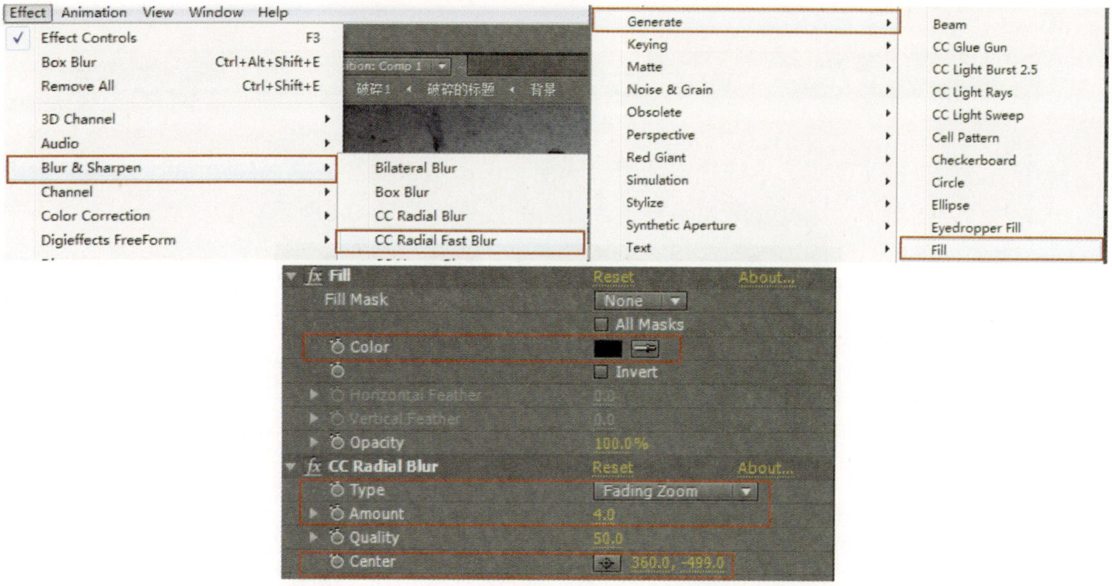

图10-5-1

02 添加碎片的第二个阴影。同理，按【Ctrl+D】快捷键，复制“碎片的影子”，命名为“碎片的影子2”，并把它对应的CC Radial Blur中Amount数量值调整为13即可，其他参数保持与之前的设置相同，具体参数如图10-5-2所示。这样一来，就基本完成了碎片的阴影效果制作，效果如图10-5-3所示。

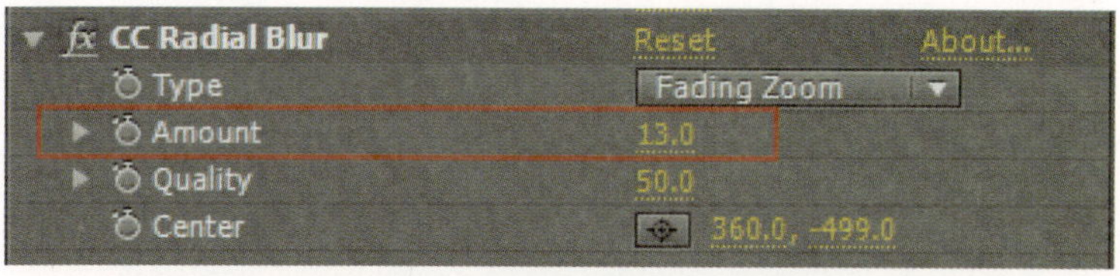

图10-5-2

图10-5-3

03 此时的画面颜色并不是十分丰富，所以按【Ctrl+Y】快捷键，新建一个固态层，给固态层建一个遮罩，并改变固态层的叠加方式为Classic Color Burn（典型颜色加深），如图

10-5-4所示，这样画面的颜色就丰富多了。

图10–5–4

04 选中固态层，按【Ctrl+D】快捷键，复制一层，并改变其叠加方式为Normal（正常）。这样调整后，画面的对比度就更加明显了，最终的效果如图10-5-5所示。

图10–5–5

05 为了使得动画更加自然顺畅，需要在动画开始前增加一个黑场的渐变动画。按【Ctrl+Y】快捷键，新建一个固态层，按快捷键【T】，在“关键帧记录器”中就第1帧的Opacity（透明度）设置为0，而在1秒左右位置，将透明度改为100。最后，将“显示文字”、“碎片的阴影”、“碎片的阴影2”和“破碎1”这4个合成图层拖曳到新建的固态层中透明度为100的关键帧处。这样，就实现了黑场渐变动画的自然过渡。至此，整个实例编辑完成。

10.6 小结

通过本章实例，我们了解了如何巧妙的利用Shatter（破碎）特效的不同设置，分别为素材进行破碎的模拟以及制作遮罩。只有对Shatter的功能有充分的了解，才能结合实际做出惊人的特效。与Photoshop一样，在After Effects中也同样可以为层添加图层样式，从而制作出逼真的雕刻效果。对运动的图像添加强制动感模糊，可以使文字脱落更加具有冲击力。而最后利用固态层来添加遮罩可以制作出黑边渲染文字特效的气氛。

Adobe

第11章 综合特效分析

本章导读

一个完整的特效镜头的制作往往会涉及到相当多的效果的运用和多种不同来源的元素的运用。使用After Effects进行合成时，需要有一个清醒的认识，并要合理地安排制作的顺序和流程。在本章中，我们将制作一个相对复杂的实例，通过本实例来贯通After Effects的使用流程和合成理念。

11.1 素材的准备

01 打开After Effects CS5软件，在Project窗口双击鼠标左键，导入素材文件Reference-hd.mov（素材位置为“光盘：\本书素材\Unit11\Footage\”文件夹下）。此素材为合成的参考对象，也是最终的合成效果。当然，在实际的合成工作中，是没有这种合成参考的，这就需要在开始合成之前对于所要完成的效果有一个明确的认识。

02 双击素材文件Reference-hd.mov，按【0】键预览，如图11-1-1所示。

03 在Project窗口双击鼠标左键，导入素材文件wang-shot.mov和Shot-sound.wav（素材位置为“光盘：\本书素材\Unit11\Footage\”文件夹下）。素材文件wang-shot.mov是一段5D Mark 2拍摄的画面，也是构建镜头的基础。而素材文件Shot-sound.wav是一段事先准备好的音频素材。这在合成工作中也是比较常见的，虽然从流程上讲，合成是在剪辑之前，但有些时候，需要根据剪辑需求完成特定节奏和时间长度的镜头，甚至是先有声音后有画面。初始素材如图11-1-2所示。

图11-1-1

图11-1-2

现在，我们拿到了所有的素材和最终效果。下面来分析一下想要达到的视频中的效果和需要完成哪些特效的制作。

11.2 搭建3D场景

01 创建合适的Comp。在Project窗口单击鼠标右键，在弹出的右键菜单中选择New Composite，创建一个与Wang-shot.mov属性相同的Comp，将其时间按长度设置为400帧，并重命名为“Final Render”，如图11-2-1所示。

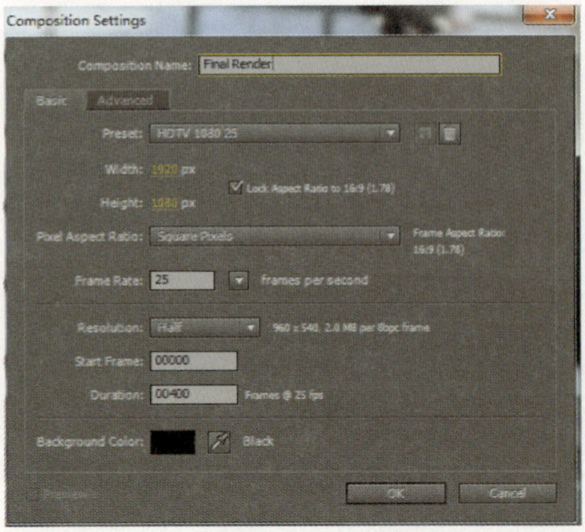

图11-2-1

02 导入文件夹Panoramic Stills（素材位置为“光盘：\本书素材\Unit11\Footage\”文

件夹下），并将素材文件Wang-shot.mov和Panoramic Stills拖曳到Final Render的时间线上，如图11-2-2所示。

03 将所有的图层修改为3D Layer，并创建摄像机。摄像机参数采取50 mm的设置即可，如图11-2-3所示。

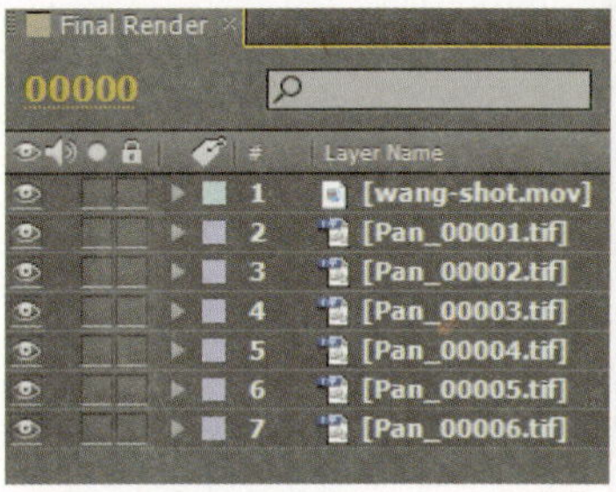

图11-2-2

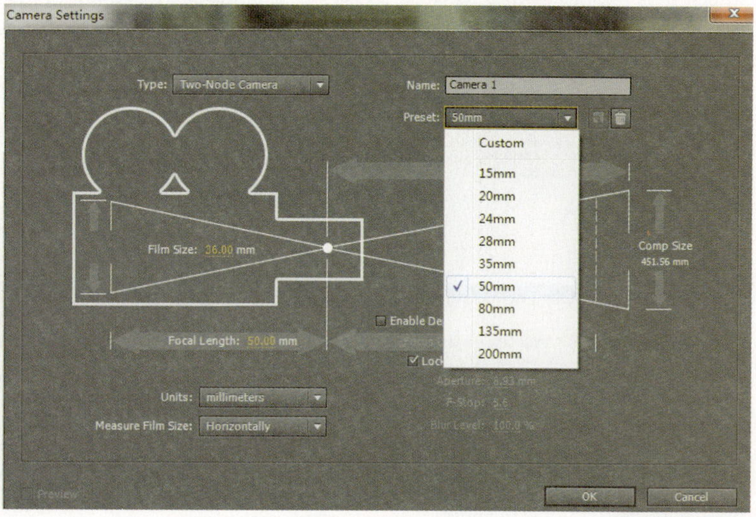

图11-2-3

注意 这里创建的摄像机仅仅是为了搭建3D环境，而非最终的摄像机动画，如图11-2-4所示。

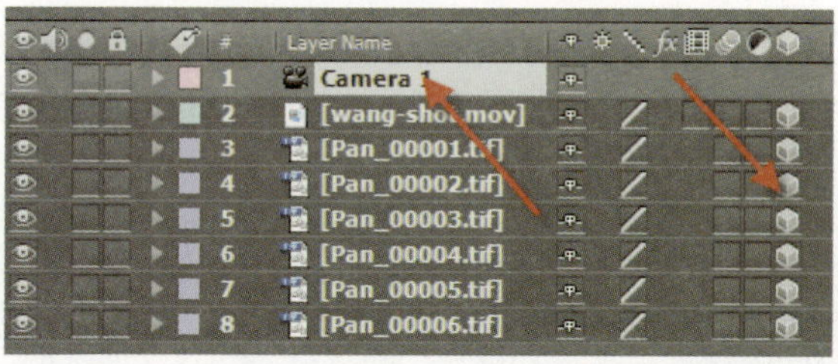

图11-2-4

04 创建摄像机旋转动画。从素材画面中枪口的指向可以判断，摄像机跟踪子弹是需要逆时针旋转的。点击选中Camera1，按快捷键【R】键显示旋转属性，并对其Y Rotation参数制作动画，使其在大约第10秒时，逆时针旋转180°，如图11-2-5所示。

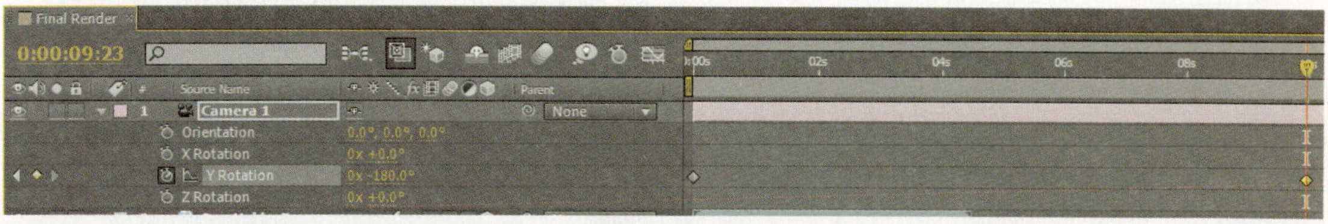

图11-2-5

注意 旋转方向是根据参考视频而定的，也是根据画面的拍摄角度而定的。旋转角度可以适当缩小，毕竟摄像机在跟踪子弹射击轨迹时，不可能有这么大的转动。

05 把时间返回到第一帧，将图层“Pan_000001”到“Pan_000006”的父图层设为“Camera1”，如图11-2-6所示。

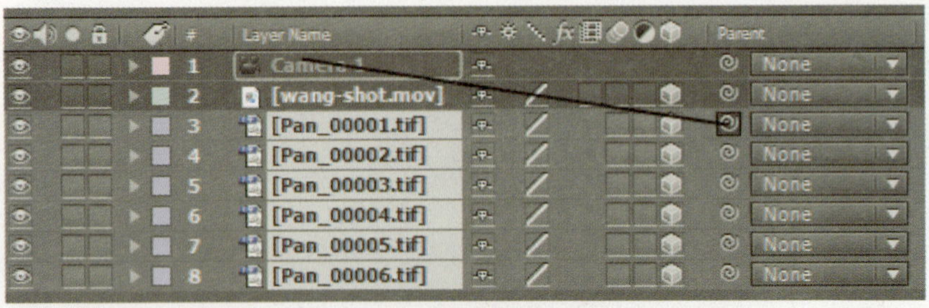

图11-2-6

06 拖动时间指针。我们注意到，由于设置了父子关系，图层“Pan_000001”到“Pan_000006”是相对静止的，而图层“Wang-shot.mov”则会随着时间指针后移而转动。

观察图层“Wang-shot.mov”与图层“Pan_000001”的交界处，当他们处于一个近似重合的状态时，停止时间指针。将图层“Pan_000001”的父图层设为None。对图层“Pan_000001”的位置进行微调，并适当缩放和旋转，使其尽可能地与图层“Wang-shot.mov”连接好。实际上，我们提供的照片是很容易找到契合点的，只需要少量的位移即可，图层交界处如图11-2-7所示。

07 继续拖曳时间指针，直到图层“Pan_000001”与图层“Pan_000002”的接缝处近似重合，微调图层“Pan_000002”，使接缝处尽量没有纰漏，图层交界处如图11-2-8所示。

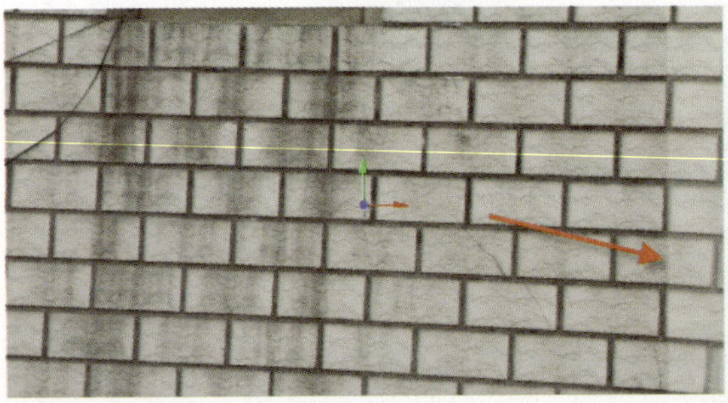

图11-2-7

图11-2-8

08 重复上面的操作，直到第10秒摄像机不再运动。切换到Top视角，这时可以看到，通过这一系列的图片我们构建了一个能够模拟摄像机旋转的3D场景，如图11-2-9所示。

09 切换回Camera1视角，按【0】键预览动画。我们注意到，当摄像机运动到两个图层之间时，可能是由于对图层的位置进行调整而造成了画面的下方出现空白，虽然是在一些不太重要的地方，但是仍需要加

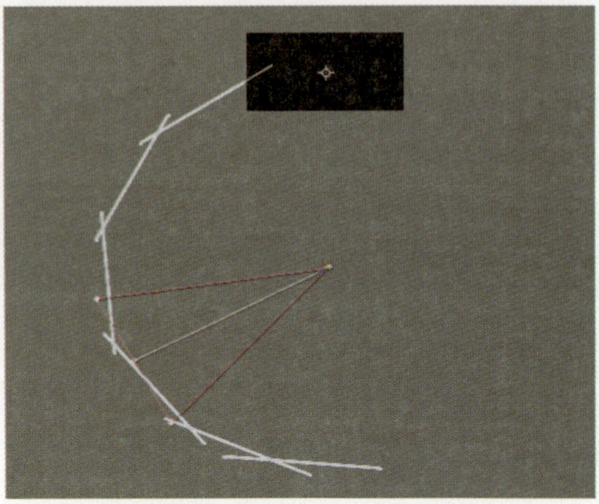

图11-2-9

以修饰。

10 在图层“Wang-shot.mov”上添加效果Motion Tile。打开Mirror Edge选项，并在Output Height参数上输入150，如图11-2-10所示。

这样操作后，在拖动时间指针时可以发现，空白的位置有画面的镜像填充，虽然和真实的画面有所差别，但已经无伤大雅，如图11-2-11所示。

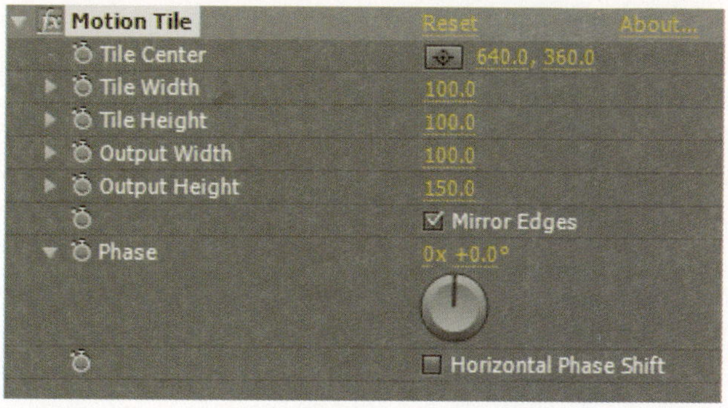

图11-2-10

11 复制图层“Wang-shot.mov”上的效果Motion Tile，选择图层“Pan_000001”到图层“Pan_000006”，粘贴效果，如图11-2-12所示。

图11-2-11

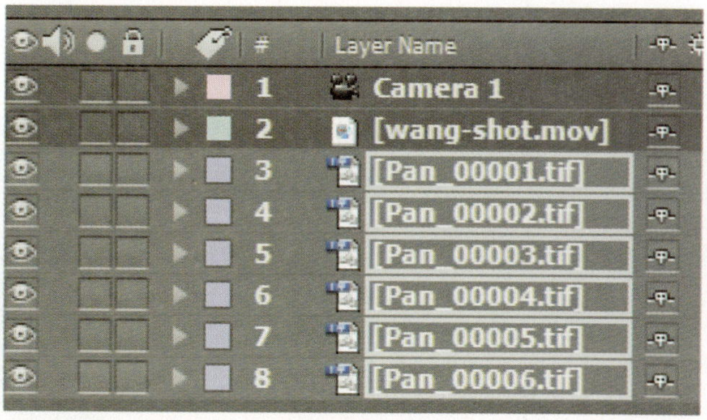

图11-2-12

12 按【0】键预览动画，现在基本满足了作为背景的3D场景的需求。

13 在图层“Pan_000001”上添加效果Linear Wipe，将Wipe Angle设为90°，并参照图11-2-13调整Transition Completion参数和Feather参数，使两个图层的交接边缘处于相对不显眼的位置，并加以融合。设置后的效果如图11-2-14所示。

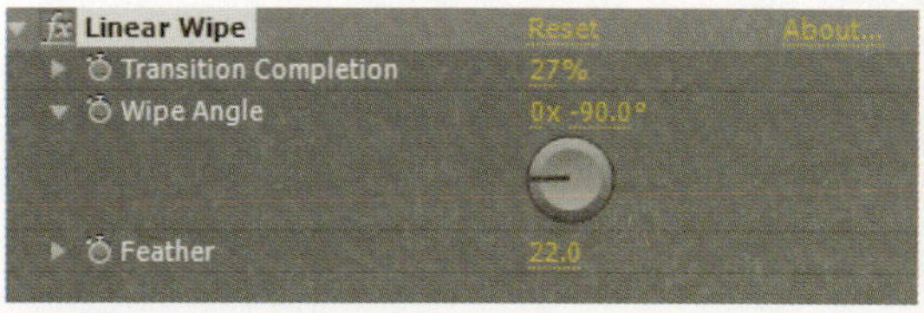

图11-2-13

图11-2-14

14 使用相同的方式调整图层“Pan_000002”到图层“Pan_000006”的边缘。

15 按【0】键预览。

16 为图层“Pan_000001”上添加效果Brightness & Contrast，参照图11-2-15调节Brightness参数使该图层的亮度与图层“Wang-shot.mov”的亮度相同。设置后的效果如图11-2-16所示。

图11-2-15

图11-2-16

17 使用相同的方式调节图层“Pan_000002”到图层“Pan_000006”的亮度，使得整个三维空间的画面的亮度相同。

18 按【0】键预览，此时的三维空间已经接近于真实效果，微调画面中不足的部分。

19 删除摄像机，并选中剩余所有的图层，按【Ctrl+Shift+C】快捷键将他们打包成一个Comp，并命名为“Back Ground”，如图11-2-17所示。

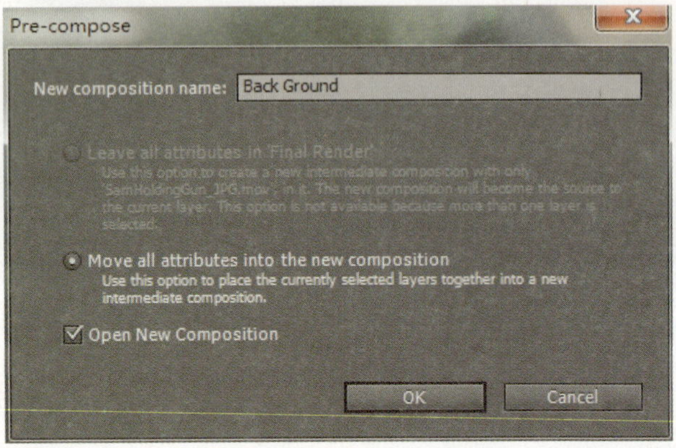

图11-2-17

20 在合成“Final Render”中，仅存有图层“Back Ground”，将其设为3D图层，并打开Collapse选项。后面我们将对3D背景进一步的修饰，这一工作在合成“Back Ground”中完成，如图11-2-18所示。

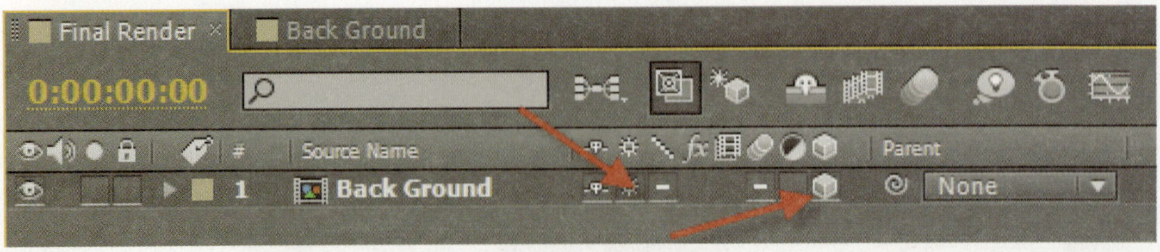

图11-2-18

11.3 管理项目

01 保存当前的项目，这一步骤后面将不再提示。

02 在Project窗口，创建两个文件夹，并重命名为“Footage”和“Comp”，将素材文件和Comp分别放入到两个文件夹中，如图11-3-1所示。

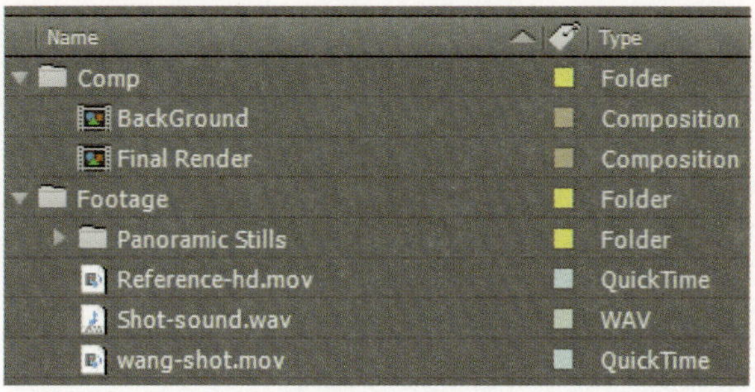

图11-3-1

03 对Footage内文件进行分类，分别创建Image、Video和Audio文件夹，并分别归类素材，如图11-3-2所示。

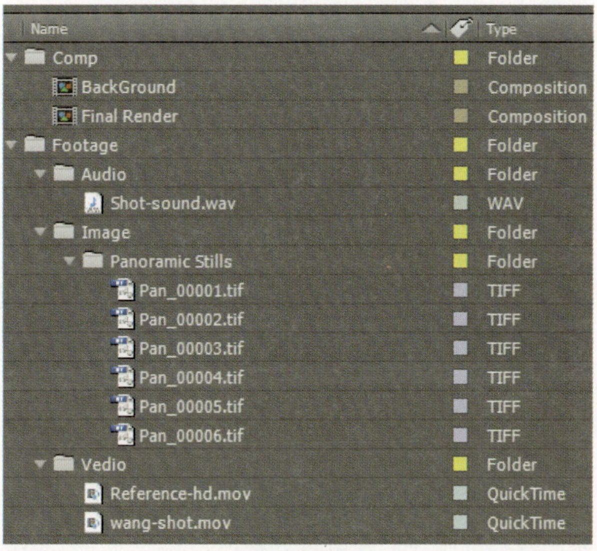

图11-3-2

对于相对复杂的合成来说，项目管理是很重要的。

11.4 射击动画制作

01 在Timeline窗口，点击打开图层“Back Ground”。接下来我们要制作扣扳机以及手枪本身的动画。这些动画都发生在摄像机运动之前，仅需要在图层“Wang-shot.mov”上处理即可。为了方便起见，将该图层独立出来。

02 选择图层“Wang-shot.mov”，按【Ctrl+Shift+C】快捷键，构建新的Comp，并命名为“Shooot”，将原图层的效果留给图层“Shooot”，如图11-4-1所示。

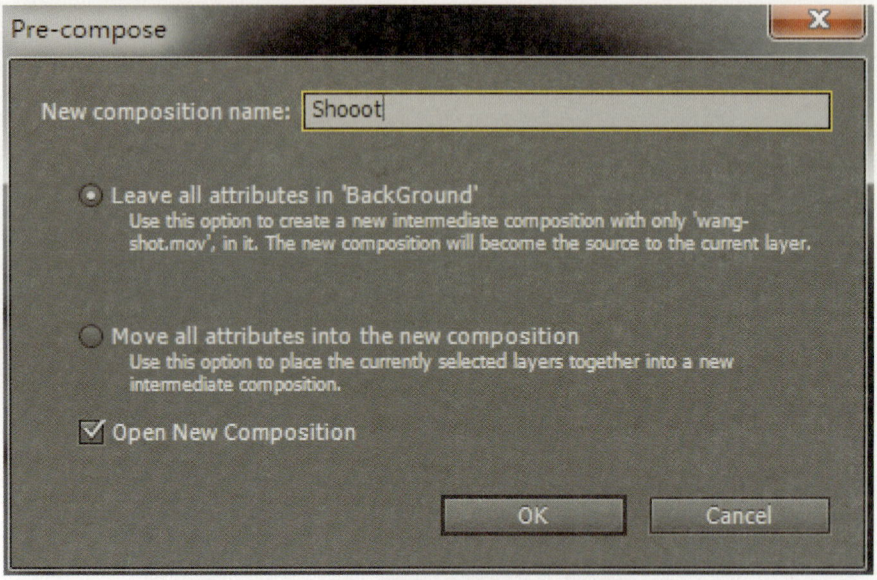

图11-4-1

03 调节在Comp“Shooot”的属性，将其时间长度设为400帧，调节Back Ground中图层“Shooot”的覆盖时间，并将Shot-sound.wav拖曳到该Comp中，如图11-4-2所示。

图11-4-2

04 展开图层“Shot-sound.wav”，显示其波形图。按【0】键预览，找到开枪的时间位置。点击空白处，取消图层选择。根据波形图找到枪响声音的前一点，并按【*】键，为Comp添加标记，如图11-4-3所示。这样，就找到了一个相对准确的位置，接下来的动画将围绕该标记进行。

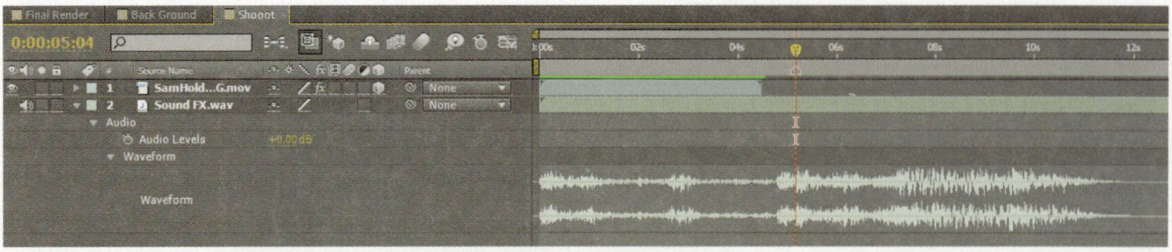

图11-4-3

05 选中图层“Wang-shot.mov”，按【Ctrl+Alt+T】快捷键，打开时间重映射效果，调整该图层的节奏。

06 分别找到掏出手枪和射出子弹的时间位置，添加关键帧，如图11-4-4所示。

实际上，由于子弹射出后的慢动作效果，人物在开枪后的位置基本是静止的。

07 延长图层的持续时间，删除最后的关键帧，并调节第三个关键帧位置。如果与Comp的标记重合，则再向前调整2帧，并调节第二个关键帧的位置，控制慢动作的幅度，如图11-4-5所示。

图11-4-4

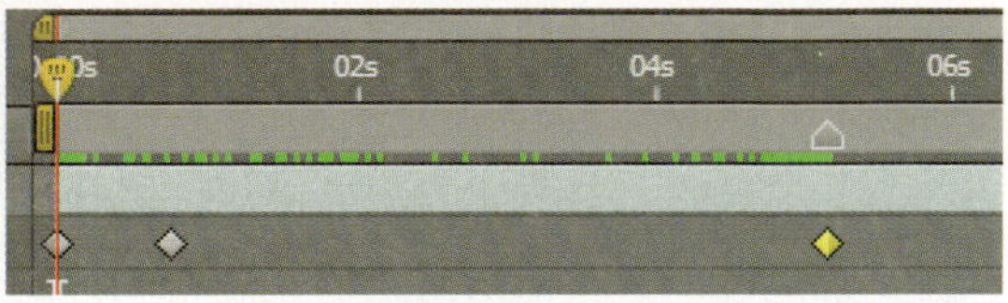

图11-4-5

08 选择第二、三关键帧，按【F9】键，平滑该关键帧，并打开曲线编辑模式，调整关键帧曲线，反复预览直到满足节奏需求，如图11-4-6所示。

这样，我们就获得了在开枪前相对流畅的人物动画。由于原素材是60帧/秒的帧速率，慢速播放相对比较流畅。我们也可以打开帧融合和运动模糊的选项，来加强这一效果。当然，这两个选项也可以在最终渲染时再打开，帧融合和运动模糊选项如图11-4-7所示。

接下来，先完成手指扣动扳机的动画，这个相对简单。

09 选中图层“Wang-shot.mov”，按【Ctrl+D】快捷键，复制该图层，并将新复制的图层命名为“手指”。

10 将时间指针移到Comp标记点位置的前2帧，对扣扳机的手指添加遮罩，选取出可以看到的整个手指，如图11-4-8所示。

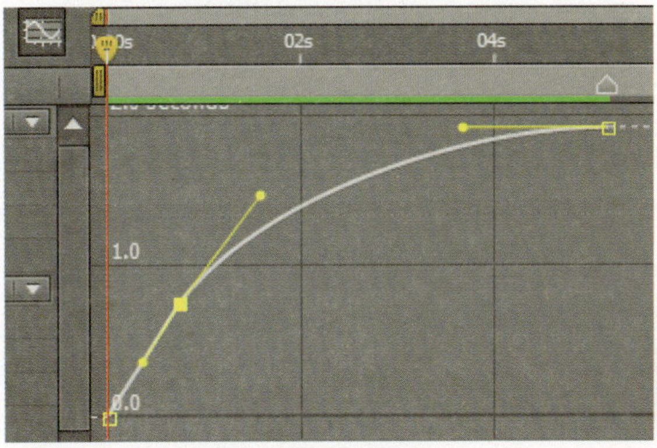

图11-4-6

图11-4-7

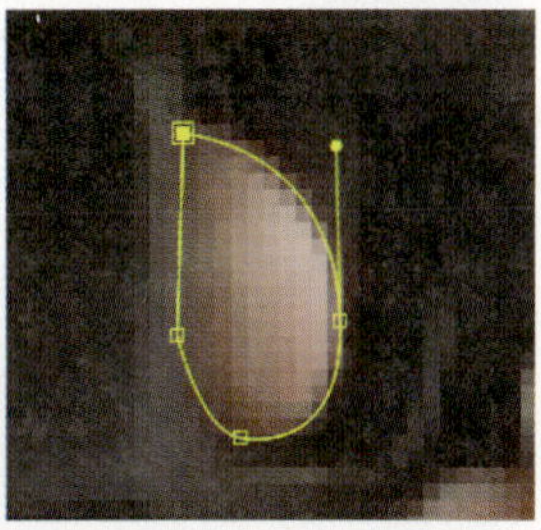

图11-4-8

11 选中手指图层，并按快捷键【Y】键，选择Pan Behind Tool，将图层的锚点移动到遮罩的左侧边缘，如图11-4-9所示。

12 按快捷键【S】键，显示Scale参数，去掉其坐标轴锁定关系，并开始记录动画，如图11-4-10所示。

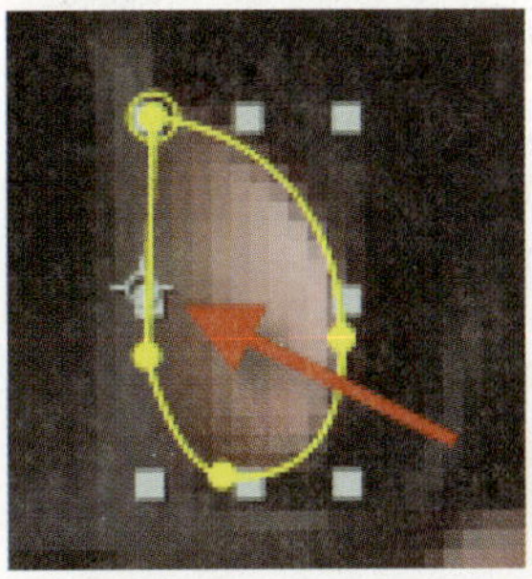

图11-4-9

图11-4-10

13 将时间指针前进2帧，并将X轴方向的比例数值设为150。再前进10帧，将X轴方向的比例数值设为100，如图11-4-11所示。

由于是慢放，画面本身没有太大的变化。这样，我们就制作了一段仿真的手指扣动扳机的动画，而动画的最大值所对应的就是枪响前的一瞬间，而后将缓慢地恢复原状。对于慢动作来说，这是比较合宜的。

接下来我们来完成扣动扳机时手枪的动画。

14 选中图层“Wang-shot.mov”，按【Ctrl+D】快捷键，复制该图层，并将新复制的图层命名为“枪管”。

15 为图层“枪管”添加遮罩，选出银色的金属枪管部分，如图11-4-12所示。

16 选中图层“枪管”，按【Ctrl+D】快捷键，复制该图层，并将新复制的图层命名为“枪身”。

17 对图层“枪身”添加遮罩，选出在扣动扳机时会向后滑动的部分，如图11-4-13所示。

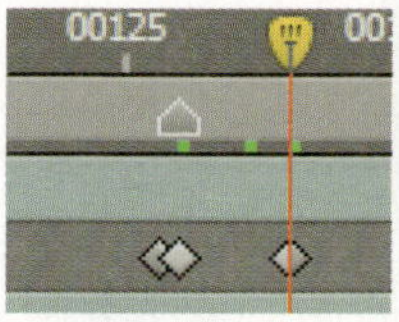

图11-4-11

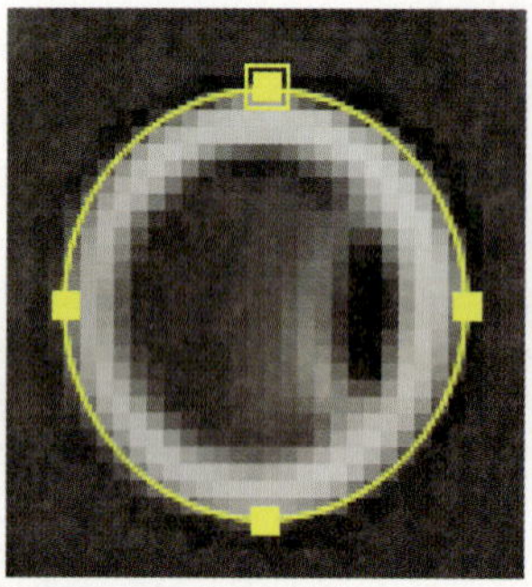

图11-4-12

图11-4-13

18 展开图层“枪身”，将Mask1的数理运算模式改为Subtract并移至Mask2下方。这样，我们就获得了将要滑动出去的部分，如图11-4-14所示。

双击图层“枪身”，就可以看到遮罩混合运算的效果了，如图11-4-15所示。

图11-4-14

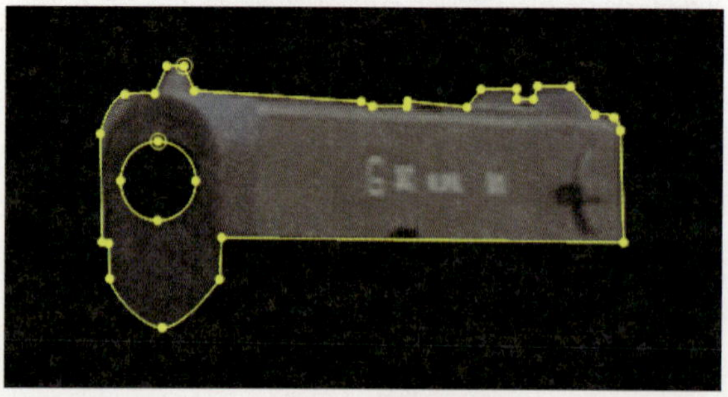

图11-4-15

19 切回合成显示，在Shooot中选中图层“枪身”，按快捷键【Y】键，选择Pan Behind Tool，将图层的锚点移动到遮罩的右下方，如图11-4-16所示。

20 为图层“枪身”的Position参数和Scale参数记录动画，将图层略微缩小并向后移动，模拟开枪时枪滑动的动画。设置其关键帧位置与手指图层相似，这样就可以收回地略早一些。

图11-4-17所示为设置关键帧。图11-4-18所示为缩小移动图层。

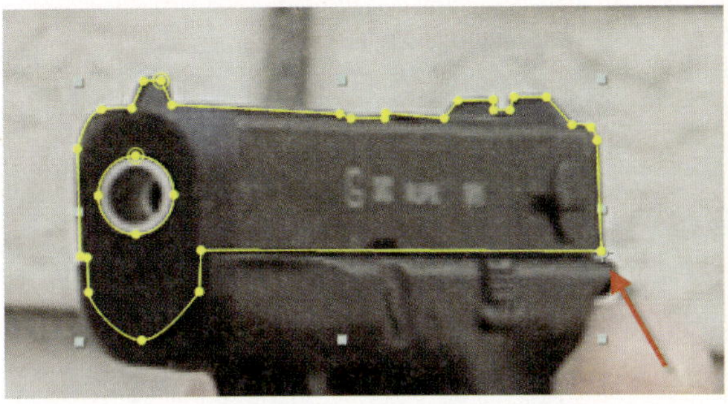

图11-4-16

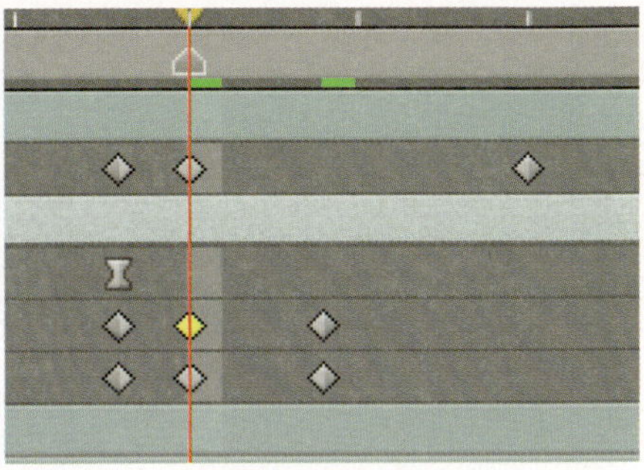

图11-4-17

21 分析合成中图层的前后顺序，我们可以注意到，在滑动时枪身应该有一部分被遮挡，同时又会显露出来枪管和枪托的一部分，而枪托和枪管又会挡住一部分枪身的画面。而这些元素，都是以枪管为核心的。所以，可以按照枪托左→枪身左→枪管→枪身右→枪托右的顺序来创建合成效果。

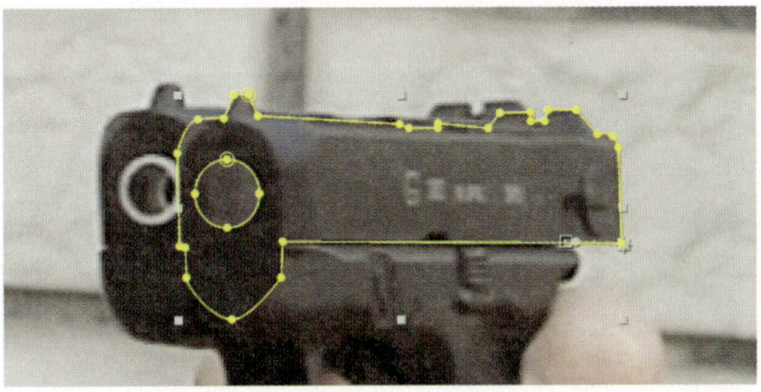

图11-4-18

22 将图层“Wang-shot.mov”复制为一个新的图层，命名为“枪托”。使用遮罩选取出遮挡图层“枪身”的部分。图11-4-19所示为枪托与枪身互动的部分。

23 将图层“枪身”和图层“枪托”各复制一份，并将其区分为“枪托左”、“枪托右”、“枪身左”、“枪身右”，并按照之前的分析设置好图层顺序，如图11-4-20所示。

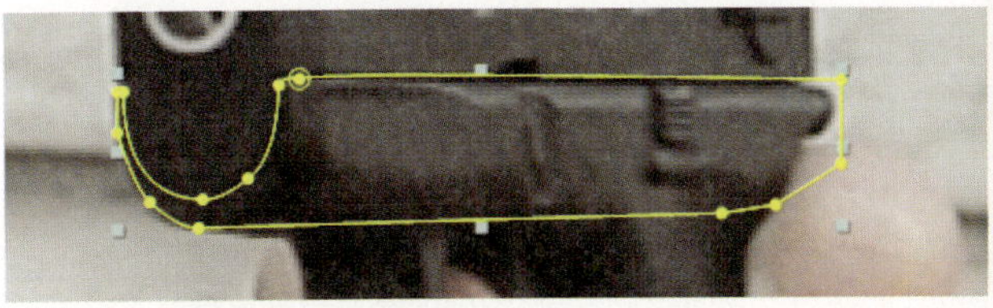

图11-4-19

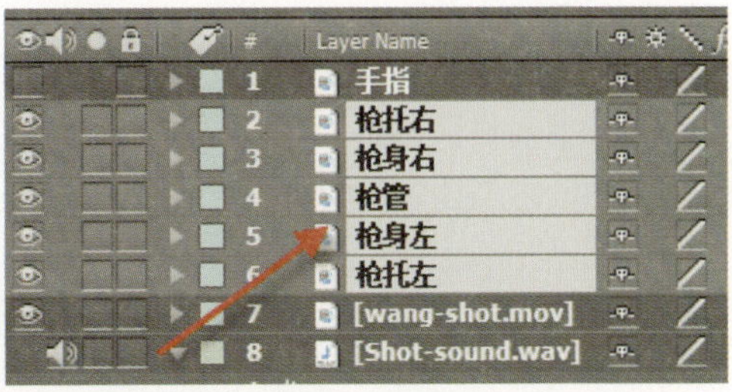

图11-4-20

24 去掉图层“枪托左”、“枪托右”、“枪身左”和“枪身右”遮罩的部分控制点，使其名符其实，如图11-4-21、图11-4-22、图11-4-23和图11-4-24所示。

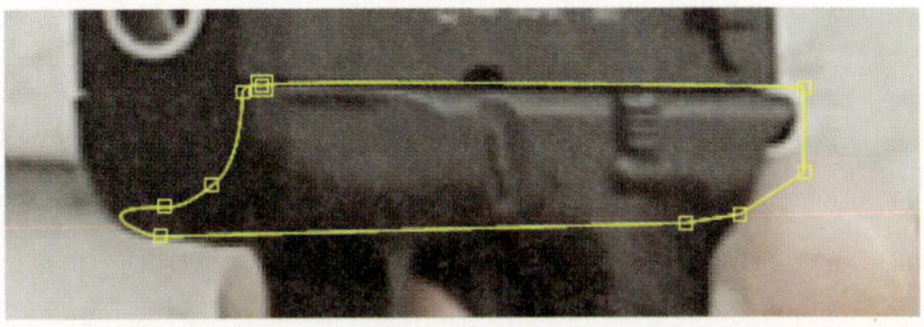

图11-4-21

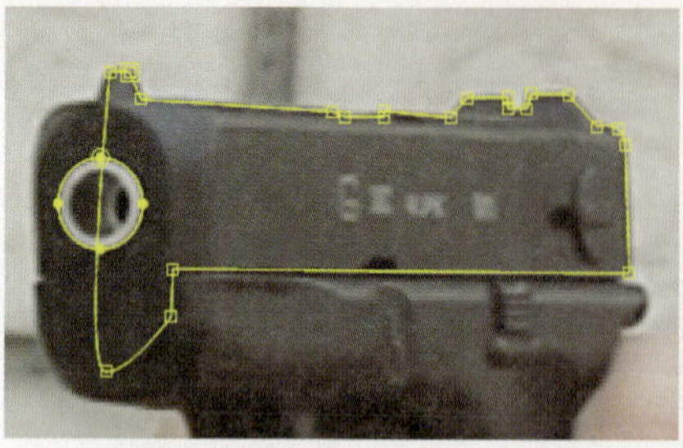

图11-4-22

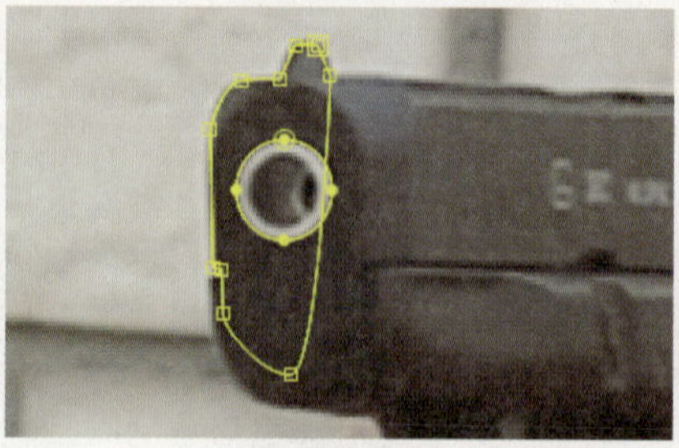

图11-4-23

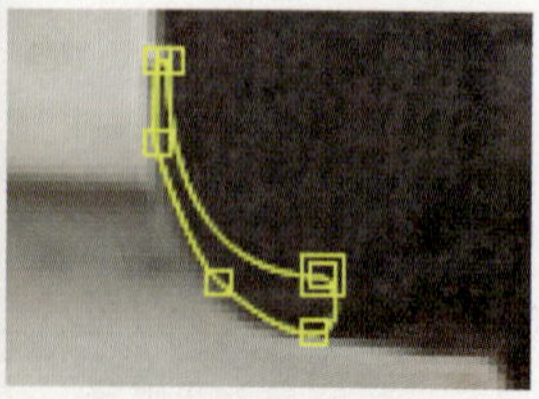

图11-4-24

25 将时间指针移到标记点位置，关闭图层“Wang-shot.mov”观察合成效果。此时我们注意到“枪管”和“枪托右”暴露出了一些枪体内部的结构，需要进行修改，如图11-4-25所示。

26 首先制作枪管，先将图层“枪管”打包出去。复制图层“枪管”，并重命名为“枪管-延长”，将图层“枪管”放在第一层，如图11-4-26所示。

图11-4-25

图11-4-26

27 调节图层“枪管-延长”的遮罩，只保留枪管宽度的银色部分，尽量不留下黑色部分，如图11-4-27所示。

28 为图层“枪管-延长”添加Directional Blur和Curves滤镜，并添加一个较大数值的方向模糊，调节其Alpha通道的亮度，以加强其可见程度，如图11-4-28所示。

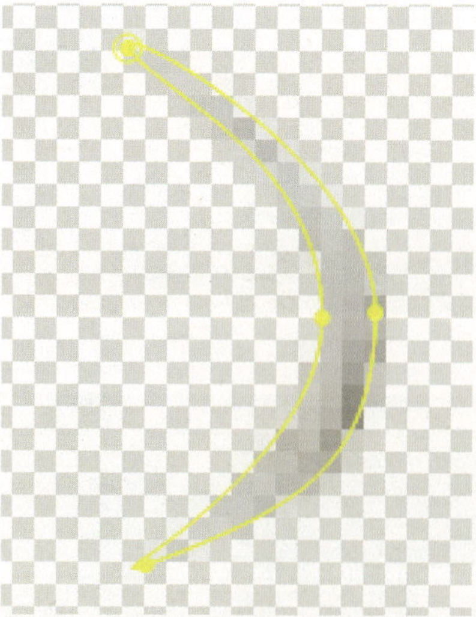

图11-4-27

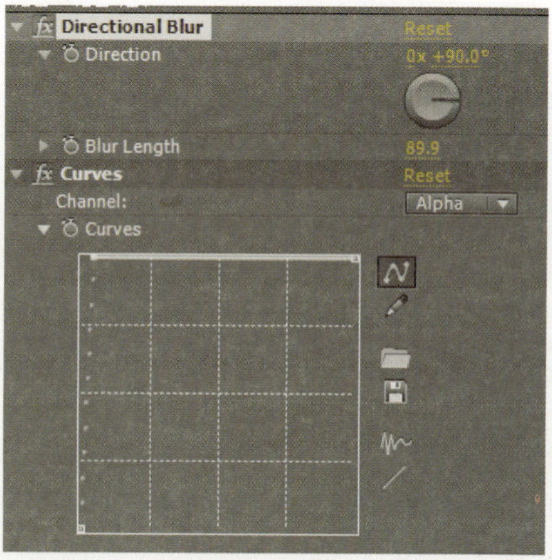

图11-4-28

29 对照Comp“Shooot”的效果，调节Directional Blur滤镜的Direction参数，校正枪管延长的方向，如图11-4-29所示。

30 降低Directional Blur滤镜的Blur Length参数，并调节Curves滤镜的Alpha通道曲线，以产生相对平滑的效果，如图11-4-30所示。

31 复制Directional Blur和Curves滤镜，延长枪管，如图11-4-31所示。

图11–4–29

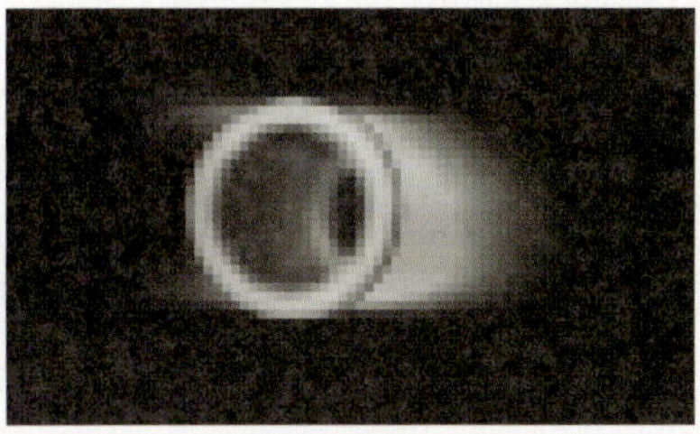

图11–4–30

图11–4–31

32 新建固态层，命名为“Mask”，用于限制枪管延长图层的形状，如图11-4-32所示。

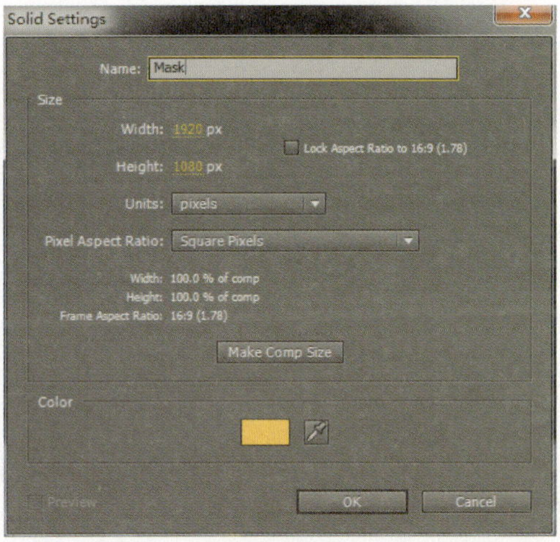

图11–4–32

33 将图层“Mask”放置在第二层，降低其透明度，并绘制遮罩，如图11-4-33所示。

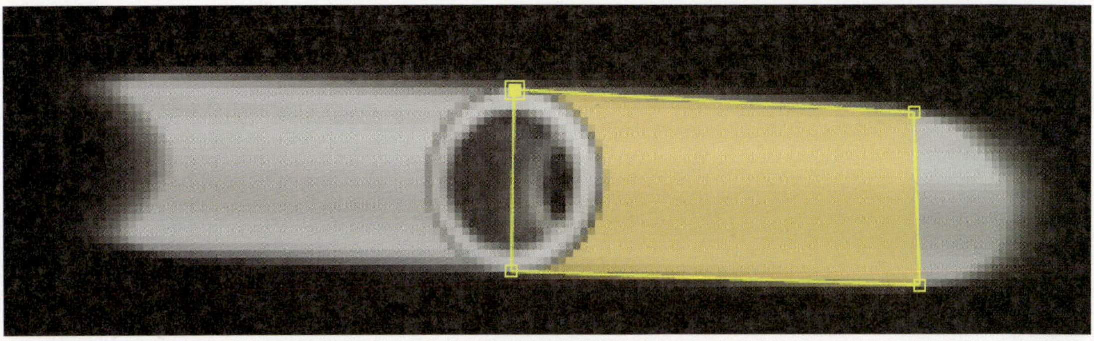

图11–4–33

34 将图层“Mask”的透明度调整为100%，并将其设为图层“枪管-延长”的轨道蒙版，如图11-4-34所示。

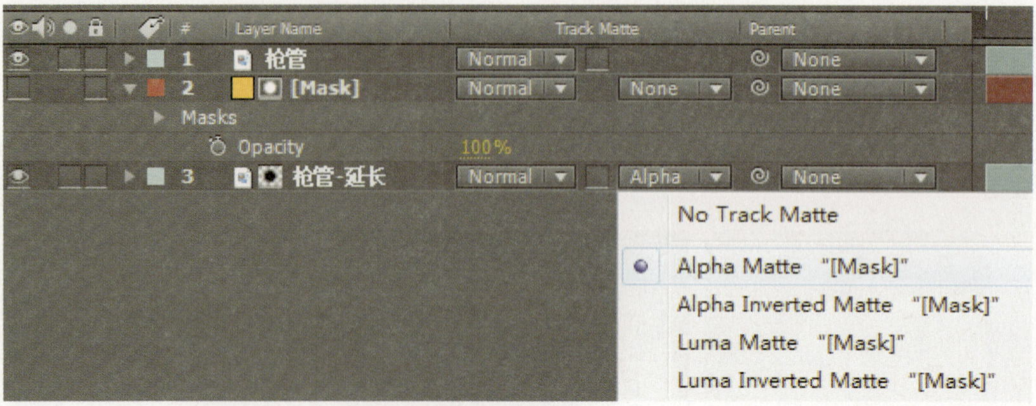

图11-4-34

35 调节图层“枪管”的遮罩，控制其由此不再出现黑色边缘，如图11-4-35所示。

36 回到Comp“Shooot”，观察枪管的效果（如图11-4-36所示），如有问题继续调节其效果。如果没问题了，就关闭Comp“枪管”。

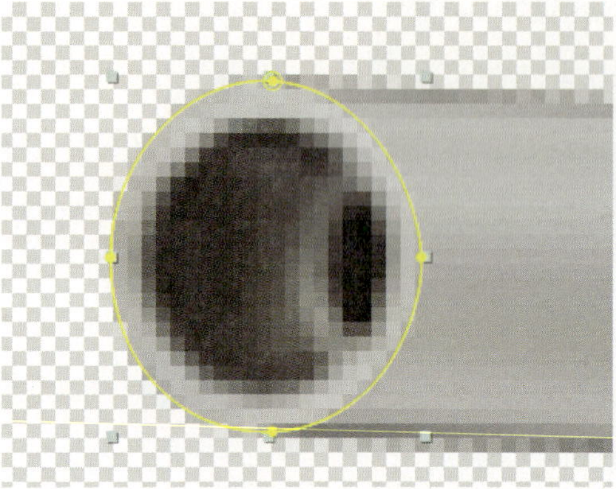

图11-4-35

图11-4-36

37 使用类似的手段，处理图层“枪托左”，延伸出枪体，效果如图11-4-37所示。

38 从Project窗口中再倒入一个“Wang-shot.mov”，置于图层“枪托左”的下方，并使其处于没有拿出枪时的时间位置，如图11-4-38所示。

图11-4-37

图11-4-38

39 将该图层重命名为“补足”，并冻结当前画面，如图11-4-39所示。

40 为图层“补足”添加遮罩，将需要露出背景的部分选出，如图11-4-40所示。

图11-4-39

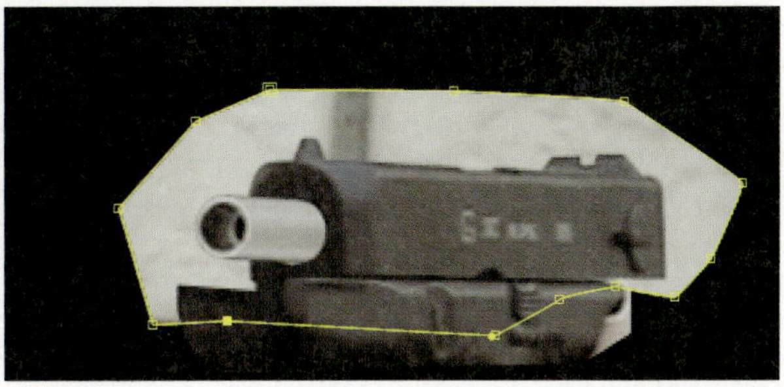

图11-4-40

41 打开图层“Wang-shot.mov”，调整图层“补足”、“枪托左”、“枪托右”、“枪管”、“枪身左”、“枪身右”、“手指”的覆盖时间，使其仅仅覆盖动画的范围，如图11-4-41所示。

42 查看合成效果，调整各个图层的遮罩，要特别注意边缘结合部分。

43 按【0】键预览动画，如果没有问题，关闭Comp“Back Ground”和“Shooot”，仅保留Final Render。

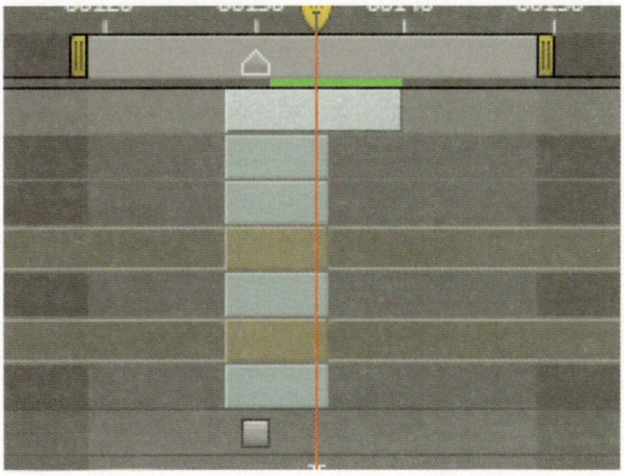

图11-4-41

11.5 枪口的火花

接下来，我们来完成在枪口子弹发射时火花喷射出来以及附带的烟雾和火星的粒子效果。

01 新建一个固态层，调整颜色为橘黄色，并将名称改为“Particles”，如图11-5-1所示。

> 注意：在新建固态层时，调整颜色会把该固态层的名称自动改变为对所选择颜色的大致描述。

02 为图层“Particles”添加效果CC Particle World。

接下来，调整CC Particle World特效。

03 首先将时间指针移到第一帧，开始记录Birth Rate参数的动画，并将其归零，如

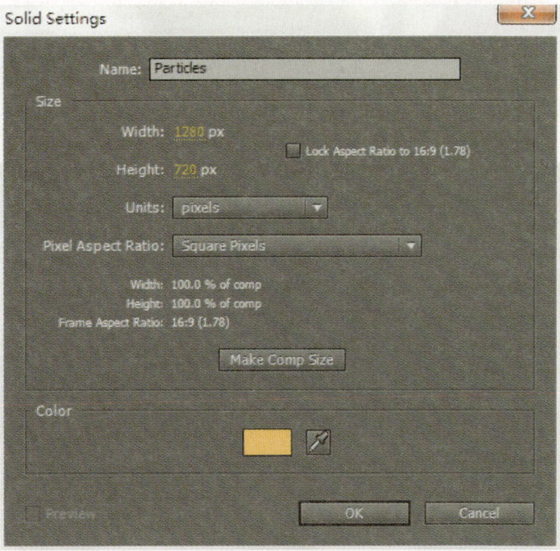

图11-5-1

图11-5-2所示。

04 将时间指针向右移动5帧，并将Birth Rate参数设为14。再向右移动2帧，将Birth Rate参数设为0，如图11-5-3所示。

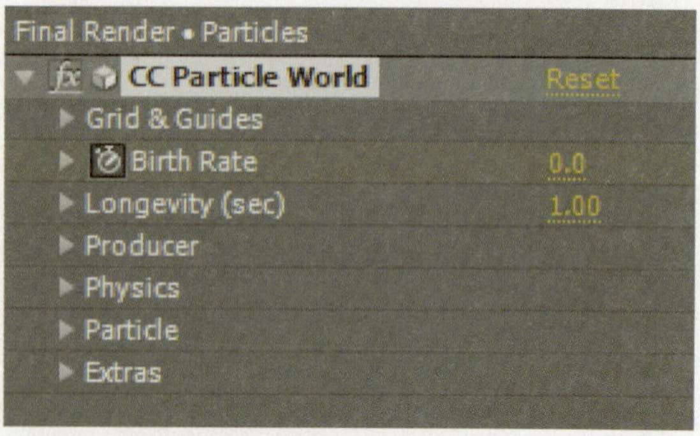

图11-5-2

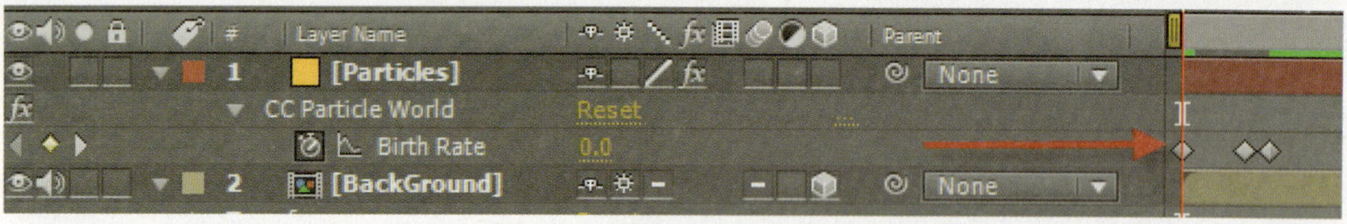

图11-5-3

05 修改Physics中的参数，将Velocity修改为0.28，以缩小爆炸的速度和影响范围。然后将Gravity设为0.06，稍稍加一些重力效果即可，如图11-5-4所示。

06 修改Particle中的参数，将Particle Type修改为Motion Polygon，并就参照图11-5-5修改Birth Size和Death Size参数，稍稍减小粒子大小，以实现粒子逐渐变大的效果。

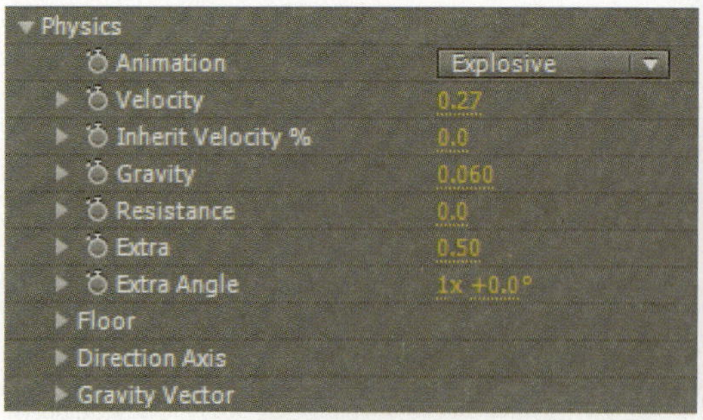

图11-5-4

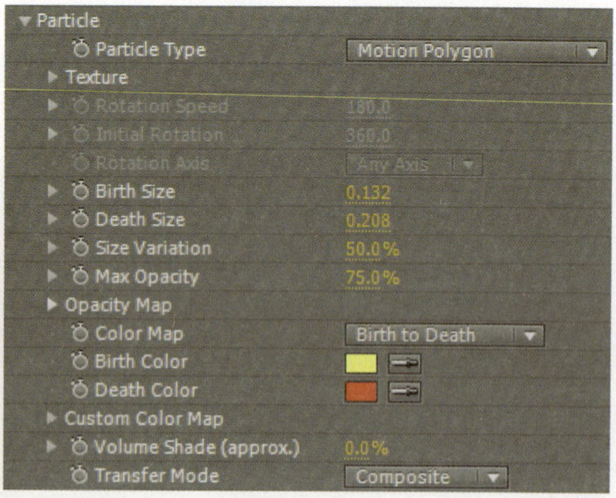

图11-5-5

这样，我们初步获得了粒子的形态，双击图层，查看粒子效果（如图11-5-6所示）。接下来，我们将通过几个滤镜来获得手枪的火花喷射效果。

07 为图层"Particles"添加Fast Blur效果，将Blurriness参数设为4，如图11-5-7 所示，产生一定的模糊。

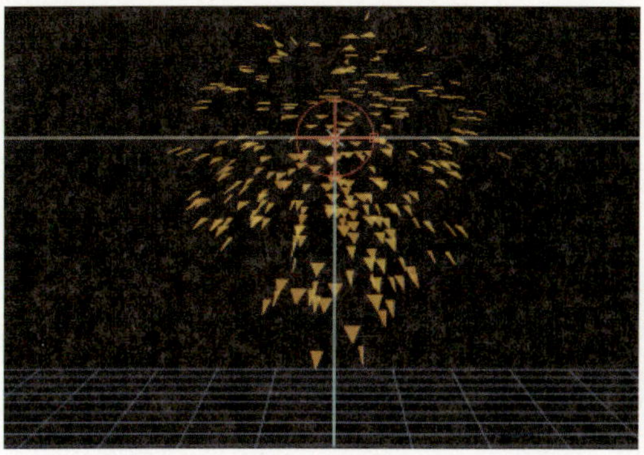

图11-5-6

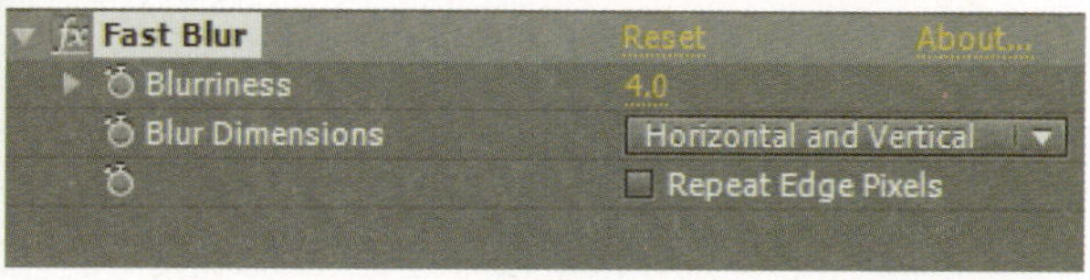

图11-5-7

08 为图层“Particles”添加CC Vector Blur效果，将Amount参数设为10，实现电浆效果，如图11-5-8所示。

09 Solo显示图层“Particles”，并适当加大CC Particle World中Particle参数中粒子的Birth Size和Death Size，这样将会产生比较明显的视觉效果，如图11-5-9所示。

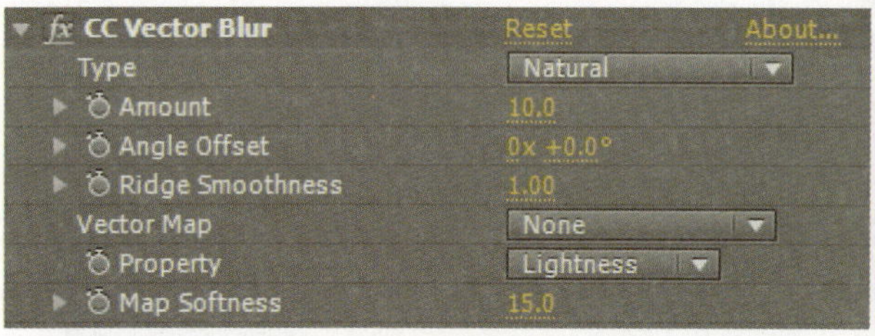

图11-5-8

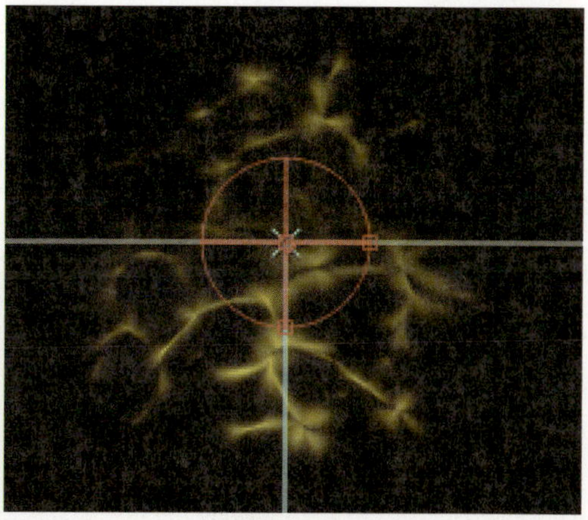

图11-5-9

10 为图层“Particles”添加CC Radial Fast Blur效果，并参照图11-5-10调整Amount参数。

11 为图层“Particles”添加Turbulent Displace效果，参照图11-5-11加大Amount参数并将Size设为较小的数值。

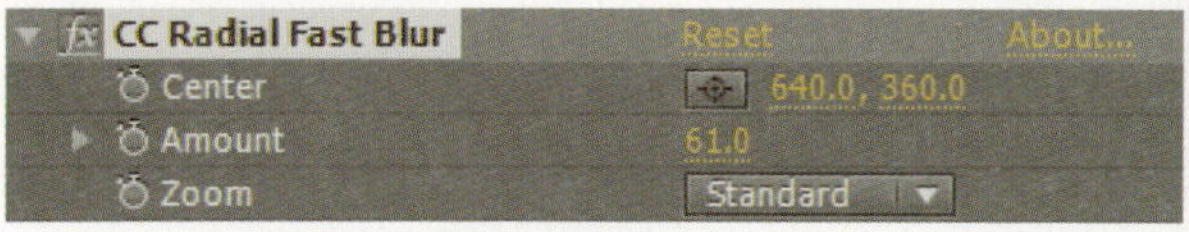

图11-5-10

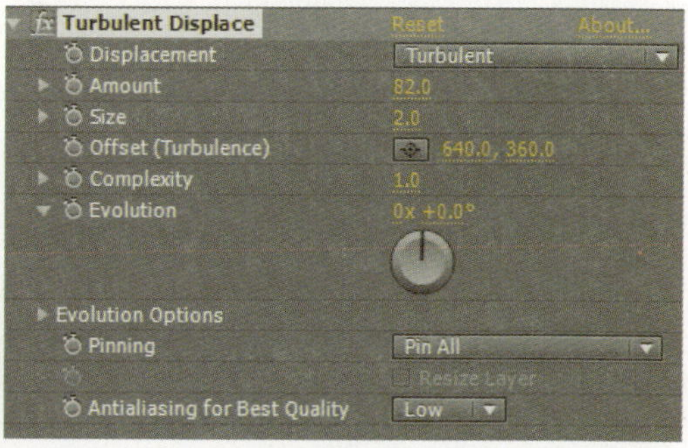

图11-5-11

这样我们就获得了相对不规则的电浆效果（如图11-5-12所示），但放射效果不太明显。

12 复制一个Turbulent Displace效果，置于CC Radial Fast Blur效果之上。调整Turbulent Displace效果的两个参数，以平衡两个特效的影响，如图11-5-13所示。

13 按【0】键预览动画，并适当微调已经添加好的滤镜效果。

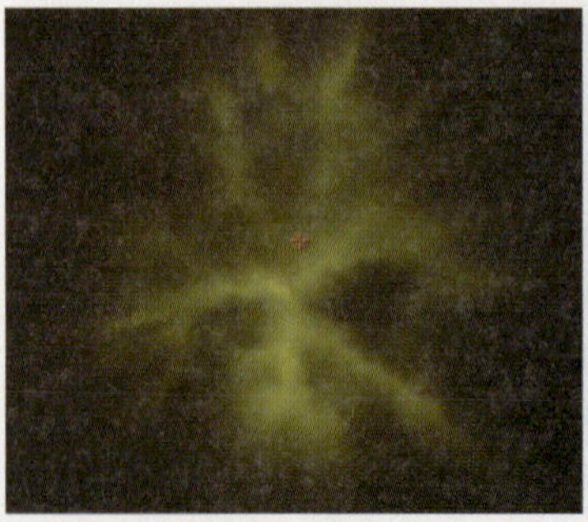
图11-5-12

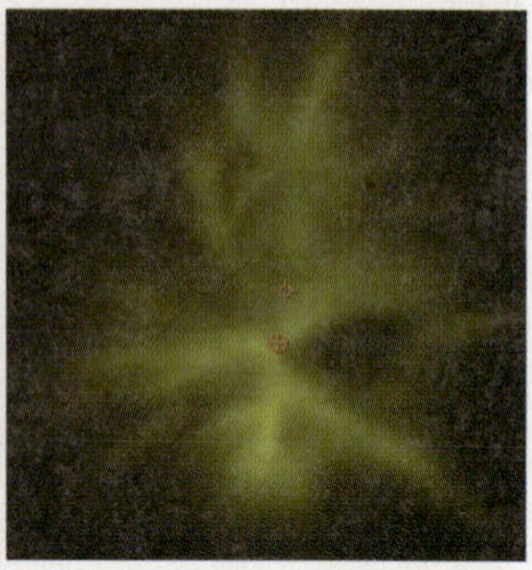
图11-5-13

注意 在使用多个滤镜时，每添加一个新的特效，都需要对之前的效果进行参数调整。在这一期间，反复预览是非常需要的，并且尽量采取高质量预览。

接下来，我们需要对火花的颜色进行调整，CC Particle World的颜色控制显然不能满足我们的需求。

14 为图层“Particles”添加Tint效果，变为灰色调。

15 为图层“Particles”添加Curves滤镜，并调整Alpha、R、G、B通道的亮度曲线，如图11-5-14所示。

Curves滤镜是After Effects最常用的颜色调节滤镜之一，它拥有非常强大的效果。图11-5-15所示为燃烧的颜色效果。

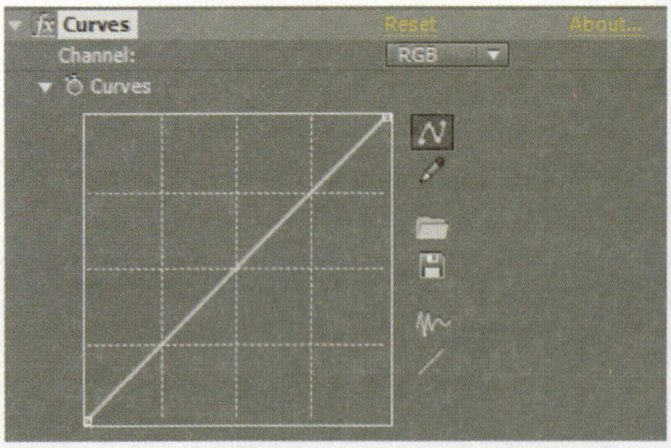

图11-5-14

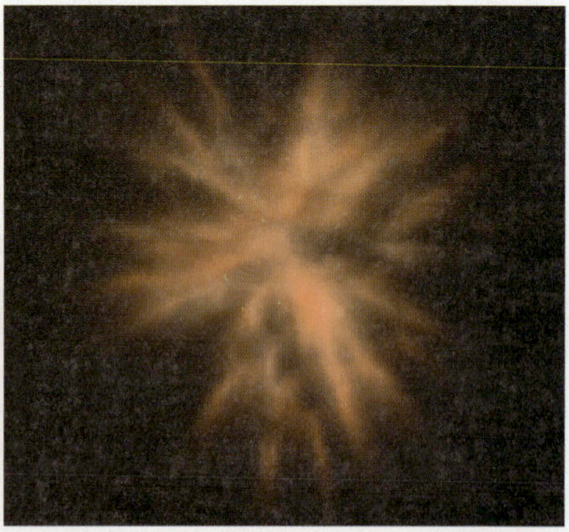
图11-5-15

16 去掉图层“Particles”的Solo效果，显示合成效果。很显然，现在的火花还有很大的调节余地。

17 将图层“Particles”复制一份，稍微缩小并加以旋转，并以Add模式与原图层叠加，如图11-5-16所示。

18 按【0】键预览，这时会发现当前的背景较为明亮，火花的效果还不是很理想。

19 对图层“Back Ground”添加Curves滤镜和Tint滤镜，以加强对比效果并适当变暗以及去除少量饱和度，如图11-5-17所示。

图11-5-16

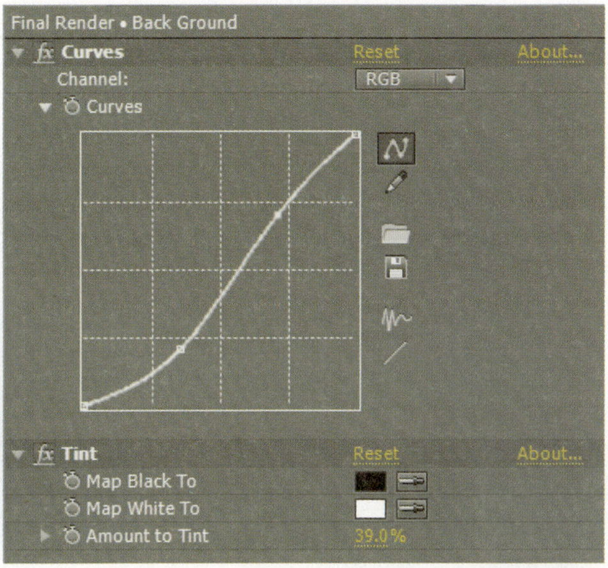

图11-5-17

这样的调整结果虽然还不是很理想，但基本可以满足，我们也可以继续调整。图11-5-18所示为变暗的背景效果。

图11-5-18

20 选中两个粒子图层，按【Ctrl+Shift+C】快捷键，将它们合并成一个图层，命名为“火星”，并将其叠加模式改为Add。

21 双击打开Comp“火星”，复制两层粒子层，并将其缩小到较小的大小，叠加模式改为Add，如图11-5-19所示。这样调整后，就产生了层次较多的粒子效果。

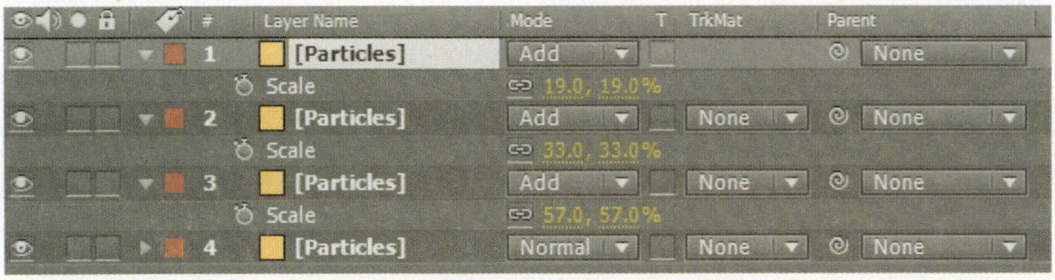

图11-5-19

接下来，我们需要控制一下粒子的颜色变化。现在火花喷出时的颜色大致可以接受，接下来主要是调整粒子消散时的颜色。

22 创建图层“Adjustment Layer 1”，用它来调节粒子的颜色变化。为“Adjustment Layer 1”添加Curves滤镜和Tint滤镜，以调节粒子消散时偏红色调的问题，如图11-5-20所示。

23 控制图层“Adjustment Layer 1”的Opacity参数并制作动画效果，使其逐步影响粒子颜色变化，如图11-5-21所示。

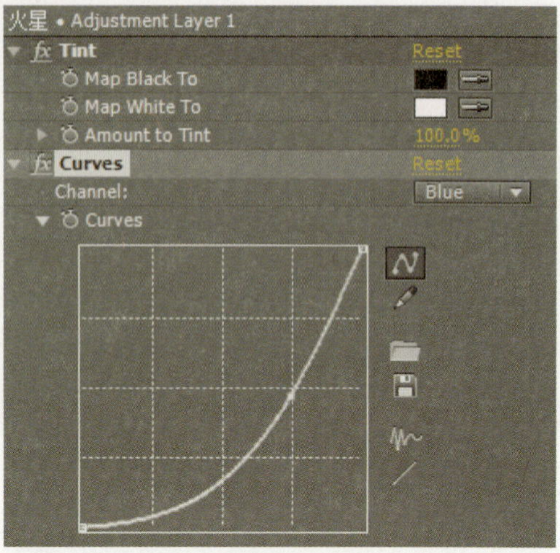

图11-5-20

图11-5-21

至此，火花的制作告一段落，接下来我们要制作伴随着火花出现的烟雾和火星。

24 在Project窗口选中图层“火星”，复制并重名为“烟雾”，如图11-5-22所示。

25 双击打开Comp“烟雾”，去掉“Adjustment Layer 1”已有的效果，包括滤镜、Opacity参数动画等。然后添加Tint效果，将画面变为灰度图。添加Fast Blur效果，由于该效果涉及到最终的动画，暂时不调整参数效果。添加Turbulent Displace效果，并微调Amount、Size参数，制作强度不大的波动效果，如图11-5-23所示。

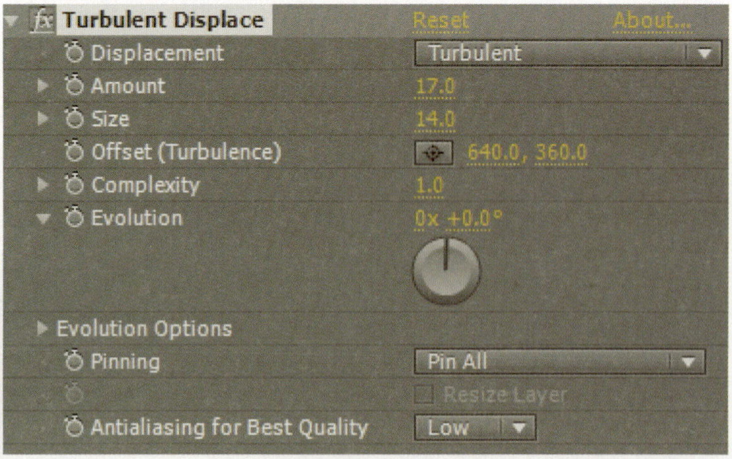

图11-5-22　　　　图11-5-23

26 选中Turbulent Displace效果的Evolution参数，按【Alt+Shift+=】快捷键，添加表达式“time*200”，用于制作波动动画，如图11-5-24所示。

图11-5-24

27 对Fast Blur的Blurriness参数记录动画，从粒子刚产生时的0直到粒子即将消散时的40，如图11-5-25所示。

28 选择第一个关键帧，并按【F9】键，平滑动画过程，如图11-5-26所示。

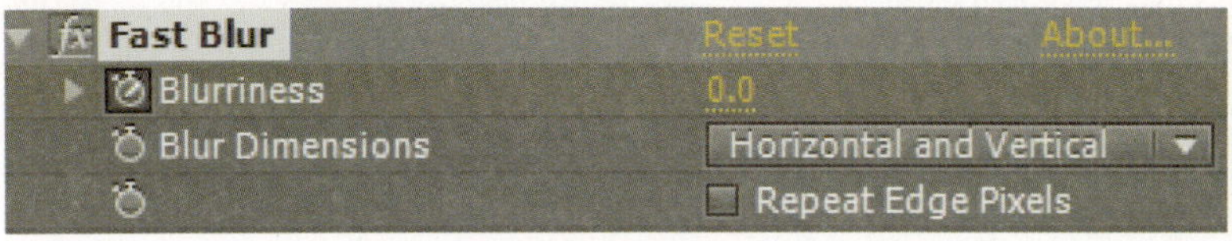

图11-5-25

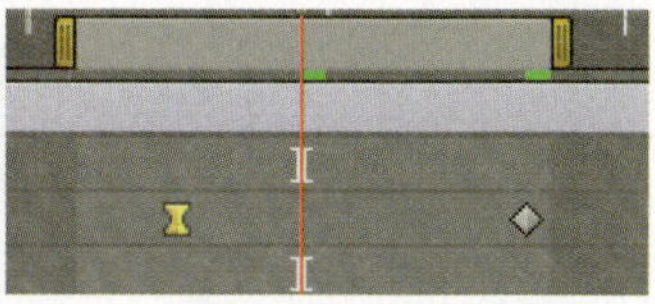

图11-5-26

29 添加CC Vector Blur滤镜，并控制其Amount参数，使其为负值，以产生烟雾的膨胀效果，如图11-5-27所示。

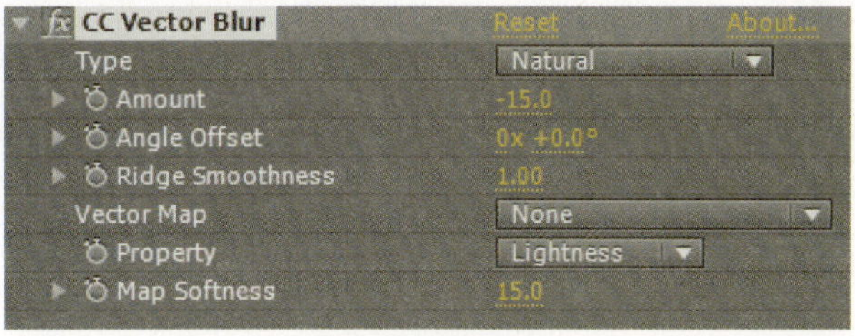

图11-5-27

30 调整最下方的粒子层的CC Particle World滤镜的Physics中的Gravity参数，并将其改为较小的负值，以模拟烟雾向上方飘散的效果，如图11-5-28所示。

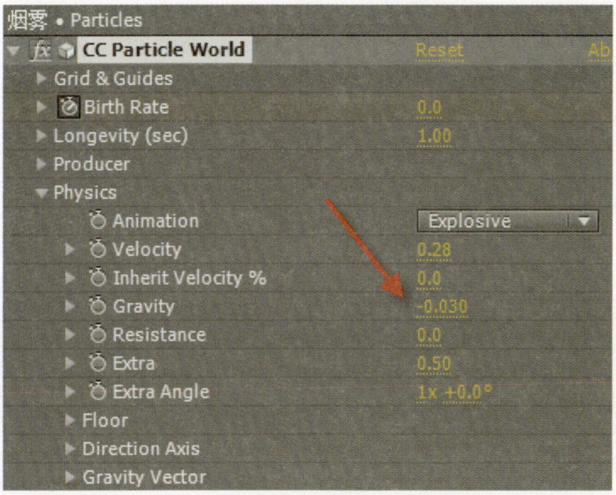

图11-5-28

这样，烟雾的效果基本上完成了。接下来是溅射效果的制作。

31 在Comp“Final Render”中，创建一个新的固态层，并命名为“An-Particles”，如图11-5-29所示。关闭图层“火星”。

32 为图层“An-Particles”添加CC Particle World滤镜，并对Birth Rate参数制作和图层“火星”相同时间位置的关键帧动画。但需要注意，关键帧的峰值只需要设置为5，毕竟火星是相对较少的，如图11-5-30所示。

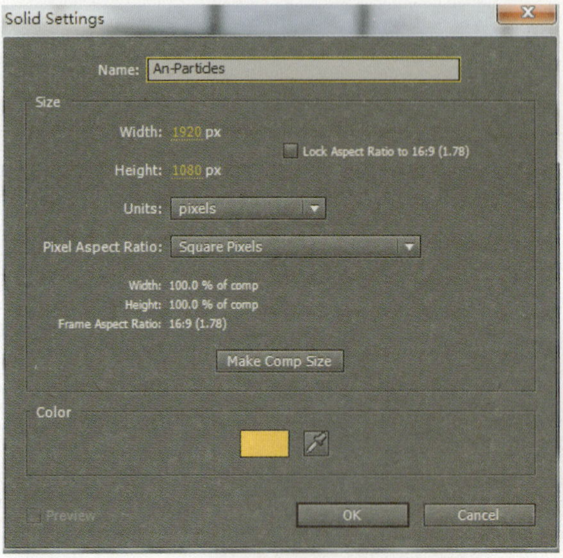

图11-5-29

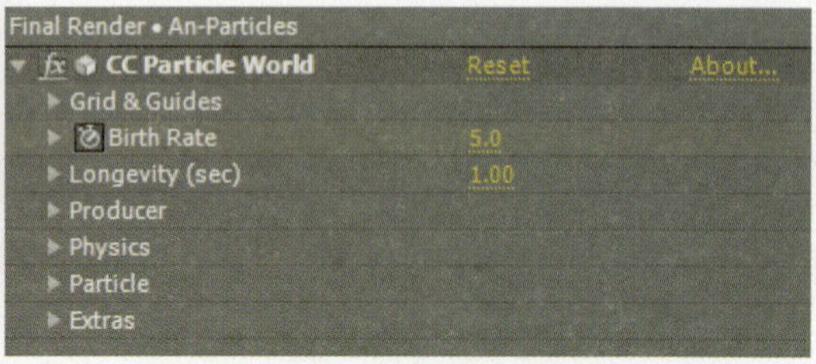

图11-5-30

33 将图层“Particle”中的Particle Type改为TriPolygon，并适当缩小Birth Size和Death Size，如图11-5-31所示。

34 此时我们会发现，当前的粒子数量还是太多，可以将峰值修改为1.5。

35 为图层“An-Particles”添加Curves滤镜，并调节其Alpha通道，如图11-5-32所示。

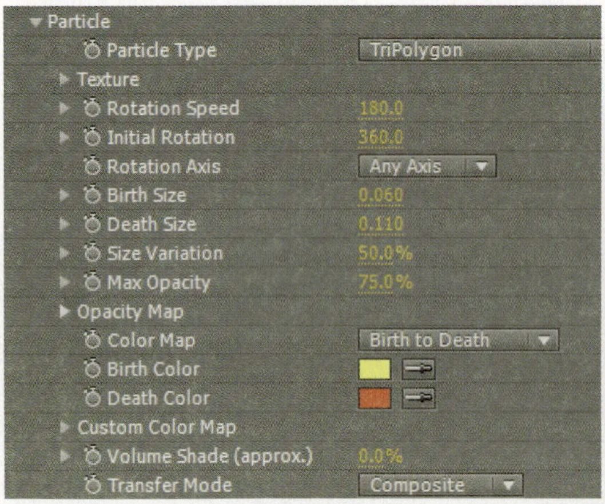

图11-5-31

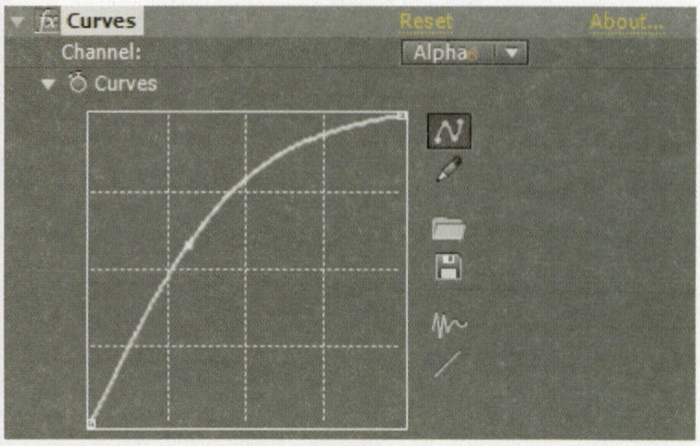

图11-5-32

36 为图层“An-Particles”添加Simple Choker滤镜，并调节Choke Matte参数，以抑制蒙板，如图11-5-33所示。

图11–5–33

37 为图层“An-Particles”添加Glow滤镜，并调节其光晕大小和强度。调节Glow Colors为A&B Colors，并设置Color A和Color B分别为橘黄色和橘红色，如图11-5-34所示。

通过继续调节粒子大小参数，我们就能获得比较接近火星的效果了，如图11-5-35所示。

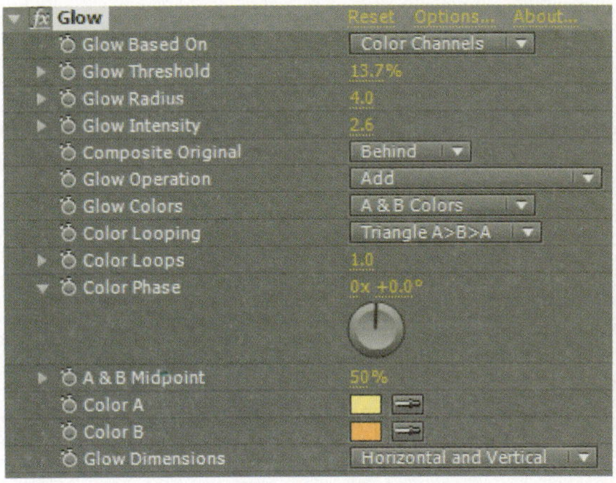

图11–5–34

图11–5–35

38 按“0”键预览动画，参照图11-5-36调节粒子的速度和寿命以及重力影响，使其符合慢镜头的要求。

39 按【Ctrl+Shift+C】快捷键，将当前粒子层打包为新的Comp，命名为“溅射”，如图11-5-37所示。

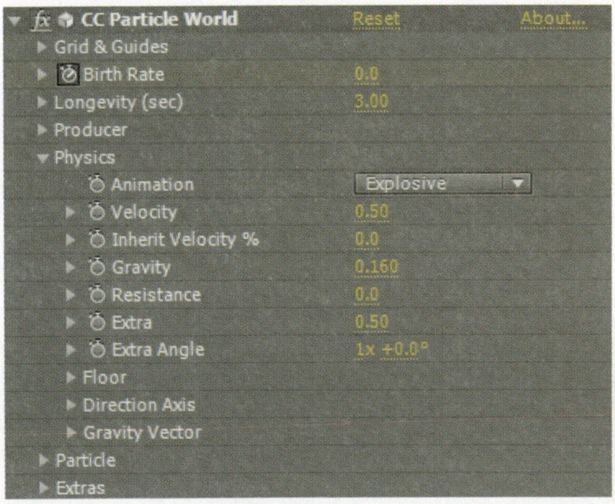

图11–5–36

图11–5–37

40 删除掉图层“火星”和图层“溅射”，如图11-5-38所示。

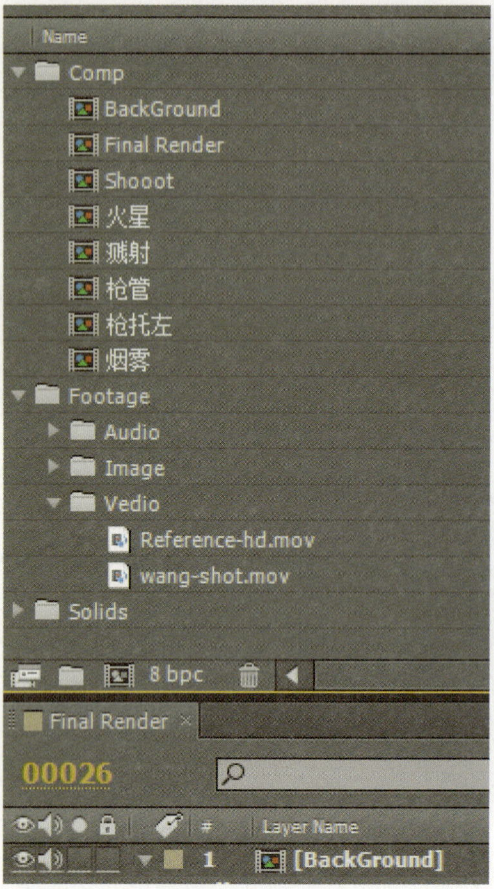

图11-5-38

到目前为止，我们就获得了在子弹射出之前的几个要素。

11.6 创建代理

尽管当前的计算机性能有了很大的提高，但对于较复杂的合成来说，制作并应用代理能够很好地提高我们的制作速度。

01 鼠标右键单击素材Wang-shot.mov，选择Create Proxy（制作代理）→Movie（影片）命令，如图11-6-1所示。

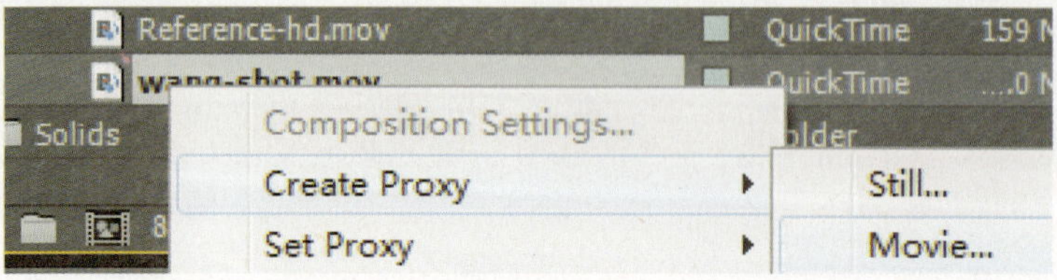

图11-6-1

02 将这一视频存储在Rendered文件夹中的Proxy文件夹中，如图11-6-2所示。

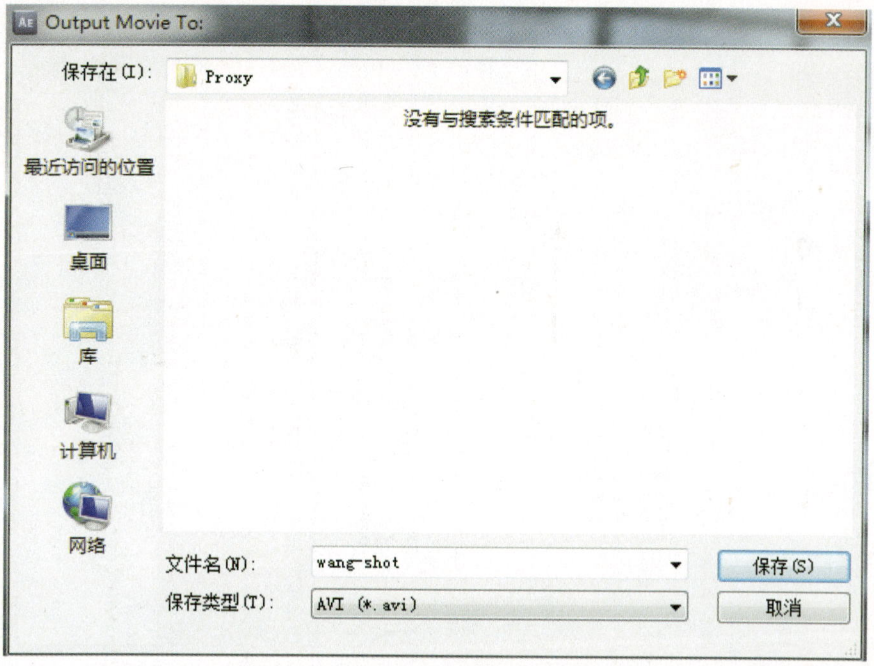

图11–6–2

这样操作后，在时间线上就出现了Render Queue以及wang.shot的输出队列，如图11-6-3所示。

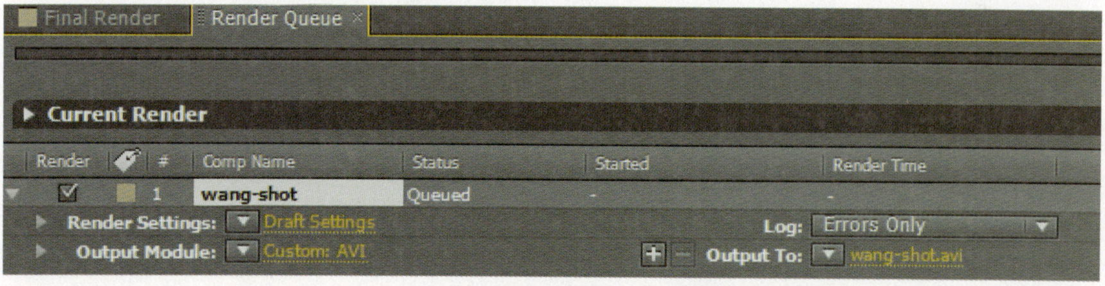

图11–6–3

03 将当前制作出来的比较消耗计算资源的元素分别创建代理，并加入到渲染队列。

在渲染之前，需要选择合适的输出格式，那么，作为代理这一特殊对象，我们可以创建专门针对代理的格式选择。

04 选择Edit（编辑）→Templates（模板）→Output Module（输出模式）命令。在打开的Output Module Templates窗口中，新建输出设置，弹出如图11-6-4所示的窗口。

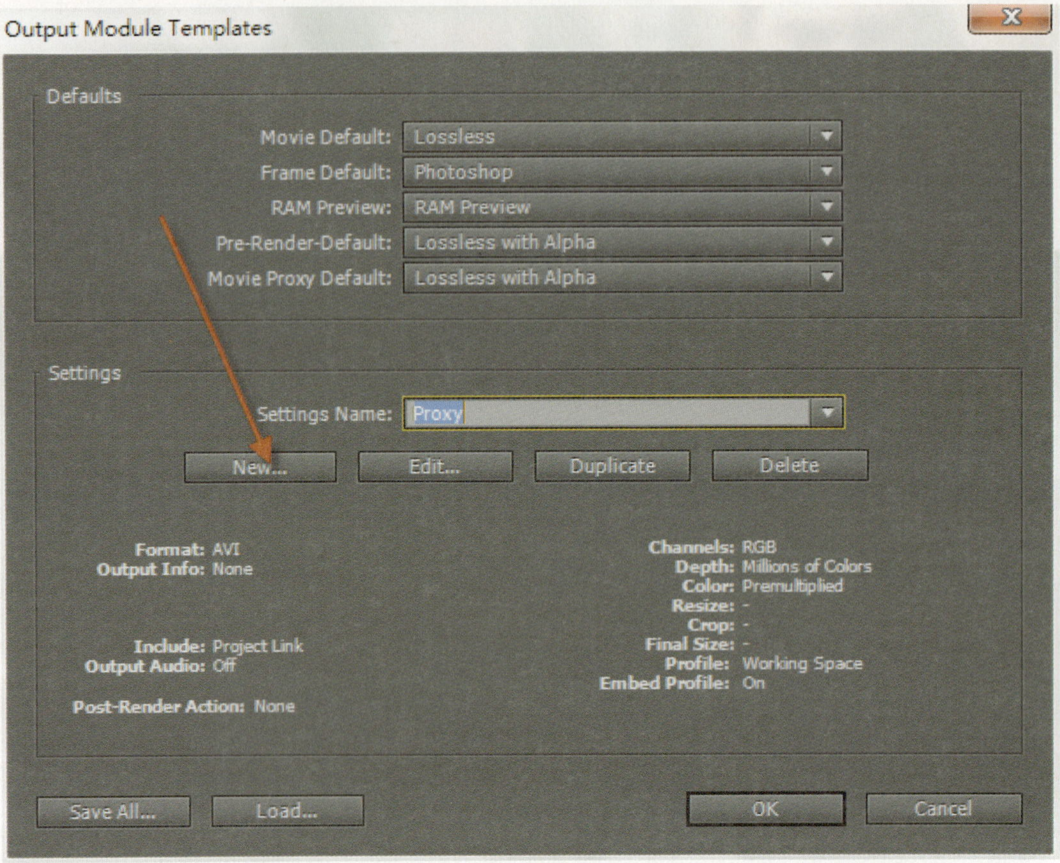

图11-6-4

05 单击“Edit”按钮进行编辑。在弹出的Output Module Settings窗口，选择合适的输出格式和编码格式，这里建议选择QuickTime格式，并选择“RGB + Alpha”通道，编码则根据计算机性能自行选择，如图11-6-5所示。

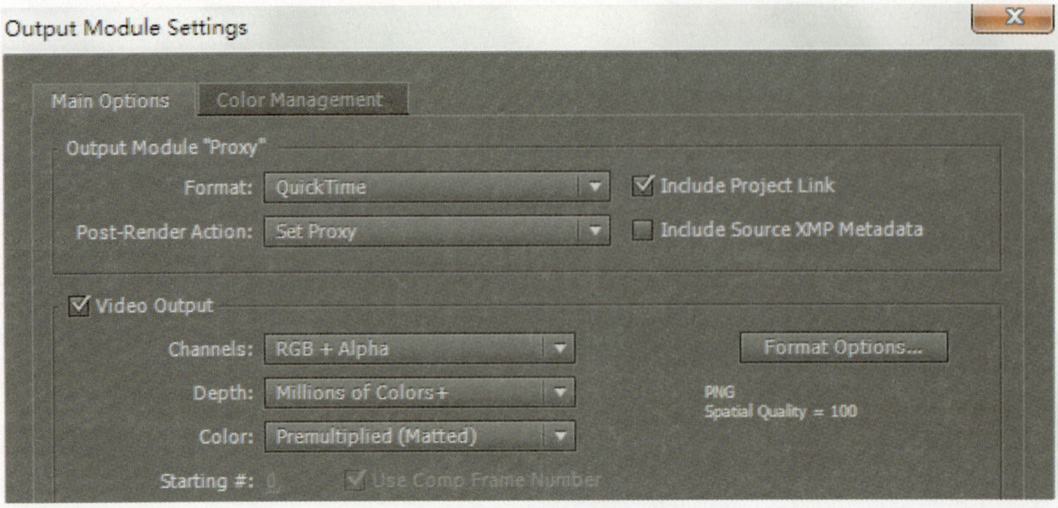

图11-6-5

06 选择渲染队列的四个对象的Output Module，选择其下拉菜单选项中的Proxy，应用刚才的设置，如图11-6-6所示。

07 此时要注意在预览时调节过的工作区域范围是否正确。单击“Render”按钮，开始渲染。

08 在渲染结束后，就可以在Project窗口中为对应的元素设置代理。选择Set Proxy（设置代理）→File（文件）命令，或者按【Ctrl+Alt+P】快捷键，选择同名的文件为代理，如图11-6-7所示。

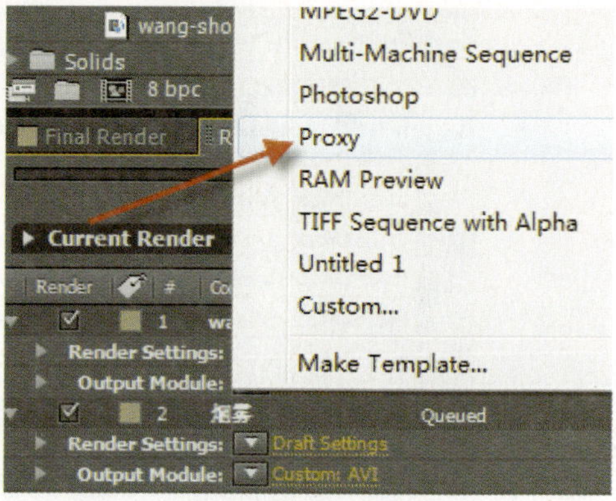

图11-6-6

此时会发现素材的前方出现了代理提示，可以利用它们来快速地进行合成操作。操作完成后，只需在最终渲染时，取消代理即可，如图11-6-8所示。

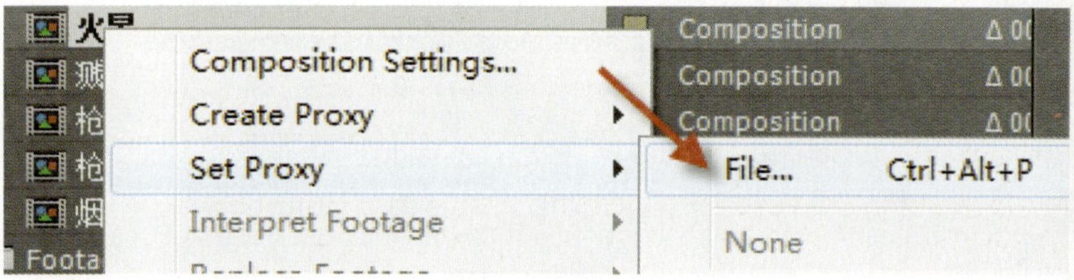

图11-6-7

图11-6-8

11.7 添加子弹和子弹壳

接下来，我们将三维软件中制作好的子弹合成进来。

01 选择“光盘：\本书素材\Unit11\Rendered\Bullet\”文件夹下的各个RPF序列文件夹，并将它们拖曳到Project窗口，这样操作后渲染的序列文件会被自动识别，如图11-7-1所示。

02 选择素材bulletMax[0000-0100].rpf，此时要注意在Project窗口中显示的缩略图和属性，如果该素材与默认的30帧/秒的帧速率不合适，则需要按【Ctrl+Alt+G】快捷键，重新定义其参数，将帧速率改为24帧/秒，并将Alpha通道设为Straight模式，完成后单击“OK”按钮。

03 按【Ctrl+Alt+C】快捷键，复制这些参数设置，选择其他的序列并按【Ctrl+Alt+V】快捷键，粘贴该属性。

04 将素材bulletMax[0000-0100].rpf改名为RGBA，以便于识别。

05 接下来，将子弹的相关序列素材选中并拖曳到Final Render中，如图11-7-2所示。

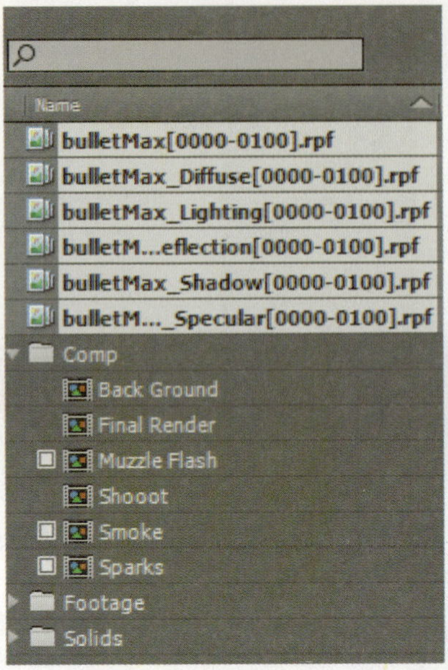

图11-7-1

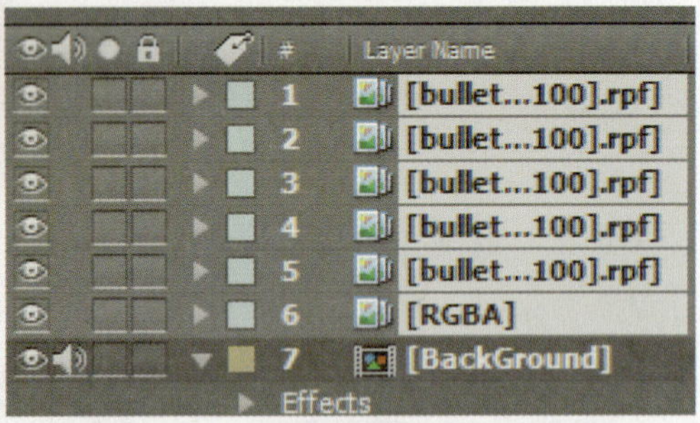

图11-7-2

06 选中这几个图层，并将其出现时间移动到子弹射出的瞬间，如图11-7-3所示。

07 按【Ctrl+Shift+C】快捷键，将它们打包为一个Comp，命名为“Bullet”并打开，如图11-7-4所示。

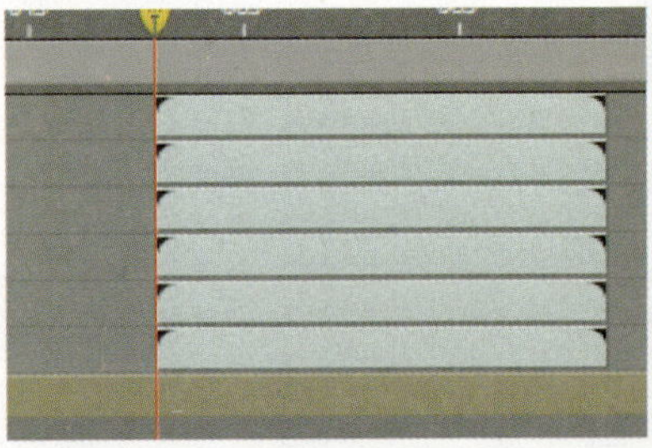

图11-7-3

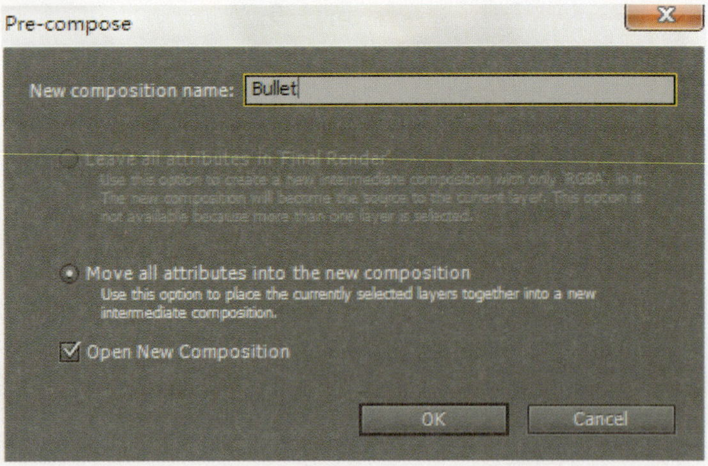

图11-7-4

下面我们将对子弹进行色彩管理。

08 关闭除“RGBA”外其他图层。图层“RGBA”是由三维软件渲染的完整色彩的图层。在一般情况下，只需要对该图层进行颜色调整即可。

09 对图层“RGBA”添加Tint效果，再添加Curves滤镜。Tint和Curves滤镜是一组很好的组合，它们能够帮助我们获得绝大多数的色彩修正效果，如图11-7-5所示。

10 打开其他图层。接下来，我们通过调整叠加模式和不透明度来进行多通道合成的调整。多通道合成是对图像细节部分进行微调的重要手段，如图11-7-6所示。

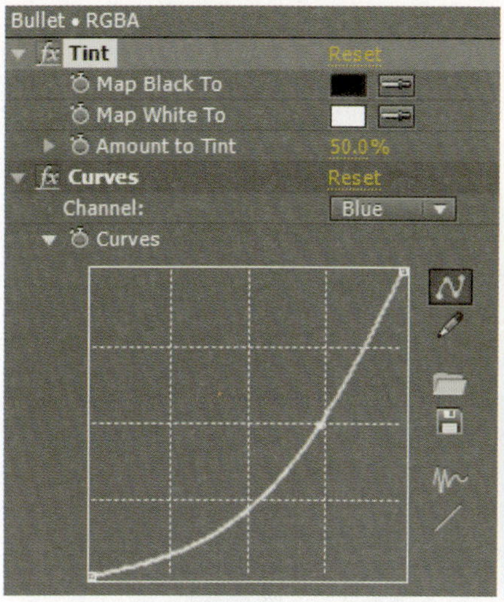

图11-7-5

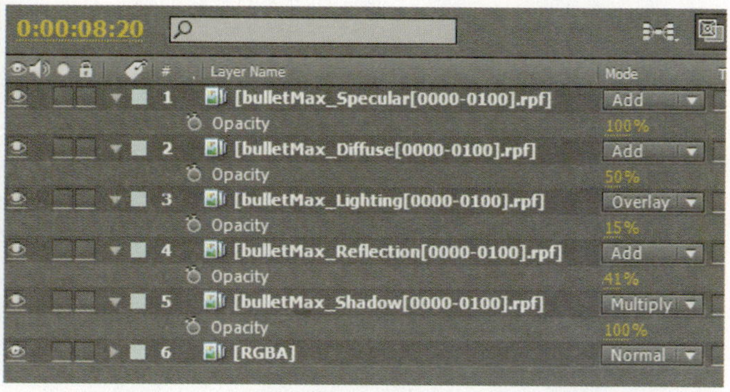

图11-7-6

11 回到Final Render。为图层“Bullet”添加Simple Choker滤镜（如图11-7-7所示），并将Choke Matte参数设置为1.5。此时可以看到子弹的黑色边缘收回，而子弹和周围的环境也结合的相对融洽。

12 导入“光盘：\本书素材\Unit11\Render\Shell Casing\”文件夹下的Shell Casing[0000-0080].png序列。

13 打开Comp“Shooot”，将Shell Casing[0000-0080].png序列拖曳到Shooot中，并重命名为“弹壳”。该图层位于冻结图层的上方，其出现的位置与标记位置相同。

14 为图层“弹壳”添加遮罩，并反转，使其被手枪挡住，如图11-7-8所示。

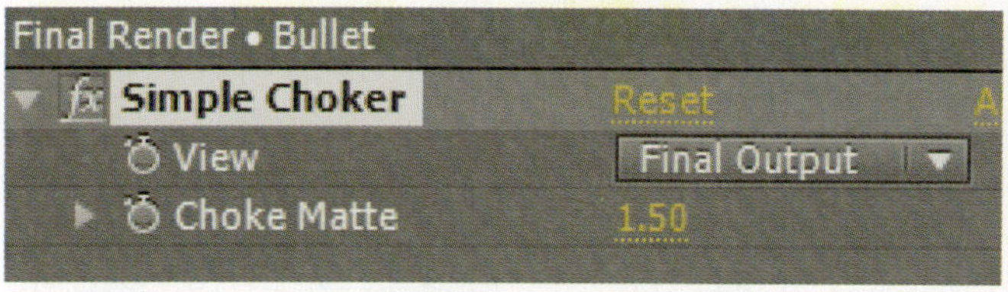

图11-7-7

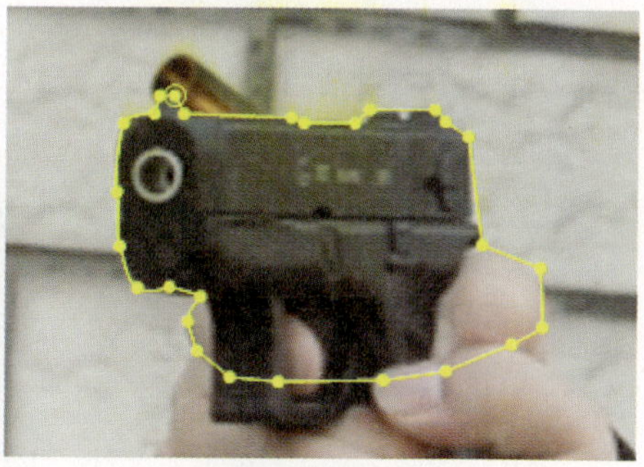

图11-7-8

15 为图层“弹壳”添加Curves和Fast Blur滤镜，使其色彩能够与背景基本融合，并略带景深效果，如图11-7-9所示。

16 将图层“弹壳”设为3D图层，然后回到Final Render。

17 调节图层“Bullet”的位置，使子弹出现在枪口位置，如图11-7-10所示。

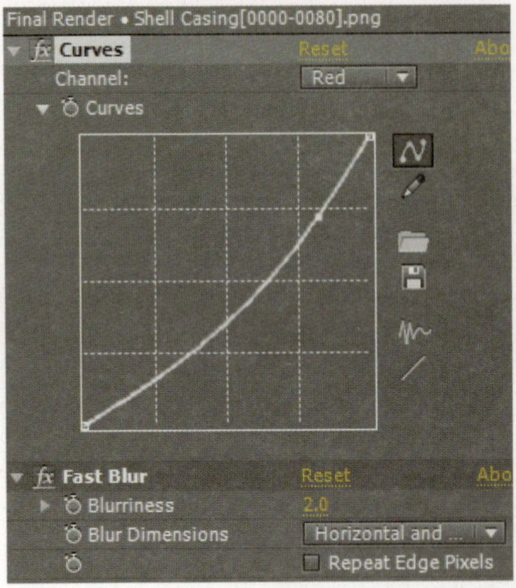

图11-7-9

图11-7-10

对于摄像机动画来说，RPF这种可以携带摄像机动画信息的文件类型是非常有帮助的。

18 在Bullet中，选择图层“RGBA”，单击鼠标右键，在弹出的右键菜单中选择Keyframe Assistant（关键帧助手）→RPF Camera Import（RPF摄像机导入）命令，如图11-7-11所示。

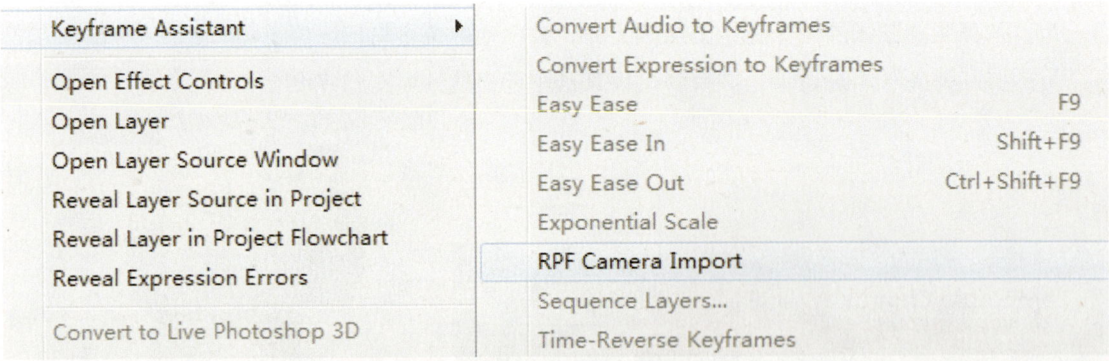

图11-7-11

此时，在Comp中出现了名为“RPF Camera”的摄像机，并且它携带有在三维软件中拍摄子弹的摄像机动画关键帧，如图11-7-12为摄像机轨迹。

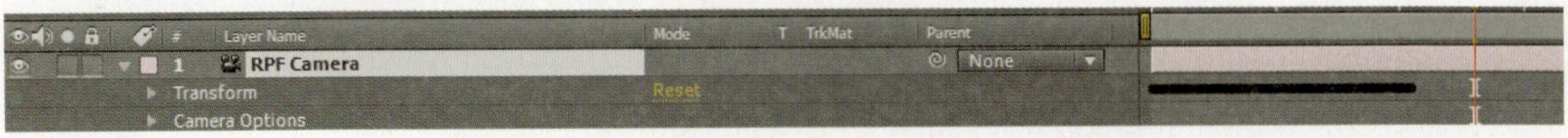

图11-7-12

19 将RPF Camera剪切到Final Render中。此时，我们会注意到摄像机拍摄到的画面发生了极大的变化，摄像机的位置并不准确。

20 选中RPF Camera，按快捷键【U】键，展开摄像机动画。来回拖曳时间指针观察摄像机动画的变化。我们发现，此时只有摄像机的旋转参数真正发生了变化。选择三个旋转参数，按【Ctrl+C】快捷键复制。

21 创建新的50mm摄像机，并粘贴刚才的旋转参数，如图11-7-13所示。

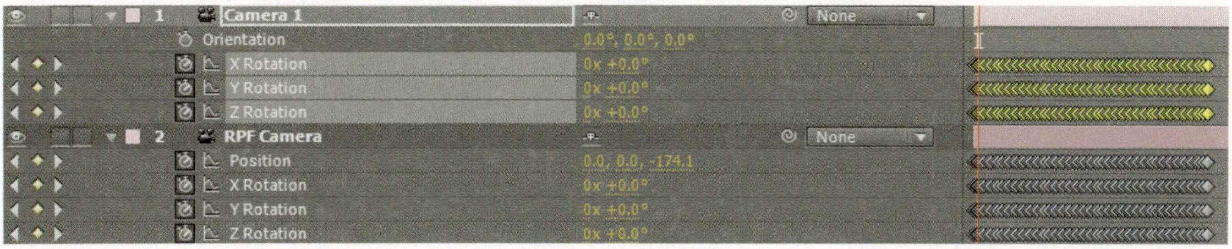

图11-7-13

22 拖曳这些关键帧到子弹射出的时间位置，这样摄像机和子弹就能对准了，如图11-7-14所示。

23 删除RPF Camera。

24 按【0】键，预览动画。

25 在Project窗口建立一个新的文件夹，命名为“3D”，将三维软件渲染的序列素材放入该文件夹中，并将文件夹3D放入Footage文件夹中。

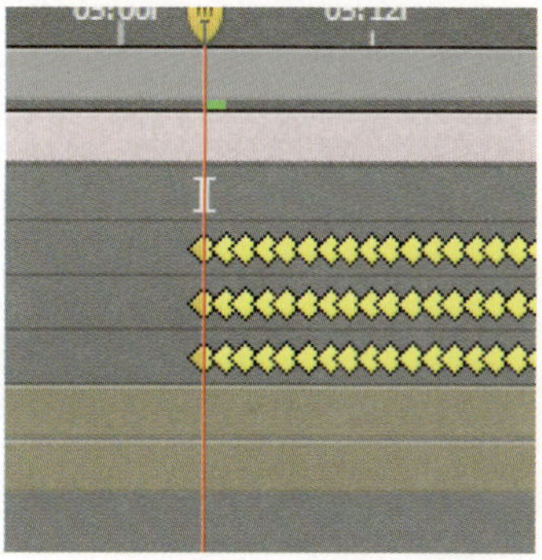

图11-7-14

11.8　元素整合

到目前为止，我们完成了所有元素的制作，下面对这些元素加以整合。

01 将图层“溅射”、“火星”和“烟雾”加入到Final Render中，并调节图层的叠加顺序和时间位置，如图11-8-1所示。由于溅射、火星、烟雾出现的时间较晚，可以将它们前移3帧。

02 分别调节图层“溅射”和“火星”的叠加模式为Screen和Add。

03 调整三个粒子图层到枪口位置，并调节图层“烟雾”，降低其不透明度，效果如图11-8-2所示。

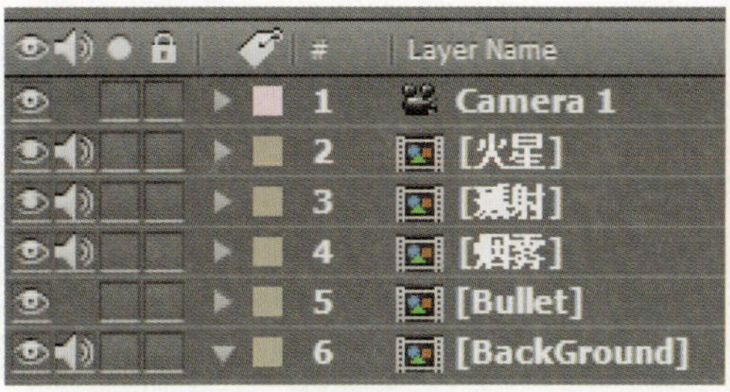

图11-8-1

图11-8-2

04 按【Ctrl+Alt+T】快捷键，打开图层的时间重映射。调节发烟部分的动画，使其出现的较慢并且持续时间更长，如图11-8-3所示。

图11–8–3

05 接下来调整火星效果。调整图层“火星”的Scale参数并记录动画，使得画面中的火花在出现时集中在枪口，而后扩散，如图11-8-4所示。

06 复制图层“火星”，加强其亮度。

07 接下来调整溅射效果，类似于火化的效果。将图层“溅射”的锚点移到枪口位置，调整其Scale参数并记录动画，使得画面中的火星在出现时集中在枪口，而后扩散。

08 开启图层“溅射”的时间重映射，使火星下落的速度略高于接近后方子弹壳的速度。

09 将图层“溅射”、“烟雾”和几个火星图层都设置为3D layer。按【0】键，预览效果并进行微调。

此时，我们看到当子弹飞出枪口时，还有些突兀。下面调节一下子弹效果。

10 为图层“Bullet”添加Brightness & Contrast滤镜，以控制子弹飞出时的高亮效果。调节Brightness和Contrast参数，制作较短的动画效果。如果单个滤镜无法达到最亮，可以再复制一次，以加强效果，如图11-8-5所示。

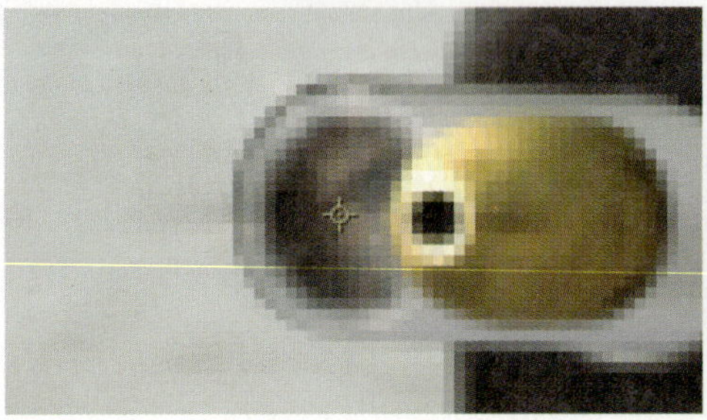

图11–8–4

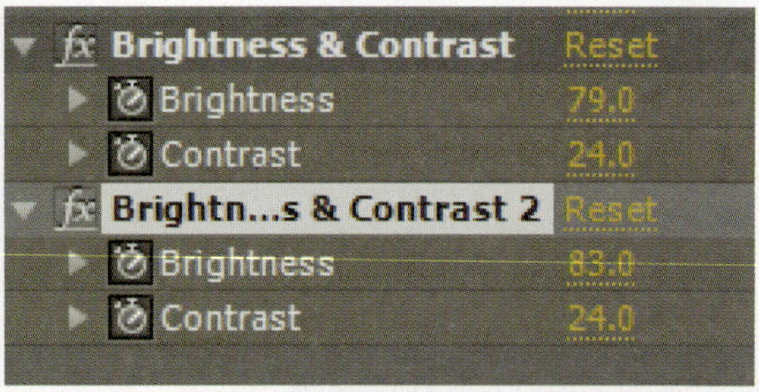

图11–8–5

此时，在子弹飞出的瞬间，火花并没有放到最大，而且子弹也出现的太突然了，如图11-8-6所示。

11 控制图层“Bullet”的不透明度，记录从0到100的动画时间，将其调整为亮度动画的一半左右，效果如图11-8-7所示。

图11–8–6

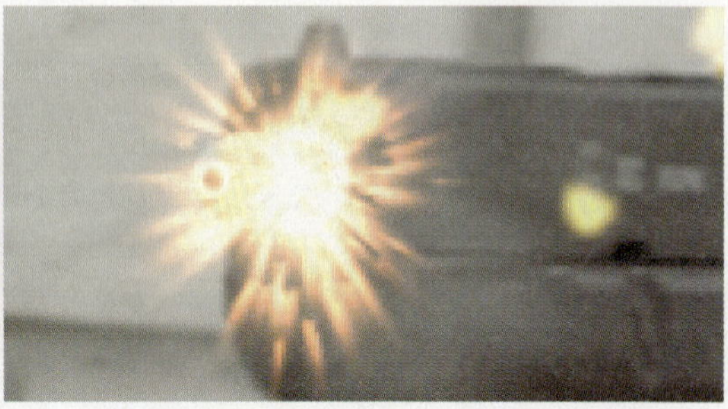

图11–8–7

此时，子弹飞出的部分看起来流畅一些了。但是在子弹飞行时，背景还是基本处于清晰状态，会让观看者找不到视觉重心。现在需要对它们添加一些模糊。

图11-8-8

12 创建调节层，命名为“Blur”，并将该图层移动到Bullet下方，如图11-8-8所示。

13 为图层“Blur”添加Fast Blur以及Directional Blur滤镜。

14 设置Fast Blur滤镜的动画，在子弹出现的瞬间开始记录关键帧动画，而在摄像机开始摇动时可以达到一定数值，比如是5，并迅速加速到10，直到产生一定的变焦模糊效果。

15 设置Directional Blur滤镜的动画，在摄像机开始摇动时开始记录关键帧，并迅速地达到最大值，设置方向为水平，背景模糊程度不用太大，如图11-8-9所示。

接下来调整图层“溅射”。

16 溅射效果相对受到变焦的影响不大，它也是非常吸引眼球的部分。按【Ctrl+Alt+T】快捷键，打开图层的时间重映射，使其一直持续到摄像机彻底转走。

17 为图层“溅射”添加Lens Blur效果，并控制Iris Radius参数制作动画效果，如图11-8-10所示。

图11-8-9

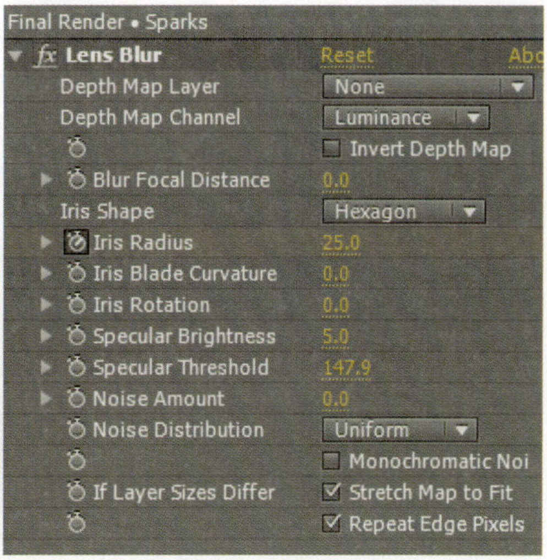

图11-8-10

18 为图层“溅射”添加Glow滤镜，以加强亮度效果，如图11-8-11所示。

接下来，由于子弹仍然没有飞出，需要制作由于开枪而造成的光亮效果。而为了得到更真实的效果，还需要根据高光区域来做出调整。

19 新建调节层，命名为“Shine”，并将其调节到图层“Back Ground”上方，如图11-8-12所示。

图11-8-11

图11-8-12

20 使用钢笔工具勾选出能够接收到照射的区域，并对遮罩添加羽化效果，如图11-8-13所示。

21 为图层“Shine”添加Curves滤镜，并通过该滤镜模拟出照射的光亮效果，注意亮度不宜过大，如图11-8-14所示。

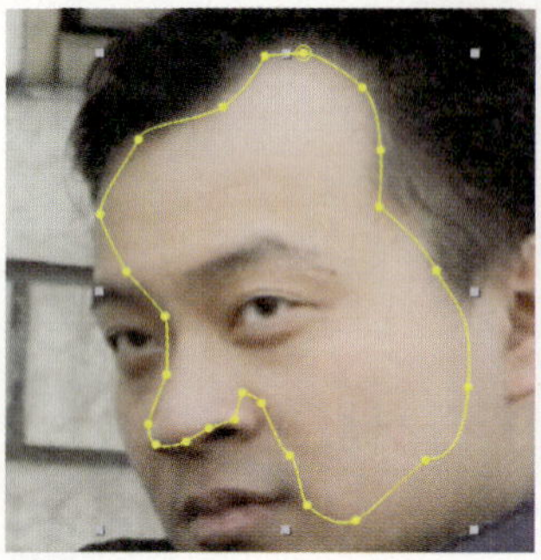

图11-8-13

图11-8-14

22 控制图层“Shine”的不透明度变化，并根据火星的亮度变化调节关键帧动画。

23 创建新的亮橘黄色固态层，命名为“Star”，并调节到图层“Shine”上方，用于模拟人眼里出现的倒影，如图11-8-15所示。

24 暂时关闭图层“Star”，在人眼的瞳孔位置，利用形状工具绘制两个亮点，为遮罩添加一个像素的羽化，如图11-8-16所示。

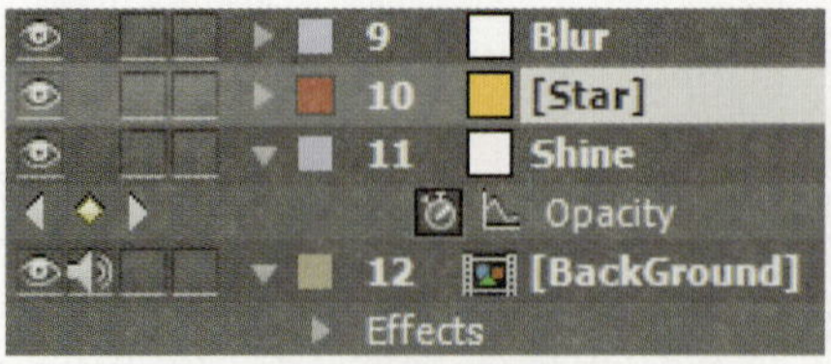

图11-8-15

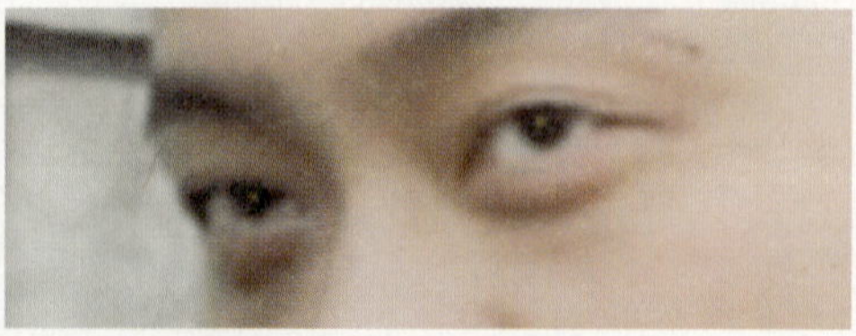

图11-8-16

25 将图层“Shine”中不透明度变化的关键帧复制过来，使两者保持一致，映照效果如图11-8-17所示。

接下来，我们要制作在子弹飞出的瞬间造成的空气波动感。

26 将图层“烟雾”复制一层，打包并重命名为“冲击波参考”。

27 新建调节层，并重命名为“冲击波”，将图层“冲击波参考”调节到图层“冲击波”的上方并关闭，如图11-8-18所示。

图11-8-17

图11-8-18

28 为图层“冲击波”添加Displacement Map滤镜，将Displacement Map Layer设为图层“冲击波参考”，并调节使用通道为Luminance通道，根据画面来调节参数，如图11-8-19所示。

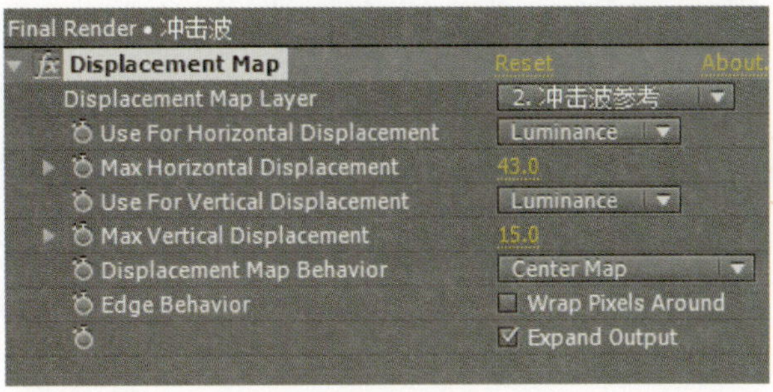

图11-8-19

注意

当子弹冲出枪膛时，将会造成的空气挤压，此时应该产生类似于凸透镜的效果，效果如图11-8-20所示。

图11-8-20

29 为Comp“冲击波参考”中的图层“烟雾”添加Curves滤镜和Turbulent Displace滤镜，并调节其参数，如图11-8-21所示。

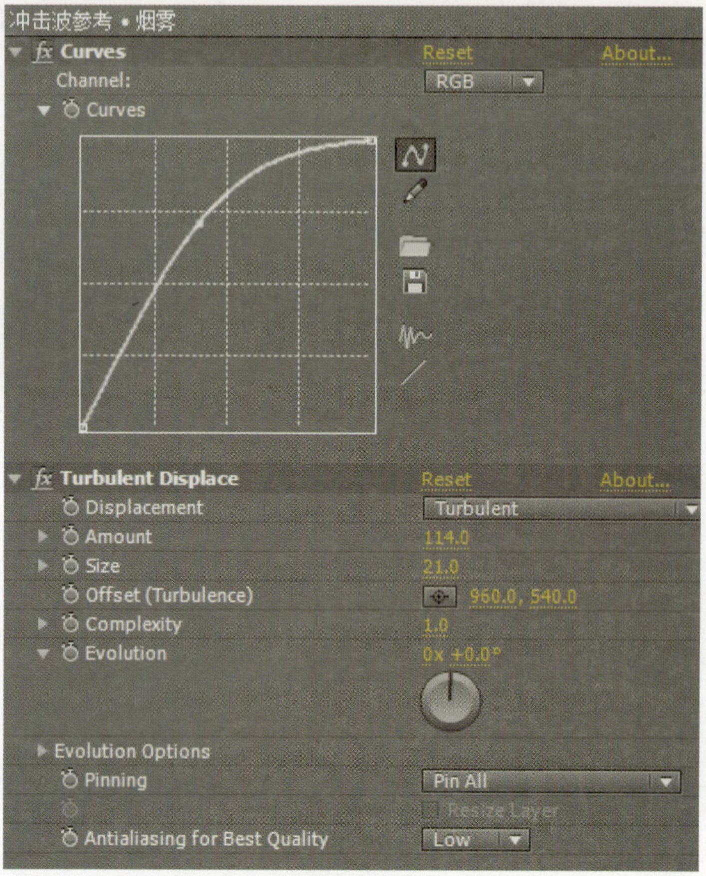

图11-8-21

Curves滤镜用于控制图层的亮度和Alpha通道信息。而Turbulent Displace滤镜则用于产生相对细碎的效果。为Turbulent Displace滤镜的Evolution参数添加关键帧动画，将会产生一定的动态效果。

30 按【0】键预览动画，并根据预览效果调节图层“冲击波”及其Displacement滤镜，直到得到最满意的效果。

接下来，我们制作子弹划过空气的拖尾效果。

31 从Project窗口将RGBA序列拖入Final Render，并将其置于图层“Bullet”的下方。注意，要将其Position和Scale参数与Bullet保持一致并对齐时间。

32 按【Ctrl+Shift+C】快捷键，将图层“RGBA”打包，命名为“Track”并打开，如图11-8-22所示。

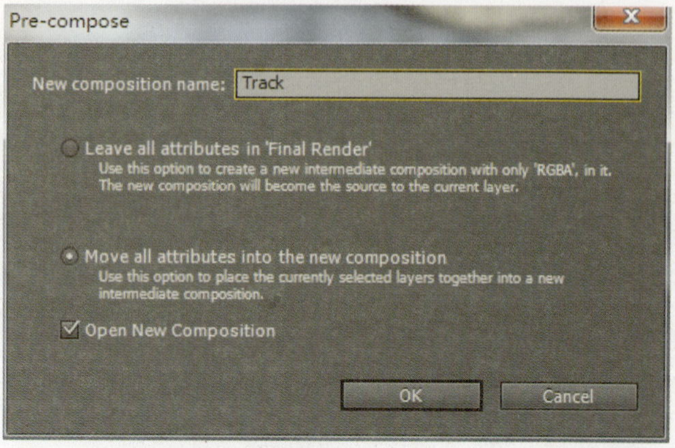

图11-8-22

33 为图层“RGBA”添加Directional Blur滤镜和Curves滤镜，调节Directional Blur的方向为水平，并根据子弹飞行的位置为Blur Length参数添加关键帧动画。图11-8-23为调整后的横向模糊。

这里要注意的是由Directional Blur滤镜产生的拖尾轨道是不分前后的，稍后我们会添加遮罩加以选取。

34 由于Directional Blur滤镜产生了横向模糊，下面我们调节Curves滤镜，以使得由于Directional Blur滤镜效果造成的不清晰的画面能够清晰可见。如果Directional Blur滤镜产生的横向模糊数值过大，Curves滤镜将很难控制。故而模糊强度不宜过高，以保证颜色质量并保留部分半透明的效果，如图11-8-24所示。

图11-8-23

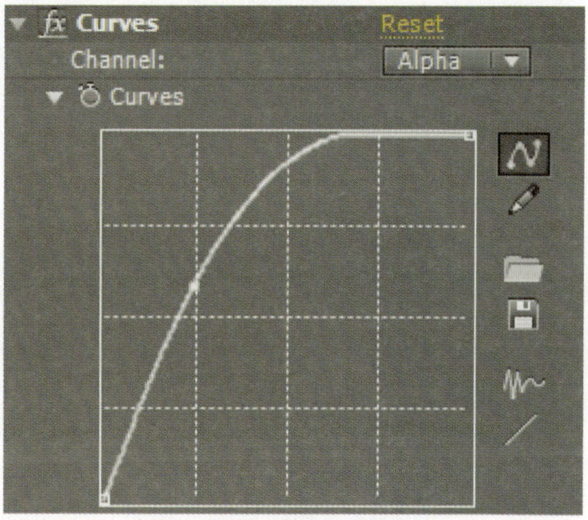

图11-8-24

35 将Directional Blur滤镜和Curves滤镜复制3份。利用表达式功能将新的三个Directional Blur滤镜的Blur Length参数关联到第一个Directional Blur滤镜的Blur Length参数上，如图11-8-25所示。

36 根据子弹飞行情况，设置第一个Directional Blur滤镜的Blur Length参数的关键帧动画，以控制整个过程中子弹的拖尾情况。

37 创建新的固态层，命名为“Mask”，如图11-8-26所示。

38 关闭图层“RGBA”的滤镜效果，关闭图层“Mask”并为图层“Mask”添加方形遮罩。该遮罩的上下左边缘位于画面外，右侧边缘位于子弹正中的位置，如图11-8-27所示。

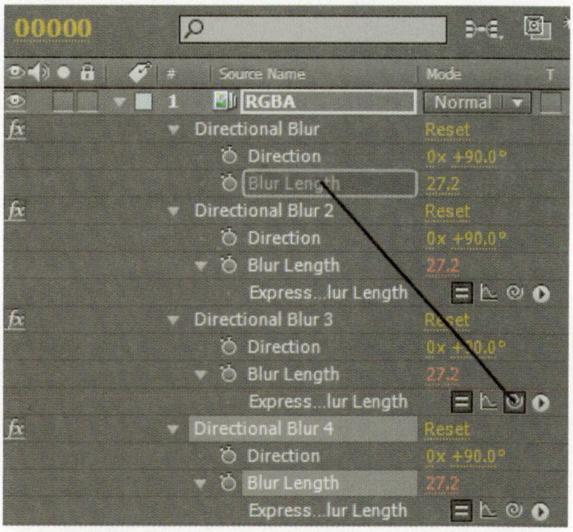

图11-8-25

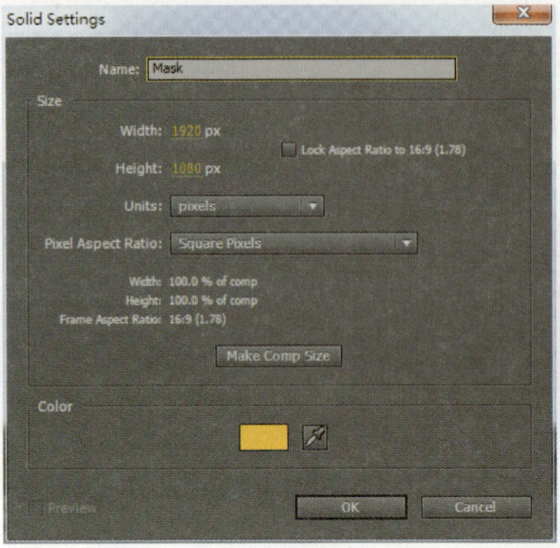

图11-8-26

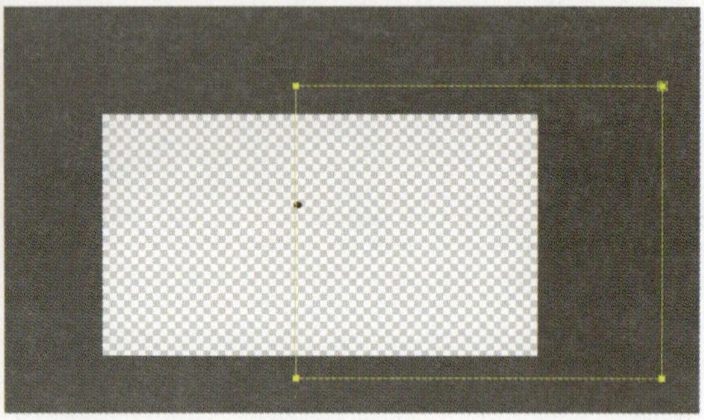

图11-8-27

39 记录遮罩形状动画，使其左侧边缘始终位于子弹中间位置，如图11-8-28所示。

图11-8-28

40 将图层“RGBA”的轨道蒙版设为Alpha Matte “Mask”，并打开滤镜效果，如图11-8-29所示。

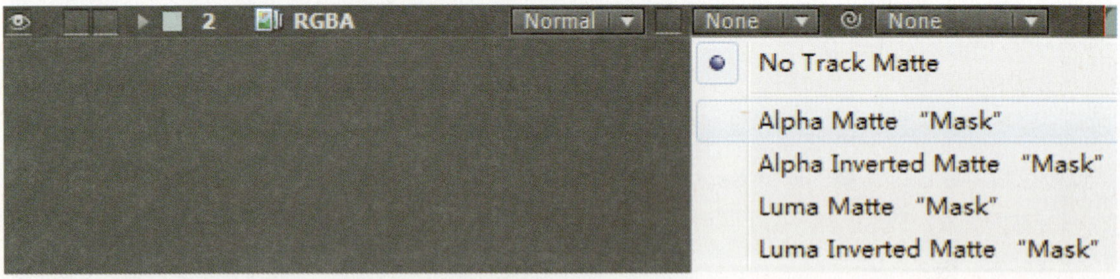

图11-8-29

41 打开图层“RGBA”的特效，返回Final Render，并关闭图层“Track”。

42 新建调节图层，重命名为“划痕”，置于图层“Track”的下方，如图11-8-30所示。

43 为图层“划痕”添加Displacement Map滤镜，将Displacement Map Layer设为图层“Track”，将使用通道设为Luminance通道，并调节强度参数，以制造子弹划过空气造成的折射效果，如图11-8-31所示。

图11-8-30

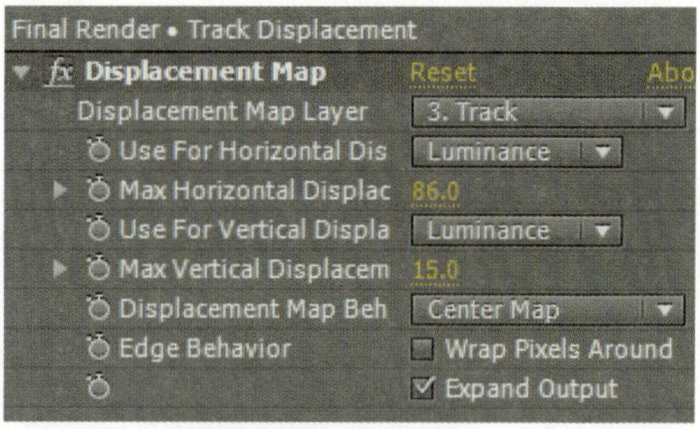

图11-8-31

注意　横向参数相对变化较大，而纵向参数相对变化较小，这样才会比较像真实的效果。图11-8-32所示的是划痕效果。

图11-8-32

44 将图层“Bullet”的不透明度关键帧动画复制到图层“Track Displacement”中。

45 按【0】键预览整体效果，可适当调整各个元素的动画效果，并检查是否有纰漏的地方。

11.9　最终效果控制和输出

最后，我们来对镜头进行整体色彩的控制。

01 关闭所有的代理。

02 调节图层“Back Ground”的色彩，使其整体呈现冷色调，加强对比效果，人脸的色彩略偏红色，效果如图11-9-1所示。

03 调节图层“火星”、“烟雾”和“溅射”的色彩和粒子形态，效果如图11-9-2所示。

图11-9-1

图11-9-2

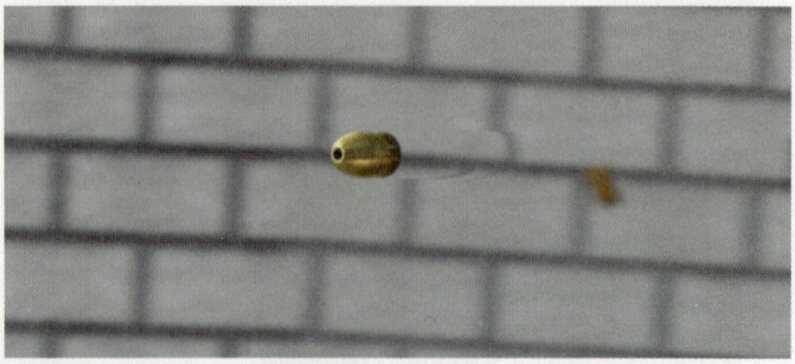

图11-9-3

04 调节图层“Bullet”的色彩，以控制子弹的颜色，效果如图11-9-3所示。

05 按【0】键预览动画，调节各个关键帧动画的速度。

06 将Final Render的时间长度调至子弹消失后的数帧后结束。

07 按【Ctrl+M】快捷键，开始输出。具体参数为QuickTime的格式、H.264的编码、立体声输出。输出设置如图11-9-4所示。

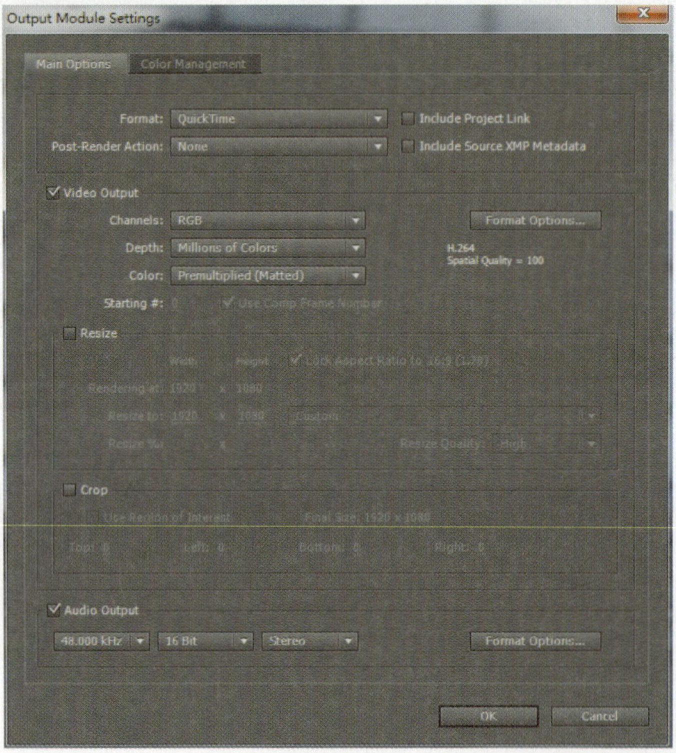

图11-9-4

08 单击“Render”按钮，开始渲染。

09 在渲染结束后，查看渲染效果，如果没有需要修改的地方，则保存项目并退出。

11.10 小结

本章讲述的是一个典型的特效镜头制作案例，它反映出了合成的主要功用：完成拍摄所无法完成的效果或者模拟拍摄成本较高的镜头画面。合成不完全是严格的数字控制，很多时候都需要反复对比、多次嵌套或者反复添加某一效果。幸好随着计算机性能和软件的发展，给了合成师以更好的工作环境，让我们能够更自由地进行工作。